Rolf Männel
Ferdinand A. Scholz

Mathematik für zweijährige Höhere Berufsfachschulen

Typ Wirtschaft und Verwaltung

11. Auflage, aktualisierter Nachdruck

Bestellnummer 03227

Bildungsverlag EINS – Gehlen

www.bildungsverlag1.de

Gehlen, Kieser und Stam sind unter dem Dach des
Bildungsverlages EINS zusammengeführt.

Bildungsverlag EINS
Sieglarer Straße 2, 53842 Troisdorf

ISBN 3-441-**03227**-6

Vorwort

Das vorliegende Lehrbuch „Mathematik für zweijährige Höhere Berufsfachschulen" ist auf die Lehrplaneinheiten für die zweijährige Höhere Berufsfachschule, Typ Wirtschaft und Verwaltung (Höhere Handelsschule), in Nordrhein-Westfalen abgestimmt. Es kann aber auch an jeder anderen zur Fachhochschulreife führenden Höheren Berufsfachschule verwendet werden in der die Themenbereiche Funktionen, Finanzmathematik, lineare Algebra, Differenziation und Integration ganzrationaler Funktionen zu behandeln sind.

Die vom Lehrplan vorgeschriebenen Lerninhalte des kaufmännischen Rechnens sind als Block dem Mathematikteil vorangestellt. Durch den Einbau von quotienten- und produktgleichen Zahlenpaaren bei der Dreisatzrechnung besteht eine Bezugsmöglichkeit zu Funktionen.

Die Einführung neuer Lerninhalte erfolgt anhand anschaulicher Aufgaben mit ausführlich dargestellten Lösungen. Wo immer möglich, werden Anwendungsbeispiele aus dem Bereich der Wirtschaft und Verwaltung gegeben. Die jeweils folgenden Übungsaufgaben sind dem Schwierigkeitsgrad nach geordnet und der Fassungskraft der Schüler angepasst. Die Verfasser haben sich bemüht, möglichst viel Anwendungsaufgaben anzubieten. Definitionen, Lehrsätze und Merksätze sind durch Raster hervorgehoben.

Im Vordergrund steht die Erziehung zum selbstständigen Denken. Es ist aber auch notwendig, dass Schüler lernen, Rechentechniken anzuwenden. Als Rechenhilfsmittel ist der elektronische Taschenrechner vorgesehen, sodass auf die Verwendung von mathematischen Tabellen verzichtet werden kann. Bei komplizierteren Berechnungen sind die Tastfolgen mit dem Taschenrechner angegeben.

Mit der ausführlichen und anschaulichen Darstellung der zahlreichen Beispiele mit Lösungen soll den Schülern die Möglichkeit zur selbstständigen Erarbeitung und Wiederholung des Stoffes gegeben werden. Die gezeigten Lösungsverfahren sind allerdings Vorschläge, die nach Erfahrung und Neigung des Lehrers oder Schülers abgewandelt werden können.

Die Verfasser bitten alle Kollegen und Schüler, das Buch zu prüfen und durch Kritik zur Verbesserung beizutragen.

Die Verfasser

Vorwort zur 10. Auflage

Ab der 10. Auflage des Lehrbuches wurden berücksichtigt:

1. Änderung der Rechtschreiberegeln,
2. Einführung des Euro,
3. Erhöhung des Umsatzsteuersatzes auf 16%.

Die Verfasser

Inhaltsverzeichnis

Finanzmathematik

Lineare Algebra

Differenziation und Integration ganzrationaler Funktionen

Anhang

Beilage: Formelsammlung

Mathematische Zeichen und Abkürzungen

Zeichen und Begriffe der Mengenlehre nach DIN 5473

$A = \{0, 1, 2, 3\}$	aufzählende Form einer endlichen Menge: Menge A wird gebildet aus den Elementen 0, 1, 2, 3.
$A = \{x \mid x < 4\}_{\mathbb{N}}$	beschreibende Form einer endlichen Menge: A ist die Menge aller x, für die gilt: x ist eine natürliche Zahl und x ist kleiner als 4.
$2 \in A$	2 ist Element von A.
$4 \notin A$	4 ist kein Element von A.
$\emptyset$	Leere Menge; sie enthält kein Element.
G	Grundbereich
D	Definitionsbereich
W	Wertebereich
L	Lösungsmenge
$\mathbb{N} = \{0, 1, 2, \ldots\}$	Menge der natürlichen Zahlen ($\mathbb{N}$ enthält die Zahl 0)
$\mathbb{Z} = \{\ldots, -2, -1, 0, 1, 2, \ldots\}$	Menge der ganzen Zahlen
$\mathbb{Q}$	Menge der rationalen Zahlen
$\mathbb{R}$	Menge der reellen Zahlen
$\mathbb{N}^*, \mathbb{Z}^*, \mathbb{Q}^*, \mathbb{R}^*$	Mengen $\mathbb{N}$, $\mathbb{Z}$, $\mathbb{Q}$, $\mathbb{R}$ ohne die Null
$\mathbb{Z}_+, \mathbb{Q}_+, \mathbb{R}_+$	positive Zahlen der Mengen $\mathbb{Z}$, $\mathbb{Q}$, $\mathbb{R}$ einschließlich der Null
$\mathbb{Z}_+^*, \mathbb{Q}_+^*, \mathbb{R}_+^*$	positive Zahlen der Mengen $\mathbb{Z}$, $\mathbb{Q}$, $\mathbb{R}$ (ohne die Null)
$\mathbb{Z}_-^*, \mathbb{Q}_-^*, \mathbb{R}_-^*$	negative Zahlen der Mengen $\mathbb{Z}$, $\mathbb{Q}$, $\mathbb{R}$

Relationen zwischen Größen

$a = b$	a gleich b	$a \leqq b$ oder $a \leq b$	a kleiner als b oder gleich b
$a \neq b$	a nicht gleich b	$a \geqq b$ oder $a \geq b$	a größer als b oder gleich b
$a < b$	a kleiner als b	$a \approx b$	a ungefähr gleich b
$a > b$	a größer als b		

Logische Zeichen

$a \wedge b$	a und b (Konjunktion)
$a \vee b$	a oder b (Disjunktion)
$\neg\, a$ (oder $\bar{a}$)	nicht a (Negation)
$a \Rightarrow b$	aus a folgt b (Implikation; Aussage ist stets wahr)
$a \Leftrightarrow b$	a äquivalent (gleichwertig) b (Äquivalenz; Aussage ist stets wahr)

Sonstige Zeichen

$\lvert a \rvert$	Betrag von a. $\lvert a \rvert$ ist diejenige der beiden reellen Zahlen a und $-a$, die nicht negativ ist.
$(x; y)$	geordnetes Paar

$f(x)$ Funktionswert von x (man liest „f von x")
$f\colon x \mapsto f(x)$ Funktion f, die x auf $f(x)$ abbildet (man liest „x Pfeil f von x")
$f(x) = x$ oder $y = x$ Funktionsgleichung
(a_n) Zahlenfolge $a_1, a_2, a_3, \ldots, a_n$
s_n endliche Reihe

Finanzmathematische Abkürzungen

K_0 Anfangskapital
K_n Endkapital
q^n Aufzinsungsfaktor
R_n nachschüssiger Rentenendwert
$\overline{R}_n$ vorschüssiger Rentenendwert
R_0 nachschüssiger Rentenbarwert
$\overline{R}_0$ vorschüssiger Rentenbarwert

Zeichen aus der Matrizenrechnung nach DIN 1303

$A = \begin{pmatrix} a_{11} & \ldots & a_{1n} \\ \vdots & & \\ a_{m1} & \ldots & a_{mn} \end{pmatrix}$ Matrix A

$\vec{a} = \begin{pmatrix} a_1 \\ \vdots \\ a_m \end{pmatrix}$ Spaltenvektor[1]

$\vec{a}' = (a_1, \ldots, a_n)$ Zeilenvektor[1]

$a = 2$ Skalar a gleich 2

Zeichen aus der Differenzial- und Integralrechnung nach DIN 1302

Δ Delta: Differenz zweier Werte (z.B. $\Delta x = x_2 - x_1$)

lim Limes: Grenzwert einer Folge mit unendlich vielen Gliedern, der beliebig angenähert, jedoch nicht erreicht oder überschritten werden kann. (z.B. $a = \lim\limits_{\Delta x \to 0} (a + \Delta x)$ oder $b = \lim\limits_{n \to \infty} b_n$)

$\mathrm{d}x$, $\mathrm{d}f(x)$ Differenziale: Geometrisch ist das Differenzial die Maßzahl einer Kathete des Tangenten-Steigungsdreiecks

$\dfrac{\mathrm{d}f(x)}{\mathrm{d}x}$ Differenzialquotient: Grenzwert einer Folge von Differenzenquotienten

$\dfrac{\mathrm{d}^2 f(x)}{\mathrm{d}x^2}, \ldots, \dfrac{\mathrm{d}^n f(x)}{\mathrm{d}x^n}$ höhere Differenzialquotienten

[1] DIN 1303 sieht zwei Darstellungen von Vektoren vor. Nach der ersten Darstellung werden Vektoren mit kursiven halbfetten Kleinbuchstaben bezeichnet. Die zweite Darstellung erlaubt die Bezeichnung mit kursiven mageren Kleinbuchstaben und darüber gesetztem Pfeil. Eine spezielle Bezeichnung für Zeilenvektoren ist nach DIN 1303 nicht vorgesehen.

$f'(x) = f^{(1)}(x)$	Ableitungsfunktion (kurz: Ableitung); wertgleich dem Differenzialquotienten
$f''(x) = f^{(2)}(x), \ldots, f^{(n)}(x)$	höhere Ableitungen
$F(x) \Big\vert_{x=a}^{x=b} = \Big[F(x)\Big]_a^b$	Funktionsabschnitt $F(b) - F(a)$ zwischen den Grenzen $x = a$ und $x = b$ (kurz: $F(x)$ von a bis b); zur Erhöhung der Übersichtlichkeit insbesondere bei zusammengesetzten Funktionen ist die Klammerschreibweise empfehlenswert.
$\sum_{i=1}^{i=n} a_i$	Summe der Summanden a_1 bis a_n
$\int f(x)\,\mathrm{d}x$	unbestimmtes Integral über $f(x)\,\mathrm{d}x$
$\int_a^b f(x)\,\mathrm{d}x$	bestimmtes Integral zwischen der oberen Grenze $x = b$ und der unteren Grenze $x = a$ (kurz: Integral von a bis b)
$\int_a^x f(x)\,\mathrm{d}x$	Integralfunktion der oberen Grenze

Abkürzungen aus der Kostentheorie

x	Ausbringungsmenge, Menge
$K(x)$	Gesamtkosten
$K_f(x)$	fixe Gesamtkosten
$K_v(x)$	variable Gesamtkosten
$k(x)$	Stückkosten
$k_v(x)$	variable Stückkosten
$K'(x)$	Differenzialkosten
$E(x)$	Gesamterlös
$G(x)$	Gesamtgewinn
$e = p$	Stückerlös = Stückpreis
N_s	Nutzenschwelle
N_g	Nutzengrenze
$N_m = G_m$	Nutzenmaximum = Gewinnmaximum
O	Betriebsoptimum
U	Betriebsminimum
$C(x_c \mid p_c)$	Cournotscher Punkt

Kaufmännische Arithmetik

Der Lehrplan räumt zwei Möglichkeiten zur Behandlung der Lerninhalte des kaufmännischen Rechnens ein:

1. Erarbeitung der Lerninhalte des kaufmännischen Rechnens im Rahmen des Abschnittes lineare Funktionen;
2. Behandlung des kaufmännischen Rechnens als Block vor Einführung des Funktionsbegriffes.

In diesem Lehrbuch wird der zweite Weg beschritten. Durch Voranstellung von quotienten- und produktgleichen Zahlenpaaren bei der Dreisatzrechnung wird aber eine Bezugsmöglichkeit zu Funktionen gegeben.

1 Dreisatzrechnung

1.1 Dreisatzaufgaben mit geraden (direkten) Verhältnissen

Beispiel mit Lösung

Aufgabe: 1 m Deko-Stoff kostet 5,00 EUR. Stellen Sie eine Preistabelle auf für die Längen 1 m, 2 m, 3 m, …, 8 m!

Lösung:

Länge in m	1	2	3	4	5	6	7	8
Preis in EUR	5	10	15	20	25	30	35	40

In der Tabelle ist jeder Länge ein Preis zugeordnet und umgekehrt jedem Preis eine Länge. Bei der Zuordnung m $\mapsto$ EUR erhalten wir die **geordneten Zahlenpaare** (1; 5), (2; 10), (3; 15) usw. Die erste Zahl in jedem Zahlenpaar sind m, die zweite EUR. An den Zahlenpaaren der Preistabelle fällt auf, dass ihr Quotient denselben Wert hat, zum Beispiel $\frac{1}{5} = \frac{2}{10} = \frac{3}{15}$.

Zahlenpaare, deren Quotient gleich ist, heißen **quotientengleiche Zahlenpaare.**

Definition 14

Zwei Zahlenpaare (a; b) und (c; d) heißen quotientengleich, wenn $\frac{a}{b} = \frac{c}{d}$ gilt.
$a, b, c, d \in \mathbb{R}^*$

Setzt man in der Aufgabe des Beispiels allgemein x m für y EUR, so erhält man die Zuordnung $x \mapsto y$. 1 m kostet 5 EUR, jedem x wird das 5fache zugeordnet; es gilt $x \mapsto 5x$. Diese Darstellung beschreibt eine lineare Funktion (siehe Seite 65 f.).

Jedes geordnete Zahlenpaar kann als Bildpunkt im Achsenkreuz dargestellt werden. Trägt man die Bildpunkte der quotientengleichen Zahlenpaare der Preistabelle in das Achsenkreuz (1 m ≙ 1 cm, 5 EUR ≙ 1 cm), so ergeben ihre Verbindungsstrecken eine Gerade. Das Schaubild einer linearen Funktion ist eine Gerade. Die Richtung des Verlaufes der Geraden wird durch den Wert 5 der Funktionsgleichung $y = 5x$ bestimmt.

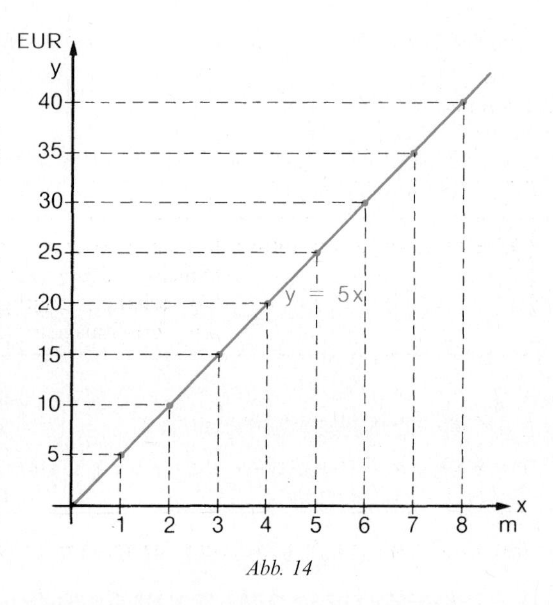

Abb. 14

Für das kaufmännische Rechnen sind Dreisatzaufgaben mit geraden Verhältnissen von grundlegender Bedeutung. Ihr Lösungsansatz kann mithilfe von quotientengleichen Zahlenpaaren oder mithilfe der Schlussrechnung erfolgen.

Beispiel mit Lösungen

Aufgabe: Für eine 425 km lange Geschäftsreise benötigte ein Kraftfahrzeug 45,9 Liter Benzin. Wie viel Liter verbrauchte der Wagen auf 100 km?

1. Lösung mit quotientengleichen Zahlenpaaren:

Was ist gegeben? (Bedingungssatz) Was ist gefragt? (Fragesatz)	auf 425 km brauch man 45,9 Liter auf 100 km braucht man x Liter
Gleich benannte Größen untereinander schreiben! Die gesuchte Größe muss nicht unbedingt am Ende des Fragesatzes stehen.	
Verhältnis festlegen:	je weniger km, desto weniger Benzin: gerades Verhältnis.

Bei geraden Verhältnissen bilden wir quotientengleiche Zahlenpaare:	$\frac{x \text{ Liter}}{100 \text{ km}} = \frac{45{,}9 \text{ Liter}}{425 \text{ km}}$
Ansatz der Verhältnisgleichung: x verhält sich zu 100 wie 45,9 zu 425.	$\frac{x}{100} = \frac{45{,}9}{425} \quad \vert \cdot 100$
x ausrechnen:	$x = \frac{45{,}9 \cdot 100}{425}$
Ergebnis:	$\underline{\underline{x = 10{,}8}}$ 10,8 Liter Verbrauch auf 100 km

> **Merke** Gerades Verhältnis: Je weniger – desto weniger.
> Je mehr – desto mehr.
> Wir erhalten quotientengleiche Zahlenpaare und bilden eine Verhältnisgleichung.

2. Lösung durch Schlussrechnung:

Was ist gegeben? (Bedingungssatz) — auf 425 km braucht man 45,9 Liter ①
Was ist gefragt? (Fragesatz) — auf 100 km braucht man x Liter ②

Verhältnis festlegen: Je weniger km, desto weniger Benzin → gerades Verhältnis

$x = \frac{45{,}9 \cdot 100}{425} = 10{,}8$ ③

Ergebnis: 10,8 Liter Verbrauch auf 100 km

Rechenweg:

① Bedingungssatz: Schreiben Sie die gegebenen Werte so auf, dass die gesuchte Einheit (Liter) am Ende des Satzes steht!

② Fragesatz: Setzen Sie im Fragesatz die Einheiten in der Reihenfolge des Bedingungssatzes (gleich benannte Größen untereinander schreiben)!

③ Schließen Sie von der Mehrheit auf die Einheit und von dieser Einheit auf eine andere Mehrheit:

Für 425 km braucht man 45,9 Liter,

für 1 km braucht man **weniger** Benzin, den 425. Teil, also $\frac{45{,}9}{425}$ Liter,

für 100 km braucht man dann 100mal **mehr** Benzin, also $\frac{45{,}9 \cdot 100}{425}$ Liter.

Aufgaben

Lösen Sie nachstehende Aufgaben nach einem der gezeigten Verfahren, entweder mithilfe von quotientengleichen Zahlenpaaren oder durch Schlussrechnung!

1 Ein Verkäufer erhielt im November für 56 800 EUR Umsatz eine Verkaufsprovision von 852 EUR. Wie viel EUR beträgt die Provision im Dezember bei 68 400 EUR Umsatz?

2 Ein Lieferwagen verbrauchte im Jahr bei einer Fahrleistung von 35 000 km insgesamt 4 620 Liter Benzin. Wie viel Liter beträgt der Durchschnittsverbrauch auf 100 km?

3 Zur Herstellung von 825 Kleinteilen benötigt ein Automat 450 Minuten. Wie viel Teile können auf dem Automaten in 510 Minuten hergestellt werden?

4 Aus 5 kg Johannisbeeren werden 3 Liter Saft gewonnen. Wie viel Liter Saft erhält man aus 28 kg Johannisbeeren?

5 Herr Kluge kauft zusammen mit seinem Nachbarn 8 400 Liter Heizöl. Der Rechnungsbetrag lautet über 2 310,00 EUR. Wie viel EUR entfallen auf Herrn Kluge, wenn er 4 600 Liter erhält?

6 Für 3 Kisten Wein je 12 Flaschen zahlt Herr Trinklein 244,80 EUR. Er gibt davon 15 Flaschen zum gleichen Stückpreis an seinen Bekannten ab. Wie viel EUR sind für die 15 Flaschen zu zahlen?

7 Ein Mitarbeiter im Außendienst erhielt im vergangenen Jahr für 24 500 km Geschäftsfahrten einen Kostenersatz von 10 290 EUR. Mit wie viel EUR Kostenersatz kann er im laufenden Jahr rechnen, wenn seine Geschäftsfahrten sich voraussichtlich um 3 000 km erhöhen?

8 Scherzhaftes und zum Nachdenken:
a) Ein Sprinter läuft 100 m in 10 Sekunden. Wie viel Sekunden braucht er für 400 m?
b) Eine Hausfrau kocht ein Ei 5 Minuten lang. Wie viel Minuten braucht sie für vier Eier?
c) Fritz ist 15 Jahre alt und wiegt 50 kg, Wie viel kg wiegt er mit 45 Jahren?
d) Ein Auto mit 50 PS hat eine Höchstgeschwindigkeit von 130 km/h. Wie groß ist die Höchstgeschwindigkeit bei einem Auto mit 100 PS?

1.2 Dreisatzaufgaben mit ungeraden (indirekten) Verhältnissen

Beispiel mit Lösung

Aufgabe: Wieviel Tage reicht ein Heizölvorrat von 12 000 Litern bei einem Tagesverbrauch von 30 l, 40 l, 50 l, 60 l, 70 l, 80 l? Stellen Sie eine Tabelle (Liter je Tag; Tage) auf!

Lösung: 12000 l : 30 l = 400 (Tage); Probe: 400 · 30 l = 12000 l
12000 l : 40 l = 300 (Tage); Probe: 300 · 40 l = 12000 l
12000 l : 50 l = 240 (Tage); Probe: 240 · 50 l = 12000 l
12000 l : 60 l = 200 (Tage); Probe: 200 · 60 l = 12000 l
12000 l : 70 l ≈ 171 (Tage); Probe: 171 · 70 l ≈ 12000 l
12000 l : 80 l = 150 (Tage); Probe: 150 · 80 l = 12000 l

Liter je Tag	30	40	50	60	70	80
Tage	400	300	240	200	171	150

Bei der Zuordnung Tagesverbrauch ↦ Tage erhalten wir die geordneten Zahlenpaare (30; 400), (40; 300), (50; 240), usw. An der Probe erkennen wir, dass die Zahlenpaare produktgleich sind.

Zahlenpaare, deren Produkte denselben Wert haben, heißen **produktgleiche Zahlenpaare.**

Definition 17

Zwei Zahlenpaare $(a; b)$ und (c, d) heißen produktgleich, wenn $a \cdot b = c \cdot d$ gilt.
$a, b, c, d \in \mathbb{R}^*$

„Bei x Liter Tagesverbrauch reicht der Vorrat y Tage" ergibt die Zuordnung $x \mapsto y$.
Da $y = 12000 : x$ ist, erhält man die Zuordnung bzw. die Funktion $x \mapsto \frac{12000}{x}$.

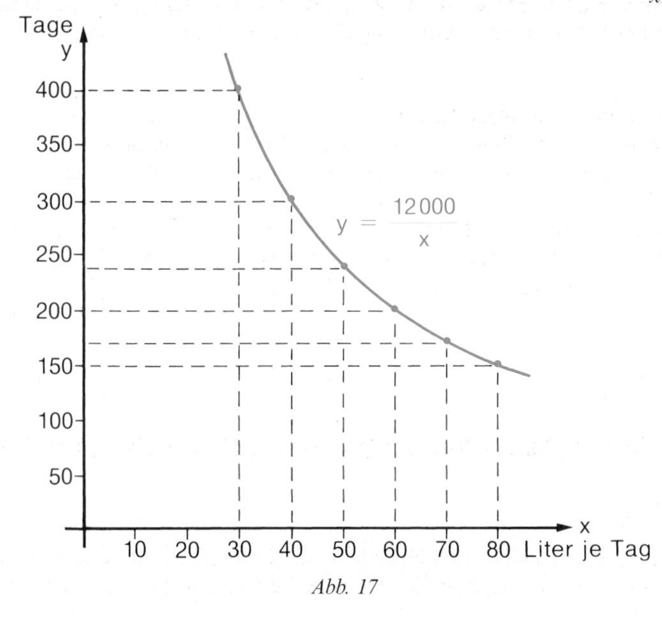

Abb. 17

Zeichnet man die Bildpunkte der produktgleichen Zahlenpaare der Tabelle in das Achsenkreuz (1 cm ≙ 10 Liter; 1 cm ≙ 50 Tage), so erkennt man, dass die Verbindungslinien keine Gerade bilden. Die Bildpunkte liegen auf einer Kurve, die man Hyperbel nennt (siehe Abschnitt 11.1, Seite 138 f.).

Dreisatzaufgaben mit ungeraden Verhältnissen kann man mithilfe von produktgleichen Zahlenpaaren oder durch Schlussrechnung lösen.

Beispiel mit Lösungen

Aufgabe: Bei einer Flurbereinigung soll ein rechteckiger Acker von 75 m Länge und 40 m Breite in einen Acker von 50 m Breite umgelegt werden. Berechnen Sie die Länge des neuen Ackers!

1. Lösung mit produktgleichen Zahlenpaaren:

Was ist gegeben? (Bedingungssatz) Was ist gefragt? (Fragesatz)	wenn 40 m breit, dann 75 m lang wenn 50 m breit, dann x m lang
Breite unter Breite, Länge unter Länge schreiben. Die gesuchte Größe muss nicht unbedingt am Ende des Fragesatzes stehen.	
Verhältnis festlegen:	je kleiner die Breite, desto größer die Länge: umgekehrtes Verhältnis
Ansatz in Worten: Bei umgekehrten Verhältnissen bilden wir produktgleiche Zahlenpaare: Ansatz als Produktgleichung:	m^2 neuer Acker = m^2 alter Acker $50\text{ m} \cdot x\text{ m} = 40\text{ m} \cdot 75\text{ m}$ $50\,x = 40 \cdot 75 \quad \vert :50$
x ausrechnen:	$x = \frac{40 \cdot 75}{50}$ $\underline{\underline{x = 60}}$
Ergebnis:	Der neue Acker ist 60 m lang.

Merke Umgekehrtes Verhältnis: Je weniger – desto mehr.
Je mehr – desto weniger.
Wir erhalten produktgleiche Zahlenpaare und bilden eine Produktgleichung.

2. Lösung durch Schlussrechnung:

Was ist gegeben? (Bedingungssatz) wenn 40 m breit, dann 75 m lang ①
Was ist gefragt? (Fragesatz) wenn 50 m breit, dann x m lang ②

Verhältnis festlegen: Je kleiner die Breite, desto größer die Länge → umgekehrtes Verhältnis.

$$x = \frac{75 \cdot 40}{50} = 60 \quad ③$$

Ergebnis: Der neue Acker ist 60 m lang.

Rechenweg:

① Bedingungssatz: Schreiben Sie die gegebenen Werte so auf, dass die gesuchte Einheit (Länge) am Ende des Satzes steht!

② Fragesatz: Setzen Sie im Fragesatz die Einheiten in der Reihenfolge des Bedingungssatzes (Breite unter Breite, Länge unter Länge)!

③ Schließen Sie von der Mehrheit auf die Einheit und von dieser auf eine andere Mehrheit:

Bei 40 m Breite ist das Rechteck 75 m lang,
bei 1 m Breite wird das flächengleiche Rechteck 40-mal länger, also 75 m Länge · 40,
bei 50 m Breite erhält das flächengleiche Rechteck den 50. Teil der zweiten Länge, also
$$\frac{75 \text{ m Länge} \cdot 40}{50}$$

Aufgaben

Lösen Sie nachstehende Aufgaben nach einem der gezeigten Verfahren, entweder mithilfe von produktgleichen Zahlenpaaren oder durch Schlussrechnung!

1 3 Bagger benötigen zum Ausheben eines Grabens 24 Stunden. Wie viel Stunden benötigen 4 Bagger?

2 Einer Hausfrau reicht das Haushaltsgeld 30 Tage, wenn sie täglich 45 EUR ausgibt. Wie viel Tage würde das Geld reichen bei Ausgaben von täglich a) 50 EUR, b) 40 EUR?

3 Bei einer Flurbereinigung muss ein rechteckiger Acker von 90 m Länge und 36 m Breite in einen Acker von 60 m Länge umgetauscht werden. Berechnen Sie die Breite des neuen Ackers!

4 Ein Pkw braucht bei einer durchschnittlichen Geschwindigkeit von 80 km/h für eine bestimmte Strecke $2\frac{1}{2}$ Stunden. Wie viel Stunden würde er bei einer Durchschnittsgeschwindigkeit von 60 km/h benötigen?

5 Bei einem Verbrauch von täglich 40 Liter Heizöl reicht der Vorrat 198 Tage. Wie viel Tage reicht der Vorrat, wenn der Tagesverbrauch auf 45 Liter steigt?

6 Ein junger Arbeitnehmer spart monatlich 60 EUR zum Kauf einer Stereoanlage, die er nach 10 Monaten erwerben kann. Nach wie viel Monaten ist der Kauf bei einer Sparrate von 75 EUR möglich?

7 Eine Hausfrau benötigt 16 m Gardinenstoff, wenn dieser 150 cm breit ist. Wie viel m sind erforderlich bei einer Breite von 120 cm?

8 Zum Belegen eines Fußbodens braucht man 750 Platten der Größen 20 cm · 20 cm. Wie viel Stück sind erforderlich, wenn nur Platten der Größen 25 cm · 25 cm vorrätig sind?

1.3 Vermischte Dreisatzaufgaben

1 Ein Vertreter zahlt für 336 Liter Benzinverbrauch im vergangenen Monat 285,60 EUR.
a) Wie hoch ist der Durchschnittspreis für 1 Liter?
b) Der Vertreter fuhr insgesamt 3 500 km. Wie viel Liter verbrauchte der Wagen auf 100 km?

2 An einer Gemeinschaftswerbung beteiligen sich 9 Großhandelsfirmen. Die Kosten je Firma betragen 8 800 EUR. Wie hoch wäre der Kostenanteil bei einer Beteiligung von 11 Firmen?

3 Ein Unternehmen verbrauchte zum Beheizen der Büroräume in 238 Tagen 44 030 Liter Heizöl. Der tägliche Verbrauch soll um 15 Liter gesenkt werden. Wie viel Tage kann man die Räume länger beheizen?

4 Drei Lagerarbeiter brauchen zum Umräumen des Warenlagers 10 Tage. Wie viel Tage können eingespart werden, wenn zusätzlich zwei Arbeiter eingesetzt werden?

5 Ein Auftrag kann von 15 Näherinnen, die täglich 8 Stunden arbeiten, in 12 Tagen erfüllt werden. Wie viel Näherinnen müssen zusätzlich bei gleicher Arbeitszeit eingesetzt werden, wenn die Auftragsarbeit in 10 Tagen beendet sein soll?

6 Zwei Nachbarn kaufen zusammen 8 600 Liter Heizöl für 2 365,00 EUR. Der Anteil des einen beträgt 1 045,00 EUR. Wie viel Liter Heizöl erhält jeder?

7 Der Trinkwasservorrat auf einer Hochseeyacht ist für 12 Mann und 20 Tage bemessen.
a) Wie viel Tage wurde der Vorrat reichen, wenn 3 Mann mehr an Bord wären?
b) Wie viel Mann können an Bord sein, wenn der Vorrat 24 Tage reichen soll?

8 Ein Buch hat 245 Seiten, jede Seite 36 Zeilen. In einer Neuauflage soll jede Seite 42 Zeilen erhalten. Wie viel Seiten können eingespart werden?

9 Beim Ausheben einer Baugrube fallen in 3 Stunden 24 m^3 Erdreich an. Der Baggerführer rechnet mit insgesamt 200 m^3. Wie viel Stunden hat der Baggerführer noch zu tun?

10 Ein Bauplatz von 30 m Länge und 25 m Breite kostet 63 750 EUR. Wie viel EUR kostet ein Bauplatz von 35 m Länge und 24 m Breite bei gleichem Quadratmeterpreis?

11 Zum Bau einer Terrasse benötigt man 112 Stück quadratische Waschbetonplatten mit einer Kantenlänge von 50 cm. Wie viel Stück quadratische Platten benötigt man bei einer Kantenlänge von 40 cm?

12 Um den Aushub einer Baugrube von 12,50 m Länge, 10 m Breite und 2,80 m Tiefe fortzuschaffen, muss ein Lkw 80-mal fahren. Wie viel Fuhren sind bei einer Baugrube von 14 m Länge, 12 m Breite und 2,50 m Tiefe erforderlich?

13 Das Füllen eines 10-Litereimers dauert mit dem Gartenschlauch 25 Sekunden. Wie viel Liter Wasser wurden beim Sprengen einer Rasenfläche verbraucht, wenn die Anlage 45 Minuten in Betrieb war?

14 Ein Zug durchfährt eine Strecke bei 30 m/sec Geschwindigkeit in 10 Minuten. Wie lange braucht er zu dieser Strecke bei 25 m/sec Geschwindigkeit?

15 Lukas will an einer Studienreise nach England teilnehmen. Die Kosten übernehmen seine Eltern. Für das Taschengeld muss er selber sorgen. Seine Ersparnisse reichen für 3 Wochen, wenn er davon täglich 10,40 EUR ausgibt. Die Reise wird jedoch 3 Tage länger dauern. Wie viel EUR kann Lukas von seinem Taschengeld täglich ausgeben?

16 Von den Fahrtkosten eines Schulausfluges entfallen auf jeden der 31 Schüler einer Klasse 11,20 EUR. Am Tage des Ausfluges fehlen 3 Schüler. Wie viel EUR entfallen jetzt auf jeden teilnehmenden Schüler?

17 Ein D-Zug durchfährt eine Strecke von 45 km fahrplanmäßig in 27 Minuten. Mit welcher Geschwindigkeit muss er fahren, um eine Verspätung von 2 Minuten aufzuholen?

18 Ein Radfahrer braucht für eine bestimmte Strecke bei einer durchschnittlichen Geschwindigkeit von 12 km/h eine Fahrzeit von $2\frac{1}{2}$ Stunden. Auf dem Rückweg fährt er mit einer Geschwindigkeit von 15 km/h. Er fährt 18:15 Uhr los, macht unterwegs jedoch eine Pause von 10 Minuten. Wann kehrt er wieder zurück?

19 Zum Planieren eines Baugeländes brauchen drei Planierraupen 12 Tage. Nach 4 Tagen wird eine weitere Planierraupe eingesetzt. Wie viel Tage werden für die gesamte Arbeit benötigt?

20 Für den Rohbau eines Hauses brauchen 8 Maurer 20 Tage. Nach 5 Tagen setzt die Firma weitere 4 Maurer ein. In wie viel Tagen ist der Rohbau fertiggestellt?

2 Währungsrechnung

Auslandsreisen und Außenhandel sind der Anlass zum Umtausch von Inlandswährungen in Auslandswährungen und umgekehrt.

Ausländische Zahlungsmittel sind Sorten und Devisen. Als **Sorten** bezeichnet man ausländische Münzen und Banknoten. Zu den **Devisen** zählen Schecks, Wechsel und Zahlungsanweisungen, die auf ausländische Währungen lauten und im Ausland fällig sind.

In der Regel führen Banken die Umtauschgeschäfte auf der Grundlage der an jedem Geschäftstag an Devisenbörsen festgesetzten Kurse durch. Bei der Festsetzung unterscheidet man **Mengennotierung** und **Preisnotierung**.

In den Ländern der Europäischen Währungsunion werden die Kurse durch Mengennotierung festgesetzt. Die Kurse sind Preise in Fremdwährung für 1 EUR. Es werden jeweils zwei Kurse ermittelt, der niedrigere Geldkurs und der höhere Briefkurs. So bedeutet zum Beispiel 1,55 Geld und 1,63 Brief für Schweizer Franken (CHF): Man erhält für 1 EUR 1,55 CHF (die Bank verkauft CHF = Verkaufskurs) und man muss 1,63 CHF für 1 EUR zahlen (die Bank kauft CHF = Ankaufskurs). Mengennotierung haben u. a. auch USA und Großbritannien.

In den meisten Ländern, die nicht zur Europäischen Währungsunion gehören, erfolgt die Festsetzung der Kurse durch Preisnotierung. Diese Kurse sind Preise in Inlandswährung für 100 Einheiten oder für 1 Einheit in Fremdwährung. So bedeutet zum Beispiel in der Schweiz 17,10 Geld und 18,65 Brief für Schwedische Kronen (SEK): Die Bank in der Schweiz kauft 100 SEK für 17,10 CHF (Ankaufskurs) und verkauft 100 SEK für 18,65 CHF (Verkaufskurs).

Mengennotierung und Preisnotierung unterscheiden sich in der Bedeutung von Ankaufs- und Verkaufskurs. Der Ankaufskurs der Preisnotierung entspricht dem niedrigeren Verkaufskurs der Mengennotierung (= niedrigerer Geldkurs).

Bei Sortenkursen dient die Differenz zwischen Verkaufs- und Ankaufskurs zugleich der Kostendeckung. Bei Devisenkursen, deren Kursdifferenz geringer ist, werden die Umtauschkosten gesondert in Rechnung gestellt.

Für den Währungsumtausch ist es wichtig, zu wissen, ob es vorteilhafter ist, im Inland oder im Ausland zu tauschen. Dazu müssen Inlands- und Auslandskurs vergleichbar gemacht werden, zum Beispiel die Notierung 1 EUR = x USD mit der Notierung 1 USD = x EUR in USA. Eine bestehende Kursgleichheit bezeichnet man als **Kursparität.**

Für folgende Länder der Europäischen Währungsunion gilt ab 1. Januar 1999 die gemeinsame Währung Euro, abgekürzt EUR: Belgien, Deutschland, Finnland, Frankreich, Irland, Italien, Luxemburg, Niederlande, Österreich, Portugal, Spanien. Griechenland ist nachträglich der Währungsunion beigetreten. Großbritannien, Dänemark und Schweden behalten sich die Einführung des Euro zu einem späteren Termin vor.

Auszug aus einer deutschen Währungstabelle für Sortenkurse

Land	Währung		Kurse für 1 EUR	
			Geld (Verkauf)	Brief (Ankauf)
Australien	Australische Dollar (A-$)	AUD	1,7150	1,9150
Dänemark	Dänische Kronen (dkr)	DKK	7,1100	7,7600
Großbritannien	Pfund Sterling (£)	GBP	0,6450	0,6950
Japan	Japanische Yen (Yen)	JPY	126,8000	135,8000
Kanada	Kanadische Dollar (kan-$)	CAD	1,5270	1,7370
Norwegen	Norwegische Kronen (nkr)	NOK	7,9200	8,9700
Schweden	Schwedische Kronen (skr)	SEK	8,5200	9,6200
Schweiz	Schweizer Franken (sfr)	CHF	1,5680	1,6280
USA	US-Dollar (US-$)	USD	1,0430	1,1180

Die meisten Banken verwenden zur Kursbezeichnung von Währungen den ISO-Code (International Organization for Standardization).

Beispiel mit Lösung (Mengennotierung)

Aufgabe: Herr Fröhlich unternimmt eine Urlaubsreise in die Schweiz.

a) Er tauscht bei seiner Bank in Deutschland EUR in 3 500,00 CHF um (die Bank verkauft 3 500,00 CHF). Wie viel EUR muss er zahlen? Kurse: 1,565 Geld (Verkauf); 1,640 Brief (Ankauf).

b) Nach der Rückkehr aus dem Urlaub tauscht Herr Fröhlich 400,00 CHF bei seiner Bank in Deutschland wieder in EUR um. Wie viel EUR werden seinem Konto gutgeschrieben? Kurse: 1,565 Geld (Verkauf); 1,640 Brief (Ankauf).

c) Wie hoch ist der Verlust in EUR durch den Unterschied zwischen Ankaufs- und Verkaufskurs?

Lösung:

a) Stellen Sie fest, mit welchem Kurs zu rechnen ist!	Die Bank in Deutschland verkauft CHF zum niedrigeren Kurs 1,565. Man erhält für 1 EUR den niedrigeren CHF-Betrag.
Was ist gegeben? (Bedingungssatz) Was ist gefragt? (Fragesatz)	1,565 CHF = 1,00 EUR 3 500,00 CHF = x EUR
Ansatz durch Schlussrechnung:	$x = \frac{1 \cdot 3\,500}{1{,}565} = 2\,236{,}42$
Ergebnis:	2 236,42 EUR für 3 500,00 CHF
b) Stellen Sie fest, mit welchem Kurs zu rechnen ist!	Die Bank in Deutschland kauft CHF zum höheren Kurs 1,640. Für 1 EUR muss man den höheren CHF-Betrag zahlen.
Bedingungs- und Fragesatz bilden:	1,640 CHF = 1,00 EUR 400,00 CHF = x EUR
Ansatz durch Schlussrechnung:	$x = \frac{1 \cdot 400}{1{,}64} = 243{,}90$
Ergebnis:	243,90 EUR für 400,00 CHF

c) Bedingungs- und Fragesatz mit Verkaufskurs bilden:	1,565 CHF = 1,00 EUR 400,00 CHF = x EUR
Ansatz durch Schlussrechnung:	$x = \frac{1 \cdot 400}{1{,}565} = 255{,}59$
Ergebnis:	Bei Kurs 1,565 ⇒ 255,59 EUR Bei Kurs 1,640 ⇒ 243,90 EUR Verlust 11,69 EUR

> **Merke Mengennotierung:** Die Kurse in den Ländern der Europäischen Währungsunion sind Preise in Fremdwährung für 1 EUR. Die Banken **verkaufen** Fremdwährungen zum **niedrigeren** Geldkurs (Verkaufskurs) und **kaufen** Fremdwährungen zum **höheren** Briefkurs (Ankaufskurs).

Beispiel mit Lösung (Preisnotierung)

Aufgabe: Ein deutscher Handelsvertreter unternimmt eine Geschäftsreise in die Schweiz.

a) Er tauscht bei einer Bank in Zürich 3000,00 EUR in CHF um Wie viel CHF bekommt er? Kurse: 1,570 Geld (Ankauf); 1,625 Brief (Verkauf).

b) Vor seiner Rückkehr nach Deutschland tauscht der Handelsvertreter in der Schweiz 500,00 CHF wieder in EUR um. Wie viel EUR erhält er? Kurse: 1,570 Geld (Ankauf); 1,625 Brief (Verkauf).

c) In Deutschland wurde der CHF mit 1,575 Geld (Verkauf) / 1,640 Brief (Ankauf) notiert. Wo wäre der Umtausch der 500,00 CHF günstiger gewesen und wie viel EUR hätte der Vorteil betragen?

Lösung:

a) Stellen Sie fest, mit welchem Kurs zu rechnen ist!	In der Schweiz Ankauf von EUR zum Geldkurs 1,570
Was ist gegeben? (Bedingungssatz)	1,00 EUR = 1,570 CHF
Was ist gefragt? (Fragesatz)	3000,00 EUR = x CHF
Ansatz durch Schlussrechnung:	$x = \frac{1{,}57 \cdot 3000}{1} = 4710$
Ergebnis:	4710,00 CHF für 3000,00 EUR
b) Stellen Sie fest, mit welchem Kurs zu rechnen ist!	In der Schweiz Verkauf von EUR zum Briefkurs 1,625
Bedingungs- und Fragesatz bilden:	1,625 CHF = 1,00 EUR 500,00 CHF = x EUR
Ansatz durch Schlussrechnung:	$x = \frac{1 \cdot 500}{1{,}625} = 307{,}69$
Ergebnis	307,69 EUR für 500,00 CHF
c) Bedingungs- und Fragesatz mit Kurs in Deutschland bilden:	1,640 CHF = 1,00 EUR 500,00 CHF = x EUR
Ansatz durch Schlussrechnung:	$x = \frac{1 \cdot 500}{1{,}64} = 304{,}88$
Ergebnis:	In der Schweiz Kurs 1,625 ⇒ 307,69 EUR in Deutschland Kurs 1,640 ⇒ 304,88 EUR Vorteil in der Schweiz 2,81 EUR

Merke **Preisnotierung:** In den meisten Ländern, die nicht zur Europäischen Währungsunion gehören, gilt Preisnotierung. Die Kurse sind Preise in Inlandswährung für 100 Einheiten oder für 1 Einheit in Fremdwährung. Die Banken **kaufen** Fremdwährungen zum **niedrigeren** Geldkurs (Ankaufskurs) und **verkaufen** Fremdwährungen zum **höheren** Briefkurs (Verkaufskurs).

Aufgaben

1 Eine deutsche Bank verkauft nachstehende Sorten gegen EUR. Wie viel EUR muss man zahlen? Entnehmen Sie die Kurse der Tabelle auf Seite 23!

a) 100 000 JPY b) 1 000,00 CHF c) 3 000,00 NOK
d) 500,00 USD e) 4 000,00 DKK f) 600,00 GBP

2 Berechnen Sie die Beträge in Auslandswährung, die man bei einer deutschen Bank für nachstehende EUR erhält! Entnehmen Sie die Kurse der Tabelle auf Seite 23!

a) CHF für 800,00 EUR b) NOK für 1 500,00 EUR c) USD für 2 000,00 EUR
d) JPY für 1 800,00 EUR e) CAD für 500,00 EUR f) DKK für 1200,00 EUR

3 Nachstehende Sorten werden von einer deutschen Bank gegen EUR angekauft. Wie viel EUR erhält man? Die Kurse sind der Tabelle auf Seite 23 zu entnehmen.

a) 2 500,00 NOK b) 400,00 USD c) 250,00 CHF
d) 300,00 GBP e) 3 000,00 SEK f) 1 800,00 AUD

4 Im Ausland sollen nachstehende Sorten für EUR erworben werden. Welche Beträge erhält man in Auslandswährung? In Klammern Kurse Geld/Brief.

a) CHF für 600,00 EUR (1,558/1,638) b) NOK für 750,00 EUR (7,95/9,05)
c) USD für 1 200,00 EUR (0,89/0,95)[1] d) GBP für 400,00 EUR (1,43/1,55)[1]
e) CAD für 1 500 EUR (0,57/0,65)[1] f) JPY für 500,00 EUR (127,5/135,5)

5 Nachstehende Sorten werden im Ausland in EUR umgetauscht. Wie viel EUR erhält man? In Klammern Kurse Geld/Brief.

a) 1 200,00 NOK (7,98/9,03) b) 600,00 CHF (1,57/1,64)
c) 80 000,00 JPY (127,5/136,5) d) 3 000,00 SEK (8,65/9,65)
e) 800,00 USD (0,88/0,94)[1] f) 600,00 GBP (1,42/1,54)[1]

6 Welchem Paritätskurs (Geld bzw. Brief) im Ausland entsprechen nachstehende Notierungen in Deutschland (Notierung für 1 EUR)?

a) Brief (Ankauf) 1,115 USD b) Geld (Verkauf) 0,650 GBP

7 Berechnen Sie den Paritätskurs (Geld bzw. Brief) in Deutschland (Notierung für 1 EUR) für folgende ausländische Notierungen!

a) In Großbritannien Geld 1,435 b) In USA Brief 0,955

[1] In den USA, Kanada und Großbritannien ist die Notierung der Preis für 1 USD, 1 CAD bzw. 1 GBP. Man muss bei der Bank für 1 USD, 1 CAD bzw. 1 GBP den höheren EUR-Betrag zahlen und erhält von der Bank für 1 USD, 1 CAD bzw. 1 GBP den niedrigeren EUR-Betrag ausbezahlt.

8 Für eine Geschäftsreise nach Norwegen sollen 6 000,00 EUR in NOK umgetauscht werden. Kurse in Deutschland 7,96/9,02; Kurse in Norwegen 7,91/8,97.
Wo tauscht man vorteilhafter um und wie viel NOK beträgt der Vorteil?

9 Ein Urlauber erhält für 500,00 EUR in einer Wechselstube in New York 523,00 USD. Bei seiner Bank in Deutschland hätte er 4,00 USD mehr erhalten. Berechnen Sie den Kurs in den USA und in Deutschland!

10 In einem Züricher Uhrengeschäft wird eine Rolex-Armbanduhr zu 1 549,00 CHF angeboten. Der gleiche Uhrenyp kostet in Düsseldorf 999,00 EUR. Ist es vorteilhaft in Zürich zu kaufen, wenn der Kurs für EUR in der Schweiz 1,575 Geld und 1,645 Brief beträgt? Wie viel EUR beträgt die Preisdifferenz?

11 Ein Auslandsvertreter wechselte in Tokio 2 500,00 EUR in JPY um. Kurse in Tokio 127,8 Geld und 135,4 Brief. In Deutschland hätte er 1 000 JPY weniger bekommen. Wie wurde der JPY in Deutschland notiert?

12 Für einen Scheck über 8 450,00 CHF werden einem deutschen Unternehmer 5 200,00 EUR bei seiner Bank in Deutschland gutgeschrieben.

a) Zu welchem Kurs hat die Bank abgerechnet?
b) In Zürich wäre der Scheck abzüglich 20 CHF für Spesen zum Kurs von 1,62 abgerechnet worden. Wie viel EUR hätte der Unternehmer in Zürich erhalten? Wo wäre der Umtausch günstiger gewesen und wie viel EUR hätte der Vorteil betragen?

13 Entscheiden Sie anhand der angegebenen Kurse, ob es vorteilhafter ist, in Deutschland oder im Ausland umzutauschen! Treffen Sie Ihre Entscheidung ohne Berechnungen!

	geplanter Umtausch	Kurs in Deutschland	Kurs im Ausland	Paritätskurs in Deutschland
a)	EUR in CHF	1,560 Geld	1,570 Geld	–
b)	NOK in EUR	8,90 Brief	8,95 Brief	–
c)	EUR in USD	1,050 Geld	0,957 Brief	1,045
d)	GBP in EUR	0,695 Brief	1,450 Geld	0,690

14 Stellen Sie für nachstehend geplante Tauschgeschäfte fest, welche Kurse zu vergleichen sind, wie hoch der Paritätskurs in Deutschland ist und ob der Umtausch in Deutschland oder im Ausland günstiger ist!

	geplanter Umtausch	Kurs in Deutschland		Kurs im Ausland	
		Geld	Brief	Geld	Brief
a)	USD in EUR	1,045	1,116	0,893	0,955
b)	EUR in GBP	0,645	0,695	1,425	1,540

15 Ein deutscher Kaufmann tauschte in Norwegen EUR in NOK um. Hätte er in Deutschland getauscht, wären ihm 60,00 NOK weniger ausbezahlt worden.
Kurse in Norwegen: 7,945 Geld / 8,985 Brief
Kurse in Deutschland: 7,925 Geld / 8,965 Brief
Wie viel EUR hatte der Kaufmann getauscht?

16 In Deutschland wird der CHF mit 1,558 Geld und 1,635 Brief notiert. In der Schweiz betragen die EUR-Notierungen 1,562 Geld und 1,638 Brief. Wie viel CHF wurden in Deutschland umgetauscht, wenn der Kursunterschied einen Gewinn von 5,60 EUR brachte?
Hinweis zur Lösung: Berechnen Sie zuerst den Kursgewinn bei Umtausch von 1 CHF (5 Kommastellen)!

17 Ein Urlauber tauscht vor Antritt seines Urlaubs 3 000,00 EUR bei seiner deutschen Bank in USD um. Kurse 1,045/1,115

a) Wie viel USD erhält er?
b) Nach Rückkehr aus dem Urlaub besitzt er noch 558,00 USD, für die er bei seiner deutschen Bank 500,00 EUR bekommt. Zu welchem Kurs hat die Bank abgerechnet?
c) Wie viel EUR beträgt der Verlust durch den Rücktausch?

18 Für eine Geschäftsreise nach Schweden will ein deutscher Kaufmann 3 500,00 EUR in SEK umtauschen.
Kurse in Deutschland: 8,55/9,62
Kurse in Schweden: 8,52/9,60

a) Wie viel SEK erhält man in Deutschland und in Schweden? Wo ist der Umtausch günstiger und wie viel SEK beträgt der Kursunterschied?
b) Nach seiner Rückkehr tauscht der Kaufmann 1 200,00 SEK bei seiner deutschen Bank wieder in EUR um. Er bekommt 124,35 EUR ausbezahlt. Zu welchem Kurs wurde abgerechnet?
c) Wie viel EUR sind durch den Rücktausch verloren gegangen?

19 Vor ihrer Rückreise tauscht eine Urlauberin in den USA 800,00 USD in 716,00 EUR um. Der Paritätskurs in Deutschland unterscheidet sich vom tatsächlichen Kurs um 0,006. Wie lautet in Deutschland der Kurs für USD, wenn der Umtausch in den USA günstiger war? (Kurse auf 3 Dezimalstellen runden).

20 Für eine Urlaubsreise nach Japan tauscht Frau Reiser in Deutschland 2 500,00 EUR und in Japan 3 500,00 EUR in Yen (JPY) um. Kurse in Deutschland 111,2/120,2; Kurse in Japan 109,8/118,8.

a) Wie viel Yen erhält Frau Reiser in Deutschland, wie viel Yen in Japan?
b) In welchem Land ist der Umtausch günstiger? Wie viel Yen hätte Frau Reiser mehr erhalten, wenn sie zu dem günstigeren Kurs getauscht hätte?
c) Vor der Rückreise tauscht Frau Reiser in Japan 80 000,00 Yen wieder in EUR um. Kurse 110,8/119,8. Wie viel EUR erhält sie?
d) Wie viel EUR hätte Frau Reiser in Deutschland bei einem Kurst ovn 109,2/118,2 erhalten?

21 Herr Wagner unternimmt eine Erlebnisreise nach Kanada. Er tauscht in Deutschland 2 000,00 EUR und in Kanada 3 000,00 EUR in CAD (kan-$) um. Kurse in Deutschland 1,35 / 1,49; Kurse in Kanada 0,655 / 0,725 (1 CAD = 0,655 EUR / 1 CAD = 0,725 EUR).

a) Wie viel CAD erhält Herr Wagner in Deutschland, wie viel CAD in Kanada?
b) In welchem Land ist der Umtausch günstiger? Wie viel CAD hätte Herr Wagner mehr erhalten, wenn er zu dem günstigeren Kurs getauscht hätte?
c) Nach seiner Rückreise tauscht Herr Wagner in Deutschland 900,00 CAS wieder in EUR um. Kurse 1,34 / 1,48. Wie viel EUR erhält er?
d) Wie viel EUR hätte Herr Wagner in Kanada bei einem Kurs von 0,665 / 0,735 erhalten?

3 Verteilungsrechnung

Bei der Verteilungsrechnung wird ein Gesamtbetrag (Summe) nach einem Verteilungsschlüssel in Einzelbeträge (Summanden) zerlegt, zum Beispiel Verteilung der Bezugskosten einer Warensendung auf einzelne Artikelgruppen oder Verteilung des Jahresgewinns an die Gesellschafter.

Beispiel mit Lösung

Aufgabe: Die Heizkosten für ein Haus mit 4 Eigentumswohnungen betragen 8 580,00 EUR. Diese Summe soll auf die 4 Wohnungen nach deren Größe in m² verteilt werden. Wohnung A hat 70 m², B und C je 80 m² und D 95 m².

Lösung: Erfassen Sie die gegebenen Werte in einer Tabelle und kürzen Sie, falls leicht erkennbar, die Zahlen des Verteilungsschlüssels! Berechnen Sie den Wert für 1 Teil bzw. für 1 m² und ermitteln Sie den Kostenanteil für jede Wohnung! Addieren Sie zur Probe die Kostenanteile!

Wohnung	Verteilungsschlüsel	Teile	Kosten EUR
A	70 m²	14	1 848,00
B	80 m²	16	2 112,00
C	80 m²	16	2 112,00
D	95 m²	19	2 508,00
	325 m²	65	8 580,00
		1	132,00
	1 m²		26,40

Merke Übertragen Sie die gegebenen Werte in eine Tabelle und berechnen Sie über den Wert der kleinsten Einheit die einzelnen Anteile! Ermitteln Sie zur Probe die Summe der Anteile!

Aufgaben

1. Eine Eisenhandlung zahlt für eine Warensendung 280,80 EUR Fracht und Rollgeld. Die Kosten sind auf 3 Sorten nach deren Gewicht zu verteilen. Sorte A wiegt 162 kg, B 90 kg, C 216 kg.
2. Auf eine Importsendung entfallen 3 480,00 EUR Wertspesen, die auf drei Warengruppen zu verteilen sind. Der Wert von A beträgt 4 320,00 EUR, der von B 10 800,00 EUR und der von C 6 480,00 EUR.
3. In einer Elektrogroßhandlung fallen im Jahr 53 040,00 EUR Raumkosten an. Die Kosten sollen nach m² auf die Abteilungen Lager, Verkauf und Verwaltung umgelegt werden. Wie hoch sind die Anteile bei folgenden Flächen: Lager 336 m², Verkauf 168 m², Verwaltung 120 m²?
4. Mit einem Gelegenheitsgeschäft werden 33 750,00 EUR Gewinn erzielt, der im Verhältnis der Kapitaleinlagen verteilt werden soll. Wie viel EUR Gewinn erhalten drei Beteiligte bei folgenden Einlagen: A 75 000,00 EUR, B 50 000,00 EUR, C 62 500,00 EUR?

5 In einem kleinen Industriebetrieb werden die im Quartal anfallenden Gemeinkosten auf die Kostenstellen Material (M), Fertigung (F) und Verwaltung und Vertrieb (VV) verteilt. Erstellen Sie eine Tabelle (BAB = Betriebsabrechnungsbogen) und verteilen Sie die Kosten nach den angegebenen Verteilungsschlüsseln!

Gemeinkostenarten	**EUR**	**Verteilungsschlüssel M : F : VV**
Hilfs- und Betriebsstoffe	88 000,00	1 : 8 : 2
Gehälter, Hilfslöhne	328 000,00	2 : 9 : 5
Sozialkosten	64 000,00	2 : 9 : 5
Betriebssteuern	90 000,00	1 : 1 : 4
Instandhaltungen	54 000,00	2 : 7 : 3
Bürokosten, Werbekosten	123 000,00	1 : 1 : 10
Abschreibungen	203 500,00	2 : 6 : 3
Summe	950 500,00	

6 An dem Kaufpreis eines Unternehmens beteiligt sich A mit 245 000,00 EUR. B trägt $\frac{2}{5}$, C $\frac{1}{4}$ des Kaufpreises. Wie hoch ist der Kaufpreis des Unternehmens und wie viel EUR betragen die Anteile von A und B?

7 Von einer Erbschaft erhält A $\frac{1}{3}$, B $\frac{1}{4}$ und C den Rest im Wert von 260 000,00 EUR. Welchen Gesamtwert hat die Erbschaft und wie hoch sind die Anteile von A und B?

8 Bei der Aufteilung einer Erbschaft erhält A den fünften Teil und B den vierten Teil. Wie groß ist die Erbschaft, wenn B 12 000,00 EUR mehr als A bekommt?

9 In einem Testament wird bestimmt, dass die Frau des Erblassers $\frac{2}{5}$ des Gesamtvermögens und die Tochter 10 000,00 EUR mehr als der Sohn erhalten sollen. Wie groß ist das Gesamtvermögen, wenn die Mutter 20 000,00 EUR mehr als die Tochter erbt?

10 A vermacht seiner Frau $\frac{1}{3}$ seines Vermögens. Die Frau soll 40 000,00 EUR mehr als die Tochter bekommen. Jeder der beiden Söhne erhält 5 000,00 EUR weniger als die Tochter. Wie viel EUR beträgt das Vermögen?

11 Der Erlös von 425 000,00 EUR aus dem Verkauf eines Hauses soll unter drei Geschwistern gleich verteilt werden. B hatte früher 30 000,00 EUR für sein Studium, C 40 000,00 EUR für den Kauf eines Hauses erhalten. Diese Vorleistungen sind bei der Verteilung anzurechnen. Wie viel EUR erhält jeder vom Verkaufserlös?

12 Drei Baufirmen erhalten für die Ausführung von Erdarbeiten eine Abschlusszahlung von 179 400,00 EUR, die nach der Anzahl der gestellten Arbeitskräfte zu verteilen sind. Hierbei sollen Sonderleistungen und Abschlagszahlungen berücksichtigt werden. A stellt 12 Arbeiter, B 15 Arbeiter und C 9 Arbeiter. B erhielt eine Abschlagszahlung von 15 000,00 EUR. Für C sind 12 000,00 EUR für Bereitstellung von Maschinen zu berücksichtigen. Wie sind die 179 400,00 EUR zu verteilen? Wie viel EUR wurden insgesamt für die Erdarbeiten gezahlt?

13 In einer gemeinsamen Vertriebsgesellschaft erzielen drei Großhandelsfirmen einen Gewinn von 141 400,00 EUR. Der Gewinn wird im Verhältnis der Umsatzzahlen verteilt. Umsätze: A 960 000,00 EUR, B 640 000,00 EUR, C 880 000,00 EUR. Der Inhaber der

Firma B erhält für teilweise persönliche Mitarbeit zusätzlich 15000,00 EUR. Firma C soll wegen einer speziellen Werbeveranstaltung für ihre Artikel 10000,00 EUR weniger bekommen. Führen Sie die Gewinnverteilung durch!

14 Der Gewinn aus einem Gelegenheitsgeschäft soll so verteilt werden, dass A $\frac{2}{5}$, B $\frac{1}{3}$ weniger 5000,00 EUR, C $\frac{1}{4}$ und 7000,00 EUR erhält. Berechnen Sie den Gesamtgewinn und die einzelnen Gewinnanteile!

15 72000,00 EUR sollen an A, B und C so verteilt werden, dass A $\frac{3}{5}$ von B, C die Hälfte von A und B erhält. Wie viel EUR erhält jeder?

16 An einer OHG (offene Handelsgesellschaft) sind mit einem Kapital am 01.01. beteiligt: A mit 188000,00 EUR, B mit 262000,00 EUR und C mit 214000,00 EUR. Der Jahresgewinn beträgt 144500,00 EUR. Führen Sie die Gewinnverteilung nach folgenden Angaben durch: Jeder Gesellschafter erhält zunächst 5 % des Anfangskapitals, der verbleibende Rest wird im Verhältnis 3:2:2 verteilt! Wie hoch sind die Kapitalien am 31.12. unter Berücksichtigung nachstehender Privatentnahmen: A 52600,00 EUR, B 48400,00 EUR, C 39500,00 EUR? Verwenden Sie zur Lösung eine Tabelle mit folgenden Spalten:

Gesell-schafter	Kapital am 01.01.	Zinsen 5 %	Rest-gewinn	Gesamt-gewinn	Privatent-nahmen	Kapital am 31.12.

17 Eine OHG erzielt einen Jahresgewinn von 180600,00 EUR. Die Anfangskapitalien der Gesellschafter betragen: A 316000,00 EUR, B 178000,00 EUR, C 245000,00 EUR. Gewinnverteilung: 6 % des Anfangskapitals, Rest im Verhältnis 3:4:2. Privatentnahmen: A 32400,00 EUR, B 56800,00 EUR, C 53700,00 EUR. Führen Sie die Gewinnverteilung mithilfe einer Tabelle durch! Wie viel EUR betragen die Endkapitalien?

18 Eine KG (Kommanditgesellschaft) hat als Gesellschafter zwei Vollhafter Komplementäre) und einen Teilhaber (Kommanditisten). Die Anfangskapitalien betragen: Vollhafter A 85000,00 EUR, Vollhafter B 62000,00 EUR, Teilhafter C 350000,00 EUR. Von 133200,00 EUR Jahresgewinn erhält jeder zunächst 7 % des Anfangskapitals. Der Restgewinn ist im Verhältnis 6:6:1 zu verteilen. Die Vollhafter haben für Privatzwecke entnommen: A 44800,00 EUR, B 42100,00 EUR. Führen Sie die Gewinnverteilung durch und berechnen Sie die Endkapitalien der Vollhafter! Der Gewinnanteil des Teilhafters wird ausbezahlt, so dass die Kommanditeinlage unverändert bleibt.

19 Eine Kommanditgesellschaft weist einen Jahresgewinn von 146200,00 EUR aus. Die Anfangskapitalien betragen: Vollhafter A 145000,00 EUR, Teilhafter B 280000,00 EUR, Teilhafter C 320000,00 EUR. Gewinnverteilung: 6 % der Einlagen, Restgewinn 5:1:1. A hat 61000,00 EUR für Privatzwecke entnommen. Verteilen Sie den Gewinn und stellen Sie fest, wie viel EUR das Endkapital des Vollhafters beträgt! Die Gewinnanteile der Teilhafter werden der KG als Darlehen zur Verfügung gestellt.

20 Am Gesamtkapital einer Gesellschaft ist A mit $\frac{1}{5}$, des Kapitals, B mit $\frac{1}{4}$, C mit $\frac{2}{7}$ und D mit dem Rest beteiligt. Von 109500,00 EUR Gewinn erhält A für besondere Tätigkeit vorweg 15000,00 EUR. Der Rest ist im Verhältnis der Kapitalanteile zu verteilen. Wie viel EUR erhält jeder?

4 Prozentrechnung

4.1 Einführung in die Prozentrechnung und Berechnung des Prozentwertes

Beispiel mit Lösung

Aufgabe: Bei einer Werbeveranstaltung im Ort A kaufen von 75 Besuchern 18 eine angebotene Heizdecke. Im Ort B kaufen von 90 Besuchern 27 eine Heizdecke. In welchem Ort ist der Anteil der Käufer an der Besucherzahl größer? Vergleichen Sie die Anteile, indem Sie die Zahlenangaben auf eine gemeinsame Grundzahl beziehen! Wählen Sie 100 als Grundzahl!

Lösung: Man schreibt das Verhältnis „Käufer:Besucher" als Bruch und bringt beide Brüche auf den Hauptnenner 100.

Anteil A:

$$\frac{18}{75} = \frac{6}{25} = \frac{24}{100} = 24\,\%$$ [1]

24 % Anteil bedeutet, dass auf 100 Besucher 24 Käufer kommen.

Anteil B:

$$\frac{27}{90} = \frac{3}{10} = \frac{30}{100} = 30\,\%$$

Bei 30 % Anteil kommen auf 100 Besucher 30 Käufer.

> **Merke** Die Prozentrechnung ist eine Vergleichsrechnung mit der Zahl 100 als Vergleichszahl. Ist die Vergleichszahl 1 000, so spricht man von Promillerechnung.
>
> $1\,\% = \frac{1}{100}$; $p\,\% = \frac{p}{100}$
>
> Unterscheide: Der Bruchteil $\frac{p}{100} = p\,\%$ ist hier der Prozentsatz, p ist die Anzahl der Hundertstel.

Aufgaben

1 Geben Sie folgende Anteile in Prozent an!

a) $\frac{1}{2}$ b) $\frac{1}{4}$ c) $\frac{1}{5}$ d) $\frac{1}{10}$ e) $\frac{1}{20}$ f) $\frac{2}{5}$ g) $\frac{3}{4}$ h) $\frac{7}{10}$

2 Schreiben Sie als Bruch und kürzen Sie!

a) 10 % b) 20 % c) 25 % d) 30 % e) 50 % f) 60 % g) 75 % h) 150 %

[1] 24 Prozent, pro centum (lat.), für hundert.

3 Es ist $12\% = \frac{12}{100} = 0{,}12$. Drücken Sie ebenso aus:

a) 3% b) 15% c) 30% d) 2,5% e) 18,5% f) 125% g) 230%

4 Es ist $0{,}18 = \frac{18}{100} = 18\%$. Schreiben Sie in Prozent:

a) 0,11 b) 0,27 c) 0,45 d) 0,02 e) 0,2 f) 0,125 g) 1,25

Beispiel mit Lösung

Aufgabe: Auf einen Rechnungsbetrag von 720,00 EUR werden 3% Skonto gewährt. Wie viel EUR beträgt der Skonto?

Lösung:

Bedingungs- und Fragesatz aufstellen:

Rechnungsbetrag (Grundwert)	100% ≙	720 EUR
Skonto	3% ≙	x EUR

Schlussrechnung:

$x = \frac{720 \cdot 3}{100} = 21{,}6$

21,60 EUR Skonto (Prozentwert)

Formel:

Prozentwert = Grundwert $\cdot \frac{p}{100}$

$w = g \cdot \frac{p}{100} = 720 \cdot 0{,}03$[1] $= 21{,}6$

Merke In der Prozentrechnung kommen drei Größen vor:
Grundwert g, im Beispiel 720,00 EUR Rechnungsbetrag.
Der Grundwert g entspricht 100%.
Prozentsatz $\frac{p}{100} = p\%$, im Beispiel 3%.
Prozentwert w, im Beispiel 21,60 EUR Skonto.

Prozentrechenaufgaben können durch Schlussrechnung über 1%, als Verhältnisgleichung oder mithilfe einer Formel gelöst werden.

[1] 0,03 bezeichnet man hier auch als Prozentfaktor.

Aufgaben

5 Berechnen Sie den Prozentwert!

	Grundwert g	Prozentsatz
a)	1 255,00 EUR	3 %
b)	923,50 EUR	8 %
c)	3 570,200 kg	11 %
d)	705,125 kg	6 %
e)	1 825,00 l	28,2 %
f)	368,60 l	42,5 %
g)	46,75 m	16,8 %
h)	2 580,00 m	120,5 %

6 Berechnen Sie den Promillewert!

	Grundwert g	Prozentsatz
a)	35 850,00 EUR	2 ‰
b)	80 525,00 EUR	1,5 ‰
c)	8 745,00 EUR	4 ‰
d)	45 688,00 EUR	8,5 ‰
e)	668,500 kg	6 ‰
f)	12 708,450 kg	9,7 ‰
g)	15,625 t	7,2 ‰
h)	370,500 t	5,9 ‰

Bequeme Prozentsätze: Die Berechnung des Prozentwertes ist besonders einfach, wenn p Teiler von 100 ist.

Beispiele mit Lösungen

1. 25 % von 1 236,00 EUR

$25\,\% = \frac{25}{100} = \frac{1}{4}$

1 236,00 EUR : 4 = <u>309,00 EUR</u>

2. $16\frac{2}{3}$ % von 458,40 EUR

$16\frac{2}{3}\,\% = \frac{50}{3}\,\% = \frac{50}{3 \cdot 100} = \frac{1}{6}$

458,40 EUR : 6 = <u>76,40 EUR</u>

Prägen Sie sich folgende Prozentsätze gut ein:

$2\frac{1}{2}\,\% = \frac{1}{40}$	$6\frac{2}{3}\,\% = \frac{1}{15}$	$20\,\% = \frac{1}{5}$
$3\frac{1}{3}\,\% = \frac{1}{30}$	$8\frac{1}{3}\,\% = \frac{1}{12}$	$25\,\% = \frac{1}{4}$
$4\,\% = \frac{1}{25}$	$10\,\% = \frac{1}{10}$	$33\frac{1}{3}\,\% = \frac{1}{3}$
$5\,\% = \frac{1}{20}$	$12\frac{1}{2}\,\% = \frac{1}{8}$	$50\,\% = \frac{1}{2}$
$6\frac{1}{4}\,\% = \frac{1}{16}$	$16\frac{2}{3}\,\% = \frac{1}{6}$	$75\,\% = \frac{3}{4}$

Aufgaben

7 Berechnen Sie den Prozentwert mithilfe bequemer Prozentsätze!

	Grundwert g	Prozentsatz
a)	938,280 kg	$2\frac{1}{2}$ %
b)	2 540,760 kg	$3\frac{1}{3}$ %
c)	27,360 t	$6\frac{1}{4}$ %
d)	345,240 t	$8\frac{1}{3}$ %
e)	654,850 km	20 %

	Grundwert g	Prozentsatz
f)	5 457,90 EUR	$6\frac{2}{3}$ %
g)	21,76 EUR	$12\frac{1}{2}$ %
h)	3 745,80 EUR	$16\frac{2}{3}$ %
i)	9,44 EUR	25 %
j)	416,70 EUR	$33\frac{1}{3}$ %

8 In einem Großhandelsbetrieb wurden nachstehende Nettoverkaufspreise[1] kalkuliert, auf die 16 % Umsatzsteuer zu schlagen sind. Wie viel beträgt die Umsatzsteuer und wie hoch sind die Bruttoverkaufspreise? Mit welchem Prozentfaktor ist zu rechnen, wenn der Bruttoverkaufspreis unmittelbar vom Nettoverkaufspreis ermittelt werden soll?
a) 45,80 EUR b) 7,25 EUR c) 165,90 EUR d) 433,65 EUR e) 15,45 EUR

9 Ein Haushaltwarengeschäft zieht vom Einkaufspreis Liefererrabatt ab und vom verbleibenden Zieleinkaufspreis Liefererskonto. Berechnen Sie den Bareinkaufspreis!

	a)	b)	c)	d)
Einkaufspreis EUR	82,50	238,20	12,60	481,50
– Liefererrabatt	20 %	$16\frac{2}{3}$ %	25 %	18 %
Zieleinkaufspreis EUR	?	?	?	?
– Liefererskonto	2,5 %	3 %	1,5 %	2 %
Bareinkaufspreis EUR	?	?	?	?

10 Die Zahlungsbedingungen von Lieferant A lauten: 25 % Liefererrabatt und 3 % Liefererskonto. Lieferant B gewährt 28 % Rabatt, aber keinen Skonto. Welche Bedingungen sind günstiger? Wie viel EUR beträgt die Differenz bei 100,00 EUR Einkaufspreis? Wie groß ist der Vorteil bei einem Einkaufspreis von 5 000,00 EUR?

11 Nach dem Kalkulationsschema für Großhandelsbetriebe ergeben Bezugspreis + Allgemeine Handlungskosten (AHK) = Selbstkosten, Selbstkosten + Gewinn = Nettoverkaufspreis. Berechnen Sie anhand nachstehender Angaben den Nettoverkaufspreis!

	a)	b)	c)	d)
Bezugspreis EUR	178,00	67,20	9,25	532,80
+ AHK	22 %	$16\frac{2}{3}$ %	20 %	27,5 %
Selbstkosten EUR	?	?	?	?
+ Gewinn	$6\frac{1}{4}$ %	$8\frac{1}{3}$ %	12,5 %	6 %
Nettoverkaufspreis EUR	?	?	?	?

[1] Nettoverkaufspreise enthalten keine Umsatzsteuer.

12 Ein Kaufmann kalkuliert mit 25 % AHK und mit 8 % Gewinn. Er will die Rechenarbeit vereinfachen und fasst die zwei Prozentsätze zu einem gemeinsamen Prozentzuschlag (Kalkulationszuschlag) von 35 % zusammen.

a) Stellen Sie fest, ob die Berechnung mit 35 % Kalkulationszuschlag zum gleichen Ergebnis führt wie die Berechnung mit 25 % AHK und 8 % Gewinn! (Gehen Sie von 100,00 EUR Bezugspreis aus!)

b) Mit welchem Prozentfaktor (Kalkulationsfaktor) muss man den Bezugspreis multiplizieren, um den Nettoverkaufspreis zu erhalten? Berechnen Sie mithilfe des Kalkulationsfaktors den Verkaufspreis bei folgenden Bezugspreisen: 309,20 EUR, 44,75 EUR, 3,56 EUR!

13 In einem Industriebetrieb wird der Wert der Anlagegüter am Jahresende um einen bestimmten Prozentsatz herabgesetzt. Der Betrag dieser Abschreibung wird vom jeweils verbliebenen Wert (Buchwert bzw. Restwert) berechnet. Wie viel EUR beträgt der Buchwert am Ende des zweiten Jahres?

a) Maschinen: Anschaffungswert 165 600,00 EUR, $16\frac{2}{3}$ % Abschreibung vom Buchwert;

b) Büroausstattung: Anschaffungswert 41 600,00 EUR, 12,5 % Abschreibung vom Buchwert;

c) Fahrzeuge: Anschaffungswert 135 625,00 EUR, 20 % Abschreibung vom Buchwert.

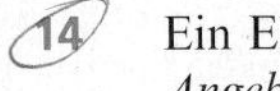

14 Ein Elektrohändler vergleicht zwei Angebote für den gleichen Waschmaschinentyp:
Angebot A: 1 180,00 EUR abzüglich 30 % Liefererrabatt, zuzüglich 25,00 EUR Frachtanteil.
Angebot B: 1 150,00 EUR, 22 % Liefererrabatt, 3 % Liefererskonto, Lieferung frei Haus.
Welches Angebot ist vorteilhafter und wie viel EUR beträgt die Differenz?

15 In einem Radiogeschäft wird der Preis einer Stereoanlage um 10 % erhöht. Als daraufhin die Anlage keinen Abnehmer findet, wird der erhöhte Preis wieder um 10 % gesenkt. Ursprünglich war die Anlage mit 495,00 EUR ausgezeichnet. Wie viel EUR kostete sie nach der Preiserhöhung und wie hoch ist der Preis nach der Preissenkung? Weshalb ergeben 10 % Erhöhung und anschließende 10 % Senkung nicht den ursprünglichen Preis?

4.2 Berechnung des Grundwertes und des Prozentsatzes

Beispiel mit Lösung

Aufgabe: Ein Vertreter erhält für seine Verkaufstätigkeit im vergangenen Monat 4 728,00 EUR. Dieser Betrag entspricht 6 % des von ihm erzielten Umsatzes. Wie viel EUR beträgt der Umsatz?

Lösung:

Bedingungs- und Fragesatz aufstellen:

Provision 6 % ≙ 4728 EUR
Umsatz 100 % ≙ x EUR

Schlussrechnung:

$$x = \frac{4728 \cdot 100}{6} = 78\,800$$

78 800,00 EUR Umsatz

Formel:

$$\text{Prozentwert} = \text{Grundwert} \cdot \frac{p}{100}$$

$$\text{Grundwert} = \text{Prozentwert} \cdot \frac{100}{p}$$

$$g = w \cdot \frac{100}{p} = 4728 \cdot \frac{100}{6} = 78\,800$$

Aufgaben

1 Berechnen Sie den Grundwert!

	Prozentwert *w*	Prozentsatz
a)	937,20 EUR	22 %
b)	57,40 EUR	17,5 %
c)	51,210 kg	4 %
d)	29,07 l	38 %
e)	19,050 t	8 %

2 Berechnen Sie den Grundwert!

	Promillewert	Prozentsatz
a)	91,60 EUR	2 ‰
b)	188,25 EUR	1,5 ‰
c)	243,00 EUR	4 ‰
d)	29,250 kg	6 ‰
e)	4,324 kg	8 ‰

Beachte: Ist p Teiler von 100, so vereinfacht sich die Rechnung.

Beispiel

$8\frac{1}{3}$ % Preiserhöhung ≙ 32,85 EUR. Berechnen Sie den alten Preis!

$8\frac{1}{3}\,\% = \frac{25}{3}\,\% = \frac{25}{3 \cdot 100} = \frac{1}{12}$; 32,85 EUR · 12 = 394,20 EUR

Aufgaben

3 Berechnen Sie den Grundwert mithilfe bequemer Prozentsätze!

	Prozentwert *w*	Prozentsatz
a)	32,75 EUR	$2\frac{1}{2}$ %
b)	410,50 EUR	$8\frac{1}{3}$ %
c)	4,650 t	25 %
d)	521,800 kg	$6\frac{1}{4}$ %
e)	3480,200 km	$33\frac{1}{3}$ %

	Prozentwert *w*	Prozentsatz
f)	7,19 EUR	$6\frac{2}{3}$ %
g)	230,05 EUR	20 %
h)	4625,00 EUR	$16\frac{2}{3}$ %
i)	15,30 EUR	12,5 %
j)	765,90 EUR	50 %

4 Ein Kaufmann zieht von einem Rechnungsbetrag 3 % Skonto ≙ 128,58 EUR ab. Wie hoch ist der Rechnungsbetrag und wie viel EUR zahlt der Kaufmann?

5 Der Umsatz eines Textilgeschäftes ist im Dezember $6\frac{1}{4}$ % ≙ 11 435,00 EUR höher als im November. Berechnen Sie den November- und Dezemberumsatz!

6 An einer Warensendung beträgt der Verpackungsanteil (Tara) 3,5 % ≙ 11,480 kg vom Bruttogewicht. Berechnen Sie das Bruttogewicht und das Nettogewicht!

7 Ein Warenlager ist mit 2,5 ‰ ≙ 712,50 EUR versichert. Wie hoch ist die Versicherungssumme des Warenlagers?

8 Am Jahresende wird eine Maschine mit $16\frac{2}{3}$ % ≙ 24 645,00 EUR abgeschrieben. Berechnen Sie den Anschaffungswert und den Restwert der Maschine!

9 Ein kaufmännischer Angestellter erhält eine Gehaltserhöhung von $3\frac{1}{3}$ % ≙ 115,85 EUR. Wie hoch war das alte Gehalt und wieviel EUR beträgt das neue Gehalt?

10 Der Umsatzsteueranteil an den Umsätzen des Monats Oktober beträgt 16 % ≙ 25 986,40 EUR. Berechnen Sie den Umsatz zu Nettoverkaufspreisen und zu Bruttoverkaufspreisen!

Beispiel mit Lösung

Aufgabe: Der Umsatz einer Elektrogroßhandlung beträgt im Juli 238 600,00 EUR. Im August steigt der Umsatz um 13 123,00 EUR. Wie viel Prozent beträgt die Umsatzerhöhung?

Lösung:

Bedingungs- und Fragesatz aufstellen:

Umsatz Juli	238 600 EUR ≙	100 %
Erhöhung	13 123 EUR ≙	p %

Schlussrechnung:

$p = \frac{100 \cdot 13\,123}{238\,600} = 5{,}5$ 5,5 % Erhöhung

Formel:

Prozentwert = Grundwert $\cdot \frac{p}{100}$

$$\frac{p}{100} = p\,\% = \frac{\text{Prozentwert}}{\text{Grundwert}}$$

$p\,\% = \frac{w}{g} = \frac{12\,123}{238\,600} = 0{,}055 = \underline{\underline{5{,}5\,\%}}$

Aufgaben

11 Berechnen Sie den Prozentsatz!

	Prozentwert *w*	Grundwert *g*
a)	81,30 EUR	542,00 EUR
b)	1798,00 EUR	22475,00 EUR
c)	83,05 l	377,50 l
d)	9,775 kg	85,000 kg
e)	1732,500 km	4620,00 km

12 Berechnen Sie den Promillesatz!

	Promille-wert	Grundwert *g*
a)	259,35 EUR	86450,00 EUR
b)	120,40 EUR	17200,00 EUR
c)	218,70 EUR	145800,00 EUR
d)	5,790 kg	965,000 kg
e)	41,865 kg	5582,000 kg

13 Wie viel Prozent des Bezugspreises betragen die allgemeinen Handlungskosten (AHK)?

	a)	b)	c)	d)
Bezugspreis EUR	186750,00	795,00	218,50	45148,00
AHK EUR	41085,00	132,50	39,33	11287,00

14 Wie viel Prozent der Selbstkosten beträgt der Gewinn?

	a)	b)	c)	d)
Selbstkosten EUR	345,00	75,60	5,60	245,60
Gewinn EUR	20,70	6,30	0,35	30,70

15 Versicherungsprämien werden in Promille der Versicherungssumme berechnet. Wie viel Promille beträgt die Prämie?

	a)	b)	c)	d)
Vers.-Summe EUR	175000,00	84000,00	260000,00	130000,00
Prämie EUR	437,50	268,80	455,00	292,50

16 In einer Kommanditgesellschaft erhalten die Gesellschafter nachstehende Gewinnanteile. Wie viele Prozent des Anfangskapitals beträgt der Gewinn?

	A	B	C
Anfangskapital EUR	**165000,00**	**320000,00**	**270000,00**
Gewinn EUR	**18150,00**	**26240,00**	**20250,00**

17 Wie viel Prozent des Bruttogewichts beträgt die Tara?

	a)	b)	c)	d)
Bruttogewicht kg	95,000	268,500	48,600	306,000
Taga kg	3,325	7,518	2,187	5,355

18 In einem Radiofachgeschäft werden die Preise verschiedener Artikel herabgesetzt. Wie viel Prozent beträgt die Preissenkung?

	a)	b)	c)	d)
alter Preis EUR neuer Preis EUR	144,00 129,60	1 984,00 1 736,00	46,00 39,10	834,00 695,00

19 Nachstehende Rechnungsbeträge werden um Skonto gekürzt. Wie viel Prozent beträgt der Skonto bei folgenden Zahlungen?

	a)	b)	c)	d)
Rechnungsbetrag EUR Zahlung EUR	2 832,50 2 775,85	63,20 61,62	947,00 918,59	5 926,00 5 837,11

20 Die aufbereitete Bilanz eines Industriebetriebes weist folgende Beträge in Mio. EUR aus. Wie viel Prozent der Bilanzsumme betragen die Bilanzposten?

Aktiva **Bilanz zum 31.12. ..** Passiva

Anlagevermögen Umlaufvermögen	87,6 99,9	? % ? %	Eigenkapital Fremdkapital	71,4 116,1	? % ? %
	187,5	100,0 %		187,5	100,0 %

4.3 Prozentrechnen auf und im Hundert (vom vermehrten und verminderten Grundwert)

Der Grundwert entspricht 100 %. Addiert man zum Grundwert einen Prozentwert von 15 %, so erhält man den vermehrten Grundwert von 115 %. Vermindert man den Grundwert um einen Prozentwert von 15 %, so entspricht der verminderte Grundwert 85 %.

Grundwert	≙ 100 %	Grundwert	≙ 100 %
+ Prozentwert	≙ 15 %	− Prozentwert	≙ 15 %
vermehrter Grundwert	≙ 115 %	verminderter Grundwert	≙ 85 %

Beispiele mit Lösungen

Aufgaben:

a) Das Gehalt eines kaufmännischen Angestellten beträgt nach einer Erhöhung von 4 % 3 484,00 EUR. Wie hoch war das alte Gehalt und wie viel EUR beträgt die Erhöhung?

b) Der Preis einer Videokamera wird um 15 % auf 999,60 EUR herabgesetzt. Berechnen Sie den alten Preis und die Preissenkung!

Lösungen:

	a)	b)
Ursprünglichen Rechenweg aufschreiben und die gegebenen Werte einsetzen:	altes Geh. x EUR ≙ 100 % + Erhöhung EUR ≙ 4 % neues Geh. 3 484,00 EUR ≙ 104 %	alter Preis x EUR ≙ 100 % – Senkung EUR ≙ 15 % neuer Preis 999,60 EUR ≙ 85 %
Bedingungs- und Fragesatz aufstellen:	neues Geh. 104 % ≙ 3 484,00 EUR altes Geh. 100 % ≙ x EUR	neuer Preis 85 % ≙ 999,60 EUR alter Preis 100 % ≙ x EUR
Schlussrechnung:	$x = \frac{3484 \cdot 100}{104} = 3350$	$x = \frac{999{,}60 \cdot 100}{85} = 1176$
Ergebnis:	3 350,00 EUR altes Gehalt	1 176,00 EUR alter Preis

Merke Schreiben Sie den ursprünglichen Rechenweg (von 100 % ausgehend) auf und setzen Sie die gegebenen Werte ein! Bilden Sie dann durch Schlussrechnung über 1 % den Bruchsatz für den gesuchten Wert!

Aufgaben

1 Berechnen Sie den Grundwert!

	vermehrter Grundwert	Prozentsatz
a)	5 546,10 EUR	14 %
b)	938,70 EUR	26 %
c)	51,360 kg	7 %
d)	695,800 t	22,5 %
e)	2 887,50 l	120 %

2 Berechnen Sie den Grundwert!

	verminderter Grundwert	Prozentsatz
a)	3 515,80 EUR	12 %
b)	413,22 EUR	3 %
c)	517,70 l	38 %
d)	196,845 kg	17,5 %
e)	43,739 t	4,5 %

Ist p Teiler von 100, so ist p auch Teiler vom vermehrten und verminderten Wert.

Beispiel mit Lösung

Aufgabe: Der Umsatz eines Geschäftes erhöhte sich um $8\frac{1}{3}$ % auf 203 320,00 EUR. Wie hoch war der alte Umsatz?

Lösung:

alter Umsatz	x EUR ≙ 100 %	≙ 12 Teile
Erhöhung	EUR ≙ $8\frac{1}{3}$ %	≙ 1 Teil
neuer Umsatz	203 320,00 EUR ≙ $108\frac{1}{3}$ %	≙ 13 Teile

$x = \frac{203\,320 \cdot 12}{13} = 187\,680$ 187 680,00 EUR alter Umsatz

Tabelle bequemer Teiler

Prozentsatz	vom reinen Grundwert	vom vermehrten Grundwert	vom verminderten Grundwert	Prozentsatz	vom reinen Grundwert	vom vermehrten Grundwert	vom verminderten Grundwert
2 %	$\frac{1}{50}$	$\frac{1}{51}$	$\frac{1}{49}$	10 %	$\frac{1}{10}$	$\frac{1}{11}$	$\frac{1}{9}$
$2\frac{1}{2}$ %	$\frac{1}{40}$	$\frac{1}{41}$	$\frac{1}{39}$	$12\frac{1}{2}$ %	$\frac{1}{8}$	$\frac{1}{9}$	$\frac{1}{7}$
$3\frac{1}{3}$ %	$\frac{1}{30}$	$\frac{1}{31}$	$\frac{1}{29}$	$16\frac{2}{3}$ %	$\frac{1}{6}$	$\frac{1}{7}$	$\frac{1}{5}$
4 %	$\frac{1}{25}$	$\frac{1}{26}$	$\frac{1}{24}$	20 %	$\frac{1}{5}$	$\frac{1}{6}$	$\frac{1}{4}$
5 %	$\frac{1}{20}$	$\frac{1}{21}$	$\frac{1}{19}$	25 %	$\frac{1}{4}$	$\frac{1}{5}$	$\frac{1}{3}$
$6\frac{1}{4}$ %	$\frac{1}{16}$	$\frac{1}{17}$	$\frac{1}{15}$	$33\frac{1}{3}$ %	$\frac{1}{3}$	$\frac{1}{4}$	$\frac{1}{2}$
$6\frac{2}{3}$ %	$\frac{1}{15}$	$\frac{1}{16}$	$\frac{1}{14}$	50 %	$\frac{1}{2}$	$\frac{1}{3}$	$\frac{1}{1}$
$8\frac{1}{3}$ %	$\frac{1}{12}$	$\frac{1}{13}$	$\frac{1}{11}$				

Aufgaben

3 Berechnen Sie den Grundwert mithilfe bequemer Teiler!

	vermehrter Grundwert	Prozentsatz
a)	1 967,40 EUR	12,5 %
b)	759,90 EUR	$6\frac{1}{4}$ %
c)	35,10 EUR	20 %
d)	3 130,00 EUR	$33\frac{1}{3}$ %
e)	1 131,60 EUR	2,5 %

	verminderter Grundwert	Prozentsatz
f)	4 046,50 EUR	$16\frac{2}{3}$ %
g)	27,80 EUR	50 %
h)	32 858,00 EUR	$6\frac{2}{3}$ %
i)	327,90 EUR	25 %
j)	8 507,40 EUR	$8\frac{1}{3}$ %

4 Berechnen Sie den alten Umsatz und die Umsatzerhöhung!

	a)	b)	c)	d)
Umsatzerhöhung	4 %	$6\frac{1}{4}$ %	6,5 %	$8\frac{1}{3}$ %
neuer Umsatz EUR	653 588,00	480 335,00	878 199,00	403 975,00

5 Wie viel EUR betragen der alte Preis und die Preissenkung?

	a)	b)	c)	d)
Preissenkung	15 %	$16\frac{2}{3}$ %	30 %	12,5 %
neuer Preis EUR	1 613,30	662,50	62,30	123,20

6 Nachstehende Bruttopreise enthalten 16 % bzw. 7 % Umsatzsteuer. Berechnen Sie die Nettopreise und die Umsatzsteuer!

	a)	b)	c)	d)
Umsatzsteuer	16 %	7 %	16 %	7 %
Bruttopreis EUR	4042,60	494,34	88,16	2808,75

7 Wie viel kg betragen das Bruttogewicht und die Tara?

	a)	b)	c)	d)
Tara	3,5 %	$3\frac{1}{3}$ %	6 %	$6\frac{2}{3}$ %
Nettogewicht kg	519,170	148,480	67,680	387,520

8 Berechnen Sie den Anschaffungswert und den Betrag der 1. Abschreibung!

	a)	b)	c)	d)
1. Abschreibung	$16\frac{2}{3}$ %	25 %	$33\frac{1}{3}$ %	20 %
1. Restwert EUR	43600,00	53520,00	89360,00	21940,00

9 Wie hoch sind die Selbstkosten und der Gewinn?

	a)	b)	c)	d)
Gewinn	5 %	$6\frac{2}{3}$ %	7,5 %	$8\frac{1}{3}$ %
Nettoverkaufspreis	877,80	118,40	68,80	341,25

10 Nach Abzug von 2,5 % Skonto überweist ein Kunde 3619,20 EUR.
a) Berechnen Sie den Rechnungsbetrag und den Skonto!
b) Im Skonto sind 16 % Umsatzsteuer enthalten. Wie viel EUR beträgt der Umsatzsteueranteil?

An dieser Stelle kann der als Anhang eingefügte Abschnitt „Anwendung der Prozentrechnung in der Warenhandelskalkulation“ behandelt werden.

4.4 Vermischte Aufgaben aus der Prozentrechnung

1 Nach statistischen Hochrechnungen wird die Bevölkerung der Bundesrepublik Deutschland im Jahr 2003 voraussichtlich 83,8 Mio., im Jahr 2030 77,4 Mio. Personen umfassen. In nebenstehender Tabelle ist der geschätzte prozentuale Anteil von vier Bevölkerungsgruppen aufgeführt.

Anteile	Jahr 2003	Jahr 2030
unter 20 Jahre	20,7 %	16,6 %
20 bis 59 Jahre	46,5 %	35,9 %
ab 60 Jahre	24,4 %	37,0 %
Ausländer	8,4 %	10,5 %
insgesamt	100,0 %	100,0 %

Berechnen Sie die Anzahl der Personen (in Mio.), die in den Jahren 2003 und 2030 zu den einzelnen Bevölkerungsgruppen gehören!

2 Im Geschäftsbericht einer Textilfabrik AG wird der Jahresumsatz von 326 Mio. EUR wie folgt aufgeteilt:
Bekleidungsstoffe 154 Mio. EUR, Haustextilien 102 Mio. EUR, Garne 58 Mio. EUR, Sonstiges 12 Mio. EUR.
Berechnen Sie den prozentualen Anteil der Teilumsätze am Gesamtumsatz!

3 Der Betrag von 5000,00 EUR wird um 6% erhöht. Danach werden vom erhöhten Betrag 7% aufgeschlagen und später weitere 12% von dem zuletzt berechneten Betrag. Wie viel EUR beträgt die Differenz, wenn man die einzelnen Prozentsätze addiert und mit 25% von 5000,00 EUR gerechnet hätte?

4 Nach 6-monatiger Beschäftigung erhält ein Angestellter eine Gehaltserhöhung von 5%. Ein Jahr später wird sein Gehalt um $3\frac{1}{3}$% auf 3906,00 EUR erhöht. Wie hoch war sein ursprüngliches Gehalt?

5 Der Restwert einer Maschine beträgt am Ende des 2. Jahres 96500,00 EUR. Die Maschine wurde mit $16\frac{2}{3}$% vom jeweiligen Buchwert abgeschrieben. Berechnen Sie den Anschaffungswert!

6. Der Preis eines Breitbild-Fernsehgerätes wurde um $8\frac{1}{3}$% erhöht, musste dann aber um 5% auf 1729,00 EUR herabgesetzt werden. Wie hoch war der ursprüngliche Preis?

7. Nach Abzug von $16\frac{2}{3}$% Rabatt und 3% Skonto überweist ein Kunde seinem Lieferer 3938,20 EUR.

a) Über wie viel EUR lautet der Rechnungsbetrag?
b) Im Rabatt und im Skonto sind jeweils 16% Umsatzsteuer enthalten. Berechnen Sie die Umsatzsteueranteile!

8 Der Umsatz eines Geschäftes betrug im Juli 123120,00 EUR, 4% weniger als im Juni. Im August erhöhte sich der Umsatz auf 131328,00 EUR. Wie hoch war der Umsatz im Juni und wie viel Prozent betrug die Umsatzsteigerung im August?

9 Ein Großhändler schlägt auf den Bezugspreis 25% allgemeine Handlungskosten und auf die Selbstkosten 8% Gewinn.

a) Wie hoch ist der Nettoverkaufspreis einer Küchenmaschine, deren Bezugspreis 220,00 EUR beträgt?
b) Wie viel EUR und wie viel Prozent beträgt der Gewinn, wenn die Küchenmaschine zu einem Nettopreis von 289,00 EUR verkauft wird?

10 Eine Werkzeughandlung erzielt beim Verkauf eines Bohrhammers zu 286,00 EUR einen Gewinn von 10%. Wie viel Prozent beträgt der Gewinn, wenn der Verkaufspreis auf 279,90 EUR herabgesetzt wird?

11 In einer Fahrradhandlung wird ein Fahrrad zu 522,00 EUR angeboten. Dieser Preis enthält 16% Umsatzsteuer. Der Händler rechnete mit 12,5% Gewinn. Wie viel Prozent Gewinn bleiben, wenn der Bruttoverkaufspreis auf 498,80 EUR herabgesetzt wird?

12 Berechnen Sie die gesuchten Werte!

	gegeben	gesucht
a)	25 % Handlungskosten ≙ 345,00 EUR	Selbstkosten
b)	15 % Umsatzsteuer ≙ 85,60 EUR	Bruttoverkaufspreis
c)	3 % Skonto ≙ 83,40 EUR	Barzahlung
d)	$8\frac{1}{3}$ % Gewinn ≙ 197,50 EUR	Nettoverkaufspreis
e)	$16\frac{2}{3}$ % 1. Abschreibung ≙ 15 450,00 EUR	1. Restwert
f)	4,5 % Gehaltserhöhung ≙ 145,80 EUR	neues Gehalt
g)	$6\frac{1}{4}$ % Tara ≙ 13,450 kg	Nettogewicht
h)	22,5 % Rabatt ≙ 832,50 EUR	zu zahlender Betrag

13 a) Bei Bestellung von 200 Tuben Zahnpasta werden 25 Tuben unberechnet zusätzlich geliefert. Welchem Rabattsatz entspricht diese Warendraufgabe?

b) Wie hoch wäre der Rabattsatz, wenn 200 Tuben geliefert, aber nur 175 Tuben berechnet würden (Warendreingabe)?

Hinweis zur Lösung: Jeweilige Liefermenge ≙ 100 %.

14 Ein Waschmittelhersteller setzt bei äußerlich unveränderter Verpackung das Gewicht des Inhalts von 3 kg auf 2,7 kg herab. Der Preis je Paket bleibt unverändert. Wie viel Prozent Preiserhöhung entspricht diese Maßnahme?

15 Der Vertreter einer Kraftfahrzeughandlung erhält ein monatliches Fixum von 1 000,00 EUR. Bei einem Jahresumsatz bis 400 000,00 EUR bezieht er 5 % Provision, bei Umsätzen über 400 000,00 EUR 6 % Provision. Wie hoch war der Jahresumsatz bei einer Jahresprovision (einschließlich Fixum) von 60 500,00 EUR?

16 Für private Nutzung werden einem Unternehmer 25 % der Kfz-Kosten (einschließlich Abschreibungen auf Fahrzeuge) als Privatentnahmen angerechnet. Von diesem Eigenverbrauch sind außerdem 16 % Umsatzsteuer zu zahlen. Der Privatanteil (einschließlich Umsatzsteuer) beträgt 4 582,00 EUR. Berechnen Sie die Kfz-Kosten!

17 Ein Einzelhandelskaufmann gibt beim Finanzamt einen Jahresumsatz von 460 000,00 EUR und davon 3,5 % Gewinn an.

a) Wie viel EUR Gewinn hat der Kaufmann gemeldet?

b) Wegen mangelhafter Buchführung schätzt das Finanzamt den Umsatz 10 % höher ein und setzt den Gewinn mit 22 770,00 EUR an. Mit wie viel EUR Umsatz und wie viel Prozent Umsatzgewinn hat das Finanzamt gerechnet?

c) Wie viel Prozent liegt der festgesetzte Gewinn höher als der angemeldete?

18 Der Nettoverkaufspreis eines Wasch- und Trockenautomates beträgt 1 188,00 EUR. In diesem Preis sind 25 % AHK und 8 % Gewinn enthalten.

a) Durch Rationalisierungsmaßnahmen können die AHK auf 20 % gesenkt werden. Auf wie viel Prozent erhöht sich der Gewinnsatz bei unverändertem Verkaufspreis?

b) Auf wie viel EUR kann der Verkaufspreis gesenkt werden, wenn man 10 % Gewinn anstrebt? Wie viel Prozent entspricht diese Preissenkung?

c) Der Nettoverkaufspreis wird schließlich auf 1 149,00 EUR gesenkt. Wie hoch ist jetzt der Gewinnsatz?

d) Fassen Sie 20 % AHK und 8 % Gewinnzuschlag zu einem gemeinsamen Zuschlagssatz zusammen! Wie viel Prozent beträgt dieser Kalkulationszuschlag? Wie hoch ist der Kalkulationsfaktor?

19 In der Radioabteilung eines Kaufhauses werden von 120 Videorecorder 25 Stück verkauft. Nach einer Preissenkung von 15 % werden 65 Stück verkauft. Der Rest kann nach einer weiteren Preissenkung von 12,5 % abgesetzt werden.

a) Wie hoch war der ursprüngliche Preis, wenn der Videorecorder zuletzt 357,00 EUR kostete?

b) Berechnen Sie den Gesamterlös!

20 Ein Fertigungsbetrieb setzte in einem Monat 12 000 Bauteile ab. Je Stück wurde ein Gewinn von 8,00 EUR erzielt. Durch Senkung des Verkaufspreises wird der Stückgewinn um 6,25 % gemindert. Um weiterhin den bisherigen Gesamtgewinn zu erzielen, soll der Umsatz erhöht werden. Um wie viel Stück muss der Monatsumsatz gesteigert werden und wieviel Prozent beträgt diese Steigerung?

21 Die Elektrogroßhandlung Kurt Brumme kauft 40 Bodenstaubsauger zum Preise von 4 950,00 EUR. Der Lieferer gewährt auf diesen Preis 20 % Rabatt und vom Restpreis 2 % Skonto. Die Bezugskosten für die Sendung betragen 139,20 EUR.

a) Wie hoch ist der Nettoverkaufspreis für 1 Gerät anzusetzen, wenn mit 30 % AHK und 10 % Gewinnzuschlag zu rechnen ist?

b) Bestimmen Sie den Kalkulationszuschlag und den Kalkulationsfaktor (siehe Aufgabe 12, Seite 36)!

c) Wie viel Prozent beträgt der Gewinn, wenn mit 25 % AHK gerechnet und der Nettoverkaufspreis für 1 Gerät mit 135,00 EUR festgesetzt wird?

22 Ein Großhändler für Werkzeuge bietet eine Handkreissäge zum Nettoverkaufspreis von 240,00 EUR an.

a) Zu welchem Einkaufspreis kann die Handkreissäge höchstens eingekauft werden, wenn der Großhändler 20 % Liefererrabatt erhält und bei 25 % AHK-Zuschlag einen Gewinn von 8 % erzielen will?
Lösungshinweis: Erstellen Sie das Rechenschema vom Einkaufspreis zum Nettoverkaufspreis und rechnen Sie dann vom Nettoverkaufspreis „zurück“ zum Einkaufspreis!

b) Auf wie viel EUR könnte der Nettoverkaufspreis gesenkt werden, wenn der Großhändler auf den unter a) errechneten Einkaufspreis 25 % Liefererrabatt erhält?

23 Der Fahrradgroßhändler Max Roller kalkuliert mit einem Kalkulationsfaktor von 1,408 (siehe Aufgabe 12, Seite 36).

a) Bestimmen Sie den Kalkulationszuschlag!

b) Im Kalkulationszuschlag sind 10 % Gewinn enthalten. Wie viel Prozent beträgt der AHK-Zuschlag?

c) Der AHK-Zuschlag wird auf 26 % festgesetzt, der Kalkulationszuschlag bleibt unverändert. Berechnen Sie den Prozentsatz für den Gewinnzuschlag!

5 Zinsrechnung

5.1 Zinsrechnen mit der allgemeinen Zinsformel

Zinsen sind der Preis für einen Geldbetrag, den ein Geldgeber für eine bestimmte Zeit zur Verfügung stellt. Bei der Berechnung der Zinsen treten drei Größen der Prozentrechnung unter anderen Bezeichnungen auf:

Prozentrechnung	Zinsrechnung
Grundwert g Prozentwert w Prozentsatz p %	Kapital k Zinsen z für 1 Jahr Zinssatz p %

Als vierte Größe kommt in der Zinsrechnung die Zeit (Jahre j, Monate m, Tage t) hinzu.

Kapital k ist der zur Verfügung gestellte Geldbetrag (Darlehen, Kreditbetrag, Spareinlage);

Zinsen z sind der Preis (die Vergütung) für die Überlassung des Geldbetrages;

Zinssatz p % gibt mit p an, wie viel EUR Zinsen für 100,00 EUR Kapital in 1 Jahr zu zahlen sind. (Statt Zinssatz sagt man auch Zinsfuß);

Zeit t ist der Zeitraum in Tagen, für den der Geldbetrag zur Verfügung steht. Der Zeitraum kann auch in Monaten m oder in Jahren j bestimmt werden.

Beispiel mit Lösung

Aufgabe: Ein Großhändler nimmt bei seiner Bank einen Kredit in Höhe von 15 600,00 EUR auf. Als Zinssatz werden 8,5 % vereinbart. Laufzeit 72 Tage. Wie viel EUR Zinsen sind zu zahlen?

Führen Sie die Berechnung zunächst durch Schlussrechnung mithilfe der Formvariablen k, p und t durch!

Lösung: Was ist gegeben? — $k = 15\,600{,}00$ EUR, $p\,\% = 8{,}5\,\%$, $t = 72$

Was ist gesucht? — z EUR Zinsen

Bruchsatz durch Schlussrechnung aufstellen (das Jahr mit 360 Tagen ansetzen):

Bei p % betragen die Zinsen in 360 Tagen: $z = k \cdot \frac{p}{100}$ (Prozentrechnung)

An 1 Tag betragen die Zinsen den 360. Teil, an t Tagen t-mal mehr: $z = k \cdot \frac{p}{100} \cdot \frac{t}{360}$

Allgemeine Zinsformel:	$z = \frac{k \cdot p \cdot t}{100 \cdot 360}$
Gegebene Werte einsetzen:	$z = \frac{15600 \cdot 8{,}5 \cdot 72}{100 \cdot 360} = 265{,}2$
Ergebnis:	265,20 EUR Zinsen

Wird der Zeitraum in Monaten angegeben, so ersetzt man $\frac{t}{360}$ durch $\frac{m}{12}$. Bei der Angabe in Jahren rechnet man anstelle von $\frac{t}{360}$ mit j. Überschreitet der Zeitraum 1 Jahr, darf mit der Zinsformel nur gerechnet werden, wenn keine Zinseszinsen vereinbart sind.

Merke

Tageszinsformel	Monatszinsformel	Jahreszinsformel (keine Zinseszinsen)
$z = \frac{k \cdot p \cdot t}{100 \cdot 360}$	$z = \frac{k \cdot p \cdot m}{100 \cdot 12}$	$z = \frac{k \cdot p \cdot j}{100}$

Berechnung der Tage in der Zinsrechnung:[1] Bei der Berechnung der Tage wird in Deutschland im kaufmännischen Geschäftsverkehr das Jahr zu 360 Tagen und jeder Monat zu 30 Tagen gerechnet. Der Tag, von dem aus gerechnet wird, zählt nicht mit; der letzte Tag wird mitgerechnet.

Beispiel: 02.03. bis 28.03. = 26 Tage.

Aufgaben

1 Berechnen Sie die Zinstage!

a) 11.01. bis 17.09.
b) 16.02. bis 31.07.
c) 05.01. bis 28.02.
d) 06.01. bis 01.03.
e) 01.03. bis 02.10.
f) 15.05. bis 10.10.
g) 22.07. bis 08.12.
h) 30.08. bis 02.11.
i) 12.02. bis 10.09.
j) 31.03. bis 05.07.
k) 10.09. bis 15.01. n. J.[2]
l) 12.12. bis 18.03. n. J.
m) 25.07. bis 31.05. n. J.
n) 15.11. bis 10.02. n. J.
o) 28.02. bis 18.01. n. J.

[1] Nach der Eurozinsmethode sind die Tage kalendermäßig, das Jahr zu 365 Tagen zu berechnen. In Schaltjahren (200, 2004 usw.) wird der Februar mit 29 Tagen, das Jahr mit 366 Tagen berechnet. Tagegenaue Zinsberechnung erfolgt für die Abrechnung von festverzinslichen Wertpapieren. Für die Umstellung auf die Eurozinsmethode für Sparkonten und Kredite bei Geschäftsbanken liegt noch keine gesetzliche Regelung vor, so dass bei deutschen Banken vorwiegend noch jeder Monat zu 30 Tagen und das Jahr zu 360 Tagen gerechnet wird.

[2] n. J. = nächstes Jahr.

2 Wie viel EUR betragen die Kreditzinsen?

	Kredit (EUR)	Zinsfuß	Zeit
a)	28 500,00	7,5 %	1 Jahr, 6 Monate
b)	12 800,00	8,75 %	2 Jahre, 9 Monate
c)	4 560,00	9,25 %	5 Monate
d)	53 400,00	5,5 %	7 Monate
e)	1 080,00	11 %	05.02. bis 15.12.
f)	18 630,00	$6\frac{2}{3}$ %	28.03. bis 08.10.

3 Berechnen Sie die Darlehenszinsen! Wie hoch sind die Rückzahlungen einschließlich Zinsen?

	Darlehen (EUR)	Zinsfuß	Zeit
a)	8 640,00	8,5 %	25.01. bis 30.07.
b)	25 920,00	7,75 %	28.02. bis 03.07.
c)	2 700,00	6,25 %	01.03. bis 21.09.
d)	13 140,00	10,5 %	22.04. bis 02.10
e)	1 620,00	9,25 %	19.05. bis 01.12.
f)	5 940,00	7,5 %	23.07. bis 21.12.

4 Eine Liefererrechnung über 8 640,00 EUR ist drei Monate nach Rechnungsdatum fällig. Nach Ablauf des Zahlungsziels berechnet der Lieferer 6 % Verzugszinsen. Rechnungsdatum 12.04. Der Kunde zahlt am 30.09. 5 400,00 EUR und am 20.10. den Rest einschließlich Zinsen. Wie viel EUR werden am 20.10. gezahlt?

5 Dem Kunden einer Textilgroßhandlung werden zwei Mahnungen zur Zahlung einer seit dem 18.05. fälligen Rechnung über 6 840,00 EUR geschickt. Bis zum Datum der 2. Mahnung werden 6,5 % Verzugszinsen, danach bis zur Zahlung 7,5 % Verzugszinsen berechnet. Die 2. Mahnung wird am 10.06. abgesandt, die Zahlung erfolgt am 26.06. Wie hoch ist die Zahlung einschließlich Zinsen?

6 Herr Fuchs prüft zwei Angebote zur Anlage von 10 000,00 EUR.
Angebot A: Sparbrief zu 6,5 % Verzinsung bei 5 Jahren Laufzeit.
Angebot B: Sparanlage zu jährlich um 0,5 % steigender Verzinsung. Zinsfuß im 1. Jahr 5,25 %. Laufzeit 5 Jahre.
Die Zinsen werden jeweils jährlich ausbezahlt. Welches Angebot ist ohne Berücksichtigung von Zinseszinsen günstiger und wie groß ist die Differenz?

7 Herr Bauer möchte seinen Bausparvertrag über 72 000,00 EUR vorfinanzieren. Ihm liegen zwei Angebote vor.
Angebot A: Bearbeitungsgebühr 1 % der Darlehensumme, Zinsfuß 6,75 %.
Angebot B: 1,5 % Bearbeitungsgebühr, 6,25 % Zinsen.

Stellen Sie fest, welches Angebot für nachstehende Laufzeiten vorteilhafter ist und geben Sie die Differenz an!
a) 15.02. bis 30.10.
b) 15.02. bis 10.05. n. J. (Keine Zinseszinsen rechnen.)

8 Es gibt Kreditbedingungen, die einen geringeren Auszahlungsbetrag als die Darlehensumme vorsehen. Die Differenz bezeichnet man als Damnum (Abschlag). Der Kreditnehmer muss die volle Darlehensumme verzinsen und zurückzahlen. Zu den Kreditkosten gehören demnach: Zinsen von der Darlehensumme, Damnum, Bearbeitungsgebühr.
Berechnen Sie die Kreditkosten, die für eine Darlehensumme über 60 000,00 EUR, Laufzeit 2 Jahre, 7 Monate, 10 Tage, bei folgenden Bedingungen anfallen! (Keine Zinseszinsen rechnen.)
Bedingungen A: 7,5 % Zinsen bei 98 % Auszahlung zuzüglich 1 % Bearbeitungsgebühr von der Darlehensumme.
Bedingungen B: 6,75 % Zinsen bei 95 % Auszahlung, keine Bearbeitungsgebühr.

9 Die Zahlungsbedingungen unseres Lieferers lauten: Zahlbar innerhalb von 10 Tagen mit 3 % Skonto oder innerhalb 60 Tagen rein netto (ohne Abzug). Zur Zahlung einer Rechnung über 7 920,00 EUR innerhalb von 10 Tagen stehen keine Barmittel zur Verfügung. Es könnte aber ein Bankkredit zu 9,25 % bis zum Ablauf des Zahlungsziels aufgenommen werden. Ist es vorteilhaft, den Bankkredit aufzunehmen und wie hoch ist gegebenenfalls die Ersparnis?

10 Eine Rechnung über 6 300,00 EUR, Rechnungsdatum 20.07., kann vom Schuldner frühestens am 15.11. mit eigenen Mitteln bezahlt werden. Zahlungsbedingungen: Zahlbar innerhalb 14 Tagen mit 2,5 % Skonto oder innerhalb von 60 Tagen rein netto; bei Überschreitung des Zahlungszieles 8 % Verzugszinsen.
a) Geben Sie die für die Zinsrechnung wichtigen Daten auf einer Zeitgeraden an!
b) Wie viel EUR muss der Kunde am 15.11. an den Lieferer zahlen?
c) Um mit Skontoabzug zu zahlen, müsste ein Bankkredit zu 9 % aufgenommen werden. Wie viel EUR wären in diesem Fall an die Bank am 15.11. zurückzuzahlen? Geben Sie den Differenzbetrag zu b) an!

Beispiele mit Lösungen

Aufgaben:

a) Ein Darlehen brachte bei 8,25 % Verzinsung in 145 Tagen 239,25 EUR Zinsen. Wie viel EUR betrug das Darlehen?

b) Für einen Kredit in Höhe von 7 800,00 EUR wurden bei einer Laufzeit von 108 Tagen 175,50 EUR Zinsen gezahlt. Berechnen Sie den Zinsfuß!

c) Für ein Darlehen von 12 600,00 EUR, das zu 6,75 % ausgeliehen war, wurden 453,60 EUR Zinsen berechnet. Wie lange war das Darlehen ausgeliehen?

Lösungen:

	a)	b)	c)
Was ist gegeben?	z = 239,25 EUR p% = 8,25% p = 8,25 t = 145	z = 175,50 EUR k = 7800,00 EUR t = 108	z = 453,60 EUR k = 12600,00 EUR p% = 6,75% p = 6,75
Was ist gesucht?	Kapital k	Zinsfuß p%	Tage t
Umformung der Tageszinsformel nach der gesuchten Größe:	$\frac{k \cdot p \cdot t}{100 \cdot 360} = z$ $k = \frac{z \cdot 100 \cdot 360}{p \cdot t}$	$\frac{k \cdot p \cdot t}{100 \cdot 360} = z$ $p = \frac{z \cdot 100 \cdot 360}{k \cdot t}$	$\frac{k \cdot p \cdot t}{100 \cdot 360} = z$ $t = \frac{z \cdot 100 \cdot 360}{k \cdot p}$
Gegebene Werte einsetzen:	$k = \frac{239{,}25 \cdot 100 \cdot 360}{8{,}25 \cdot 145}$	$p = \frac{175{,}50 \cdot 100 \cdot 360}{7800 \cdot 108}$	$t = \frac{453{,}60 \cdot 100 \cdot 360}{12600 \cdot 6{,}75}$
Ergebnis:	7200,00 EUR Darlehen	7,5% Zinsfuß	192 Tage

Aufgaben

11 Wie viel EUR beträgt das Kapital?

	Zinsen (EUR)	Zinsfuß	Zeit
a)	250,80	6 %	12.01. bis 22.07.
b)	566,10	4,5 %	25.02. bis 31.08.
c)	168,30	8,25 %	14.03. bis 04.09.
d)	901,17	9,5 %	01.04. bis 07.10
e)	1078,80	7,75 %	17.07. bis 12.12.

12 Wie viel Prozent beträgt der Zinsfuß?

	Kapital (EUR)	Zinsen (EUR)	Zeit
a)	43200,00	318,00	05.01. bis 28.02.
b)	15120,00	152,25	03.01. bis 01.03.
c)	2880,00	66,50	31.03. bis 25.09.
d)	6120,00	214,20	27.04. bis 15.10
e)	2160,00	95,46	14.06. bis 06.12.

13 Berechnen Sie die Tage!

	Kapital (EUR)	Zinsen (EUR)	Zinsfuß
a)	13 680,00	218,50	5 %
b)	30 960,00	371,52	8 %
c)	5 040,00	290,29	7,25 %
d)	7 920,00	55,66	11,5 %
e)	5 400,00	161,85	6,5 %

14 Wir belasten unseren Kunden wegen verspäteter Zahlung für die Zeit vom 24.06. bis 16.08. mit 56,55 EUR Verzugszinsen. Wie hoch war der Rechnungsbetrag bei einem Zinssatz von 7,5 %?

15 Die monatlichen Mieteinnahmen eines Hauses betragen 5 200,00 EUR. Das Haus ist mit einer Hypothek in Höhe von 180 000,00 EUR belastet, die im Falle des Verkaufs vom Käufer zu übernehmen ist.
An Kosten fallen an: 7 % Hypothekenzinsen, Instandhaltungskosten und Steuern jährlich 4 500,00 EUR, Heizungskosten jährlich 8 200,00 EUR, Abschreibungen jährlich 11 500,00 EUR. Wie viel EUR kann ein Käufer höchstens anlegen, wenn er mit einer Verzinsung von 5 % rechnet?

16 Eine Rechnung über 4 680,00 EUR war am 06.09. fällig, eine zweite Rechnung am 26.09. Der Lieferer berechnete zum 16.11. 6 % Verzugszinsen in Höhe von 83,10 EUR. Über wie viel EUR lautete die zweite Rechnung?

17 Ein Lieferer berechnete uns 38,25 EUR Verzugszinsen für die Zeit vom 17.11. bis 12.12. Wie hoch war der Zinssatz bei einem Rechnungsbetrag von 6 480,00 EUR?

18 Wie hoch war der Zinsfuß für ein Darlehen über 8 640,00 EUR, das am 15.01. gewährt und am 25.09. einschließlich Zinsen mit 9 075,00 EUR zurückgezahlt wurde?

19 Ein Kapital von 9 000,00 EUR wächst in 80 Tagen auf 9 150,00 EUR an. Wie groß ist ein Kapital, das zu den gleichen Bedingungen in 72 Tagen 162,00 EUR Zinsen bringt?

20 Eine Rechnung über 2 880,00 EUR wurde zuzüglich 48,40 EUR Verzugszinsen am 28.10. bezahlt. Zinsfuß 5,5 %. Wann war die Rechnung fällig?

21 Frau Sander hat am 10.04. bei ihrer Bank ein Darlehen in Höhe von 6 000,00 EUR zu 8 % Verzinsung aufgenommen. Wann muss sie das Darlehen zurückzahlen, wenn sie höchstens 300,00 EUR Zinsen aufwenden möchte?

22 Wann wurden 1 800,00 EUR auf ein Sparkonto einbezahlt, wenn der Zinssatz bis zum 15.08. 2,75 % betrug und dann auf 3 % erhöht wurde? Das Guthaben betrug am 31.12. nach Gutschrift der Zinsen 1 842,25 EUR. (Keine Zinseszinsen rechnen.)

23 Der Kaufpreis eines Mietshauses beträgt 780 000,00 EUR. Einem Käufer stehen 340 000,00 EUR Eigenkapital zur Verfügung. Der Rest soll durch ein Hypothekendarlehen in Höhe von 260 000,00 EUR zu 6,25 % und durch ein zweites Hypothekendarlehen von 180 000,00 EUR zu 7,25 % finanziert werden.
Die monatlichen Mieteinnahmen betragen 6 600,00 EUR. An sonstigen Kosten fallen an: Instandhaltungskosten und Steuern vierteljährlich 2 200,00 EUR, Heizungskosten jährlich 11 200,00 EUR, Abschreibungen jährlich 14 600,00 EUR.
Zu wie viel Prozent verzinst sich das angelegte Eigenkapital?

24 Wir erhalten eine Liefererrechnung über 4 600,00 EUR. Die Zahlungsbedingungen lauten: Zahlbar innerhalb von 10 Tagen mit 2,5 % Skonto oder in 60 Tagen rein netto. Wir zahlen innerhalb von 10 Tagen mit Skontoabzug. Wie viel Prozent Verzinsung entspricht der Skontoabzug?
Hinweis zur Lösung: Unterstellen Sie, dass die Zahlung am 10. Tag erfolgt (ergibt 50 Zinstage) und setzen Sie den um Skonto verminderten Rechnungsbetrag als Kapital k an!

25 Wie viel Prozent Verzinsung entspricht der Skontoabzug in folgenden Zahlungsbedingungen?

a) Ziel 3 Monate oder innerhalb von 10 Tagen mit 3 % Skonto.

b) Ziel 2 Monate oder innerhalb von 14 Tagen mit 2 % Skonto.

c) Zahlbar innerhalb von 8 Tagen mit 2,5 % Skonto oder innerhalb 30 Tagen rein netto.

Hinweis zur Lösung: Nehmen Sie einen Rechnungsbetrag an (z. B. 100,00 EUR) und setzen Sie für k den vorzeitig bezahlten Betrag ein!

26 Stellen Sie fest, wie hoch die tatsächliche Verzinsung (Effektivverzinsung) bei folgenden Kreditbedingungen ist! Auszahlung und Gebühren in Prozent von der Darlehensumme. (Siehe Aufgabe 8, Seite 50).

	Darlehen (EUR)	Zinsfuß	Auszahlung	Gebühren	Laufzeit
a)	25 000,00	7,5 %	98 %	1 %	$2\frac{1}{4}$ Jahre
b)	40 000,00	6,5 %	96 %	0,5 %	$1\frac{3}{4}$ Jahre
c)	15 000,00	6 %	97 %	1,5 %	15.01.–30.11.

27 Bei 12 % Zinssatz erhält man in einem Jahr 12,00 EUR Zinsen von 100,00 EUR Kapital. In 6 Monaten ergeben 12 % Verzinsung 6,00 EUR Zinsen. 6,00 EUR Zinsen von 100,00 EUR Kapital entsprechen 6 %. Der Zinssatz bezieht sich auf 360 Tage. Den auf einen anderen Zeitabschnitt umgerechneten Zinssatz bezeichnet man als Zeitprozentsatz oder angepassten Zinssatz. Die Zinsrechnung wird zur Prozentrechnung.

Bestimmen Sie den Zeiprozentsatz!

a) 12 %, 3 Monate	e) 9 %, 80 Tage	i) 4,5 %, 10.02.–16.05
b) 12 %, 1 Monat	f) 8 %, 45 Tage	j) 7,5 %, 18.05.–30.07.
c) 6 %, 6 Monate	g) 6 %, 105 Tage	k) 10 %, 04.06.–22.09.
d) 8 %, 9 Monate	h) 7,5 %, 144 Tage	l) 5 %, 02.03.–26.07.

28 Ein am 11.06. aufgenommenes Darlehen wird einschließlich 7,5 % Zinsen mit 7 995,00 EUR am 11.10. zurückgezahlt. Wie viel EUR betragen das Darlehen und die Zinsen? Hinweis zur Lösung: Bestimmen Sie den Zeitprozentsatz und lösen Sie die Aufgabe als Prozentrechnung!

29 Nach Abzug von 9 % Zinsen für die Zeit vom 10.05. bis 30.09. zahlt eine Bank 13 510,00 EUR aus. Berechnen Sie die Darlehensumme und die Zinsen!

30 Ein Kaufmann benötigt am 15.02. 20 700,00 EUR, die er am 31.12. zurückzahlen will. Seine Bank verlangt 8 % Kreditzinsen und 1 % Bearbeitungsgebühr von der Kreditsumme. Diese Kreditkosten werden bei Auszahlung von der Kreditsumme abgezogen.

a) Wie hoch ist die Kreditsumme, damit am 15.02. 20 700,00 EUR ausbezahlt werden?

b) Wie viel Prozent beträgt die Effektivverzinsung?

31 Ein bestimmter Betrag wird zu 9 % für 160 Tage angelegt. Nach Ablauf der 160 Tage legt man den um die Zinsen erhöhten Betrag für 144 Tage zu 9,5 % an. Am Ende der Anlagezeit werden 26 988,00 EUR ausbezahlt. Wie hoch ist der ursprünglich angelegte Betrag?

5.2 Summarische Zinsrechnung

Bei der summarischen Zinsrechnung werden mehrere Beträge zum gleichen Zinssatz verzinst. Die Lösung summarischer Zinsrechenaufgaben erfolgt mithilfe der kaufmannischen Zinsformel.

Beispiel mit Lösung

Aufgabe: Der Einzelhändler Pfeifer schuldet seinem Großhändler nachstehende Beträge:
1 632,00 EUR, fällig 13.04.
912,00 EUR, fällig 08.05.
2 208,00 EUR, fällig 02.06.
Pfeifer befindet sich in vorübergehenden Zahlungsschwierigkeiten und bittet um einen Zahlungsaufschub bis zum 30.06. Er ist bereit, 7,5 % Verzugszinsen zu zahlen.
a) Wie viel EUR betragen die Verzugszinsen?
b) Berechnen Sie die Gesamtschuld zum 30.06.!

Lösung:

a) *Berechnung der Verzugszinsen mit der allgemeinen Zinsformel:*

$$z = \frac{k \cdot t \cdot p}{100 \cdot 360} = \frac{1\,632 \cdot 77 \cdot \boxed{7{,}5}}{100 \cdot \boxed{360}} = 26{,}18 \text{ (EUR)}$$

$$z = \frac{k \cdot t \cdot p}{100 \cdot 360} = \frac{912 \cdot 52 \cdot \boxed{7{,}5}}{100 \cdot \boxed{360}} = 9{,}88 \text{ (EUR)}$$

$$z = \frac{k \cdot t \cdot p}{100 \cdot 360} = \frac{2\,208 \cdot 28 \cdot \boxed{7{,}5}}{100 \cdot \boxed{360}} = \underline{12{,}88 \text{ (EUR)}}$$

$$\underline{\underline{48{,}94 \text{ EUR}}} \quad \text{Verzugszinsen}$$

Bei der Verzinsung mehrerer Beträge zum gleichen Zinsfuß nach der allgemeinen Zinsformel bleibt p konstant. In Verbindung mit dem Divisor 360 wiederholt sich die Multiplikation mit $\frac{p}{360}$, im Beispiel $\frac{7{,}5}{360}$. Um den Rechenweg zu vereinfachen, rechnet man zunächst die Werte $\frac{k \cdot t}{100}$ aus, addiert die Zwischenergebnisse und führt zum Schluss die Multiplikation mit $\frac{p}{360}$ durch.

$z = \frac{k \cdot t \cdot p}{100 \cdot 360}$ zerlegt man in $\frac{k \cdot t}{100}$ und in $\frac{p}{360}$.

$\frac{k \cdot t}{100}$ bezeichnet man als **Zinszahl** (#)[1].

Ist p Teiler von 360[2], so erhalten wir nach der Division 360 : p eine Zahl, die **Zinsteiler** genannt wird. Bei der Berechnung der Zinsen steht der Zinsteiler im Nenner!

Danach lautet die kaufmännische Zinsformel:

$$z = \frac{\text{Summe der Zinszahlen}}{\text{Zinsteiler}} = \frac{\#}{Zt}$$

Man kann auch zweckmäßig mit der abgewandelten kaufmännischen Zinsformel $z = \frac{\# \cdot p}{360}$ rechnen, wenn man nicht sofort erkennt, ob p Teiler von 360 ist.

Bei der Berechnung der Zinszahlen werden die Dezimalstellen der Zinszahlen ab 0,5 auf Ganze aufgerundet.

[1] # bedeutet Nummer und wird auch als Bezeichnung für Zinszahlen verwendet.

[2] Der Divisor ist Teiler des Dividenden, wenn bei der Division kein Rest bleibt. In der Aufgabe 360 : 7,5 = 48 ist 7,5 Teiler von 360.

b) *Berechnung der Verzugszinsen mit der kaufmännischen Zinsformel:*

Tabelle mit den gegebenen Werten aufstellen:

Tage und Zinszahlen (ab 0,5 auf Ganze aufrunden) berechnen: Zinszahlen addieren und Zinsen berechnen:

$$z = \frac{2349 \cdot 7{,}5}{360} = \frac{2349}{48} = 48{,}94$$

Gesamtschuld ermitteln:

Betrag EUR	fällig	Tage bis 30.06.	#
1632,00 912,00 2208,00	13.04. 08.05. 02.06.	77 52 28	1257 474 618
4752,00			2349
48,94	7,5 % Verzugszinsen		
4800,94	Gesamtschuld am 30.06.		

Merke Kaufmännische Zinsformel: $z = \frac{\#}{Zt}$ oder $z = \frac{\# \cdot p}{360}$

Bei der Berechnung der Zinszahlen werden die Dezimalstellen der Zinszahlen ab 0,5 auf Ganze aufgerundet.

Aufgaben

1 Ein Sparer zahlt auf sein Sparkonto folgende Beträge ein:

a) 160,00 EUR am 12.02
325,00 EUR am 16.05.
280,00 EUR am 08.07.
450,00 EUR am 24.09.

Berechnen Sie das Guthaben am 31.12. einschließlich 3 % Zinsen!

b) 245,00 EUR am 18.03.
420,00 EUR am 04.05.
190,00 EUR am 15.08.
375,00 EUR am 02.10.

Wie viel EUR beträgt das Guthaben am 31.12. einschließlich 2,75 % Zinsen?

2 Ein Kunde schuldet nachstehende Beträge:

a) 2470,60 EUR am 22.07.
1395,25 EUR am 15.08.
3060,80 EUR am 01.09.

Wie viel DM beträgt die Gesamtforderung des Lieferers am 30.09. einschließlich 8 % Verzugszinsen?

b) 4175,60 EUR am 28.10.
768,45 EUR am 17.11.
2342,70 EUR am 05.12.

Berechnen Sie die Gesamtforderung des Lieferers am 31.12. einschließlich 6,5 % Verzugszinsen!

3 In einer Offenen Handelsgesellschaft (OHG) werden die Privatentnahmen des Vollhafters mit 5,5 % bis zum 31.12. verzinst. Wie viel EUR Zinsen fallen bei folgenden Entnahmen an?
10200,00 EUR am 20.03., 4850,00 EUR am 15.05., 8635,00 EUR am 03.07., 12490,00 EUR am 19.10.

Wird eine Schuldsumme durch Rückzahlungen oder durch Erhöhungen verändert, so kann die summarische Zinsrechnung mithilfe einer Zinsstaffel übersichtlich durchgeführt werden.

Beispiel mit Lösung

Aufgabe: Einem kleinen Industriebetrieb wird von der Bank eine Kreditgrenze bis zu 25 000,00 EUR eingeräumt. Der Betrieb beansprucht am 25.03. 18 800,00 EUR, zahlt am 12.06. 7 500,00 EUR zurück, nimmt am 22.07. zusätzlich 9 200,00 EUR in Anspruch und zahlt am 05.11. 12 600,00 EUR zurück. Wie groß ist die Schuld am 31.12. einschließlich 8,5 % Zinsen?

Lösungen:

Lösung mithilfe der bisher verwendeten Tabelle:

Kreditaufnahme 25.03.

Restschuld EUR	fällig	Tage	#
18 800,00	12.06.	77	14 476
11 300,00	22.07.	40	4 520
20 500,00	05.11.	103	21 115
7 900,00	30.12.	55	4 345
7 900,00	Restschuld		44 456
1 049,66	8,5 % Zinsen		
8 949,66	Schuld am 30.12.		

Lösung mithilfe der Zinsstaffel:

Verfall	S/H	Betrag EUR	Tage	#
25.03.	S	18 800,00	77	14 476
12.06.	H	7 500,00		
	S	11 300,00	40	4 520
22.07.	S	9 200,00		
	S	20 500,00	103	21 115
05.11.	H	12 600,00		
30.12.	S	7 900,00	55	4 345
			275	44 456
30.12.	S	1 049,66	8,5 % Zinsen	
30.12.	S	8 949,66	Schuld 30.12.	

In der Zinsstaffel bedeuten S = Sollbetrag (Schulden), H = Habenbetrag (Guthaben). Beachten Sie, dass nur der Saldenbetrag (= Restschuld) zu verzinsen ist!

Aufgaben

4 Eine Lebensmittelhändlerin nimmt zur Modernisierung ihrer Ladeneinrichtung am 20.01. einen kurzfristigen Kredit in Höhe von 15 000,00 EUR zu 7,75 % auf. Sie zahlt am 15.05. 4 500,00 EUR, am 08.07. 5 600,00 EUR und am 25.10. den Rest zusammen mit den Zinsen zurück. Wie viel EUR beträgt die Zahlung am 25.10.?

5 Zum Einkauf von Sonderposten wird einem Großhändler von seiner Bank eine Kreditgrenze bis zu 20 000,00 EUR eingeräumt. Der Großhändler beansprucht am 12.03. 14 000,00 EUR, zahlt am 18.05. 5 200,00 EUR zurück, nimmt am 04.08. zusätzlich 7 800,00 EUR in Anspruch und zahlt am 22.11. 8 400,00 EUR zurück. Wie groß ist seine Schuld einschließlich 8,25 % Zinsen am 31.12.?

6 Frau Faber kauft am 10.03. für 3 500,00 EUR einen Digital-Camcorder und Videorecorder und zahlt 500,00 EUR an. Den Rest begleicht sie in 4 gleich großen Raten am 30.05., 30.07., 30.09. und 30.11. Es werden 6 % Zinsen vereinbart, die mit der letzten Rate zu entrichten sind. Wie viel EUR beträgt die letzte Zahlung?

7 In einem Radiogeschäft beträgt der Barpreis einer HiFi-Stereoanlage 1 098,00 EUR. Der Händler beabsichtigt, die Anlage gegen Ratenzahlungen zu verkaufen. Es sollen 198,00 EUR angezahlt und der Rest in 6 Monatsraten getilgt werden. Die jeweilige Restschuld ist mit 8 % zu verzinsen. Der gesamte Zinsbetrag wird als Ratenaufschlag ausgewiesen und in die einzelnen Raten einbezogen. Wie viel EUR beträgt der Ratenaufschlag und wie hoch ist eine Monatsrate einschließlich Zinsanteil?

8 In einem Versandhaus soll der Ratenpreis für eine Polstergarnitur festgesetzt werden. Barpreis 1 498,00 EUR, Anzahlung 298,00 EUR, Rest in 12 Monatsraten. 12 % Verzinsung der gestundeten Beträge. Berechnen Sie den Ratenaufschlag und den Betrag einer Monatsrate einschließlich Zinsen!

9 Ein Gartenhaus kostet bei Barzahlung 1 798,00 EUR. Bei Ratenzahlung sind 298,00 EUR anzuzahlen und der Rest in 6 Monatsraten zu je 258,00 EUR zu entrichten.

a) Bestimmen Sie die Restschuld, die Monatsrate ohne Zinsanteil und den Ratenaufschlag (= Zinsen)!

b) Welchem Zinssatz entspricht der Ratenaufschlag?
Hinweis zur Lösung: Berechnen Sie die Summe der Zinszahlen und bestimmen Sie p nach der Formel $z = \frac{\# \cdot p}{360} \Leftrightarrow p = \frac{z \cdot 360}{\#}$!

10 Ein Versandhaus bietet ein Digital-Fernsehgerät zum Barpreis von 1 998,00 EUR an. Zahlungsbedingungen für Ratenkauf: 198,00 EUR Anzahlung, Rest in 12 Monatsraten zu je 159,00 EUR.

a) Wie hoch ist die Monatsrate ohne Zinsen und wie viel EUR beträgt der Ratenaufschlag?

b) Welcher Verzinsung entspricht der Ratenaufschlag?

11 In nebenstehender Aufstellung fälliger Rechnungen und der Verzugszinsen bis zum 30.06. fehlt die Angabe des Zinssatzes. Die Zeit mit den Daten zur dritten Rechnung ist unleserlich geworden. Berechnen Sie den Zinssatz und geben Sie die Daten zur dritten Rechnung an!

Betrag EUR	fällig	Tage	#
2 780,60	24.04.	66	1 835
1 645,30	18.05.	42	691
?	?	?	?
7 546,70			3 306
68,88	? % Zinsen		
7 615,58	Wert 30.06.		

12 Eine Rechnung über 5400,00 EUR war am 05.09. fällig, eine zweite Rechnung am 25.09. Am 15.11. berechnete der Lieferer für 8% Verzugszinsen insgesamt 136,00 EUR. Über wie viel EUR lautete die zweite Rechnung?

5.3 Vermischte Aufgaben aus der Zinsrechnung

1 Eine Liefererrechnung über 7020,00 EUR ist drei Monate nach Rechnungsdatum fällig. Nach Ablauf des Zahlungsziels berechnet der Lieferer 7,5% Verzugszinsen. Rechnungsdatum 22.05. Der Kunde zahlt am 30.10. 4500,00 EUR und am 24.11. den Rest einschließlich Zinsen. Wie viel EUR werden am 24.11. gezahlt?

2 Dem Kunden einer Elektrogroßhandlung werden zwei Mahnungen zur Zahlung einer seit dem 26.04. fälligen Rechnung über 9360,00 EUR geschickt. Bis zum Datum der 2. Mahnung werden 7% Verzugszinsen, danach bis zur Zahlung 8% Verzugszinsen berechnet. Die 2. Mahnung wird am 22.05. abgesandt, die Zahlung erfolgt am 10.06. Wie hoch ist die Zahlung einschließlich Zinsen?

3 Eine Kundin schuldet nachstehende Beträge:

a) 3165,80 EUR am 26.04.
1710,30 EUR am 17.05.
4268,40 EUR am 04.06.

Wie viel EUR beträgt die Gesamtforderung des Lieferers am 30.06. einschließlich 7,5% Verzugszinsen?

b) 2512,20 EUR am 12.07.
986,70 EUR am 15.08.
3170,40 EUR am 06.09.

Berechnen Sie die Gesamtforderung des Lieferers am 30.09. einschließlich 7% Verzugszinsen!

4 Ein Radiohändler nimmt zur Modernisierung seiner Ladeneinrichtung am 15.02. einen kurzfristigen Kredit in Höhe von 12000,00 EUR zu 7,5% auf. Er zahlt am 30.06. 3800,00 EUR, am 12.08. 4400,00 EUR und am 30.11. den Rest zusammen mit den Zinsen zurück. Wie viel EUR beträgt die Zahlung am 30.11.?

5 Zum Einkauf von Sonderposten wird einem Großhändler von seiner Bank eine Kreditgrenze bis zu 25000,00 EUR eingeräumt. Der Großhändler beansprucht am 18.03. 18000,00 EUR, zahlt am 02.06. 6500,00 EUR zurück, nimmt am 20.08. zusätzlich 9800,00 EUR in Anspruch und zahlt am 14.11. 10500,00 EUR zurück. Wie groß ist seine Schuld einschließlich 8,5% Zinsen am 31.12.?

6 Herr Förster möchte seinen Bausparvertrag über 90000,00 EUR vorfinanzieren. Ihm liegen zwei Angebote vor.
Angebot A: Bearbeitungsgebühr 0,5% der Darlehensumme, Zinsfuß 7,25%.
Angebot B: 1% Bearbeitungsgebühr, 6,75% Zinsen.
Stellen Sie fest, welches Angebot für nachstehende Laufzeiten vorteilhafter ist und geben Sie die Differenz an!

a) 10.03. bis 30.11.
b) 10.03. bis 30.06. n. J. (Keine Zinseszinsen rechnen.)

7 Die Zahlungsbedingungen unseres Lieferer lauten: Zahlbar innerhalb von 8 Tagen mit 2% Skonto oder innerhalb 30 Tagen rein netto (ohne Abzug). Zur Zahlung einer Rechnung über 5940,00 EUR innerhalb von 8 Tagen stehen keine Barmittel zur Verfügung. Es könnte aber ein Bankkredit zu 9,5% bis zum Ablauf des Zahlungsziels aufgenommen werden. Ist es vorteilhaft, den Bankkredit aufzunehmen und wie hoch ist gegebenenfalls die Ersparnis?

8 Eine Rechnung über 11520,00 EUR, Rechnungsdatum 10.06., kann vom Schuldner frühestens am 30.10. mit eigenen Mitteln bezahlt werden. Zahlungsbedingungen: Zahlbar innerhalb 10 Tagen mit 3% Skonto oder innerhalb von 60 Tagen rein netto; bei Überschreitung des Zahlungszieles 8,5% Verzugszinsen.

a) Geben Sie die für die Zinsrechnung wichtigen Daten auf einer Zeitgeraden an!
b) Wie viel EUR muss der Kunde am 30.10. an den Lieferer zahlen?
c) Um mit Skontoabzug zu zahlen, müsste ein Bankkredit zu 9,25% aufgenommen werden. Wie viel EUR wären in diesem Fall an die Bank am 30.10. zurückzuzahlen? Geben Sie den Differenzbetrag zu b) an!

9 Wie hoch war der Zinsfuß für ein Darlehen über 14400,00 EUR, das am 21.01. gewährt und am 11.12. einschließlich Zinsen mit 15456,00 EUR zurückgezahlt wurde?

10 Eine Rechnung über 3420,00 EUR war am 12.08. fällig, eine zweite Rechnung am 02.09. Der Lieferer berechnete zum 17.10. 8% Verzugszinsen in Höhe von 105,20 EUR. Über wie viel EUR lautete die zweite Rechnung?

11 Die monatlichen Mieteinnahmen eines Hauses betragen 5400,00 EUR. Das Haus ist mit einer Hypothek in Höhe von 210000,00 EUR belastet, die im Falle des Verkaufs vom Käufer zu übernehmen ist.
An Kosten fallen an: 7,5% Hypothekenzinsen, Instandhaltungskosten und Steuern jährlich 4800,00 EUR, Heizungskosten jährlich 9100,00 EUR, Abschreibungen jährlich 10850,00 EUR. Wie viel EUR kann ein Käufer höchstens anlegen, wenn er mit einer Verzinsung von 5% rechnet?

12 Ein Kapital von 15000,00 EUR wächst in 160 Tagen auf 15450,00 EUR an. Wie groß ist ein Kapital, das zu den gleichen Bedingungen in 144 Tagen 486,00 EUR Zinsen bringt?

13 Herr Kramer hat am 18.03. bei seiner Bank ein Darlehen in Höhe von 12500,00 EUR zu 7,5% Verzinsung aufgenommen. Wann muss er das Darlehen zurückzahlen, wenn er höchstens 500,00 EUR Zinsen aufwenden möchte?

14 Eine Rechnung über 4140,00 EUR wurde zuzüglich 64,40 EUR Verzugszinsen am 06.10. bezahlt. Zinsfuß 7%. Wann war die Rechnung fällig?

15 Wann wurden 1500,00 EUR auf ein Sparkonto einbezahlt, wenn der Zinssatz bis zum 20.07. 2,5% betrug und dann auf 3% erhöht wurde? Das Guthaben betrug am 31.12. nach Gutschrift der Zinsen 1535,00 EUR. (Keine Zinseszinsen rechnen.)

16 Wir erhalten eine Liefererrechnung über 6800,00 EUR. Die Zahlungsbedingungen lauten: Zahlbar innerhalb von 14 Tagen mit 3% Skonto oder in 90 Tagen rein netto. Wir zahlen innerhalb von 14 Tagen mit Skontoabzug. Wie viel Prozent Verzinsung entspricht der Skontoabzug?

17 Wie viel Prozent Verzinsung entspricht der Skontoabzug in folgenden Zahlungsbedingungen?

a) Ziel 3 Monate oder innerhalb von 14 Tagen mit 2,5% Skonto.
b) Ziel 2 Monate oder innerhalb von 10 Tagen mit 3% Skonto.
c) Zahlbar innerhalb von 8 Tagen mit 2% Skonto oder innerhalb 30 Tagen rein netto.

18 Vergleichen Sie nachstehende Kreditangebote für ein Darlehen über 30000,00 EUR mit einer Laufzeit von $3\frac{1}{2}$ Jahren! Wie viel Prozent beträgt die Effektivverzinsung?
Angebot A: Zinssatz 6,75%, Auszahlung 98%, Gebühren 1,5%.
Angebot B: Zinssatz 5,75%, Auszahlung 95%, Gebühren 0,5%.

19 Ein am 15.04. aufgenommenes Darlehen wird einschließlich 8% Zinsen mit 8820,00 EUR am 30.10. zurückgezahlt. Wie viel EUR betragen das Darlehen und die Zinsen? Hinweis zur Lösung: Bestimmen Sie den Zeitprozentsatz und lösen Sie die Aufgabe als Prozentrechnung!

20 Nach Abzug von 7,25% Zinsen für die Zeit vom 12.01. bis 30.10. zahlt eine Bank 14601,00 EUR aus. Berechnen Sie die Darlehensumme und die Zinsen!

21 Zur Erweiterung der Lagereinrichtung benötigt ein Großhändler für die Zeit vom 24.03. bis 30.10. 15200,00 EUR. Die Bank verlangt 6,25% Kreditzinsen und 1,25% Bearbeitungsgebühr von der Kreditsumme. Diese Kreditkosten werden bei Auszahlung von der Kreditsumme abgezogen.

a) Berechnen Sie die Kreditsumme, die 15200,00 EUR Auszahlung ergibt!
b) Wie viel Prozent beträgt die Effektivverzinsung?

22 In einer Elektrohandlung beträgt der Barpreis einer Gefrierkombination 898,00 EUR. Der Händler beabsichtigt, die Gefrierkombination gegen Ratenzahlungen zu verkaufen. Es sollen 178,00 EUR angezahlt und der Rest in 6 Monatsraten getilgt werden. Die jeweilige Restschuld ist mit 9% zu verzinsen. Der gesamte Zinsbetrag wird als Ratenaufschlag ausgewiesen und in die einzelnen Raten einbezogen. Wie viel EUR beträgt der Ratenaufschlag und wie hoch ist eine Monatsrate einschließlich Zinsanteil?

23 Eine Anbauwand kostet bei Barzahlung 1498,00 EUR. Bei Ratenzahlung sind 238,00 EUR anzuzahlen und der Rest in 6 Monatsraten zu je 217,00 EUR zu entrichten.

a) Bestimmen Sie die Restschuld, die Monatsrate ohne Zinsanteil und den Ratenaufschlag (= Zinsen)!
b) Welchem Zinssatz entspricht der Ratenaufschlag?

6 Funktionen als eindeutige Zuordnungen

Ordnet man den Elementen einer Menge A Elemente einer Menge B zu, so erhält man eine neue Menge C, die aus geordneten Paaren $(a; b)$ besteht. An erster Stelle der Paare steht ein Element der ersten Menge A, an zweiter Stelle ein Element der zweiten Menge B.

Beispiele mit Lösungen

Aufgaben: Gegeben sind die Mengen $A = \{2, 3, 4\}$ und $B = \{6, 9, 12\}$.

a) Zeichnen Sie ein Mengenbild und ordnen Sie mithilfe von Pfeilen jedem Element von A jedes Element von B zu! Schreiben Sie die entstehenden Zahlenpaare als Elemente der Menge C!

b) Ordnen Sie den Elementen von A die Elemente von B zu, in welchen die Elemente von A ohne Rest enthalten sind! Erfassen Sie die entstehenden Zahlenpaare als Elemente der Menge R!

c) Ordnen Sie jedem Element von A das Element von B zu, das das Dreifache vom A-Element ist! Wie lauten die Elemente der Paarmenge R?

Lösungen:

a)

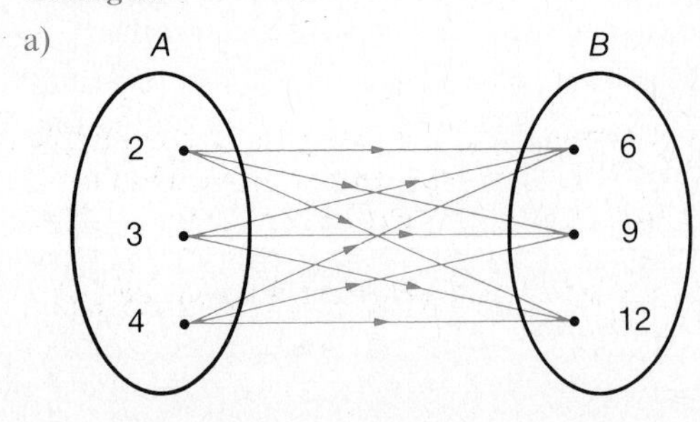

Abb. 62

$C = \{(2; 6), (2; 9), (2; 12), (3; 6), (3; 9), (3; 12), (4; 6), (4; 9), (4; 12)\}$

Menge C enthält alle Zahlenpaare, die aus den zwei Mengen A und B gebildet werden können. C ist die Produktmenge. Man schreibt $C = A \times B$ und liest „C gleich A Kreuz B". Die Anzahl der Elemente von C ist das Produkt aus der Anzahl der Elemente von A und der Anzahl der Elemente von B, also $3 \cdot 3 = 9$.

b)

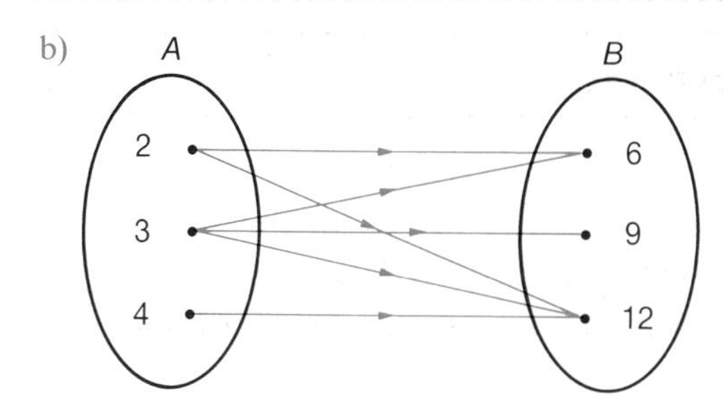

Abb. 63.1

$R = \{(2; 6), (2; 12), (3; 6), (3; 9), (3; 12), (4; 12)\}$
Menge R bezeichnet man als Relation[1]. Vorstehende Relation ist Teilmenge der Produktmenge. Es ist aber auch möglich, dass $R = A \times B$ ist.

c)

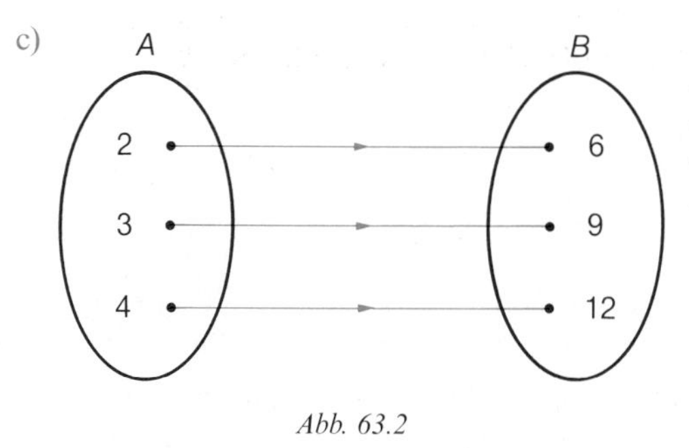

Abb. 63.2

$R = \{(2; 6), (3; 9), (4; 12)\}$
Jedem Element aus A ist genau ein Element aus B zugeordnet. Die Zuordnung ist eindeutig. Eine Relation mit eindeutiger Zuordnung bezeichnet man als Funktion[2].

Definition 63.1

Unter der Produktmenge $A \times B$ versteht man die Menge aller geordneten Paare $(a; b)$, die aus den Mengen A und B gebildet werden können. Eine Relation ist die Menge geordneter Paare $(a; b)$ aus den Mengen A und B.

Bei den Zahlenpaaren einer Relation gehören die Elemente, die in den Paaren an erster Stelle stehen, zum **Definitionsbereich D**. Die in den Paaren an zweiter Stelle stehenden Elemente gehören zum **Wertebereich W**. Wenn von jedem Element aus D genau ein Zuordnungspfeil ausgeht, liegt **eindeutige Zuordnung** vor. Dabei dürfen bei jedem Element aus W mehrere Zuordnungspfeile enden. Eine Relation mit eindeutiger Zuordnung heißt funktionale Relation oder kurz Funktion.

Definition 63.2

Unter dem **Definitionsbereich D** einer Relation versteht man die Menge aller Elemente, die in den Zahlenpaaren an erster Stelle stehen. Unter dem **Wertebereich W** versteht man die Menge der Elemente, die in den Zahlenpaaren an zweiter Stelle vorkommen.

Eine Relation ist eine Funktion, wenn jedem Element aus D genau ein Element aus W zugeordnet ist.

[1] relatio (lat.), Beziehung
[2] functio (lat.), Verrichtung

Beachte: Jede Funktion ist eine Relation; umgekehrt ist aber nicht jede Relation eine Funktion.

Beispiel mit Lösung

Aufgabe: Welche der folgenden zwei Mengen geordneter Zahlenpaare legt eine Funktion fest? Geben Sie den Definitionsbereich D und den Wertebereich W an! Zeichnen Sie für D und W je ein Mengenbild und kennzeichnen Sie die Zuordnung der Elemente durch Pfeile!

a) $R = \{(1; 5), (2; 6), (1; 7)\}$ b) $R = \{(2; 4), (3; 6), (4; 6)\}$

Lösung:

a) Die Relation ist keine Funktion, weil das Element 1 zweimal an erster Stelle in den Zahlenpaaren steht (keine eindeutige Zuordnung).

$D = \{1, 2\}, \quad W = \{5, 6, 7\}$

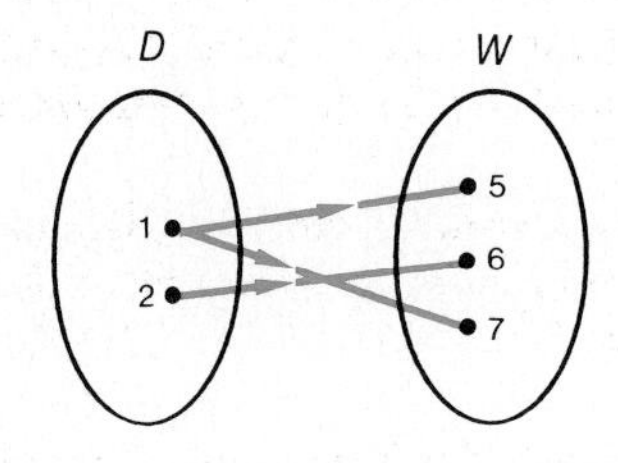

Abb. 64.1

b) Es liegt eindeutige Zuordnung vor. Die Relation ist eine Funktion.

$D = \{2, 3, 4\}, \quad W = \{4, 6\}$

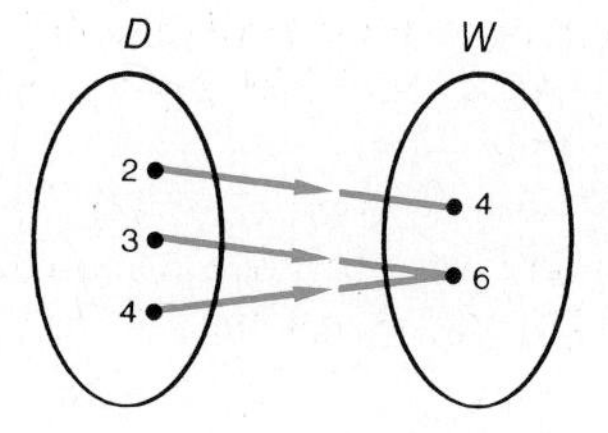

Abb. 64.2

Aufgaben

1 Welche der folgenden Mengen geordneter Zahlenpaare legt eine Funktion fest? Geben Sie für Funktionen den Definitionsbereich D und den Wertebereich W an und zeichnen Sie ein Pfeildiagramm!

a) $R = \{(2; 4), (3; 6), (3; 9), (4; 8)\}$
b) $R = \{(2; 6), (3; 9), (4; 12)\}$
c) $R = \{(1; 3), (2; 3), (4; 3), (6; 3)\}$
d) $R = \{(1; 2), (2; 2), (2; 3)\}$
e) $R = \{(-1; -1), (0; 0), (2; 2)\}$
f) $R = \{(-2; 1), (1; 2), (-2; 3)\}$

7 Lineare Funktionen

7.1 Grafische Darstellung der linearen Funktionen $f\colon x \mapsto mx$ und $f\colon x \mapsto mx + b$

Ein Päckchen Tee soll 2 EUR kosten. Dann kosten zwei Päckchen 2 EUR · 2, drei Päckchen 2 EUR · 3; x Päckchen 2 EUR · x. Bezeichnen wir den Preis von x Päckchen mit y EUR, so erhalten wir die Gleichung $y = 2x$ (y EUR = 2 EUR · x).

Setzen wir in die Gleichung $y = 2x$ für den Platzhalter x nacheinander die Zahlen 1, 2. 3, 4 und 5 ein, so erhalten wir für den Platzhalter y nacheinander die Zahlen 2, 4, 6, 8 und 10. Wir ordnen damit jeder Zahl x ihr Doppeltes zu. Die **Gleichung** $y = 2x$ legt also die **Funktion** $x \mapsto 2x$ (gelesen: x Pfeil $2x$) fest. Man bezeichnet deshalb $y = 2x$ als **Funktionsgleichung**.

Bisher haben wir eine Funktion durch eine Paarmenge oder durch ein Pfeildiagramm festgelegt. Eine Funktion kann aber auch durch eine Wertetafel, durch einen Graph im Koordinatensystem oder durch eine Gleichung bestimmt werden.

Die Schreibweise $x \mapsto 2x$ bedeutet eine Funktion, welche jeder Zahl x aus einem Grundbereich die Zahl $2x$ zuordnet. Wählen wir für x nacheinander die Zahlen 1, 3, 5, so erhalten wir den Definitionsbereich $D = \{1, 3, 5\}$. Zur Bestimmung des Wertebereiches W stellen wir eine Wertetafel auf:

	Definitionsbereich D	x	1	3	5
$x \mapsto 2x$	Wertebereich W	$2x$	2	6	10

In vorstehender Wertetafel nennt man das Element 1 aus D **Stelle** (Argument)[1], das zugeordnete Element 2 aus W den **Funktionswert an der Stelle** 1 oder Funktionswert für das Argument 1. 6 ist der Funktionswert an der Stelle 3, 10 ist der Funktionswert an der Stelle 5. Für Funktionswert von x schreibt man $f(x)$ und liest: f von x.

In der Schreibweise $x \mapsto f(x)$ steht also x für die Stelle, $f(x)$ für den Funktionswert an dieser Stelle. Man verwendet auch die Schreibweise $x \mapsto y$. Die Schreibweisen $x \mapsto 2x$, $x \mapsto f(x)$ und $x \mapsto y$ drücken also aus, dass jedem Element x das Element $2x$ bzw. $f(x)$ bzw. y zugeordnet ist.

[1] argumentum (lat.), Stoff, Inhalt (literarisch)

In diesem Lehrbuch werden folgende Schreibweisen verwendet:
f: $x \mapsto f(x)$; gelesen: Funktion x Pfeil f von x. Kurzschreibweise: $x \mapsto f(x)$
f: $x \mapsto 2x$ oder kürzer $x \mapsto 2x$.

Für Funktionsgleichungen wird geschrieben:
$f(x) = 2x$ oder $y = 2x$, da $f(x) = y$ ist.

Beispiel mit Lösung

Aufgabe:

a) Zeichnen Sie den Graphen der Funktion $x \mapsto 2x$ für $D = \{-3, -2, -1, \ldots, 3\}$!

b) Wählen Sie $D = \{-2{,}5; -1{,}5; -0{,}5; 0{,}5; 1{,}5; 2{,}5\}$ und tragen Sie die Bildpunkte der Zahlenpaare in das Achsenkreuz von a) ein!

c) Setzen Sie $D = \mathbb{Q}$! Was stellt jetzt der Graph der Funktion $x \mapsto 2x$ dar?
(Da für x beliebige Elemente aus $\mathbb{Q}$ eingesetzt werden können, stehen auch für $y = 2x$ Elemente aus $\mathbb{Q}$. Der Grundbereich der Funktion ist deshalb die Produktmenge $\mathbb{Q} \times \mathbb{Q}$.)

Lösung:

a) Wir stellen eine Wertetafel auf:

x	−3	−2	−1	0	1	2	3
$2x$	−6	−4	−2	0	2	4	6

Wir tragen die Bildpunkte der Zahlenpaare in das Achsenkreuz ein.

b)

x	−2,5	−1,5	−0,5	0,5	1,5	2,5
$2x$	−5	−3	−1	1	3	5

Wir tragen die Bildpunkte der Zahlenpaare in das Achsenkreuz ein.

c) Für x können wir unendlich viele Zahlen aus $\mathbb{Q}$ einsetzen. Wir erhalten dann für $2x$ ebenfalls unendlich viele Zahlen aus $\mathbb{Q}$. Die Bildpunkte der Zahlenpaare liegen so eng aneinander, dass sie die mit dem Lineal gezogene Gerade dicht ausfüllen. Der Graph der Funktion $x \mapsto 2x$ stellt eine Gerade dar, wenn $G = \mathbb{Q} \times \mathbb{Q}$ ist.

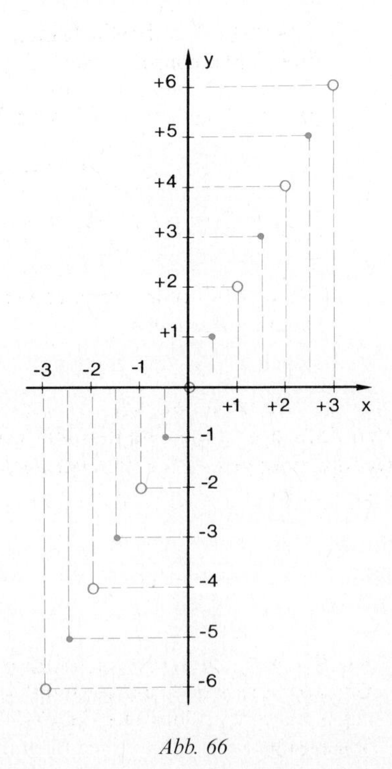

Abb. 66

Aufgaben

1 Welche Funktionen $x \mapsto f(x)$ bzw. $x \mapsto y$ werden durch folgende Funktionsgleichungen festgelegt?

a) $y = 3x$ b) $y = x$ c) $y = \frac{1}{2}x$ d) $y = \frac{2}{3}x$

e) $y = -2x$ f) $y = -x$ g) $y = -\frac{1}{3}x$ h) $y = -\frac{3}{4}x$

2 Wie lauten die Funktionsgleichungen zu folgenden Funktionen?

a) $x \mapsto 4x$ b) $x \mapsto \frac{1}{3}x$ c) $x \mapsto 1{,}5x$ d) $x \mapsto x$

e) $x \mapsto -x$ f) $x \mapsto -3x$ g) $x \mapsto -\frac{1}{2}x$ h) $x \mapsto -2{,}5x$

Der Graph der folgenden Aufgaben ist eine Gerade. Zur Festlegung einer Geraden genügt es, zwei Bildpunkte zu bestimmen. Um Fehlerquellen einzuschränken, ist es empfehlenswert, die Bildpunkte von drei Zahlenpaaren in das Achsenkreuz einzuzeichnen.

3 Zeichnen Sie den Graphen der Funktionen $x \mapsto f(x)$ für den Zeichenbereich $A = \{x \mid -3 \leqq x \leqq 3\}$! $G = \mathbb{Q} \times \mathbb{Q}$[1].

Anleitung: Wählen Sie für x drei Zahlen aus A und bilden Sie mithilfe einer Wertetafel drei Zahlenpaare!

a) $x \mapsto x$ b) $x \mapsto 3x$ c) $x \mapsto \frac{1}{2}x$ d) $x \mapsto 1{,}5x$

e) $x \mapsto -x$ f) $x \mapsto -3x$ g) $x \mapsto -\frac{1}{2}x$ h) $x \mapsto -1{,}5x$

i) $x \mapsto 2{,}5x$ k) $x \mapsto -2{,}5x$ l) $x \mapsto 1{,}4x$ m) $x \mapsto -1{,}4x$

Welcher Bildpunkt ist allen Geraden gemeinsam und durch welche Quadranten verlaufen die Geraden?

Bisher zeichneten wir den Graphen einer Funktion, indem wir mithilfe einer Wertetabelle drei Zahlenpaare bestimmten und deren Bildpunkte in das Achsenkreuz einzeichneten. Der Verlauf einer Geraden kann aber auch mithilfe der so genannten **Steigung** der Geraden festgelegt werden.

[1] Bei $D = \mathbb{Q}$ ist die Gerade unendlich lang. In der Zeichnung kann nur ein repräsentatives Stück der Geraden erscheinen. Durch die Angabe des Zeichenbereichs $A = \{x \mid 3 \leqq x \leqq 3\}$ für die x-Stellen wird das repräsentative Stück der Geraden festgelegt und damit eine Anleitung für die grafische Darstellung gegeben.

Beispiel mit Lösung

Aufgabe:

a) Zeichnen Sie den Graphen der Funktion
$x \mapsto 2x$!
$G = \mathbb{Q} \times \mathbb{Q}$. Zeichenbereich $A = \{x \mid -3 \leqq x \leqq 3\}$.

b) Die Funktionsgleichung lautet $y = 2x$. Bilden Sie den Quotienten $y : x$ für einige Zahlenpaare! Was fällt auf?

Lösung:

a) Wir wählen für x drei Zahlen aus A und bilden damit drei Zahlenpaare, deren Bildpunkte wir in das Achsenkreuz eintragen!

	x	-3	0	3
$x \mapsto 2x$	$2x$	-6	0	6

Wir ziehen durch die drei Bildpunkte die Gerade, da wir bei $G = \mathbb{Q} \times \mathbb{Q}$ unendlich viele Bildpunkte erhalten.

b) Der Quotient $\frac{y}{x}$ ergibt für alle Zahlenpaare die Zahl 2, zum Beispiel $\frac{-6}{-3}, \frac{-4}{-2}, \frac{-2}{-1}, \frac{2}{1}, \frac{4}{2}$ (der Quotient mit $x = 0$ darf nicht gebildet werden). Den Quotienten $\frac{y}{x} = 2$ nennt man die **Steigung** der Geraden: Wächst x um 1, so nimmt y um 2 zu; wächst x um 2, so nimmt y um 4 zu; usw. Die aus x, y und der Geraden gebildeten rechtwinkligen Dreiecke heißen **Steigungsdreiecke**.

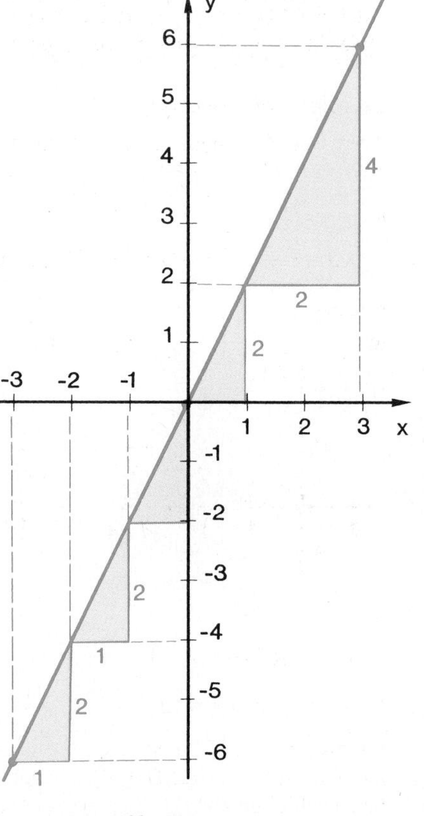

Abb. 68.1

Die Gerade mit der Gleichung $y = 2x$ hat die Steigung 2, die Gerade mit der Gleichung $y = 3x$ hat die Steigung 3, die Gerade mit der Gleichung $y = \frac{1}{2}x$ hat die Steigung $\frac{1}{2}$. Man bezeichnet die Steigung mit m und erhält für eine Geradengleichung die Form $y = mx$. Wie wir bei der Lösung der Aufgabe 3 gesehen haben, verläuft eine Gerade mit der Gleichung $y = mx$ durch den Ursprung des Achsenkreuzes.

Definition 68

Die Steigung m ist das Verhältnis von Höhen- und Horizontalunterschied zwischen zwei Punkten einer Geraden.

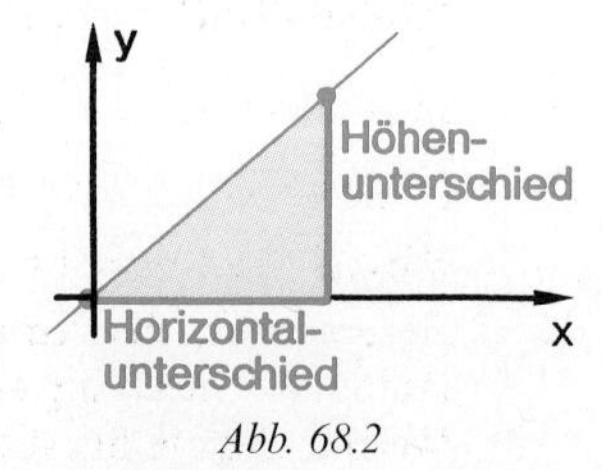

Abb. 68.2

Satz 69

Durch eine Gleichung der Form $y = mx$ wird die Funktion $x \mapsto mx$ bestimmt. Der Graph der Funktion ist eine Gerade, die durch den Ursprung geht. Man sagt kurz: $y = mx$ ist die Gleichung einer Ursprungsgeraden.

Beispiele mit Lösungen

Aufgaben: Zeichnen Sie mithilfe eines Steigungsdreiecks den Graphen der Funktionen $x \mapsto f(x)$! $G = \mathbb{Q} \times \mathbb{Q}$.

a) $x \mapsto \frac{1}{2}x$ b) $x \mapsto \frac{2}{3}x$ c) $x \mapsto -2x$

Anleitung: Zeichnen Sie vom Ursprung aus ein Steigungsdreieck!

Lösungen:

a)

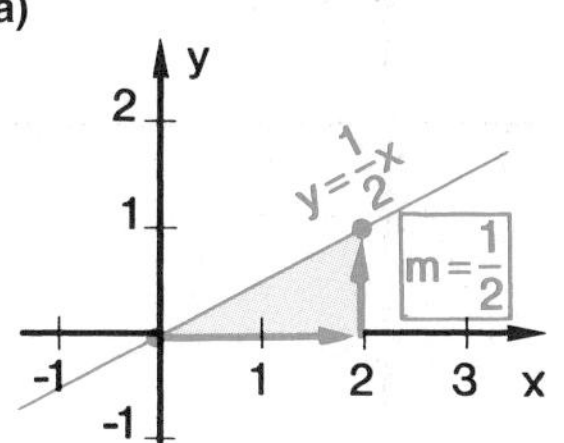

Abb. 69.1

Bei $m = \frac{1}{2}$ zählen wir vom Ursprung 2 Einheiten nach rechts (+) und 1 Einheit nach oben (+).

b)

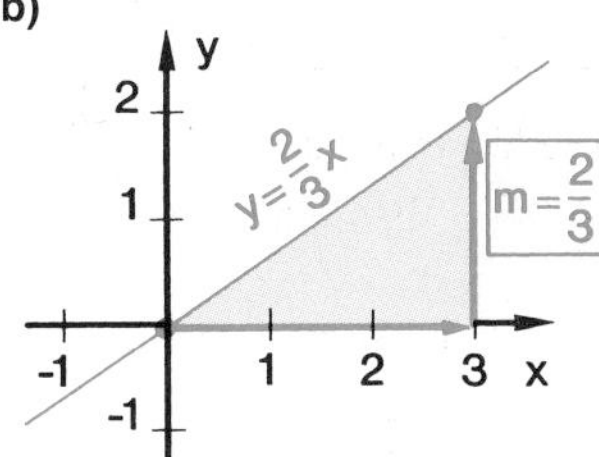

Abb. 69.2

Bei $m = \frac{2}{3}$ zählen wir vom Ursprung 3 Einheiten nach rechts (+) und 2 Einheiten nach oben (+).

c)

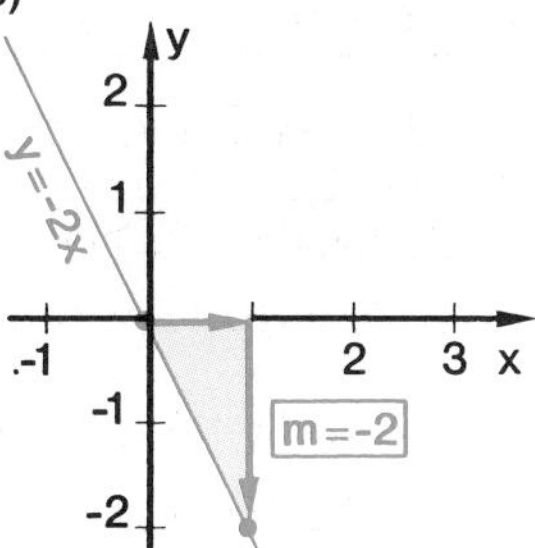

Abb. 69.3

Für $m = -2$ können wir $m = \frac{-2}{1}$ schreiben. Wir zählen vom Ursprung 1 Einheit nach rechts (+) und 2 Einheiten nach unten (−).

Aufgaben

Zeichnen Sie mithilfe eines Steigungsdreiecks den Graphen der Funktionen $x \mapsto f(x)$! Bestimmen Sie zur Kontrolle mithilfe einer Wertetafel zwei weitere Bildpunkte! $G = \mathbb{Q} \times \mathbb{Q}$.

4. a) $x \mapsto \frac{1}{3}x$ b) $x \mapsto \frac{2}{3}x$ c) $x \mapsto \frac{3}{2}x$ d) $x \mapsto \frac{3}{4}x$
e) $x \mapsto x$ f) $x \mapsto 3x$ g) $x \mapsto 1{,}2x$ h) $x \mapsto 1{,}8x$
Weshalb heißt der Graph von $x \mapsto x$ erste Winkelhalbierende?

5. a) $x \mapsto -\frac{1}{2}x$ b) $x \mapsto -\frac{1}{3}x$ c) $x \mapsto -\frac{2}{3}x$ d) $x \mapsto -\frac{3}{2}x$
e) $x \mapsto -x$ f) $x \mapsto -3x$ g) $x \mapsto -1{,}6x$ h) $x \mapsto -2{,}4x$
Weshalb bezeichnet man den Graphen von $x \mapsto -x$ als zweite Winkelhalbierende?

6 Zeichnen Sie den Graphen der Funktion $x \mapsto 0$! Welcher Sonderfall liegt vor? Wie lautet die Gleichung zu $x \mapsto 0$?
Welche Gerade hat die Gleichung $x = 0$?

Beispiel mit Lösung

Aufgabe:

a) Zeichnen Sie ein Pfeildiagramm der Funktion f: $x \mapsto 2x$, für $D = \{-2, -1, 0, 1, 2\}$! Fassen Sie die geordneten Zahlenpaare in einer Wertetafel zusammen!

b) Kehren Sie die Richtung der Zuordnungspfeile im Pfeildiagramm um (aus W wird D und aus D wird W! Fassen Sie die Zahlenpaare der Umkehrfunktion f^{-1} in einer Wertetafel zusammen!

c) Tragen Sie die Bildpunkte der Funktion f und der Umkehrfunktion f^{-1} in das Achsenkreuz ein und ziehen Sie durch die Bildpunkte jeweils die Gerade! Wählen Sie $G = \mathbb{Q} \times \mathbb{Q}$!

d) Zeichnen Sie in das Achsenkreuz die erste Winkelhalbierende mit der Gleichung $y = x$, $G = \mathbb{Q} \times \mathbb{Q}$, und spiegeln Sie die Bildpunkte der Funktion f an der ersten Winkelhalbierenden! Was fällt auf?

e) Bilden Sie zu der Funktionsgleichung $y = 2x$ die Gleichung der Umkehrfunktion!

Lösung:

a)

	D	x	−2	−1	0	1	2
$x \mapsto 2x$	W	$2x$	−4	−2	0	2	4

b)

D	(vorher W)	x	(vorher $2x$)	−4	−2	0	2	4
W	(vorher D)	$\frac{1}{2}x$	(vorher x)	−2	−1	0	1	2

a) und b)

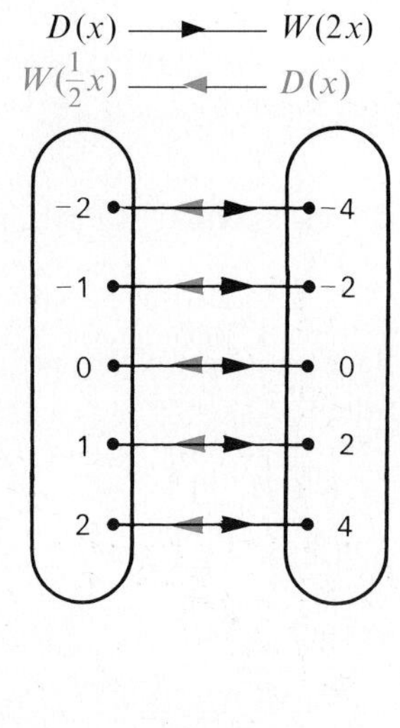

Abb. 70.1

c) und d)

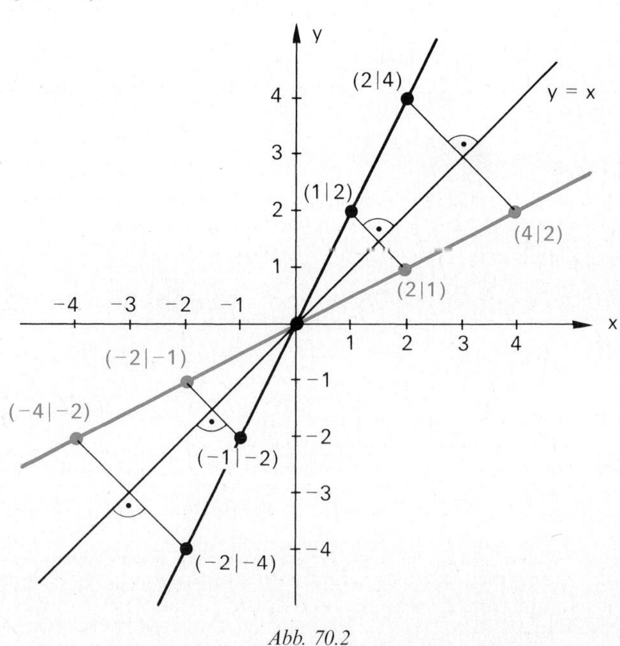

Abb. 70.2

d) Durch Spiegelung der Bildpunkte der Funktion f an der ersten Winkelhalbierenden erhält man die Bildpunkte der Umkehrfunktion f^{-1}.

e) Die Umkehrfunktion bildet man durch Umkehrung der Zuordnung $x \mapsto 2x$. Die Umkehrung führen wir auch in der Funktionsgleichung aus:

Funktionsgleichung $y = 2x$

y und x tauschen: $x = 2y$

Gleichung nach y auflösen $y = \frac{1}{2}x$ (Gleichung der Umkehrfunktion)

Satz 71

Der Graph der Umkehrfunktion f^{-1} entsteht durch Spiegelung des Graphen der Funktion f an der ersten Winkelhalbierenden.

Aufgaben

7 Bestimmen Sie zu nachstehenden Funktionsgleichungen die entsprechende Gleichung der Umkehrfunktion und zeichnen Sie den Graphen der Funktion f und den Graphen der Umkehrfunktion f^{-1}! $G = \mathbb{Q} \times \mathbb{Q}$

a) $y = 3x$ b) $y = -\frac{1}{2}x$ c) $y = \frac{2}{3}x$ d) $y = -2{,}5x$

Beispiel mit Lösung

Aufgabe: Zeichnen Sie in ein gemeinsames Achsenkreuz die Graphen der Funktionen $x \mapsto f(x)$! $G = \mathbb{Q} \times \mathbb{Q}$. Zeichenbereich $A = \{x \mid -3 \leqq x \leqq 3\}$

$x \mapsto \frac{1}{2}x, \quad x \mapsto \frac{1}{2}x + 3, \quad x \mapsto \frac{1}{2}x - 2.$

Was fällt an dem Verlauf der drei Geraden auf? In welchem Punkt schneidet jede Gerade die y-Achse?

Lösung:

Wir wählen für x drei Zahlen aus A und bilden damit je drei Zahlenpaare, deren Bildpunkte wir in das gemeinsame Achsenkreuz eintragen.

	x	-2	0	2
$x \mapsto \frac{1}{2}x$	$\frac{1}{2}x$	-1	0	1
$x \mapsto \frac{1}{2}x + 3$	$\frac{1}{2}x + 3$	2	3	4
$x \mapsto \frac{1}{2}x - 2$	$\frac{1}{2}x - 2$	-3	-2	-1

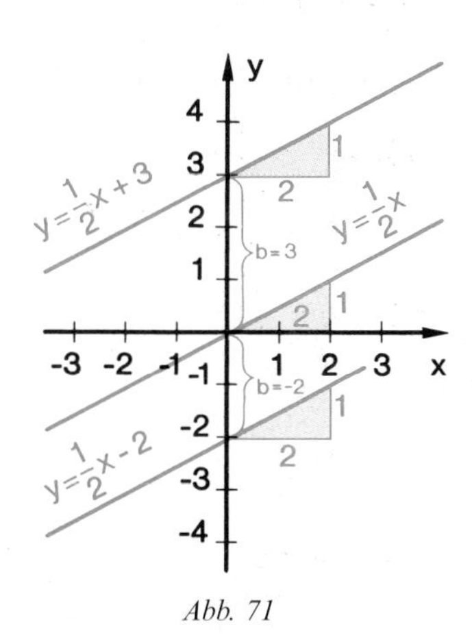

Abb. 71

Wir ziehen durch die Bildpunkte jeder Funktion eine Gerade, da wir bei $G = \mathbb{Q} \times \mathbb{Q}$ unendlich viele Bildpunkte erhalten, die zusammen jeweils eine Gerade bilden.

Die drei Geraden verlaufen parallel zueinander. Sie haben die gleiche Steigung $m = \frac{1}{2}$. Der Graph der Funktion $x \mapsto \frac{1}{2}x$ ist eine Ursprungsgerade; sie schneidet die y-Achse in 0. Die Gerade der Funktion $x \mapsto \frac{1}{2}x + 3$ schneidet die y-Achse in $P(0|3)$. Die Gerade der Funktion $x \mapsto \frac{1}{2}x - 2$ hat $P(0|-2)$ als Schnittpunkt mit der y-Achse.

Die Geraden der Funktionen $x \mapsto \frac{1}{2}x + 3$ und $x \mapsto \frac{1}{2}x - 2$ entstehen aus der Geraden der Funktion $x \mapsto \frac{1}{2}x$ durch Verschiebung längs der y-Achse. Bei $x \mapsto \frac{1}{2}x + 3$ tritt eine Verschiebung um 3 Einheiten nach oben, bei $x \mapsto \frac{1}{2}x - 2$ um 2 Einheiten nach unten ein. Man sagt: Die Gerade der Funktion $x \mapsto \frac{1}{2}x + 3$ hat den y-Achsenabschnitt 3, die Gerade der Funktion $x \mapsto \frac{1}{2}x - 2$ den y-Achsenabschnitt -2. Man bezeichnet den y-Achsenabschnitt mit b und erhält eine Geradengleichung der Form $y = mx + b$.

Satz 72

Durch eine Gleichung der Form $y = mx + b$ wird die Funktion $x \mapsto mx + b$ festgelegt. Der Graph der Funktion ist eine Gerade mit der Steigung m und dem y-Achsenabschnitt b.

Aufgaben $G = \mathbb{Q} \times \mathbb{Q}$

8 Zeichnen Sie mithilfe einer Wertetabelle den Graphen der Funktionen $x \mapsto f(x)$!
a) $x \mapsto x + 2$ b) $x \mapsto 2x - 3$ c) $x \mapsto -x - 2$ d) $x \mapsto -2x + 2$
e) $x \mapsto \frac{1}{2}x - 2$ f) $x \mapsto -\frac{1}{2}x + 1$ g) $x \mapsto -1{,}5x + 3$ h) $x \mapsto 2{,}5x - 1{,}5$

9 Zeichnen Sie mithilfe eines Steigungsdreiecks den Graphen der Funktionen $x \mapsto f(x)$! Anleitung: Tragen Sie zuerst den y-Achsenabschnitt ab und zeichnen Sie dann ein Steigungsdreieck!
a) $x \mapsto x - 2$ b) $x \mapsto -x + 3$ c) $x \mapsto 2x + 1$ d) $x \mapsto -2x - 1$
e) $x \mapsto \frac{1}{2}x + 2$ f) $x \mapsto -\frac{1}{2}x - 2$ g) $x \mapsto -2{,}5x + 1{,}5$ h) $x \mapsto 1{,}5x - 2{,}5$

10 Zeichnen Sie den Graphen der Funktionen $x \mapsto f(x)$!
a) $x \mapsto \frac{3}{4}x + 1$ b) $x \mapsto -\frac{2}{5}x - 2$ c) $x \mapsto \frac{3}{4}x - \frac{3}{4}$ d) $x \mapsto -\frac{3}{5}x + \frac{2}{5}$

11 Zeichnen Sie die Geraden, die durch folgende Funktionen bzw. Gleichungen gegeben sind! Um welche Sonderfälle handelt es sich?
a) $x \mapsto 1{,}8$ b) $x \mapsto -2{,}75$ c) $x = -2{,}4$ d) $x = 3{,}2$

12 Zeichnen Sie den Graphen der Funktionen $x \mapsto f(x)$, die durch folgende Gleichungen festgelegt sind!
a) $3x + 2y = 6$ b) $6x - 3y = 9$ c) $4x + 6y + 12 = 0$ d) $2x - 5y + 10 = 0$
Hinweis zur Lösung: Lösen Sie die Gleichung entweder nach y auf (auf die Form $y = mx + b$ bringen) oder bestimmen Sie die Punkte mit $x = 0$ und mit $y = 0$!

13 Nachstehende Gleichungen legen Funktionen $x \mapsto f(x)$ fest. Zeichnen Sie den Graphen der Funktion f und den Graphen der Umkehrfunktion f^{-1}! Wie lauten die Gleichungen der Umkehrfunktionen?
a) $y = x + 2$ b) $y = \frac{1}{2}x - 1$ c) $y = -2x + 2$ d) $y = -\frac{1}{3}x + 1$

Die Prüfung, ob ein bestimmter Punkt auf einer Geraden liegt, heißt **Punktprobe**: Eine Gerade geht durch einen Punkt, oder ein Punkt liegt auf einer Geraden, wenn die Koordinaten des Punktes die Gleichung erfüllen, wenn also $T_1 = T_2$ ist. $T_1 = \text{Term}_1$ = linke Seite einer Gleichung. $T_2 = \text{Term}_2$ = rechte Seite einer Gleichung.

Beispiel mit Lösung

Aufgabe: Stellen Sie durch Punktprobe fest, ob die Punkte A(1|3,5) und B(−2|−3) auf der Geraden g mit der Gleichung $y = 2x + 1{,}5$ liegen!

Lösung: $y = 2x + 1{,}5$; $T_1 = y$, $T_2 = 2x + 1{,}5$

Punktprobe für A(1|3,5): $T_1(3{,}5) = \underline{\underline{3{,}5}}$; $T_2(1) = 2 \cdot 1 + 1{,}5 = \underline{\underline{3{,}5}}$; $3{,}5 = 3{,}5\ (w)$

Punktprobe für B(−2|−3): $T_1(-3) = \underline{\underline{-3}}$; $T_2(-2) = 2 \cdot (-2) + 1{,}5) = \underline{\underline{-2{,}5}}$; $-3 = -2{,}5\ (f)$

Der Punkt A liegt auf der Geraden, der Punkt B nicht; $A \in g$, $B \notin g$

Andere Schreibweise mit Funktionswerten: $y = f(x) = 2x + 1{,}5$

Punktprobe für $A(1|3{,}5)$: $f(1) = 2 \cdot 1 + 1{,}5 = 3{,}5$; $3{,}5 = 3{,}5\ (w) \Rightarrow A \in g$
Punktprobe für $B(-2|-3)$: $f(-2) = 2 \cdot (-2) + 1{,}5 = -2{,}5$; $-2{,}5 = -3\ (f) \Rightarrow B \notin g$

14 Stellen Sie durch Zeichnung und Punktprobe fest, ob folgende Punkte auf der Geraden g mit der angegebenen Gleichung liegen!

a) A(2,5|2), B(−1|−4,5); $y = 2x - 3$
b) C(−1|3), D(3|−2,5); $y = -1{,}5x + 2$
c) A(−3|2,5), B(4|−1); $y = -\frac{1}{2}x + 1$
d) C(5|3), D(−2|−2,5); $y = \frac{3}{4}x - 1$

7.2 Berechnung der linearen Funktionsgleichung

Eine Gerade wird durch zwei Punkte bestimmt. Sind die Koordinaten von zwei Geradenpunkten bekannt, ist es möglich, die Funktionsgleichung der Geraden zu bestimmen.

In nebenstehender Abbildung sind $P_1(x_1|y_1)$ und $P_2(x_2|y_2)$ bekannte Punkte auf der Geraden g. $P(x|y)$ ist ein beliebiger Punkt auf der Geraden.

Die Steigung m_1 der Strecke $\overline{P_1P}$ beträgt $m_1 = \dfrac{y - y_1}{x - x_1}$

Für die Steigung m_2 der Strecke $\overline{P_1P_2}$ gilt $m_2 = \dfrac{y_2 - y_1}{x_2 - x_1}$

Die Steigung zwischen zwei Punkten einer Geraden ist gleich, $m_1 = m_2$.

Somit gilt $\dfrac{y - y_1}{x - x_1} = \dfrac{y_2 - y_1}{x_2 - x_1}$

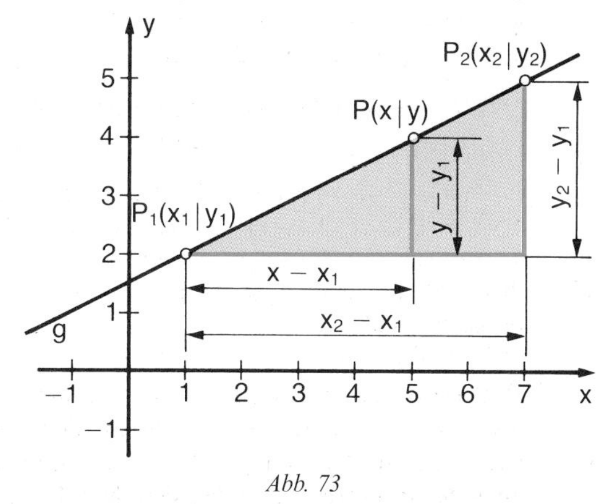

Abb. 73

Setzt man in diese Gleichung die Koordinaten von zwei bekannten Geradenpunkten ein, kann man durch Äquivalenzumformung die Funktionsgleichung der Geraden ermitteln.

Satz 74

Die Gerade durch $P_1(x_1|y_1)$ und $P_2(x_2|y_2)$ hat die Gleichung
$\frac{y - y_1}{x - x_1} = \frac{y_2 - y_1}{x_2 - x_1}$ (Zwei-Punkte-Form)

Beispiel mit Lösung

Aufgabe: Wie lautet die Gleichung der Geraden, die durch die Punkte A(1|2) und B(7|5) verläuft? Machen Sie die Punktprobe!

Lösung: Gegeben: A(1|2), $x_1 = 1$, $y_1 = 2$; B(7|5), $x_2 = 7$, $y_2 = 5$
Gesucht: $y = mx + b$

Gleichung aufstellen:	$\frac{y - y_1}{x - x_1} = \frac{y_2 - y_1}{x_2 - x_1}$	
Werte einsetzen:	$\frac{y - 2}{x - 1} = \frac{5 - 2}{7 - 1}$	
Zusammenfassen:	$\frac{y - 2}{x - 1} = \frac{3}{6}$	$\mid \cdot (x - 1)$
$\frac{3}{6}$ kürzen. Mit $(x - 1)$ multiplizieren:	$y - 2 = \frac{1}{2}(x - 1)$	
Klammer auflösen:	$y - 2 = \frac{1}{2}x - \frac{1}{2}$	$\mid + 2$
2 addieren. Ergebnis:	$y = \frac{1}{2}x + 1{,}5$	

Funktionsgleichung: $y = \frac{1}{2}x + 1{,}5$; $T_1 = y$, $T_2 = \frac{1}{2}x + 1{,}5$

Punktprobe für A(1|2): $T_1(2) = \underline{\underline{2}}$; $T_2(1) = \frac{1}{2} \cdot 1 + 1{,}5 = \underline{\underline{2}}$; $2 = 2$ (*w*)

Punktprobe für B(7|5): $T_1(5) = \underline{\underline{5}}$; $T_2(7) = \frac{1}{2} \cdot 7 + 1{,}5 = \underline{\underline{5}}$; $5 = 5$ (*w*)

Die Punkte A und B liegen auf der Geraden $A \in g$, $B \in g$.

Andere Schreibweise: $y = f(x) = \frac{1}{2}x + 1{,}5$

A(1|2): $f(1) = \frac{1}{2} \cdot 1 + 1{,}5 = 2$; $2 = 2$ (*w*) $\Rightarrow A \in g$

B(7|5): $f(7) = \frac{1}{2} \cdot 7 + 1{,}5 = 5$; $5 = 5$ (*w*) $\Rightarrow B \in g$

Aufgaben $G = \mathbb{Q} \times \mathbb{Q}$

1 Wie lautet Die Funktionsgleichung der Geraden, die durch folgende Punkte geht? Machen Sie die Punktprobe!
a) A(−2|−1), B(3|4) b) C(−2|4), D(3|−1) c) E(4|1), F(−4|−3)
d) A(−1|0), B(2|6) e) C(0|−2), D(−2|4) f) E(−4|3,5), F(3|0)

2 Die Geraden, die durch nachstehende Punkte gehen, sind Parallelen zur x-Achse bzw. zur y-Achse. Bei Parallelen zur y-Achse ist $x_1 = x_2$. Da die Division durch null nicht definiert ist, formt man die Gleichung der Zwei-Punkte-Form zuvor in

$(y - y_1)(x_2 - x_1) = (y_2 - y_1)(x - x_1)$ um. Berechnen Sie die Gleichungen der Geraden!

a) A(−1|3), B(4|3) b) C(−2|−1), D(3|−1)
c) A(2|−1), B(2|4) d) C(−1,5|−2), D(−1,5|3)

Sind von einer Geraden die Steigung m und ein Punkt $P_1(x_1|y_1)$ bekannt, so berechnet man die Funktionsgleichung mithilfe der Punkt-Steigungs-Form der Geradengleichung. Die Punkt-Steigungs-Form lässt sich aus der Zwei-Punkte-Form bzw. aus der zugehörigen Abbildung 73 ableiten. Der Rechenweg entspricht der im Beispiel mit Lösung auf Seite 74 gezeigten Form.

Satz 75

Die Gerade durch $P_1(x_1|y_1)$ mit der Steigung m hat die Gleichung
$\frac{y - y_1}{x - x_1} = m$ (Punkt-Steigungs-Form)

Aufgaben $G = \mathbb{Q} \times \mathbb{Q}$

3 Berechnen Sie die Funktionsgleichung der Geraden, die durch nachstehenden Punkt geht und die Steigung m hat!

a) A(3|2), $m = \frac{1}{3}$ b) B(1|0), $m = -2$ c) C(2|1,5), $m = 1{,}5$
d) D(−2|3), $m = -\frac{1}{2}$ e) $E(-2|-1)$, $m = \frac{3}{4}$ f) $F(-2|3{,}5)$, $m = -2{,}5$

4 Zeichnen Sie die Gerade g mit der Gleichung $y = \frac{1}{3}x - 1$! Ziehen Sie zu g die Parallele durch A(3|4) und berechnen Sie die Gleichung der Parallelen!

5 Berechnen Sie die Gleichung der Geraden durch A(1|2), die außerdem
a) zur Geraden mit der Gleichung $y = -\frac{1}{2}x + 1$ parallel verläuft,
b) zur positiven x-Achse unter 45° ansteigt,
c) durch den Nullpunkt geht,
d) zur x-Achse parallel verläuft!

6 Wie lautet die Gleichung der Geraden durch A(−3|−1), die außerdem
a) durch B(0|−2) geht,
b) zur Geraden mit der Gleichung $y = \frac{2}{3}x + 3$ parallel verläuft,
c) durch den Nullpunkt geht,
d) parallel zur y-Achse verläuft?

7 Berechnen Sie die Gleichungen der Seiten des Dreiecks ABC mit A(−2|3), B(6|1), C(2|5)!

8 Wie lauten die Gleichungen der Seiten des Vierecks ABCD mit A(−3|−1,5), B(3|−0,5), C(1,5|2), D(−1,5|1,5)? Welche Seiten verlaufen parallel zueinander? Um was für ein Viereck handelt es sich?

9 Bestimmen Sie in der Geradengleichung $y = mx + 0{,}5$ die Steigung m so, dass die Gerade durch den Punkt A(3|2,5) geht! Machen Sie die Punktprobe!

10 Eine Gerade verläuft durch die Punkte A(−4|−0,5) und B(4|3,5). Wie lautet die Gleichung der Geraden? Auf der Geraden liegen die Punkte C(2|y) und D(x|0,5). Berechnen Sie den y-Wert von C und den x-Wert von D!

11 Berechnen Sie die Gleichung der Geraden, die durch den Punkt A(4,5|−1) geht und die Steigung $m = -\frac{2}{3}$ hat! Auf der Geraden liegen die Punkte B(−1,5|y) und C(x|1). Berechnen Sie den y-Wert von B und den x-Wert von C! Machen Sie die Punktproben!

7.3 Berechnung des Schnittpunktes zweier Geraden

Zwei Geraden schneiden sich in einem Punkt S(x|y). Dieser Punkt ist das Bild des Zahlenpaares (x; y)Setzt man den x-Wert und den y-Wert des Zahlenpaares in die beiden Geradengleichungen der Form $y = mx + b$ ein, so gehen beide Gleichungen in eine wahre Aussage über.

Die beiden Geraden mit den Gleichungen $y = 2x + 1$ und $y = -x + 4$ haben in ihrem Schnittpunkt den gemeinsamen y-Wert. Man kann deshalb den x-Wert berechnen, indem man T_2 der beiden Gleichungen gleichsetzt: $2x + 1 = -x + 4$. Der y-Wert wird durch Einsetzen des gefundenen x-Wertes in eine der beiden Geradengleichungen ermittelt.

Beispiel mit Lösung

Aufgabe: Zeichnen Sie in ein gemeinsames Achsenkreuz die Geraden g_1 und g_2 mit den Gleichungen g_1: $y = 2x + 1$ und g_2: $y = -x + 4$! Berechnen Sie die Koordinaten des Schnittpunktes S(x|y) der beiden Geraden! Machen Sie die Punktprobe!

Lösung: Gleichungen untereinander schreiben und nummerieren:	$y = 2x + 1$ $\underline{y = -x + 4}$		(1)[1] (2)
T_2 von (1) und (2) gleichsetzen:	$2x + 1 = -x + 4$	$\mid +x$	
x addieren:	$3x + 1 = 4$	$\mid -1$	
1 subtrahieren:	$3x = 3$	$\mid :3$	
Durch 3 dividieren:	$\underline{\underline{x = 1}}$		(3)
(3) in (1) einsetzen:	$y = 2 \cdot 1 + 1$		
Zusammenfassen:	$\underline{\underline{y = 3}}$		(4)
Ergebnis:	S(1|3)		

[1] Äquivalente Gleichungen erhalten dieselbe Nummer, aber verschiedene Zusatzbuchstaben.

Punktproben:
$y = 2x + 1$; S(1|3)
$T_1(3) = 3$
$T_2(1) = 2 \cdot 1 + 1 = 3$; $3 = 3$ (w)

$y = -x + 4$; S(1|3)
$T_1(3) = 3$
$T_2(1) = -1 + 4 = 3$; $3 = 3$ (w)

Probe mit Funktionswerten:
$y = f(x) = 2x + 1$; S(1|3)
$f(1) = 2 \cdot 1 + 3$; $3 = 3$ (w)
$y = f(x) = -x + 4$; S(1|3)
$f(1) = -1 + 4 = 3$; $3 = 3$ (w)

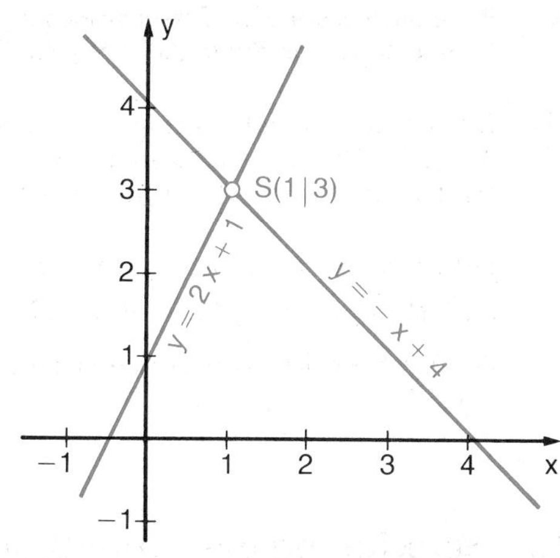

Abb. 77

Aufgaben $G = \mathbb{Q} \times \mathbb{Q}$

1 Zeichnen Sie in ein gemeinsames Achsenkreuz die Geraden g_1 und g_2 mit den angegebenen Gleichungen und berechnen Sie die Koordinaten des Schnittpunktes $S(x|y)$! Machen Sie die Punktprobe!

a) g_1: $y = x - 1$
g_2: $y = -\frac{1}{2}x + 3{,}5$

b) g_1: $y = 1{,}5x - 1$
g_2: $y = -\frac{1}{3}x + 4{,}5$

c) g_1: $y = \frac{1}{2}x + 2$
g_2: $y = -\frac{1}{2}x + 1$

d) g_1: $y = \frac{1}{4}x - 1$
g_2: $y = 1{,}5x + 1{,}5$

e) g_1: $y = 2x - 1$
g_2: $y = \frac{2}{3}x + 1$

f) g_1: $y = -1{,}5x + 2$
g_2: $y = -\frac{1}{4}x - 0{,}5$

2 In welchen Punkten schneiden die Geraden mit nachstehenden Gleichungen die x-Achse und die y-Achse? Die Gleichung der x-Achse ist $y = 0$, die Gleichung der y-Achse lautet $x = 0$.

a) $y = \frac{3}{4}x + 3$ b) $y = -\frac{3}{7}x + 1{,}5$ c) $y = -\frac{5}{3}x - 2{,}5$

3 Gegeben sind die Geraden mit den Gleichungen
g_1: $y = \frac{1}{3}x - 0{,}5$; g_2: $y = -\frac{4}{3}x + 7$; g_3: $y = 2x + 2$

a) Zeichnen Sie die Geraden in ein Achsenkreuz!
b) Berechnen Sie die Koordinaten der Schnittpunkte
$g_1 \cap g_3 = \{A\}$, $g_1 \cap g_2 = \{B\}$, $g_2 \cap g_3 = \{C\}$!

4 Berechnen Sie die Koordinaten der Eckpunkte des Dreiecks ABC, dessen Seiten auf den Geraden mit folgenden Gleichungen liegen!
g_1: $x + 6y = -6$; g_2: $2x + y = 4{,}5$; g_3: $5x - 3y = -13{,}5$
Bringen Sie die Gleichungen auf die Form $y = mx + b$!
$g_1 \cap g_3 = \{A\}$, $g_1 \cap g_2 = \{B\}$, $g_2 \cap g_3 = \{C\}$.

5 Gegeben ist das Parallelogramm ABCD mit $A(-2{,}5|-1)$, $B(3{,}5|-1)$, $C(5{,}5|3)$, $D(-0{,}5|3)$.

a) Wie lauten die Gleichungen der Diagonalen AC und BD?
b) Berechnen Sie die Koordinaten des Schnittpunktes S der Diagonalen!

6 Zeichnen Sie die Geraden g_1 und g_2 mit den Gleichungen
$g_1\colon y = -\frac{3}{2}x + 2$ und $g_2\colon y = \frac{3}{2}x - 1$!

a) Berechnen Sie die Koordinaten des Schnittpunktes A der beiden Geraden!
b) Ziehen Sie zu g_1 die Parallele p durch $B(1|3{,}5)$! Wie lautet die Gleichung der Parallelen?
c) Berechnen Sie die Koordinaten des Schnittpunktes C von g_2 und p!
d) Welche Koordinaten hat der Schnittpunkt D der Parallelen mit der x-Achse?

7 Zeichnen Sie das Dreieck ABD mit $A(-2|-1)$, $B(2|-2)$, $D(2|3)$!

a) Berechnen Sie die Steigung der Geraden durch A und B und die Steigung der Geraden durch A und D!
b) Ziehen Sie die Parallele p_1 zu AB durch D und berechnen Sie die Gleichung von p_1!
c) Zeichnen Sie die Parallele p_2 zu AD durch B! Wie lautet die Gleichung von p_2?
d) Berechnen Sie die Koordinaten des Schnittpunktes C der beiden Parallelen! Was für ein Viereck ist ABCD?

8 Stellen Sie durch Zeichnung und Berechnung fest, ob die drei Geraden mit folgenden Gleichungen sich in einem Punkt schneiden!

a) $g_1\colon y = 2x - 1$; $g_2\colon y = -\frac{1}{4}x + 3{,}5$; $g_3\colon y = \frac{3}{4}x + 1{,}5$;
b) $g_1\colon y = \frac{3}{2}x + 3$; $g_2\colon y = -2x - 0{,}5$; $g_3\colon y = -\frac{1}{3}x + 1$;

7.4 Textaufgaben aus dem Bereich der Wirtschaft und Verwaltung

Beispiel mit Lösung

Aufgabe:

a) 1 m Band kostet 1,80 EUR. Stellen Sie die Funktionsgleichung (y EUR für x m) auf und zeichnen Sie den Graphen der Funktion $f\colon x \mapsto f(x)$ mit $y = f(x)$!
b) Lesen Sie aus dem Graphen den Preis für 1,50 m; 3,25 m; 5,75 m ab!
c) Wie viel m Band erhält man für 4,00 EUR; 7,00 EUR?

Lösung:

a) 1 m kostet 1,80 EUR, 2 m kosten 1,80 EUR $\cdot$ 2, x m kosten 1,80 EUR $\cdot$ x. Der Preis für x m sei y EUR. Wir erhalten die Gleichung $f(x) = y = 1{,}8x$ (y EUR = 1,80 EUR $\cdot$ x).

Nach den Angaben der Aufgabe ist die größte für x einzusetzende Zahl 5,75. Wir wählen als Definitionsbereich $D = \{x | 0 \leqq x \leqq 6\}$. Auf der x-Achse setzen wir 1 m ≙ 1 cm und auf der y-Achse 1 EUR ≙ 1 cm.

Der Graph der Funktion ist eine Ursprungsgerade. Wir bestimmen zwei Zahlenpaare und ziehen durch deren Bildpunkte die Gerade oder zeichnen die Gerade mithilfe eines Steigungsdreiecks.

m		x	2	5
EUR	$x \mapsto 1{,}8x$	$1{,}8x$	3,6	9

b) Wir ziehen durch $x = 1{,}5$; $x = 3{,}25$ und $x = 5{,}75$ die Parallelen zur y-Achse. Die drei Parallelen schneiden die Gerade in den Punkten $(1{,}5|y)$, $(3{,}25|y)$, $(5{,}75|y)$. Durch diese Punkte ziehen wir die Parallelen zur x-Achse und lesen auf der y-Achse die gesuchten EUR ab: 2,70 EUR; 5,85 EUR und 10,35 EUR.

c) Wir ziehen durch $y = 4$ und $y = 7$ die Parallelen zur x-Achse. Die Parallelen schneiden die Gerade in den Punkten $(x|4)$ und $(x|7)$. Durch diese zwei Punkte ziehen wir die Parallelen zur y-Achse und lesen auf der x-Achse die gesuchten m ab: 2,20 m und 3,90 m.

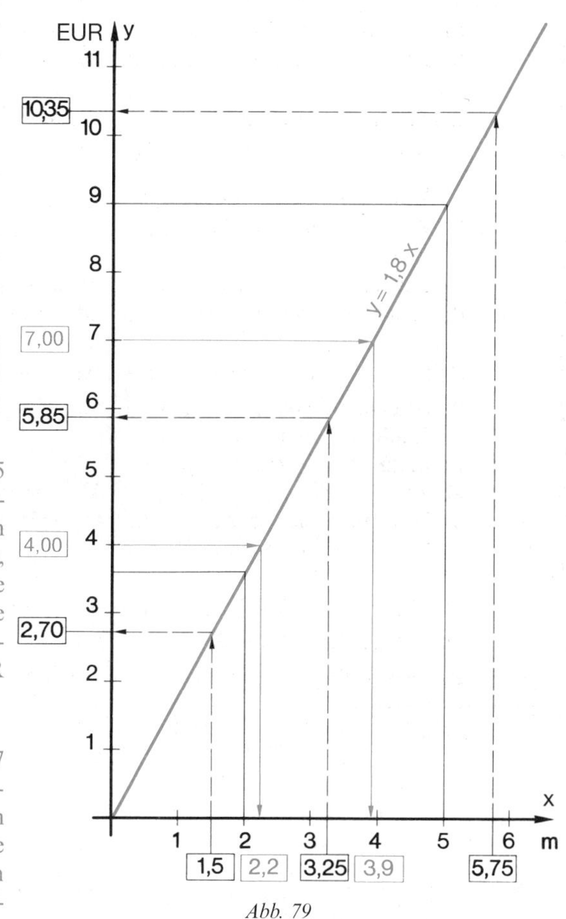

Abb. 79

Aufgaben

1 a) 1 m Stoff kostet 2,40 EUR. Stellen Sie die Funktionsgleichung (y EUR für x m) auf und zeichnen Sie den Graphen der Funktion f: $x \mapsto f(x)$!
1 m ≙ 1 cm; 1 EUR ≙ 1 cm.
b) Lesen Sie aus dem Graphen den Preis für 1,75 m; 2,5 m; 4,25 m ab!
c) Wie viel m Stoff erhält man für 3,00 EUR; 8,40 EUR?

2 Ein Haushaltswarengeschäft setzt bei einem Räumungsverkauf die Preise um 15 % herab. Stellen Sie in einem Achsenkreuz die Preissenkung für die Waren der bisherigen Preisgruppe bis zu 100,00 EUR dar!

Anleitung: Tragen Sie die bisherigen Verkaufspreise auf einer 10 cm langen x-Achse ab (10 EUR ≙ 1 cm) und die 15%igen Preissenkungen auf einer 15 cm langen y-Achse (1 EUR ≙ 1 cm)!

a) Stellen sie die Funktionsgleichung (y EUR Preissenkung auf x EUR alten Verkaufspreis) auf und zeichnen Sie den Graphen der Funktion $f\colon x \mapsto f(x)$!

b) Lesen Sie aus dem Graphen die Preissenkungen ab für die alten Verkaufspreise 14,00 EUR; 36,00 EUR; 68,00 EUR; 82,00 EUR!

c) Lesen Sie aus dem Graphen die alten Verkaufspreise ab, die um 2,70 EUR; 6,60 EUR; 11,40 EUR gesenkt wurden!

d) Tragen Sie auf der 9 cm langen y-Achse eines zweiten Achsenkreuzes die neuen Preise nach der 15%igen Preissenkung ab (10 EUR ≙ 1 cm)! Stellen Sie die Funktionsgleichung (y EUR neuer Preis bei x EUR alten Preis) auf und zeichnen Sie den Graphen der Funktion $f\colon x \mapsto f(x)$!

e) Lesen Sie aus dem Graphen die neuen Preise für die unter b) genannten und unter c) abgelesenen alten Preise ab (auf volle EUR runden)!

3 Eine Maschine wird für 20000,00 EUR angeschafft. Sie soll jährlich mit 12,5% vom Anschaffungswert abgeschrieben werden.

a) Stellen sie die Funktionsgleichung (y EUR Abschreibung in x Jahren) auf und zeichnen Sie den Graphen der Funktion $f\colon x \mapsto f(x)$!
1 Jahr ≙ 1 cm; 2000 EUR ≙ 1 cm.

b) Lesen Sie aus dem Graphen ab, wie viel EUR bis zum Ende des fünften Jahres insgesamt abgeschrieben werden, und stellen Sie fest, mit welchem Buchwert die Maschine in der Schlussbilanz des fünften Jahres steht!

4 Wie hoch sind die Zinsen von 100,00 EUR Kapital in x Monaten bei 6% Verzinsung?

a) Stellen Sie die Funktionsgleichung (y EUR Zinsen in x Monaten) auf und zeichnen Sie den Graphen der Funktion $f\colon x \mapsto f(x)$!
1 Monat ≙ 1 cm; 1 EUR ≙ 2 cm.

b) Lesen Sie aus dem Graphen die Zinsen in 4 Monaten, 7 Monaten, $9\frac{1}{2}$ Monaten ab!

c) Wie lange ist das Kapital ausgeliehen, wenn es 2,50 EUR; 4,00 EUR; 5,25 EUR Zinsen bringt?

d) Wie lautet die Funktionsgleichung (y EUR Zinsen in x Monaten) bei 9% Verzinsung? Zeichnen Sie den Graphen in das Achsenkreuz von a)!

e) Lesen Sie aus dem zweiten Graphen die Zinsen in 3 Monaten, 7 Monaten ab!

f) Wie lange ist das Kapital zu 9% ausgeliehen, wenn es 3,75 EUR; 6,00 EUR Zinsen bringt?

5 Wie viel EUR Jahreszinsen bringen 2000,00 EUR Kapital bei x% Verzinsung?

a) Stellen Sie die Funktionsgleichung (y EUR Jahreszinsen bei x% Verzinsung) auf und zeichnen Sie den Graphen der Funktion $f\colon x \mapsto f(x)$!
1% ≙ 2 cm; 10 EUR ≙ 1 cm.

b) Lesen Sie aus dem Graphen die Zinsen ab bei einem Zinsfuß von 2,75%; 3,25%; 4,5%; 5,25%!

c) Wie viel Prozent beträgt die Verzinsung bei 75,00 EUR; 115,00 EUR Jahreszinsen?

6 Wie hoch sind die Zinsen von 19 200,00 EUR Kapital in x Monaten bei 5% Verzinsung?

a) Stellen sie die Funktionsgleichung (y EUR Zinsen in x Monaten) auf und zeichnen Sie den Graphen der Funktion f: $x \mapsto f(x)$!
1 Monat ≙ 1 cm; 100 EUR ≙ 1 cm.

b) Lesen Sie aus dem Graphen die Zinsen in 4 Monaten, $6\frac{1}{2}$ Monaten, $10\frac{1}{2}$ Monaten ab!

c) Wie lange ist das Kapital ausgeliehen, wenn es 200,00 EUR; 440,00 EUR; 700,00 EUR Zinsen bringt?

7 a) Ein Auto legt in 5 Stunden 400 km zurück. Stellen sie die Funktionsgleichung (y km in x Stunden) auf und zeichnen Sie den Graphen der Funktion f: $x \mapsto f(x)$!
1 Stunde ≙ 1 cm; 100 km ≙ 1 cm.

b) Lesen Sie aus dem Graphen den Weg in 3 Std. 30 Min.; 1 Std. 15 Min. ab!

c) In welcher Zeit legt der Wagen 300 km; 180 km zurück?

Beispiel mit Lösung

Aufgabe: Ein Elektrizitätswerk berechnet für elektrischen Strom einen monatlichen Grundpreis von 25,00 EUR und für jede verbrauchte Kilowattstunde (kWh) 0,14 EUR.

a) Stellen Sie die Funktionsgleichung (y EUR für x kWh) auf und zeichnen Sie den Graphen der Funktion f: $x \mapsto f(x)$! 50 kWh ≙ 1 cm; 10 EUR ≙ 1 cm.

b) Lesen Sie aus dem Graphen den Preis bei einem monatlichen Verbrauch von 200 kWh und 400 kWh ab!

c) Wie hoch ist der Verbrauch bei einer Stromrechnung von 67,00 EUR und 88,00 EUR?

Lösung:

a) 1 kWh kostet 0,14 EUR, x kWh kosten 0,14 EUR · x. Zu diesen Kosten kommt die monatliche Grundgebühr von 25,00 EUR. Wir erhalten die Funktionsgleichung
$f(x) = y = 0{,}14x + 25$
(y EUR = 0,14 EUR · x + 25 EUR).
Wir wählen $D = \{x | 0 \leqq x \leqq 500\}$. Mithilfe einer Wertetafel bestimmen wir drei Zahlenpaare, durch deren Bildpunkte wir die Gerade ziehen.

x	0	250	500
$0{,}14x + 25$	25	60	95

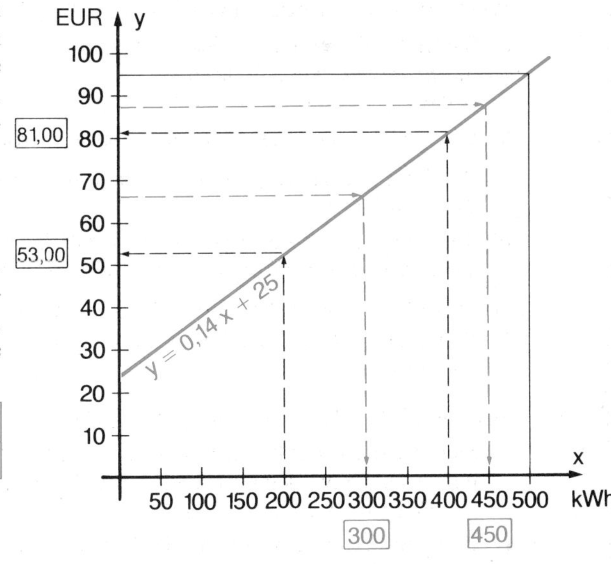

Abb. 81

b) Wir lesen auf der y-Achse ab: 53,00 EUR; 81,00 EUR

c) Wir lesen auf der x-Achse ab: 300 kWh; 450 kWh

Aufgaben

8 Ein Elektrizitätswerk berechnet für Nachtstrom einen monatlichen Grundpreis von 28,00 EUR und für jede verbrauchte Kilowattstunde (kWh) 0,12 EUR.

a) Stellen Sie die Funktionsgleichung (y EUR für x kWh) auf und zeichnen Sie den Graphen der Funktion $f\colon x \mapsto f(x)$! 50 kWh ≙ 1 cm; 10 EUR ≙ 1 cm.

b) Lesen Sie aus dem Graphen den Preis bei einem monatlichen Verbrauch von 250 kWh und 450 kWh ab!

c) Wie hoch ist der Verbrauch bei einer Stromrechnung von 64,00 EUR und 88,00 EUR?

9 Ein Taxi-Unternehmer verlangt für 1 gefahrenen km 0,80 EUR und eine Grundgebühr von 4,00 EUR.

a) Stellen Sie die Funktionsgleichung (y EUR für x km) auf und zeichnen Sie den Graphen der Funktion: $f\colon x \mapsto f(x)$! 2 km ≙ 1 cm; 2 EUR ≙ 1 cm.

b) Lesen Sie aus dem Graphen den Preis für eine Fahrstrecke von 6 km und 12 km ab!

c) Wie viel km kann man für 10,40 EUR und 16,80 EUR fahren?

10 Am 1. Januar hat Björn auf seinem Sparbuch 150,00 EUR. Er zahlt von jetzt ab monatlich 25,00 EUR ein.

a) Stellen Sie die Funktionsgleichung (y EUR nach x Monaten) auf und zeichnen Sie den Graphen der Funktion $f\colon x \mapsto f(x)$! 1 Monat ≙ 1 cm; 50 EUR ≙ 1 cm.

b) Lesen Sie aus dem Graphen das Guthaben ab nach 4 Monaten, 7 Monaten, 10 Monaten! (Die Zinsen werden erst am Jahresende gutgeschrieben.)

c) Nach wie viel Monaten beträgt das Guthaben 225,00 EUR; 300,00 EUR; 425,00 EUR?

11 Eine Maschine wird für 12 000,00 EUR angeschafft. Sie soll jährlich mit 15% vom Anschaffungswert abgeschrieben werden. Wie viel EUR beträgt der Buchwert nach x Jahren?

a) Stellen Sie die Funktionsgleichung (y EUR Buchwert nach x Jahren) auf und zeichnen Sie den Graphen der Funktion $f\colon x \mapsto f(x)$!
1 Jahr ≙ 1 cm; 1 000 EUR ≙ 1 cm.

b) Lesen Sie aus dem Graphen ab, wie hoch der Buchwert nach 2 Jahren, 5 Jahren ist!

c) Nach wie viel Jahren beträgt der Buchwert 6 600,00 EUR; 1 200,00 EUR?

d) Wie lautet die Funktionsgleichung (y EUR Buchwert nach x Jahren) für eine zweite Maschine, die für 15 000,00 EUR angeschafft wird und mit $16\frac{2}{3}\%$ vom Anschaffungswert abgeschrieben werden soll? Zeichnen Sie den Graphen der Funktion $x \to f(x)$ in das Achsenkreuz von a) (y-Achse auf 15 cm verlängern)!

e) Lesen Sie aus dem zweiten Graphen ab, wie hoch der Buchwert nach 2 Jahren, 6 Jahren ist!

f) Nach wie viel Jahren beträgt der Buchwert der zweiten Maschine 7 500,00 EUR; 2 500,00 EUR?

12 In einer Elektrogerätefabrik fallen monatlich 20 000,00 EUR fixe Kosten[1] an. Die proportionalen Kosten[1] betragen je Stück 80,00 EUR.

a) Stellen Sie die Funktionsgleichung y EUR Gesamtkosten für x Stück Monatsproduktion auf und zeichnen Sie den Graphen der Funktion $x \mapsto f(x)$!
100 Stück $\widehat{=}$ 1 cm, 10 000 EUR $\widehat{=}$ 1 cm.

b) Lesen Sie aus dem Graphen die Gesamtkosten für eine Monatsproduktion von 500 Stück und 1 000 Stück ab!

c) Wie viel Stück beträgt die Monatsproduktion bei 52 000,00 EUR und 84 000,00 EUR Gesamtkosten?

13 Die Fixkosten einer Metallwarenfabrik betragen monatlich 10 000,00 EUR, die proportionalen Stückkosten 20,00 EUR.

a) Wie lautet die Funktionsgleichung y EUR Gesamtkosten für x Stück Monatsproduktion? Zeichnen Sie den Graphen der Funktion $x \mapsto f(x)$!
200 Stück $\widehat{=}$ 1 cm, 5 000 EUR $\widehat{=}$ 1 cm.

b) Lesen Sie aus dem Graphen die Gesamtkosten bei einer Monatsproduktion von 1 200 Stück und 1 800 Stück ab!

c) Wie viel Stück werden monatlich bei 38 000,00 EUR und 50 000,00 EUR Gesamtkosten produziert?

Beispiel mit Lösung

Aufgabe: In einer Maschinenfabrik entstehen in der Abteilung zur Herstellung eines Fertigungsteiles monatlich 20 000,00 EUR Fixkosten. Die proportionalen Kosten je Stück betragen 50,00 EUR, der Verkaufspreis je Stück 90,00 EUR.

a) Wie lauten die Funktionsgleichungen für den Gesamterlös (y EUR Erlös für x Stück) und für die Gesamtkosten (y EUR Gesamtkosten für x Stück) je Monat? Zeichnen Sie in ein gemeinsames Achsenkreuz die Graphen der beiden Funktionen $f\colon x \mapsto f(x)$! 100 Stück $\widehat{=}$ 1 cm; 10 000 EUR $\widehat{=}$ 1 cm.

b) Stellen Sie fest, bei welcher Produktionsmenge Gesamterlös und Gesamtkosten gleich groß sind (Nutzenschwelle)! In welchem Produktionsbereich ensteht Verlust, in welchem Bereich wird mit Gewinn produziert?

[1] Fixkosten entstehen unabhängig von der Produktionsmenge, zum Beispiel Miete.
Proportionale Kosten verändern sich im gleichen Verhältnis zur Produktionsmenge, zum Beispiel Fertigungsmaterial.

Lösung:

a) Der Gesamterlös für x Stück beträgt y EUR = 90,00 EUR · x. Wir erhalten die Funktionsgleichung $y = 90x$. Die Gesamtkosten für x Stück belaufen sich auf y EUR = 50,00 EUR · x + 20000,00 EUR. Die Funktionsgleichung lautet $y = 50x + 20000$. Mithilfe einer Wertetafel bestimmen wir je drei Zahlenpaare der Funktionen $x \mapsto 90x$ und $x \mapsto 50x + 20000$, durch deren Bildpunkte wir die Geraden ziehen.

x	0	400	800
$90x$	0	36000	72000
$50x + 20000$	20000	40000	60000

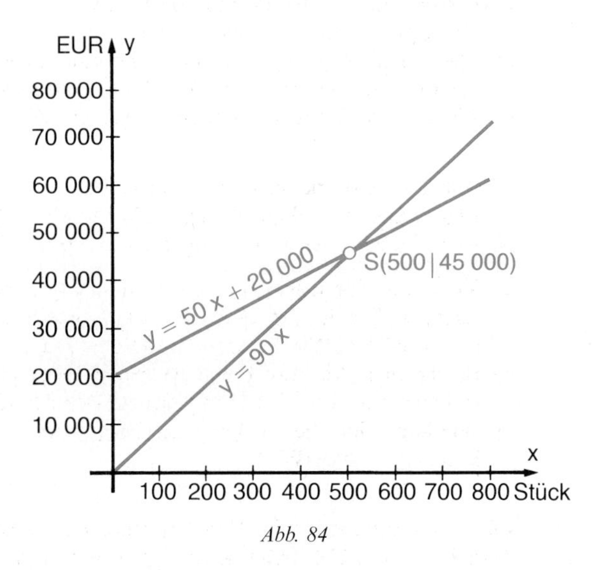

Abb. 84

b) Der Schnittpunkt $S(500|45000)$ besagt, dass bei einer Produktionsmenge von 500 Stück der Gesamterlös und die Gesamtkosten jeweils 45000,00 EUR betragen. Bei einer Produktionsmenge von weniger als 500 Stück wird mit Verlust, bei mehr als 500 Stück mit Gewinn gearbeitet.

Aufgaben

14 Die Fixkosten einer Fertigungsabteilung betragen monatlich 15000,00 EUR, die proportionalen Stückkosten 15,00 EUR. Der Verkaufspreis je Stück wird mit 27,50 EUR angesetzt.

a) Stellen Sie die Funktionsgleichungen für den Gesamterlös (y EUR Erlös für x Stück) und für die Gesamtkosten (y EUR Gesamtkosten für x Stück) je Monat auf? Zeichnen Sie in ein gemeinsames Achsenkreuz die Graphen der beiden Funktionen $f\colon x \mapsto f(x)$!
200 Stück ≙ 1 cm; 5000 EUR ≙ 1 cm.

b) Bei welcher Produktionsmenge sind Gesamterlös und Gesamtkosten gleich groß (Nutzenschwelle)? In welchem Bereich wird mit Verlust, in welchem mit Gewinn produziert?

15 In einer Fertigungsabteilung einer Elektrogerätefabrik fallen monatlich 25 000,00 EUR fixe Kosten an. Die proportionalen Kosten betragen je Stück 75,00 EUR, der Verkaufspreis je Stück 137,50 EUR.

a) Wie lauten die Funktionsgleichungen für die Gesamtkosten (y EUR Gesamtkosten für x Stück) und für den Gesamterlös (y EUR Erlös für x Stück)? Zeichnen Sie in ein gemeinsames Achsenkreuz die Graphen der beiden Funktionen $x \mapsto f(x)$! 100 Stück $\mathrel{\hat{=}}$ 1 cm, 10 000 EUR $\mathrel{\hat{=}}$ 1 cm.
b) Bestimmen Sie die Produktionsmenge, bei der Gesamtkosten und Gesamterlös gleich groß sind (Nutzenschwelle)!
c) Wie viel EUR beträgt der Verlust bei einer Produktionsmenge von 300 Stück? Wie hoch ist der Gewinn, wenn 500 Stück produziert werden?
d) Wie viel Stück müssen produziert werden, um 12 500,00 EUR Gewinn zu erzielen?

16 Ein Elektrizitätswerk bietet zwei Tarife an:
I. 20,00 EUR monatliche Grundgebühr und 0,17 EUR je kWh.
II. 30,00 EUR monatliche Grundgebühr und 0,13 EUR je kWh.

a) Stellen Sie für jeden Tarif die Funktionsgleichung auf (y EUR für x kWh) und zeichnen Sie in ein gemeinsames Achsenkreuz die Graphen der Funktionen $x \mapsto f(x)$! 50 kWh $\mathrel{\hat{=}}$ 1 cm; 10 EUR $\mathrel{\hat{=}}$ 1 cm.
b) Bei welchem Verbrauch ergeben beide Tarife gleiche Kosten? In welchem Abnahmebereich ist Tarif I und in welchem Bereich Tarif II günstiger?
c) Wie hoch sind die Kosten nach Tarif I und Tarif II bei einem monatlichen Verbrauch von 400 kWh?

17 Für den Kleinstbedarf im Haushalt werden zwei Erdgastarife angeboten:
Tarif I: 11,00 EUR monatlicher Grundpreis und 0,16 EUR je m^3,
Tarif II: 20,00 EUR monatlicher Grundpreis und 0,10 EUR je m^3.

a) Stellen Sie für jeden Tarif die Funktionsgleichung auf (y EUR für x m^3) und zeichnen Sie in ein gemeinsames Achsenkreuz die Graphen der Funktionen $x \mapsto f(x)$! 20 m^3 $\mathrel{\hat{=}}$ 1 cm; 5 EUR $\mathrel{\hat{=}}$ 1 cm.
b) Bei welchem Verbrauch ergeben beide Tarife gleiche Kosten? In welchem Bereich ist Tarif I günstiger, in welchem Bereich Tarif II?

18 Für Busfahrten bietet ein Reiseunternehmen zwei Tarife an:
I. Je Tag 180,00 EUR und für jeden gefahrenen Kilometer 1,50 EUR.
II. Je Tag 120,00 EUR und für jeden gefahrenen Kilometer 1,80 EUR.

a) Stellen Sie für jeden Tarif die Funktionsgleichung auf (y EUR für x km) und zeichnen Sie in ein gemeinsames Achsenkreuz die Graphen der Funktionen $x \mapsto f(x)$! 50 km $\mathrel{\hat{=}}$ 1 cm; 100 EUR $\mathrel{\hat{=}}$ 1 cm.
b) Bei wie viel km Fahrtstrecke ergeben beide Tarife gleiche Kosten? Für welche Strekken wählt man Tarif I, für welche Tarif II?

19 Ein Mietwagenunternehmen verlangt je km 0,50 EUR und eine Tagesgrundgebühr von 85,00 EUR, ein zweites Unternehmen je km 0,60 EUR und eine Tagesgrundgebühr von 60,00 EUR. Stellen Sie die Funktionsgleichung auf (y EUR für x km) und zeichnen Sie in ein gemeinsames Achsenkreuz die Graphen der Funktionen $x \mapsto f(x)$ (50 km ≙ 1 cm, 20 EUR ≙ 1 cm)! Bei wie viel km Fahrtstrecke ergeben beide Tarife gleiche Kosten?

20 Ein Vertreter erhält folgende Angebote zweier Firmen:

a) 4000,00 EUR Monatsgehalt zuzüglich 5% Provision von den Rechnungspreisen der verkauften Waren.
b) 3000,00 EUR Monatsgehalt zuzüglich 10% Provision von den Rechnungspreisen der verkauften Waren.

Bei welchem Monatsumsatz ergeben beide Angebote das gleiche Einkommen? Stellen Sie die beiden Funktionsgleichungen auf (y EUR Einkommen bei x EUR Umsatz) und zeichnen Sie in ein gemeinsames Achsenkreuz die Graphen der Funktionen $x \mapsto f(x)$ (5000 EUR Umsatz ≙ 1 cm; 1000 EUR Einkommen ≙ 1 cm)!

21 Bei freier Wirtschaft ist die Preisbildung das Ergebnis von Angebot und Nachfrage. Vielen kleinen Anbietern stehen viele kleine Nachfrager gegenüber. Gleichen sich Angebot und Nachfrage aus, erhält man den **Gleichgewichtspreis**. Grafisch wird dieser Preis durch den Schnittpunkt von Angebotskurve A und Nachfragekurve N dargestellt. Dabei unterstellt man, dass der Verlauf der Kurven linear ist.

Zur Preisbildung eines neu einzuführenden Produktes werden folgende Daten ermittelt:

	Angebote	Nachfragen
Bei einem Preis von 20 GE[1] je ME:[1]	40 ME	90 ME
Bei einem Preis von 50 GE je ME:	80 ME	30 ME

a) Stellen Sie die Funktionsgleichungen (y GE für x ME) der Angebots- und Nachfragegeraden auf!
b) Bestimmen Sie rechnerisch und grafisch den Gleichgewichtspreis! 10 ME ≙ 1 cm; 10 GE ≙ 1 cm.
c) Wie verändert sich der Gleichgewichtspreis, wenn sich die Nachfrage um je 10 ME erhöht?

22 Für ein Produkt stehen folgende Angebote und Nachfragen gegenüber:

	Angebote	Nachfragen
Bei einem Preis von 35 GE je ME:	30 ME	105 ME
Bei einem Preis von 60 GE je ME:	80 ME	30 ME

a) Berechnen Sie die Gleichungen (y GE für x ME) der Angebots- und Nachfragefunktionen!
b) Bestimmen Sie rechnerisch und grafisch den Gleichgewichtspreis! 10 ME ≙ 1 cm, 10 GE ≙ 1 cm.
c) Wie viel ME beträgt der Angebotsüberschuss bei einem Preis $y = 55$ GE?
d) Bei einem Preis $y = 40$ GE besteht ein Nachfrageüberschuss. Wie viel ME beträgt er?

[1] GE = Geldeinheit (z. B. 1 GE = 1 EUR),
ME = Mengeneinheit (z. B. 1 ME = 100 Stück).

8 Quadratische Funktionen

8.1 Grafische Darstellung der quadratischen Funktionen $f\colon x \mapsto x^2$, $f\colon x \mapsto ax^2$, $f\colon x \mapsto ax^2 + c$ und $f\colon x \mapsto ax^2 + bx + c$

Beispiel mit Lösung

Aufgabe: Zeichnen Sie den Graphen der Funktion $x \mapsto x^2$! Stellen Sie eine Wertetafel auf für $D = \{-3, -2{,}5, -2, \ldots, +3\}$! Wie ändert sich der Graph, wenn $D = \mathbb{R}$ ist?

Lösung:

x	–3	–2,5	–2	–1,5	–1	–0,5	0	0,5	1	1,5	2	2,5	3
x^2	9	6,25	4	2,25	1	0,25	0	0,25	1	2,25	4	6,25	9

Während die x-Werte gleichmäßig um 0,5 wachsen, ändern sich die $f(x)$-Werte ungleichmäßig. Der Graph der Funktion kann also keine Gerade sein. Die Bildpunkte $P(x|y)$ liegen auf einer Kurve, die symmetrisch zur y-Achse verläuft. Die Kurve bezeichnet man als **Parabel zweiten Grades**, als **Quadratzahlparabel** oder als **Normalparabel**. Der Schnittpunkt der Symmetrieachse mit der Parabel heißt Scheitelpunkt. Wählt man für x den Definitionsbereich $\mathbb{R}$, so erhält man für y den Wertebereich $\mathbb{R}_+$. Die Bildpunkte liegen dann überall dicht auf der Parabel.

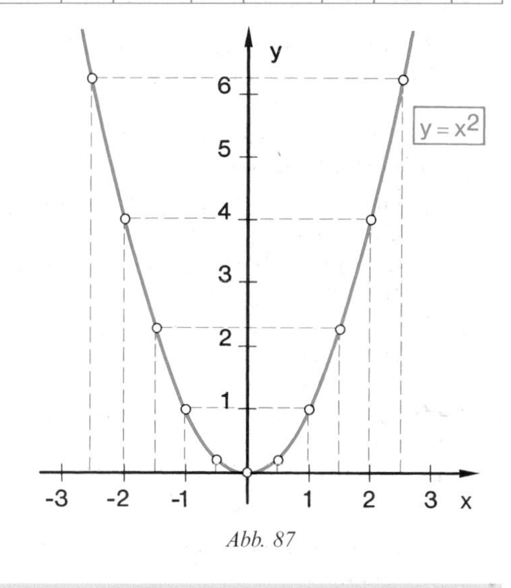

Abb. 87

Satz 87

> Der Graph der Quadratfunktion $x \mapsto x^2$ ($x \in \mathbb{R}$) ist eine Normalparabel, deren Scheitelpunkt im Nullpunkt liegt und die symmetrisch bezüglich der y-Achse ist.

Aufgaben

1 Lesen Sie aus dem Graphen der Funktion $x \mapsto x^2$ folgende Quadratzahlen näherungsweise ab!

a) $1{,}2^2$ b) $1{,}8^2$ c) $2{,}3^2$ d) $2{,}7^2$ e) $(-1{,}4)^2$ f) $(-2{,}8)^2$

2 Lesen Sie aus obiger Abbildung näherungsweise die Seitenlängen für die Quadrate ab, die folgenden Flächeninhalt haben!

a) 1,4 m^2 b) 2,5 m^2 c) 3,2 cm^2 d) 4,7 cm^2 e) 5,3 cm^2 f) 6 cm^2

Beispiel mit Lösung

Aufgabe: Zeichnen Sie in ein gemeinsames Achsenkreuz die Graphen der Funktionen $x \mapsto x^2$, $x \mapsto 2x^2$, $x \mapsto \frac{1}{2}x^2$, $x \mapsto -\frac{1}{2}x^2$. $G = \mathbb{R} \times \mathbb{R}$, Zeichenbereich $A = \{x | -2{,}5 \leqq x \leqq 2{,}5\}$.
Vergleichen Sie die Parabeln der Form $x \mapsto ax^2$ mit der Normalparabel $x \mapsto x^2$ und stellen Sie die Abweichungen fest für $a > 1$, $0 < a < 1$, $a < 0$!

Lösung:

x	–2,5	–2	–1,5	–1	–0,5	0	0,5	1	1,5	2	2,5
x^2	6,25	4	2,25	1	0,25	0	0,25	1	2,25	4	6,25
$2x^2$		8	4,5	2	0,5	0	0,5	2	4,5	8	
$\frac{1}{2}x^2$	3,13	2	1,13	0,5	0,13	0	0,13	0,5	1,13	2	3,13
$-\frac{1}{2}x^2$	–3,13	–2	–1,13	–0,5	–0,13	0	–0,13	–0,5	–1,13	–2	–3,13

Der Graph der Funktion $x \mapsto ax^2$ entsteht durch Dehnung oder Pressung der Normalparabel. $a > 1$ bedeutet Dehnung, $0 < a < 1$ bewirkt Pressung längs der y-Achse. Bei $a < 0$ wird die Parabel an der x-Achse gespiegelt. Die y-Achse ist Symmetrieachse. Der Scheitelpunkt der Parabeln liegt im Ursprung; er ist ein Tiefpunkt bei $a > 0$, er ist ein Hochpunkt bei $a < 0$.

Satz 88

Der Graph der Funktion $x \mapsto ax^2$, $a \in \mathbb{R}^*$, ist eine gedehnte oder gepresste Normalparabel. a > 1 bedeutet Dehnung, $0 < a < 1$ bewirkt Pressung längs der y-Achse. Bei $a < 0$ wird die Parabel an der x-Achse gespiegelt.

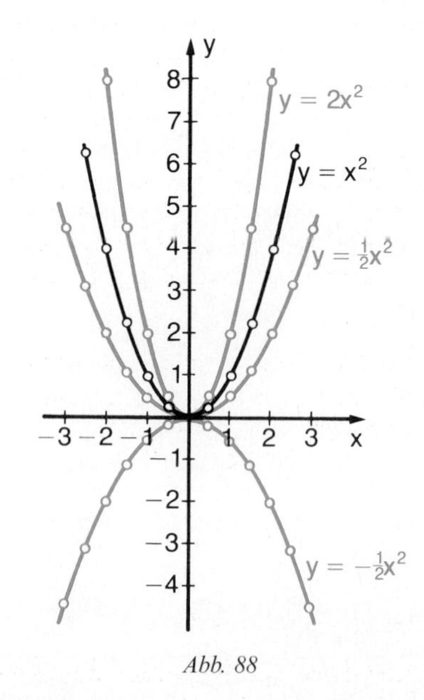

Abb. 88

Aufgaben

3 Zeichnen Sie die Graphen der Funktionen $x \mapsto f(x)$! $G = \mathbb{R} \times \mathbb{R}$

a) $x \mapsto 1{,}5x^2$, $A = \{x | -2 \leqq x \leqq 2\}$
b) $x \mapsto -1{,}5x^2$, $A = \{x | -2 \leqq x \leqq 2\}$
c) $x \mapsto \frac{1}{3}x^2$, $A = \{x | -3 \leqq x \leqq 3\}$
d) $x \mapsto -\frac{3}{4}x^2$, $A = \{x | -3 \leqq x \leqq 3\}$

Beispiel mit Lösung

Aufgabe: Zeichnen Sie in ein gemeinsames Achsenkreuz die Graphen der Funktionen $x \mapsto x^2$; $x \mapsto x^2 + 3$; $x \mapsto x^2 - 2$. $G = \mathbb{R} \times \mathbb{R}$. Zeichenbereich $A = \{x | -2{,}5 \leqq x \leqq 2{,}5\}$.

Lösung:

x	–2,5	–2	–1,5	–1	–0,5	0	0,5	1	1,5	2	2,5
x^2	6,25	4	2,25	1	0,25	0	0,25	1	2,25	4	6,25
$x^2 + 3$	9,25	7	5,25	4	3,25	3	3,25	4	5,25	7	9,25
$x^2 - 2$	4,25	2	0,25	–1	–1,75	–2	–1,75	–1	0,25	2	4,25

Der Graph der Funktion $x \mapsto x^2 + 3$ ($D = \mathbb{R}$) ist eine Normalparabel, die um $+3$ in Richtung der y-Achse verschoben ist.[1] Scheitelpunkt der Parabel ist $S(0|3)$. Der Graph der Funktion $x \mapsto x^2 - 2$ ($D = \mathbb{R}$) entsteht aus der Normalparabel durch Verschiebung um -2 in Richtung der y-Achse. Scheitelpunkt der Parabel ist $S(0|-2)$.

Der Graph lässt sich besonders schnell mit Hilfe einer Schablone der Normalparabel $x \mapsto x^2$ zeichnen, die man nur in dem jeweiligen Scheitelpunkt S anzulegen braucht.

(Achten Sie beim Kauf von Schablonen darauf, dass sie durchsichtig sind und dass die Längeneinheit 1 cm beträgt!)

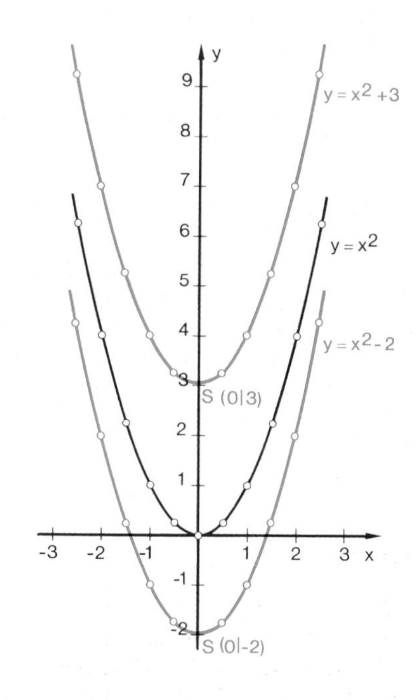

Abb. 89

[1] In Richtung der y-Achse $\Leftrightarrow$ nach oben bzw. nach unten

Satz 90

Der Graph der Funktion $x \mapsto x^2 + c$ ist eine Normalparabel, deren Scheitelpunkt in $S(0|c)$ liegt.
In der Funktion $x \mapsto ax^2 + c$ ($a, c \in \mathbb{R}$; $a \neq 0$) bedeutet a Dehnung oder Pressung längs der y-Achse. Bei $a < 0$ wird die Parabel vor der Verschiebung in Richtung der y-Achse an der x-Achse gespiegelt.

Aufgaben ($G = \mathbb{R} \times \mathbb{R}$)

4 Zeichnen Sie in ein gemeinsames Achsenkreuz mithilfe einer Schablone der Normalparabel $x \mapsto x^2$ die Graphen der Funktionen $x \mapsto x^2 + 4$; $x \mapsto x^2 + 0{,}5$; $x \mapsto x^2 - 2{,}5$.

5 Zeichnen Sie in ein gemeinsames Achsenkreuz die Graphen der Funktionen
$x \mapsto \frac{1}{2}x^2 + 2$; $x \mapsto -\frac{1}{2}x^2 - 1$; $x \mapsto 2x^2 + 1$.

Beispiel mit Lösung

Aufgabe: Zeichnen Sie in ein gemeinsames Achsenkreuz die Graphen der Funktionen $x \mapsto x^2$, $x \mapsto (x-2)^2$ mit $A = \{x|-1 \leqq x \leqq 5\}$, $x \mapsto (x+3)^2$ mit $A = \{x|-6 \leqq x \leqq 0\}$. $G = \mathbb{R} \times \mathbb{R}$.

Lösung:

x	−1	−0,5	0	0,5	1	1,5	2	2,5	3	3,5	4	4,5	5
$(x-2)^2$	9	6,25	4	2,25	1	0,25	0	0,25	1	2,25	4	6,25	9

x	−6	−5,5	−5	−4,5	−4	−3,5	−3	−2,5	−2	−1,5	−1	−0,5	0
$(x+3)^2$	9	6,25	4	2,25	1	0,25	0	0,25	1	2,25	4	6,25	9

Der Graph der Funktion $x \mapsto (x-2)^2$ ($D = \mathbb{R}$) ist eine Normalparabel, die um +2 in Richtung der x-Achse verschoben ist. Der Scheitelpunkt der Parabel ist $S(2|0)$.

Der Graph der Funktion $x \mapsto (x+3)^2$ ($D = \mathbb{R}$) entsteht aus der

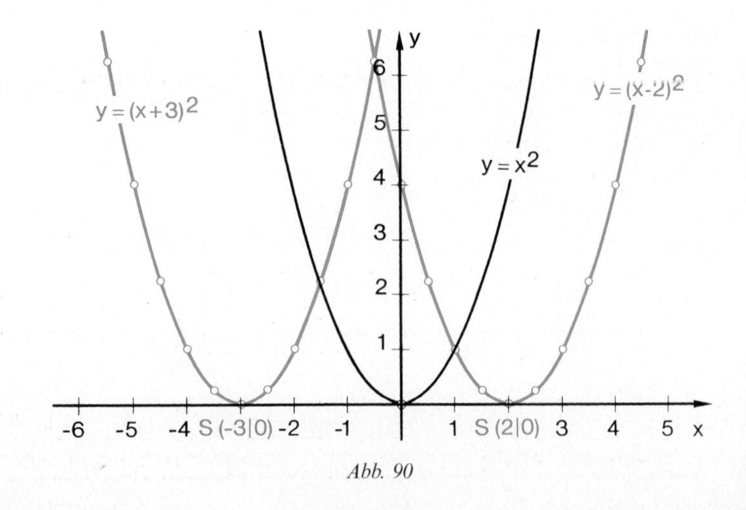

Abb. 90

Normalparabel durch Verschiebung um -3 in Richtung der x-Achse. Der Scheitelpunkt der Parabel ist $S(-3|0)$.

Satz 91

Der Graph der Funktion $x \mapsto (x - x_0)^2$ ist eine Normalparabel, die in Richtung der x-Achse verschoben ist. Der Definitionsbereich von x_0 bestimmt die Richtung der Verschiebung: Ist $x_0 \in \mathbb{R}_+^*$, so wird die Normalparabel um die Länge des Bildpfeils von x_0 nach rechts verschoben; ist $x_0 \in \mathbb{R}_-^*$, so bedeutet dies Verschiebung nach links. In der Funktion $x \mapsto a(x - x_0)^2$, $a \in \mathbb{R}^*$; bedeutet a Dehnung oder Pressung längs der y-Achse. Bei $a < 0$ wird die Parabel an der x-Achse gespiegelt.

Aufgaben ($G = \mathbb{R} \times \mathbb{R}$)

6 Zeichnen Sie die Graphen der Funktionen $x \mapsto f(x)$!

a) $x \mapsto (x - 1)^2$ b) $x \mapsto (x + 2)^2$ c) $x \mapsto (x - 2{,}5)^2$ d) $x \mapsto (x + 1{,}5)^2$

e) $x \mapsto (x + 2{,}5)^2$ f) $x \mapsto (x - 3{,}5)^2$ g) $x \mapsto (x + 0{,}5)^2$ h) $x \mapsto (x - 0{,}5)^2$

Anleitung: Bestimmen Sie den Scheitelpunkt der Parabel und zeichnen Sie ihren Graphen mithilfe einer Schablone der Normalparabel $x \mapsto x^2$!

7 Die Normalparabel $x \mapsto x^2$ wird vom Ursprung aus um folgende Einheiten verschoben:

a) 3 nach rechts b) 4 nach links c) 1,5 nach rechts d) 2,5 nach links
Wie lauten die neuen Gleichungen?

Beispiel mit Lösungen

Aufgabe: Zeichnen Sie in ein gemeinsames Achsenkreuz die Graphen der Funktionen $x \mapsto x^2$, $x \mapsto (x - 2)^2 + 1$ mit $A = \{x|-1 \leq x \leq 5\}$, $x \mapsto (x + 3)^2 - 2$ mit $A = \{x|-6 \leqq x \leqq 0\}$. $G = \mathbb{R} \times \mathbb{R}$.

Lösung:

x	−1	−0,5	0	0,5	1	1,5	2	2,5	3	3,5	4	4,5	5
$(x-2)^2+1$	10	7,25	5	3,25	2	1,25	1	1,25	2	3,25	5	7,25	10

x	−6	−5,5	−5	−4,5	−4	−3,5	−3	−2,5	−2	−1,5	−1	−0,5	0
$(x+3)^2-2$	7	4,25	2	0,25	−1	−1,75	−2	−1,75	−1	0,25	2	4,25	7

Der Graph der Funktion $x \mapsto (x-2)^2 + 1$ ($D = \mathbb{R}$) ist eine Normalparabel, die um $+2$ in Richtung der x-Achse und um $+1$ in Richtung der y-Achse verschoben ist.
Der Scheitelpunkt der Parabel ist $S(2|1)$. Der Graph der Funktion $x \mapsto (x+3)^2 - 2$ ($D = \mathbb{R}$) ist eine Normalparabel, die um -3 in Richtung der x-Achse und um -2 in Richtung der y-Achse verschoben ist. Der Scheitelpunkt der Parabel ist $S(-3|-2)$.

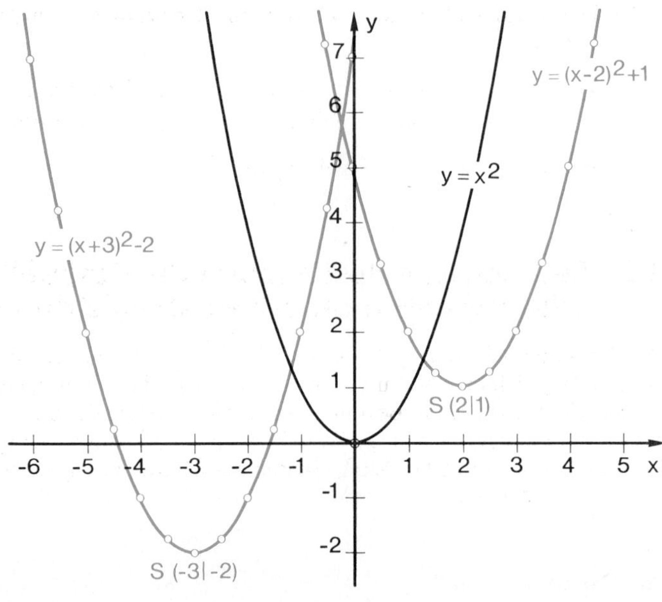

Abb. 92

Satz 92

Der Graph der Funktion $x \mapsto (x - x_0)^2 + y_0$ ist eine Normalparabel, die in Richtung der x-Achse und y-Achse verschoben ist. Ist $x_0 \in \mathbb{R}_+^*$, so wird die Normalparabel um die Länge des Bildpfeils von x_0 nach rechts verschoben; ist $x_0 \in \mathbb{R}_-^*$, so bedeutet dies Verschiebung nach links. Bei $y_0 \in \mathbb{R}_+^*$ wird die Normalparabel um die Länge des Bildpfeils von y_0 nach oben, bei $y_0 \in \mathbb{R}_-^*$ nach unten verschoben.
In der Funktion $x \mapsto a(x - x_0)^2 + y_0$, $a \in \mathbb{R}^*$, bedeutet a Dehnung oder Pressung längs der y-Achse. Bei $a < 0$ wird die Parabel vor der Verschiebung in Richtung der y-Achse an der x-Achse gespiegelt. Die dazugehörige Funktionsgleichung lautet:
$y = a(x - x_0)^2 + y_0$

Aufgaben ($G = \mathbb{R} \times \mathbb{R}$)

8 Zeichnen Sie die Graphen nachstehender Funktionen!

a) $x \mapsto (x-3)^2 + 2$ b) $x \mapsto (x-2)^2 - 3$ c) $x \mapsto (x+1)^2 + 3$
d) $x \mapsto (x+2)^2 - 1$ e) $x \mapsto (x-1{,}5)^2 - 2{,}5$ f) $x \mapsto (x+2{,}5)^2 + 1{,}5$

Anleitung: Bestimmen Sie den Scheitelpunkt der Parabel und zeichnen Sie ihren Graphen mithilfe einer Schablone der Normalparabel $x \mapsto x^2$!

9 Zeichnen Sie die Graphen der Funktionen $x \mapsto f(x)$!

a) $x \mapsto (x-2{,}5)^2 + 1{,}5$ b) $x \mapsto (x+0{,}5)^2 - 1{,}5$ c) $x \mapsto (x-1{,}5)^2 + 0{,}5$
d) $x \mapsto \frac{1}{2}(x+3)^2 - 2$ e) $x \mapsto -\frac{1}{2}(x-1)^2 + 1$ f) $x \mapsto \frac{1}{2}(x+2)^2 - 3$

10 Die Normalparabel $x \mapsto x^2$ wird vom Ursprung aus um folgende Einheiten verschoben:

a) 2 nach rechts und 3 nach oben
b) 3 nach links und 1 nach oben
c) 1 nach links und 2 nach unten
d) 4 nach rechts und 3 nach unten

Wie lauten die neuen Gleichungen?

8.2 Rechnerische Bestimmung der Scheitelkoordinaten. Scheitelpunktform der Parabelgleichung

Die Funktionsgleichung $y = a(x - x_0)^2 + y_0$ bezeichnet man als Scheitelpunktform der Parabelgleichung, weil man aus dieser Form die Koordinaten des Scheitelpunktes der Parabel ablesen kann. Zur Bestimmung der Koordinaten des Scheitelpunktes bringt man quadratische Funktionsgleichungen der Form $y = ax^2 + bx + c$ auf ihre Scheitelpunktform $y = a(x - x_0)^2 + y_0$. Dies geschieht durch Addition der quadratischen Ergänzung nach der Formel $a^2 + 2ab + b^2$.

Beispiel mit Lösung

Aufgabe: Bringen Sie die Funktionsgleichung $f(x) = y = x^2 + 6x + 10$ auf die Scheitelpunktform $y = (x - x_0)^2 + y_0$ und bestimmen Sie den Scheitelpunkt der Parabel!

Lösung: Wir bilden die quadratische Ergänzung zu $x^2 + 6x$. Dies geschieht nach der Formel $a^2 + 2ab + b^2$. Für a^2 steht x^2, für $2ab$ steht $6x$. b erhält man durch Division $2ab : 2a = b$ bzw. $6x : 2x = 3$. Die quadratische Ergänzung ist 3^2.

Durch Addition der quadratischen Ergänzung 3^2 erhält man eine äquivalente Gleichung, die sich durch weitere Umformungen auf die Scheitelpunktform bringen lässt:

	$y = x^2 + 6x + 10 \quad \vert +3^2$
Quadratische Ergänzung 3^2 addieren:	$y + 3^2 = x^2 + 6x + 3^2 + 10$
Quadrat zur Summe $x^2 + bx + 3^2$ bilden:	$y + 3^2 = (x + 3)^2 + 10 \quad \vert -3^2$
$3^2 = 9$ subtrahieren:	$\underline{y = (x + 3)^2 + 1}$
Scheitelpunkt der Parabel:	$S(-3 \vert 1)$

Punktprobe: $y = f(x) = x^2 + 6x + 10$
$S(-3|1)$: $f(-3) = (-3)^2 + 6 \cdot (-3) + 10 = 1$; $1 = 1$ (w)

> **Merke** Die quadratische Ergänzung zu $x^2 + bx$ ist gleich dem Quadrat des halben Koeffizienten von x, also $\left(\frac{b}{2}\right)^2$. $\quad x^2 + bx + \left(\frac{b}{2}\right)^2 = \left(x + \frac{b}{2}\right)^2$

Aufgaben

1 Addieren Sie die quadratische Ergänzung und schreiben Sie die Summe bzw. Differenz als Quadrat!

a) $x^2 + 4x$ b) $x^2 + 7x$ c) $x^2 - 12x$ d) $x^2 - 15x$

e) $x^2 + \frac{1}{2}x$ f) $x^2 + \frac{3}{4}x$ g) $x^2 - \frac{1}{3}x$ h) $x^2 - x$

2 Bringen Sie folgende Funktionsgleichungen auf ihre Scheitelform und bestimmen Sie den Scheitelpunkt der Parabel!

a) $y = x^2 + 6x + 8$ b) $y = x^2 - 4x + 7$ c) $y = x^2 - 2x - 1$

d) $y = x^2 + 4x + 6$ e) $y = x^2 - 8x + 14$ f) $y = x^2 + 8x + 17$

3 Bringen Sie folgende Funktionsgleichungen auf ihre Scheitelform und bestimmen Sie den Scheitelpunkt der Parabel!

a) $y = x^2 + 2x$ b) $y = x^2 - 6x + 11$ c) $y = x^2 + 4x + 1$

d) $y = x^2 - 3x + 4{,}25$ e) $y = x^2 + 5x + 4{,}75$ f) $y = x^2 - x + 2{,}75$

g) $y = -x^2 + 2x + 3$ h) $y = -x^2 - 2x + 1$ i) $y = -x^2 - 3x + 2{,}25$

4 Bestimmen Sie mithilfe der Scheitelpunktform den Scheitelpunkt der Parabeln, die durch folgende Funktionsgleichungen festgelegt sind!
Hinweis zur Lösung: Klammern Sie zuerst den Koeffizienten a der Funktionsgleichungen aus! (Siehe Beispiel mit Lösung auf Seite 97).

a) $y = \frac{1}{2}x^2 - 2x + 1$ b) $y = \frac{1}{2}x^2 + x - 3{,}5$ c) $y = -\frac{1}{2}x^2 + x + 3{,}5$

d) $y = \frac{1}{3}x^2 + \frac{2}{3}x - \frac{5}{3}$ e) $y = \frac{1}{4}x^2 - x$ f) $y = -\frac{1}{4}x^2 - x + 1$

Die Koordinaten des Scheitelpunktes $S(x|y)$ einer Parabel mit der Gleichung $y = ax^2 + bx + c$ geben für genau einen x-Wert den kleinsten Funktionswert $f(x) = y$ an, falls $a > 0$ ist. Bei $a < 0$ (Parabel ist nach unten geöffnet) gehört zum x-Wert des Scheitelpunktes der größte Funktionswert $f(x) = y$.
Den kleinsten Funktionswert bezeichnet man als Minimum, den größten Funktionswert als Maximum. In nebenstehender Abbildung bedeutet $S(1|2)$ Minimum 2 für $x = 1$. $S(3|1)$ bedeutet Maximum 1 für $x = 3$.

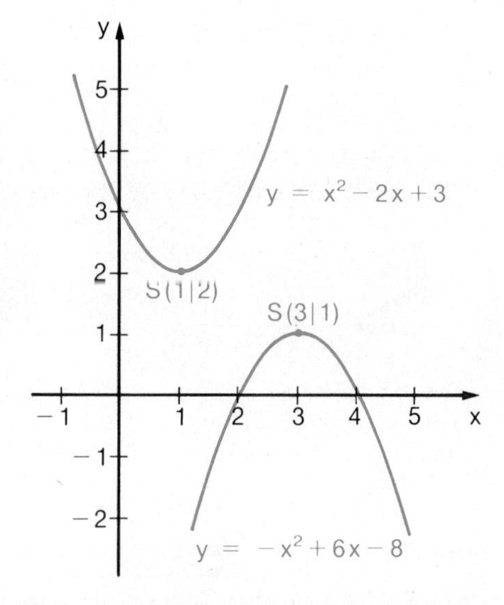

Abb. 94

In vielen Aufgaben aus der Technik und Wirtschaft wird danach gefragt, wann eine Größe (zum Beispiel Flächeninhalt, Gewinn) den größten bzw. den kleinsten Wert annimmt.

Beispiel mit Lösung

Aufgabe: Ein Hersteller von elektronischen Teilen verkauft wöchentlich 1 800 Bauelemente zu 10 EUR das Stück. Absatzuntersuchungen ergeben, dass bei einer Preissenkung um 0,10 EUR je Stück der Absatz um 20 Stück steigt. Bei Preissenkungen um 0,20 EUR, 0,30 EUR, … würde der Absatz um 40 Stück, 60 Stück, … zunehmen.

a) Wie viel EUR beträgt der Stückpreis nach der ersten, zweiten, x-ten Preissenkung und wie hoch ist die jeweils zugeordnete Absatzstückzahl?

b) Stellen sie die Funktionsgleichung y EUR Einnahmen bei einem Absatz nach der x-ten Preissenkung auf! Nach wie viel Preissenkungen wird die höchste Einnahme erzielt? Wie viel EUR beträgt die höchste Einnahme, wie viel Stück werden in diesem Fall zu welchem Stückpreis verkauft?

c) Machen Sie die Probe für die Einnahmen nach der x-ten Preissenkung und der jeweils vorhergehenden bzw. nachfolgenden Preissenkung!

Lösung:

	EUR Stückpreis	Absatz in Stück
a) Nach der 1. Preissenkung	$10 - 0{,}1$	$1\,800 + 20$
nach der 2. Preissenkung	$10 - 0{,}1 \cdot 2$	$1\,800 + 20 \cdot 2$
nach der x-ten Preissenkung	$10 - 0{,}1 \cdot x$	$1\,800 + 20 \cdot x$

b) Funktionsgleichung:

$$y = (1\,800 + 20x) \cdot (10 - 0{,}1x)$$
$$y = 18\,000 + 200x - 180x - 2x^2$$
$$\underline{y = -2x^2 + 20x + 18\,000}$$

Berechnung der Scheitelpunktform:

$$y = -2(x^2 - 10x - 9\,000)$$
$$y = -2[(x - 5)^2 - 9\,025]$$
$$\underline{y = -2(x - 5)^2 + 18\,050}$$

Scheitelpunkt $S(5|18\,050)$, Parabel nach unten geöffnet.
Die maximale Einnahme wird nach der 5. Preissenkung erzielt. Sie beträgt 18 050 EUR.
Es werden 1 900 Stück zu je 9,50 EUR verkauft.
$(1\,800 + 20 \cdot 5)$ Stück $= 1\,900$ Stück; $(10 - 0{,}1 \cdot 5)$ EUR $= 9{,}50$ EUR

c) Proben:

Nach der 4. Preissenkung: 1 880 Stück zu je 9,60 EUR = 18 048 EUR
nach der 5. Preissenkung: 1 900 Stück zu je 9,50 EUR = 18 050 EUR
nach der 6. Preissenkung: 1 920 Stück zu je 9,40 EUR = 18 048 EUR

Aufgaben

5 Ein Fertigungsbetrieb hat einen monatlichen Absatz von 7 800 Bauteilen zu 18,00 EUR das Stück. Nach Absatzuntersuchungen nimmt man an, dass bei einer Preissenkung um 0,20 EUR, 0,40 EUR, 0,60 EUR, … je Stück der Absatz um 100 Stück, 200 Stück, 300 Stück, … zunehmen würde.

a) Bestimmen Sie den Stückpreis nach der ersten, zweiten, x-ten Preissenkung und die jeweils zugeordnete Stückzahl verkaufter Bauteile!

b) Wie lautet die Funktionsgleichung y EUR Einnahmen bei einem Absatz nach der x-ten Preissenkung? Nach wie viel Preissenkungen würde man die höchste Einnahme erzielen? Wie viel EUR beträgt die höchste Einnahme? Bestimmen Sie für diesen Fall die Absatzzahl und den Stückpreis!

c) Machen Sie die Probe für die Einnahmen nach der x-ten Preissenkung und der jeweils vorhergehenden bzw. nachfolgenden Preissenkung!

6 Ein Fußballverein der Verbandsliga hat bei einem Eintrittspreis von 6,00 EUR durchschnittlich 400 Besucher. Man schätzt, dass bei einer Preiserhöhung von 0,50 EUR, 1,00 EUR, 1,50 EUR, ... die Besucherzahl um 20, 40, 60, ... zurückgeht.

a) Wie viel EUR beträgt der Eintrittspreis nach der ersten, zweiten, x-ten Preiserhöhung und wie hoch ist die jeweils zugeordnete Besucherzahl?

b) Stellen Sie die Funktionsgleichung y EUR Einnahmen bei einer Besucherzahl nach der x-ten Preiserhöhung auf. Nach wie viel Preiserhöhungen wird die höchste Einnahme erzielt? Wie viel EUR beträgt die höchste Einnahme, wieviel Besucher werden in diesem Fall zu welchem Eintrittspreis erwartet?

c) Machen Sie die Probe für die Einnahmen nach der x-ten Preiserhöhung und der jeweils vorhergehenden bzw. nachfolgenden Preiserhöhung!

8.3 Nullstellen von quadratischen Funktionen und ihre grafische Bestimmung

Die Schnittpunkte von Funktionsgraphen mit der x-Achse bezeichnet man als Nullstellen, weil an diesen Stellen die Funktionswerte $f(x)$ den Wert 0 annehmen, $f(x) = 0$ bzw. $y = 0$. Wir befassen uns in diesem Abschnitt mit der grafischen Bestimmung der Nullstellen von quadratischen Funktionen, mit der Bestimmung der Schnittpunkte von Parabeln mit der x-Achse.

Die rechnerische Bestimmung der Nullstellen von quadratischen Funktionen führt auf quadratische Gleichungen, die im Abschnitt 9 behandelt werden. Die Berechnung der Nullstellen von quadratischen Funktionen wird deshalb erst im Abschnitt 9.5 erklärt.

Beispiel mit Lösung

Aufgabe: Zeichnen Sie den Graphen der Funktion $x \mapsto \frac{1}{2}x^2 + x - 1{,}5$ und bestimmen Sie die Nullstellen!

Lösung: Funktionsgleichung bilden und auf ihre Scheitelform bringen:

$y = \frac{1}{2}x^2 + x - 1{,}5$

$y = \frac{1}{2}(x^2 + 2x - 3)$

$y = \frac{1}{2}(x^2 + 2x + 1 - 3 - 1)$

$y = \frac{1}{2}[(x + 1)^2 - 4]$

$y = \frac{1}{2}(x + 1)^2 - 2$

$S(-1|-2)$ ist der Scheitelpunkt der Parabel. Wir legen in S die Schablone für $x \mapsto \frac{1}{2}x^2$ an und zeichnen nebenstehende Parabel. Die Nullstellen sind $P_1(-3|0)$ und $P_2(1|0)$.

Graph der Funktion:

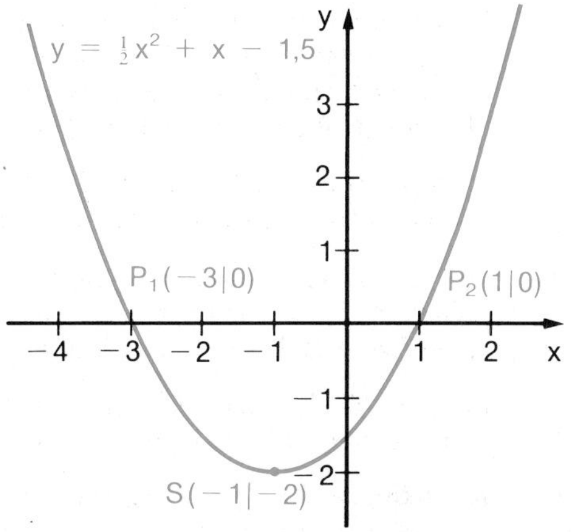

Abb. 97

Punktproben: $y = f(x) = \frac{1}{2}x^2 + x - 1{,}5$

$P_1(-3|0)$: $f(-3) = \frac{1}{2}(-3)^2 + (-3) - 1{,}5 = 0$; $0 = 0$ (w)

$P_2(1|0)$: $f(1) = \frac{1}{2}(1)^2 + 1 - 1{,}5 = 0$; $0 = 0$ (w)

Aufgaben

1 Zeichnen Sie die Graphen der Funktionen $x \mapsto f(x)$ und bestimmen Sie die Nullstellen der Funktionen!

a) $x \mapsto x^2 - 4x + 3$ b) $x \mapsto x^2 + 2x - 3$
c) $x \mapsto x^2 - 5x + 2{,}25$ d) $x \mapsto -x^2 - 4x - 3$
e) $x \mapsto -x^2 - 3x + 1{,}75$ f) $x \mapsto -x^2 + 6x - 6{,}75$

2 Zeichnen Sie die Parabeln der Funktionen $x \mapsto f(x)$ und bestimmen Sie die Schnittpunkte der Parabeln mit der x-Achse!

a) $x \mapsto \frac{1}{2}x^2 - x - 1{,}5$ b) $x \mapsto \frac{1}{2}x^2 + x - 4$ c) $x \mapsto -\frac{1}{2}x^2 + 2x + 2{,}5$
d) $x \mapsto \frac{1}{3}x^2 - \frac{2}{3}x - \frac{8}{3}$ e) $x \mapsto \frac{1}{4}x^2 + \frac{1}{2}x - \frac{3}{4}$ f) $x \mapsto -\frac{1}{4}x^2 + \frac{1}{2}x + \frac{15}{4}$

Erstellen Sie die Graphen der Aufgaben d) bis f) mithilfe einer Wertetafel!

3 Zeichnen Sie in ein gemeinsames Achsenkreuz die Graphen der Funktionen $x \mapsto f(x)$! Stellen Sie fest, ob gemeinsame Schnittpunkte vorhanden sind! In welchen Punkten schneidet die Parabel die x-Achse?

a) $x \mapsto \frac{1}{2}x^2 - x - 4$; $x \mapsto x - 1{,}5$ b) $x \mapsto -\frac{1}{2}x^2 - x + 4$; $x \mapsto -2x + 4{,}5$
c) $x \mapsto \frac{1}{2}x^2 + x$; $x \mapsto 2x - \frac{1}{2}$ d) $x \mapsto -\frac{1}{2}x^2 - x + 2{,}5$; $x \mapsto -\frac{1}{2}x + 1{,}5$

8.4 Rechnerische Bestimmung der quadratischen Funktionsgleichung

Beispiel mit Lösung

Aufgabe: Auf einer Parabel, die durch die Funktionsgleichung der Form $f(x) = y = ax^2 + bx + c$ bestimmt ist, liegen die Punkte $A(2|-1{,}5)$, $B(6|2{,}5)$ und $C(-1|6)$. Wie lautet die Funktionsgleichung?

Lösung: Gesucht sind die Werte für die Variablen a, b und c. Die Aufgabe führt auf ein Gleichungssystem mit drei Variablen.

Die Koordinaten der Punkte A, B und C erfüllen die gesuchte Funktionsgleichung, das heißt, die Koordinaten ergeben bei Einsetzung in die gesuchte Funktionsgleichung wahre Aussagen.

A hat die Koordinaten $x = 2$, $y = -1{,}5$, B die Koordinaten $x = 6$, $y = 2{,}5$ und C die Koordinaten $x = -1$, $y = 6$. Bei Einsetzung in die Funktionsgleichung $ax^2 + bx + c = y$ erhält man

$$\begin{array}{lrcrl}
\text{für } A(2|-1{,}5): & 4a + 2b + c & = & -1{,}5 & (1) \\
\text{für } B(6|2{,}5): & 36a + 6b + c & = & 2{,}5 & (2) \\
\text{für } C(-1|6): & a - b + c & = & 6 & (3)
\end{array}$$

Durch Äquivalenzumformungen eliminieren wie nacheinander zwei Variablen[1]:

Variable a aus (2) und (3) eliminieren:

$$\begin{array}{rcrl}
4a + 2b + c & = & -1{,}5 & (1) \\
-12b - 8c & = & 16 & (2a) = (2) + (1) \cdot -9 \\
\underline{6b - 3c} & \underline{=} & \underline{-25{,}5} & (3a) = (3) \cdot -4 + (1)
\end{array}$$

Variable b aus $(3a)$ eliminieren:

$$\begin{array}{rcrl}
4a + 2b + c & = & -1{,}5 & (1) \\
-12b - 8c & = & 16 & (2a) \\
\underline{-14c} & \underline{=} & \underline{-35} & (3b) = (3a) \cdot 2 + (2a) \\
-14c & = & -35 & (3b) \\
\underline{c} & \underline{=} & \underline{2{,}5} & (3c) \\
-12b - 20 & = & 16 & (4) = (3c) \text{ in } (2a) \\
\underline{b} & \underline{=} & \underline{-3} & (4a) \\
4a - 6 + 2{,}5 & = & -1{,}5 & (5) = (4a) \text{ und } (3c) \text{ in } (1) \\
\underline{a} & \underline{=} & \underline{\tfrac{1}{2}} & (5a)
\end{array}$$

Die Funktionsgleichung lautet $y = f(x) = \frac{1}{2}x^2 - 3x + 2{,}5$

[1] Siehe auch Lösung mithilfe des Gaußschen Algorithmus Seite 239.

Punktproben: $y = f(x) = \frac{1}{2}x^2 - 3x + 2{,}5$

$A(2|-1{,}5)$: $f(2) = \frac{1}{2} \cdot (2)^2 - 3 \cdot 2 + 2{,}5 = -1{,}5;$ $-1{,}5 = -1{,}5$ (w)

$B(6|2{,}5)$: $f(6) = \frac{1}{2} \cdot (6)^2 - 3 \cdot 6 + 2{,}5 = 2{,}5;$ $2{,}5 = 2{,}5$ (w)

$C(-1|6)$: $f(-1) = \frac{1}{2} \cdot (-1)^2 - 3 \cdot (-1) + 2{,}5 = 6;$ $6 = 6$ (w)

Aufgaben

1 Folgende Punkte liegen auf einer Parabel, die durch die Funktionsgleichung $f(x) = y = x^2 + px + q$ bestimmt ist. Stellen Sie die Funktionsgleichung auf, bestimmen Sie den Scheitelpunkt der Parabel und zeichnen Sie die Parabel! In welchen Punkten schneidet die Parabel die x-Achse?

a) $A(2|-1)$, $B(4|3)$ b) $A(2|-3)$, $B(-2|5)$ c) $A(-1{,}5|-3)$, $B(2{,}5|5)$

2 Stellen Sie die Funktionsgleichung $f(x) = y = ax^2 + bx + c$ der Parabel auf, die durch folgende Punkte geht! Zeichnen Sie die Parabel und bestimmen Sie die Schnittpunkte mit der x-Achse!

a) $A(3|6)$, $B(-2|-1{,}5)$, $C(-4|2{,}5)$ b) $A(2|4)$, $B(-1|2{,}5)$, $C(-3|-3{,}5)$
c) $A(5|3)$, $B(1|-1)$, $C(-5|8)$ d) $A(2|1)$, $B(-2|5)$, $C(-4|4)$

3 Die Punkte $A(-2|2{,}5)$, $B(2|-1{,}5)$ und $C(5|6)$ liegen auf der Parabel mit der Funktionsgleichung $f(x) = y = ax^2 + bx + c$. Die Punkte $D(-3|-1)$ und $E(5|3)$ sind Elemente der Geraden g.

a) Berechnen Sie die Funktionsgleichungen der Parabel und der Geraden!
b) Zeichnen Sie in ein gemeinsames Achsenkreuz die Parabel und die Gerade!
c) Wie lauten die Koordinaten der Schnittpunkte P_1, und P_2 der Parabel mit der x-Achse und die Koordinaten der Schnittpunkte Q_1, und Q_2 der Parabel mit der Geraden?
d) Bestimmen Sie rechnerisch den Schnittpunkt P_3 der Geraden mit der x-Achse!

4 Eine Parabel mit der Funktionsgleichung $f(x) = y = ax^2 + bx + c$ verläuft durch die Punkte $A(-5|-3{,}5)$, $B(-2|4)$ und $C(1|2{,}5)$. Die Gerade g geht durch die Punkte $D(-3{,}5|3)$ und $E(1{,}5|-2)$.

a) Bestimmen Sie die Funktionsgleichungen der Parabel und der Geraden!
b) Zeichnen Sie die Parabel und die Gerade in ein gemeinsames Achsenkreuz!
c) Bestimmen Sie die Schnittpunkte P_1 und P_2 der Parabel mit der x-Achse und die Schnittpunkte Q_1 und Q_2 der Parabel mit der Geraden!
d) Berechnen Sie den Schnittpunkt P_3 der Geraden mit der x-Achse!

9 Quadratische Gleichungen

9.1 Rechnerische Lösung der reinquadratischen Gleichung $ax^2 + c = 0$

Zum besseren Verständis der Lösung quadratischer Gleichungen veranschaulichen wir die Definitionen der Quadratwurzel und des Betrages einer Zahl.

Allgemein gibt es zu dem Quadrat einer Zahl zwei Grundzahlen: $9 = (+3) \cdot (+3)$ und $9 = (-3) \cdot (-3)$. Um eindeutige Zuordnung zu erreichen, bezeichnen wir nur die positive Grundzahl als Quadratwurzel: $\sqrt{9} = +3$. Bei $\sqrt{9} = \pm 3$ liegt keine eindeutige Zuordnung vor.
Die Quadratwurzel aus einer negativen Zahl ist nicht definiert, weil das Quadrat einer reellen Zahl nie negativ ist: $\sqrt{-9}$ können wir nicht berechnen, da es keine reelle Zahl gibt, die mit sich selbst multipliziert (-9) ergibt.

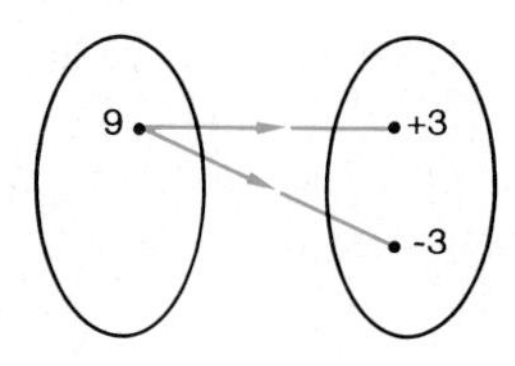

Abb. 100.1

Definition 100

Die Quadratwurzel aus einer positiven Zahl a ist diejenige positive Zahl b, die man mit sich selbst multiplizieren muss, um a zu erhalten.

$\sqrt{a} = b$, wenn $b^2 = a \ (a, b \in \mathbb{R}_+)$

9 für a ergibt 3 für b: $\sqrt{9} = 3$ (Lesen Sie: Wurzel aus 9 gleich 3)

Wir können reelle Zahlen auf der Zahlengeraden durch einen Bildpfeil oder durch einen Bildpunkt darstellen:

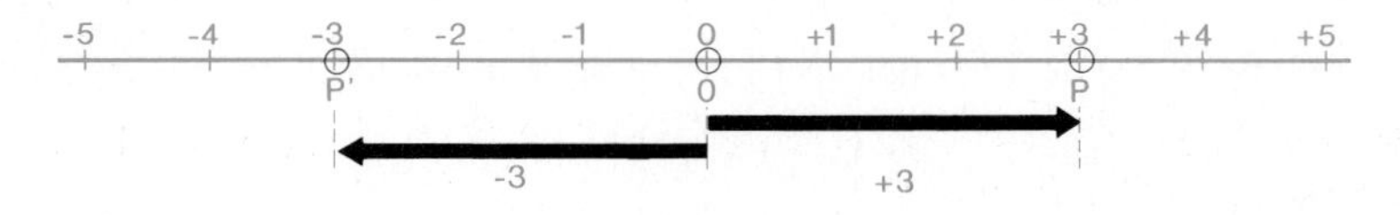

Abb. 100.2

Berücksichtigen wir bei einer reellen Zahl nur die Länge ihres Bildpfeiles, also nicht seine Richtung, so spricht man vom **Betrag** der Zahl. Wir bezeichnen den Betrag der Zahl a mit $|a|$ und lesen: „Betrag von a". $|+3| = 3$; $|-3| = 3$
$|a|$ ist niemals negativ. Es ist demnach
$|a| = a$ bei $a > 0$; $|+5| = 5$
$|a| = -a$ bei $a < 0$; $|-5| = -(-5) = 5$
$|a| = 0$ bei $a = 0$; $|0| = 0$

Definition 101

$|a|$ ist diejenige der beiden Zahlen a und $-a$, die nicht negativ ist ($a \in \mathbb{R}$).
$|+3| = 3$; $|-3| = 3$

Beispiele mit Lösungen

Aufgaben: Lösen Sie folgende Gleichungen ($G = \mathbb{R}$)!

a) $x^2 = 25$ b) $3x^2 - 36 = 0$ c) $x^2 = c$ ($c > 0$)

Lösungen:

Erstes Verfahren: Lösung mit dem Betrag einer Zahl:

$$x^2 = 25$$
$$\sqrt{x^2} = \sqrt{25}$$
$$|x| = 5$$
$$\underline{\underline{x_1 = 5}}$$
$$-x_2 = 5$$
$$\underline{\underline{-x_2 = -5}}$$
$$L = \{5; -5\}$$

Nach der Definition 100 ist die Quadratwurzel stets positiv. Es ist deshalb $\sqrt{x^2} = |x|$, weil $|x|$ (Betrag von x) niemals negativ ist. Unter $|x|$ versteht man also die nicht negative Zahl der beiden Zahlen x und $-x$. Die beiden Zahlen bezeichnet man mit x_1 und x_2. $|+5| = 5$, $|-5| = 5$.

Zweites Verfahren: Lösung mit der binomischen Formel $(a + b)(a - b) = a^2 - b^2$:

$$x^2 = 25$$
$$x^2 - 25 = 0$$
$$(x - \sqrt{25})(x + \sqrt{25}) = 0$$
$$\underline{(x - 5)(x + 5) = 0}$$
$$(x - 5) = 0$$
$$\underline{\underline{x_1 = 5}}$$
$$(x + 5) = 0$$
$$\underline{\underline{x_2 = -5}}$$
$$L = \{5; -5\}$$

Die Gleichung $(x - 5)(x + 5) = 0$ lösen wir nach dem Rechengesetz, dass das Produkt dann null ist, wenn entweder der erste Faktor oder der zweite Faktor null ist. Aus $(x - 5) = 0$ und $(x + 5) = 0$ erhalten wir die beiden Lösungswerte $x_1 = 5$ und $x_2 = -5$.

Verkürztes Verfahren: Die beiden gezeigten Lösungsverfahren vereinfachen wir zur nachstehenden verkürzten Darstellungsform:

a)
$$x^2 = 25$$
$$x_{1,2} = \pm\sqrt{25}$$
$$\underline{\underline{x_1 = 5}}$$
$$\underline{\underline{x_2 = -5}}$$
$$L = \{5; -5\}$$

b)
$$3x^2 - 36 = 0$$
$$3x^2 = 36$$
$$x^2 = 12$$
$$x_{1,2} = \pm\sqrt{12}$$
$$\underline{\underline{x_1 = 2\sqrt{3}}}$$
$$\underline{\underline{x_2 = -2\sqrt{3}}}$$
$$L = \{2\sqrt{3}; -2\sqrt{3}\}$$

c)
$$x^2 = c$$
$$x_{1,2} = \pm\sqrt{c}$$
$$\underline{\underline{x_1 = \sqrt{c}}}$$
$$\underline{\underline{x_2 = -\sqrt{c}}}$$
$$L = \{x \mid x = \sqrt{c} \vee x = -\sqrt{c}\}$$

Gleichungen der Form $ax^2 + c = 0$ oder $x^2 = c$ heißen **reinquadratische Gleichungen** ($a, c \in \mathbb{R}$; $a \neq 0$). In ihnen kommt die Variable x in der 2. Potenz vor. Man spricht deshalb auch von **Gleichungen 2. Grades**.
Die reinquadratische Gleichung $x^2 = c$ hat als Lösungsmenge zwei Werte x_1 und x_2, falls $c > 0$ und $G = \mathbb{R}$ ist. Für $c < 0$ ist die Gleichung $x^2 = c$ bezüglich $\mathbb{R}$ nicht erfüllbar, denn es gibt keine reelle Zahl, deren Quadrat negativ ist.

Beispiel mit Lösung

Aufgabe: Lösen Sie die Gleichung $x^2 + 1 = 0$! ($G = \mathbb{R}$)

Lösung:

$$x^2 + 1 = 0$$
$$x^2 = -1$$
$$x_{1,2} = \pm\sqrt{-1}$$
$$\underline{\underline{x_1 = \sqrt{-1}}}$$
$$\underline{\underline{x_2 = -\sqrt{-1}}}$$

$L = \emptyset$ Es gibt keine reelle Zahl, deren Quadrat -1 ist.

Satz 102

Die reinquadratische Gleichung $x^2 = c$ ($c > 0$; $G = \mathbb{R}$) hat als Lösungsmenge die zwei Werte $x_1 = \sqrt{c}$ und $x_2 = -\sqrt{c}$; $L = \{x | x = \sqrt{c} \vee x = -\sqrt{c}\}$.

Aufgaben ($G = \mathbb{R}$)

Bestimmen Sie die Lösungsmenge und machen Sie die Probe!

1 a) $x^2 = 49$ b) $x^2 = 1$ c) $x^2 = \frac{16}{25}$ d) $x^2 = \frac{36}{121}$
e) $x^2 = 2{,}25$ f) $x^2 = 0{,}09$ g) $x^2 = 0{,}0144$ h) $x^2 = 0{,}0004$

2 a) $x^2 = 5$ b) $x^2 = 20$ c) $x^2 = 75$ d) $x^2 = 100$
e) $x^2 = \frac{3}{4}$ f) $x^2 = \frac{9}{10}$ g) $x^2 = 0{,}50$ h) $x^2 = 0{,}08$

3 a) $3x^2 - 75 = 0$ b) $27x^2 - 12 = 0$ c) $4x^2 + 9 = 0$
d) $9x^2 - 10 = 0$ e) $16x^2 + 1 = 0$ f) $2x^2 - 25 = 0$

4 a) $(2x - 1)^2 = (x - 2)^2 + 9$ b) $(x + 7)(x - 7) = (5 + x)(5 - x) - 2$
c) $(5x - 2)^2 = (4x - 3)^2 + 4(x + 1)$ d) $(6x - 5)^2 = (7x - 6)(5x - 2) - 2(8x - 11)$

9.2 Rechnerische Lösung der gemischtquadratischen Gleichung $ax^2 + bx + c = 0$

In der Gleichung $2x^2 + 8x + 6 = 0$ kommt die Variable x in der 1. und 2. Potenz vor. Man spricht deshalb von einer **gemischtquadratischen Gleichung**. Jede gemischtquadratische Gleichung lässt sich auf die **allgemeine Form** $ax^2 + bx + c = 0$ bringen. Dividiert man die allgemeine quadratische Gleichung durch den Koeffizienten a, so erhält man die Form $x^2 + \frac{b}{a}x + \frac{c}{a} = 0$. Setzt man in diese Gleichung p für $\frac{b}{a}$ und q für $\frac{c}{a}$, so entsteht die **Normalform** der quadratischen Gleichung $x^2 + px + q = 0$.

Definition 103

1. Allgemeine quadratische Gleichung oder allgemeine Gleichung 2. Grades: $ax^2 + bx + c = 0$ $(a, b, c \in \mathbb{R};\ a \neq 0)$; $2x^2 + 8x + 6 = 0$
2. Normalform der quadratischen Gleichung: $x^2 + px + q = 0$ $(p, q \in \mathbb{R})$; $x^2 + 4x + 3 = 0$

Ist in der allgemeinen quadratischen Gleichung $b = 0$ und in der Normalform der quadratischen Gleichung $p = 0$, so erhält man die reinquadratischen Gleichungen $ax^2 + c = 0$ und $x^2 + q = 0$.

9.2.1 Lösung durch quadratische Ergänzung

Beispiel mit Lösung

Aufgabe: Bestimmen Sie die Lösungsmenge der Gleichung $2x^2 + 8x + 6 = 0$! $(G = \mathbb{R})$

Lösung:

Allgemeine Form $ax^2 + bx + c = 0$ auf die Normalform $x^2 + px + q = 0$ bringen:	$2x^2 + 8x + 6 = 0 \quad \mid :2$ $x^2 + 4x + 3 = 0 \quad \mid -3$
3 subtrahieren:	$x^2 + 4x = -3 \quad \mid +2^2$
Um beide Seiten radizieren zu können, muss man $x^2 + 4x$ zum Quadrat ergänzen[1]. Dies geschieht nach der Formel $a^2 + 2ab + b^2$. $a^2 = x^2$; $2ab = 4x$; $2ab : 2a = b \Rightarrow 4x : 2x = 2$.	$x^2 + 4x + 2^2 = -3 + 2^2$ $(x + 2)^2 = 1$
Erstes Verfahren: Ausführliche Rechnung mit dem Betrag einer Zahl:	$(x + 2)^2 = 1$
Radizieren:	$\sqrt{(x + 2)^2} = \sqrt{1}$ $\lvert x + 2\rvert = 1$
(Probe: $\lvert -1 + 2\rvert = \lvert +1\rvert = 1$)	$\underline{\underline{x_1 = -1}}$
	$\lvert x + 2\rvert = 1$
(Probe: $\lvert -3 + 2\rvert = \lvert -1\rvert = 1$)	$\underline{\underline{x_2 = -3}}$
Ergebnis:	$L = \{-1; -3\}$

[1] Siehe Beispiel mit Lösung auf Seite 93

Zweites Verfahren: Ausführliche Rechnung mithilfe der binomischen Formel:	$(x + 2)^2 = 1$
	$(x + 2)^2 - 1 = 0$
Umstellen zur binomischen Formel:	$[(x + 2) - 1][(x + 2) + 1] = 0$
Nullsetzen der Faktoren:	$(x + 2) - 1 = 0$
	$\underline{\underline{x_1 = -1}}$
	$(x + 2) + 1 = 0$
	$\underline{\underline{x_2 = -3}}$
Ergebnis:	$L = \{-1; -3\}$
Verkürztes Verfahren:	$(x + 2)^2 = 1$
Zuordnung der Wurzeln:	$x_{1,2} + 2 = \pm\sqrt{1} \quad \vert -2$
2 subtrahieren:	$x_{1,2} = \sqrt{1} - 2$
x_1 berechnen:	$x_1 = +1 - 2$
	$\underline{\underline{x_1 = -1}}$
x_2 berechnen:	$x_2 = -1 - 2$
	$\underline{\underline{x_2 = -3}}$
Ergebnis:	$L = \{-1; -3\}$
Probe:	$T_1(-1) = 2 \cdot (-1)^2 + 8 \cdot (-1) + 6 = \underline{\underline{0}}$; $T_2 = \underline{\underline{0}}$
	$T_1(-3) = 2 \cdot (-3)^2 + 8 \cdot (-3) + 6 = \underline{\underline{0}}$; $T_2 = \underline{\underline{0}}$

Aufgaben ($G = \mathbb{R}$)

1 Bringen Sie folgende gemischtquadratischen Gleichungen auf ihre Normalform!

a) $3x^2 + 18x + 15 = 0$ b) $2x^2 + 16x - 18 = 0$ c) $4x^2 - 16x - 48 = 0$
d) $1{,}5x^2 + 2{,}7x - 0{,}6 = 0$ e) $2{,}5x^2 + 2x - 0{,}5 = 0$ f) $1{,}2x^2 - 1{,}44x + 0{,}24 = 0$
g) $\frac{1}{2}x^2 + \frac{1}{2}x - \frac{3}{8} = 0$ h) $\frac{1}{3}x^2 - \frac{2}{3}x - \frac{5}{12} = 0$ i) $\frac{1}{4}x^2 + x + \frac{7}{16} = 0$

2 Lösen Sie durch quadratische Ergänzung und machen Sie die Probe!

a) $x^2 + 12x + 20 = 0$ b) $x^2 + 6x - 16 = 0$ c) $x^2 - 4x - 5 = 0$
d) $2x^2 - 16x + 32 = 0$ e) $3x^2 + 12x + 15 = 0$ f) $4x^2 - 40x - 44 = 0$

3 a) $x^2 + 1{,}2x + 0{,}2 = 0$ b) $x^2 - 1{,}6x - 0{,}36 = 0$ c) $x^2 - 1{,}4x + 0{,}5 = 0$
d) $1{,}5x^2 + 1{,}2x + 0{,}24 = 0$ e) $1{,}2x^2 - 1{,}2x - 0{,}9 = 0$ f) $1{,}6x^2 + 2{,}56x - 1{,}28 = 0$

4 a) $x^2 + \frac{1}{3}x - \frac{2}{3} = 0$ b) $x^2 - \frac{1}{2}x + \frac{5}{8} = 0$ c) $x^2 - \frac{3}{4}x - \frac{5}{8} = 0$
d) $\frac{1}{2}x^2 - \frac{1}{3}x - \frac{1}{6} = 0$ e) $\frac{1}{3}x^2 + \frac{2}{15}x - \frac{1}{5} = 0$ f) $\frac{1}{4}x^2 - \frac{1}{8}x + \frac{1}{64} = 0$

Beispiel mit Lösung

Aufgabe: Bestimmen Sie die Lösungsmenge der Gleichung $2x^2 + 5x = 0$! ($G = \mathbb{R}$)

Lösung:	$2x^2 + 5x = 0$
x ausklammern (faktorisieren):	$x(2x + 5) = 0$
Einer der Faktoren muss 0 sein, entweder der erste Faktor	$\underline{\underline{x_1 = 0}}$
oder der zweite Faktor	$2x + 5 = 0$ $2x = -5$ $\underline{\underline{x_2 = -\frac{5}{2}}}$
Ergebnis:	$L = \{0; -\frac{5}{2}\}$

Probe: $T_1(0) = 2 \cdot 0 + 5 \cdot 0 = \underline{\underline{0}}$; $T_2 = \underline{\underline{0}}$

$T_1(-\frac{5}{2}) = 2 \cdot (-\frac{5}{2}) \cdot (-\frac{5}{2}) + 5 \cdot (-\frac{5}{2}) = \frac{25}{2} - \frac{25}{2} = \underline{\underline{0}}$; $T_2 = \underline{\underline{0}}$

Aufgaben ($G = \mathbb{R}$)

5 Bringen Sie folgende Gleichungen der Form $ax^2 + bx = 0$ auf die Form $x(ax + b) = 0$ und bestimmen Sie die Lösungsmenge!

a) $x^2 + 4x = 0$ b) $x^2 - x = 0$ c) $x^2 - 7x = 0$
d) $3x^2 + 2x = 0$ e) $4x^2 - 2x = 0$ f) $2x^2 - 3x = 0$
g) $1{,}2x^2 - 3{,}6x = 0$ h) $\frac{1}{2}x^2 + \frac{3}{4}x = 0$ i) $\frac{1}{3}x^2 + \frac{1}{5}x = 0$

6 Bringen Sie folgende Gleichungen der Form $x^2 + 2bx + b^2 = 0$ auf die Form $(x + b)^2 = 0$ und bestimmen Sie die Lösungsmenge!

Anleitung: $9x^2 + 12x + 4 = 0 \Leftrightarrow (3x + 2)^2 \Leftrightarrow (3x + 2)(3x + 2) = 0$; $x_1 = x_2 = -\frac{2}{3}$;

a) $x^2 + 8x + 16 = 0$ b) $x^2 - 10x + 25 = 0$ c) $x^2 - 2x + 1 = 0$
d) $4x^2 + 20x + 25 = 0$ e) $9x^2 - 6x + 1 = 0$ f) $36x^2 + 108x + 81 = 0$
g) $\frac{1}{4}x^2 + \frac{1}{3}x + \frac{1}{9} = 0$ h) $\frac{1}{25}x^2 - \frac{1}{10}x + \frac{1}{16} = 0$ i) $\frac{9}{16}x^2 - x + \frac{4}{9} = 0$

9.2.2 Lösung mithilfe von Formeln

Beispiel mit Lösung

Aufgabe: Lösen Sie die Normalform der quadratischen Gleichung $x^2 + px + q = 0$ und die allgemeine quadratische Gleichung $ax^2 + bx + c = 0$ nach x auf!

Lösung:

$x^2 + px + q = 0$	$ax^2 + bx + c = 0$
$x^2 + px = -q$	$x^2 + \frac{bx}{a} + \frac{c}{a} = 0$
$x^2 + px + \left(\frac{p}{2}\right)^2 = -q + \left(\frac{p}{2}\right)^2$	$x^2 + \frac{bx}{a} = -\frac{c}{a}$
$\left(x + \frac{p}{2}\right)^2 = \left(\frac{p}{2}\right)^2 - q$	$x^2 + \frac{bx}{a} + \left(\frac{b}{2a}\right)^2 = -\frac{c}{a} + \left(\frac{b}{2a}\right)^2$

$$x_{1,2} + \frac{p}{2} = \pm\sqrt{\left(\frac{p}{2}\right)^2 - q}$$

$$x_{1,2} = -\frac{p}{2} \pm \sqrt{\left(\frac{p}{2}\right)^2 - q}$$

$$x_1 = -\frac{p}{2} + \sqrt{\left(\frac{p}{2}\right)^2 - q}$$

$$x_2 = -\frac{p}{2} - \sqrt{\left(\frac{p}{2}\right)^2 - q}$$

Der Term unter dem Wurzelzeichen heißt **Diskriminante**[1] D.

$D = \left(\frac{p}{2}\right)^2 - q$ ist die Diskriminante der Gleichung $x^2 + px + q = 0$.

$$\left(x + \frac{b}{2a}\right)^2 = \frac{b^2}{4a^2} - \frac{c}{a}$$

$$\left(x + \frac{b}{2a}\right)^2 = \frac{b^2 - 4ac}{4a^2}$$

$$x_{1,2} + \frac{b}{2a} = \pm\frac{\sqrt{b^2 - 4ac}}{2a}$$

$$x_{1,2} = -\frac{b}{2a} \pm \frac{\sqrt{b^2 - 4ac}}{2a}$$

$$x_1 = \frac{-b + \sqrt{b^2 - 4ac}}{2a}$$

$$x_2 = \frac{-b - \sqrt{b^2 - 4ac}}{2a}$$

Der Term unter dem Wurzelzeichen heißt **Diskriminante**[1] D.
$D = b^2 - 4ac$ ist die Diskriminante der Gleichung $ax^2 + bx + c = 0$.

Von dem Vorzeichen der Diskriminante hängt der Umfang der Lösungsmenge ab. Man unterscheidet 3 Fälle:

1. Ist $D > 0$, so besteht die Lösungsmenge der Gleichung aus zwei verschiedenen Werten x_1 und x_2 aus $\mathbb{R}$. $L = \{x_1; x_2\}$
2. Ist $D = 0$, so besteht die Lösungsmenge aus einem Wert $x_1 = x_2$ aus $\mathbb{R}$. $L = \{x_1 = x_2\}$
3. Ist $D < 0$, so hat die Gleichung keine Lösung in der Menge $\mathbb{R}$. $L = \emptyset$

Satz 106

$$x_{1,2} = -\frac{p}{2} \pm \sqrt{\left(\frac{p}{2}\right)^2 - q} \quad \text{oder } x_{1,2} = \frac{-b \pm \sqrt{b^2 - 4ac}}{2a} \quad (D \geq 0;\ x_{1,2} \in \mathbb{R})$$

Beispiel mit Lösung

Aufgabe: Lösen Sie mithilfe einer der zwei gezeigten Formeln die Gleichung $\frac{1}{3}x^2 + \frac{1}{4}x - \frac{1}{12} = 0$! $(G = \mathbb{R})$

Lösung:

	$\frac{1}{3}x^2 + \frac{1}{4}x - \frac{1}{12} = 0 \quad \vert \cdot 12$
Mit HN 12 multiplizieren:	$4x^2 + 3x - 1 = 0$
a, b und c bestimmen:	$a = 4;\quad b = 3;\quad c = -1$
Formel aufschreiben:	$x_{1,2} = \frac{-b \pm \sqrt{b^2 - 4ac}}{2a}$

[1] discriminare (lat.), trennen, unterscheiden

Werte für a, b und c in die Formel einsetzen:	$x_{1,2} = \frac{-3 \pm \sqrt{3^2 - 4 \cdot 4 \cdot (-1)}}{2 \cdot 4}$
Diskriminante ausrechnen:	$x_{1,2} = \frac{-3 \pm \sqrt{25}}{8}$
Wurzel ziehen:	$x_{1,2} = \frac{-3 \pm 5}{8}$
x_1 und x_2 berechnen:	$\underline{\underline{x_1 = \frac{1}{4}}}$; $\underline{\underline{x_2 = -1}}$
Ergebnis:	$L = \{\frac{1}{4}; -1\}$

Probe: $T_1(\frac{1}{4}) = \frac{1}{3} \cdot \frac{1}{4} \cdot \frac{1}{4} + \frac{1}{4} \cdot \frac{1}{4} - \frac{1}{12} = \frac{1}{48} + \frac{3}{48} - \frac{4}{48} = \underline{\underline{0}}$; $T_2 = \underline{\underline{0}}$

$T_1(-1) = \frac{1}{3} \cdot (-1) \cdot (-1) + \frac{1}{4} \cdot (-1) - \frac{1}{12} = \frac{1}{3} - \frac{1}{4} - \frac{1}{12} = \frac{4}{12} - \frac{3}{12} - \frac{1}{12} = \underline{\underline{0}}$; $T_2 = \underline{\underline{0}}$

Aufgaben ($G = \mathbb{R}$)

Wählen Sie eine der gezeigten zwei Formeln[1] und lösen Sie nachstehende gemischtquadratische Gleichungen nach dieser Formel!

1 a) $3x^2 + 24x + 21 = 0$ b) $2x^2 + 20x - 22 = 0$ c) $4x^2 - 8x - 32 = 0$

2 a) $0{,}5x^2 - 6x + 5{,}5 = 0$ b) $0{,}2x^2 + 0{,}8x - 2{,}4 = 0$ c) $0{,}4x^2 - 3{,}2x - 8 = 0$

3 a) $\frac{1}{3}x^2 + \frac{1}{6}x - \frac{1}{6} = 0$ b) $\frac{1}{2}x^2 - \frac{1}{3}x - \frac{5}{6} = 0$ c) $\frac{1}{4}x^2 - \frac{1}{16}x - \frac{3}{16} = 0$

4 Lösen Sie einige der Aufgaben 2 bis 4 von Seite 104 mithilfe der Formel und vergleichen Sie den früheren mit dem jetzigen Rechenaufwand!

5 Die Lösungen nachstehender Gleichungen sind irrational[2]:

a) $x^2 - 4x + 2 = 0$ b) $x^2 + 6x + 6 = 0$ c) $x^2 - 2x - 4 = 0$

d) $2x^2 + 16x + 12 = 0$ e) $\frac{1}{2}x^2 - 3x + \frac{1}{2} = 0$ f) $3x^2 - 3x - \frac{3}{2} = 0$

6 Bilden Sie die Diskriminante und bestimmen Sie den Umfang der Lösungsmenge!

a) $x^2 - 10x + 24 = 0$ b) $x^2 + 6x + 10 = 0$ c) $x^2 - 8x + 16 = 0$

d) $2x^2 - 4x + 8 = 0$ e) $\frac{1}{5}x^2 + 2x + 5 = 0$ f) $\frac{1}{2}x^2 - 3x - 20 = 0$

7 Bilden Sie die Diskriminante und bestimmen Sie den Umfang der Lösungsmenge!

a) $x^2 - 2x + 10 = 0$ b) $x^2 - 4x + 4 = 0$ c) $x^2 + 8x + 15 = 0$

d) $\frac{1}{3}x^2 + 4x + 12 = 0$ e) $4x^2 - 7x - 2 = 0$ f) $2x^2 - 6x + 9 = 0$

[1] Die Entscheidung, ob man die Formel für $x^2 + px + q = 0$ oder die Formel für $ax^2 + bx + c = 0$ anwenden soll, hängt von den Zahlen der Aufgabe ab. Bei der Formel für $ax^2 + bx + c = 0$ erhält man unter dem Wurzelzeichen keinen Bruch. Dagegen entsteht bei der Formel für $x^2 + px + q = 0$ unter dem Wurzelzeichen ein Bruch, wenn p kein Vielfaches von 2 ist. Es wird deshalb die Anwendung der Formel für $ax^2 + bx + c = 0$ empfohlen. Die Formel für $x^2 + px + q = 0$ bringt jedoch Vorteile, wenn p ein Vielfaches von 2 ist. In diesem Fall spart man die Division durch $2a$ ein, erhält also von vornherein kleinere Zahlen. Ob beide Formeln nebeneinander für die jeweils entsprechenden Aufgaben verwendet werden sollen, hängt von der Rechenfertigkeit der Schüler ab.

[2] Eine irrationale Zahl lässt sich als unperiodische nicht abbrechende Dezimalzahl darstellen, z. B. $\sqrt{2} = 1{,}414213562\ldots$

9.2.3 Lösung durch Zerlegen in Linearfaktoren

Stehen in der Normalform der quadratischen Gleichung $x^2 + px + q = 0$ die Variablen p und q für ganze Zahlen, so kann man die Lösung der Gleichung oft durch Probieren finden. Man versucht, den Term $x^2 + px + q$ auf die Form $(x + a)(x + b)$ zu bringen. Eine Summe wird als Produkt dargestellt, in Faktoren zerlegt. Da x in den Faktoren in der 1. Potenz vorkommt, spricht man von Linearfaktoren.

Beispiele mit Lösungen

Aufgaben: Bringen Sie die folgenden Summen auf die Form $(x + a)(x + b)$, d. h. stellen Sie sie als Produkt dar!

1. $x^2 + 4x + 3$ 2. $x^2 - 6x - 7$ 3. $x^2 - 5x + 6$ 4. $x^2 + 4x - 12$

Lösungen: Multipliziert man $(x + a)(x + b)$ aus, so erhält man $x^2 + ax + bx + ab$ oder $x^2 + (a + b)x + ab$. $(a + b) = p$, $a \cdot b = q$. Man muss also zwei Zahlen suchen, deren Produkt gleich q und deren Summe gleich p ist. Dies lässt sich nur bei einfachen, besonders ausgesuchten Termen durchführen.

1. $3 = \mathbf{3 \cdot 1} = (-3)(-1)$; $4 = \mathbf{3 + 1}$; also $x^2 + 4x + 3 = (x + 3)(x + 1)$
2. $-7 = 7 \cdot (-1) = \mathbf{(-7) \cdot 1}$; $-6 = \mathbf{-7 + 1}$; also $x^2 - 6x - 7 = (x - 7)(x + 1)$
3. $6 = 1 \cdot 6 = 2 \cdot 3 = (-1)(-6) = \mathbf{(-2)(-3)}$; $-5 = \mathbf{(-2) + (-3)}$; also $x^2 - 5x + 6 = (x - 2)(x - 3)$
4. $-12 = 1 \cdot (-12) = 2 \cdot (-6) = 3 \cdot (-4) = 4 \cdot (-3) = \mathbf{6 \cdot (-2)} = 12 \cdot (-1)$; $4 = \mathbf{6 + (-2)}$; also $x^2 + 4x - 12 = (x + 6)(x - 2)$

Aufgaben

Zerlegen Sie in Linearfaktoren!

	a)	b)	c)	d)
1	$x^2 + 8x + 15$	$x^2 + 9x + 18$	$x^2 + 7x + 6$	$x^2 + 5x + 4$
2	$x^2 - 7x + 10$	$x^2 - 10x + 16$	$x^2 - 11x + 10$	$x^2 - 3x + 2$
3	$x^2 + 2x - 8$	$x^2 + 6x - 16$	$x^2 + x - 12$	$x^2 + 5x - 36$
4	$x^2 - 2x - 24$	$x^2 - x - 20$	$x^2 - 8x - 9$	$x^2 - 11x - 12$

Beispiel mit Lösung

Aufgabe: Lösen Sie durch Zerlegen in Linearfaktoren die Gleichung $x^2 - 5x - 6 = 0$!

Lösung:	$x^2 - 5x - 6 = 0$
In Linearfaktoren zerlegen:	$(x - 6)(x + 1) = 0$
Einer der Faktoren muss 0 sein, entweder der erste Faktor	$(x - 6) = 0$
	$\underline{\underline{x_1 = 6}}$

oder der zweite Faktor	$(x + 1) = 0$ $\underline{x_2 = -1}$ $L = \{6; -1\}$

Probe: $T_1(6) = 36 - 30 - 6 = \underline{\underline{0}}$; $T_2 = \underline{\underline{0}}$

$T_1(-1) = 1 + 5 - 6 = \underline{\underline{0}}$; $T_2 = \underline{\underline{0}}$

Satz 109.1

Sind x_1 und x_2 Lösungen der Gleichung $x^2 + px + q = 0$, so gilt
$x^2 + px + q = (x - x_1)(x - x_2) = 0;\ x \in \mathbb{R}$

Aufgaben ($G = \mathbb{R}$)

Lösen Sie durch Zerlegen in Linearfaktoren!

5 a) $x^2 + 6x + 8 = 0$ b) $x^2 + 8x + 7 = 0$ c) $x^2 - 7x + 12 = 0$
d) $x^2 - 10x + 24 = 0$ e) $x^2 - 4x - 21 = 0$ f) $x^2 - x - 2 = 0$
g) $x^2 + x - 20 = 0$ h) $x^2 + 4x - 12 = 0$ i) $x^2 - 5x - 24 = 0$

6 a) $2x^2 + 12x + 10 = 0$ b) $3x^2 - 27x + 54 = 0$ c) $4x^2 - 16x + 12 = 0$
d) $\frac{1}{4}x^2 - x - 8 = 0$ e) $\frac{1}{3}x^2 + 2x - 9 = 0$ f) $\frac{1}{2}x^2 + x - 4 = 0$

Es ist $x^2 + px + q = (x - x_1)(x - x_2)$. Durch Umformung erhält man $(x - x_1)(x - x_2) = x^2 - x_1x - x_2x + x_1 \cdot x_2 = x^2 - (x_1 + x_2)x + x_1 \cdot x_2$. Daraus folgt $x_1 + x_2 = -p$ und $x_1 \cdot x_2 = q$.

Satz 109.2

Satz von Vieta[1]: Bei der Normalform der quadratischen Gleichung $x^2 + px + q = 0$ ist
$x_1 + x_2 = -p;\ x_1 \cdot x_2 = q$

Mithilfe des Satzes von Vieta lassen sich leicht Proben durchführen oder Gleichungen mit vorher festgesetzten Lösungswerten aufstellen.

Beispiel mit Lösung

Aufgabe: Wie heißt die quadratische Gleichung mit den Lösungen $x_1 = 1;\ x_2 = -5$?

Lösung:

$x_1 + x_2 = -p$ $\quad$ $x_1 \cdot x_2 = q$ $\quad$ $x^2 + px + q = 0$
$1 - 5 = -p$ $\quad$ $1 \cdot (-5) = q$ $\quad$ $\underline{\underline{x^2 + 4x - 5 = 0}}$
$-4 = -p$ $\quad$ $-5 = q$
$\underline{p = 4}$ $\quad$ $\underline{q = -5}$

[1] François Vièta, französischer Mathematiker (1540–1603)

Aufgaben

7 Wie heißen die quadratischen Gleichungen mit folgenden Lösungen?

a) $x_1 = 1;\ x_2 = -7$ b) $x_1 = 9;\ x_2 = 1$ c) $x_1 = 10;\ x_2 = -2$
d) $x_1 = -1;\ x_2 = -11$ e) $x_1 = 4;\ x_2 = -2$ f) $x_{1,2} = -1$
g) $x_1 = \frac{3}{2};\ x_2 = -\frac{1}{2}$ h) $x_1 = \frac{1}{2};\ x_2 = -\frac{5}{4}$ i) $x_1 = \frac{2}{3};\ x_2 = \frac{1}{6}$

9.2.4 Vermischte Aufgaben

Bringen Sie nachstehende Gleichungen auf die Form $x^2 + px + q = 0$ oder auf die Form $ax^2 + bx + c = 0$! Bestimmen Sie die Lösungsmenge entweder durch quadratische Ergänzung oder mithilfe der Formel! Wenn es möglich ist, bestimmen Sie die Lösungsmenge durch Zerlegen in Linearfaktoren! Machen Sie die Probe in der gegebenen Gleichung!

Aufgaben ($G = \mathbb{R}$)

1 a) $x(x-6) + 8 = 7 - 4(x-1)$ b) $3(5-4x) = 5 + 2x(x-2)$
c) $9 - (2x+3)(x-4) = 25 - x$ d) $5x - (x-3)(2x-5) = 17$
e) $x - (x+5)(3x-8) = 46$ f) $27 = 2x - (2x-5)(x+6)$

2 a) $7 - (x+6)^2 = 2x - 5$ b) $4x - (2x-3)^2 = 7$
c) $(x+2)^2 - (x-2)^2 = (x-4)^2 - 1$ d) $(2x+1)^2 + (3x-2)^2 = (3x-1)^2 + 10$
e) $(5x+3)^2 - (4x+2)^2 = (2x+1)^2 - 21$ f) $(4x-5)^2 - (3x-4)^2 = (x-5)^2 + 20$

In der Gleichung $\frac{2}{x+1} = \frac{1}{x-2}$ nimmt beim Einsetzen von -1 der Nenner des linken Bruchterms T_1, beim Einsetzen von 2 der Nenner des rechten Bruchterms T_2 den Wert 0 an. Die Division durch null ist nicht definiert. Beide Zahlen gehören deshalb nicht zum Definitionsbereich der Gleichung.

Beispiel mit Lösung

Aufgabe:	$\frac{x}{2(x-4)} - \frac{3}{x+4} = \frac{2}{x-4}$ $(G = \mathbb{R})$
Lösung: Definitionsbereich der Gleichung bestimmen:	$D = \mathbb{R}\setminus\{4; 4\}$
Mit HN $2(x-4)(x+4)$ multiplizieren und Brüche kürzen:	$x(x+4) - 3 \cdot 2(x-4) = 2 \cdot 2(x+4)$
Klammern ausmultiplizieren:	$x^2 + 4x - 6x + 24 = 4x + 16$
Zusammenfassen:	$x^2 - 2x + 24 = 4x + 16 \quad \vert -4x - 16$
$(4x + 16)$ subtrahieren:	$x^2 + 6x + 8 = 0$
In Linearfaktoren zerlegen:	$(x-4)(x-2) = 0$
	$\underline{\underline{x_1 = 4}};\ \underline{\underline{x_2 = 2}}$
Ergebnis:	$L = \{2\}$; 4 gehört nicht zu D und deshalb auch nicht zu L.

Probe: $T_1(2) = \frac{2}{2(2-4)} - \frac{3}{2+4} = \frac{2}{-4} - \frac{3}{6} = -\frac{1}{2} - \frac{1}{2} = \underline{\underline{-1}}$

$T_2(2) = \frac{2}{2-4} = \frac{2}{-2} = \underline{\underline{-1}}$

Aufgaben ($G = \mathbb{R}$)

3 a) $\frac{2x-5}{3} + \frac{6}{x-1} = 3$ b) $\frac{3x+2}{2} + \frac{14}{3x+1} = 6$

4 a) $\frac{2x+3}{3} - \frac{2}{x+2} = 1$ b) $\frac{4x+5}{5} + \frac{4}{x+4} = 1$

5 a) $\frac{4}{x+2} = 2 - \frac{3}{5-x}$ b) $\frac{24}{x+3} = 5 - \frac{6}{x-2}$

6 a) $\frac{x}{3(x-3)} - \frac{2}{x+3} = \frac{1}{x-3}$ b) $\frac{x}{4(x-4)} - \frac{4}{x+4} = \frac{1}{x-4}$

7 a) $\frac{x}{x-1} - \frac{4}{x+1} = \frac{1}{x-1}$ b) $\frac{x}{5(x-5)} = \frac{1}{x-5} + \frac{2}{x+5}$

8 a) $\frac{x}{x-2} = \frac{1}{2x} + \frac{3}{2x-4}$ b) $\frac{x}{2x+1} = \frac{3}{6x+3} - \frac{2}{x}$

9 a) $\frac{x+4}{x-2} + \frac{4}{x+2} = \frac{x(x+10)}{x^2-4}$ b) $\frac{2x+3}{x-3} - \frac{x-3}{x+3} = \frac{x(x+15)}{x^2-9}$

10 a) $\frac{x+1}{x-1} + \frac{x-2}{x+3} = \frac{x^2-x+8}{(x-1)(x+3)}$ b) $\frac{x-4}{x-3} = \frac{x^2-10x+25}{(x-3)(x-4)} - \frac{x-3}{x-4}$

11 a) $\frac{x-1}{x+2} + \frac{x-4}{x-3} = \frac{x^2-3x-5}{x^2-x-6}$ b) $\frac{x-1}{x+4} + \frac{x-5}{x-2} = \frac{x^2-7x-8}{x^2+2x-8}$

12 a) $\frac{x-4}{(x-3)(x-2)} + \frac{x+2}{(x+1)(x-3)} = \frac{x^2+x-11}{(x+1)(x-3)(x-2)}$

b) $\frac{x-2}{x(x+3)} + \frac{x+7}{x(x-5)} = \frac{x^2+x+34}{x(x+3)(x-5)}$

13 a) $\frac{2x^2+3x+16}{(x-1)(x+2)(x-3)} - \frac{3x}{(x+2)(x-3)} = \frac{2x-1}{(x-1)(x-3)}$

b) $\frac{2x}{(x-2)(x+3)} - \frac{x^2-5x+17}{(x-1)(x-2)(x+3)} = \frac{1}{(x-1)(x+3)}$

14 a) $\frac{2x^2-2x+2}{(x^2-1)(x-2)} - \frac{1}{x-2} = \frac{1}{x-1} + \frac{1}{x+1}$

b) $\frac{2x+1}{x^2-9} - \frac{1}{x-3} = \frac{2x-4}{(x+3)^2}$

Beispiel mit Lösung

Aufgabe: ($G = \mathbb{R}$)	$x^2 - 8x - a^2 + 4a + 12 = 0$
Lösung:	
$\frac{p}{2}$ und q bestimmen:[1]	$\frac{p}{2} = -4;\ q = -a^2 + 4a + 12$
Formel aufschreiben:	$x_{1,2} = -\frac{p}{2} \pm \sqrt{\left(\frac{p}{2}\right)^2 - q}$
Werte für $\frac{p}{2}$ und für q in die Formel einsetzen:	$x_{1,2} = -(-4) \pm \sqrt{16 - (-a^2 + 4a + 12)}$
Zusammenfassen:	$x_{1,2} = 4 \pm \sqrt{a^2 - 4a + 4}$
Wurzel ziehen:	$x_{1,2} = 4 \pm \sqrt{(a-2)^2}$
	$x_{1,2} = 4 \pm (a - 2)$
x_1 und x_2 berechnen:	$\underline{\underline{x_1 = a + 2}};\ \underline{\underline{x_2 = 6 - a}}$
Ergebnis:	$L = \{x \mid x = a + 2 \vee x = 6 - a\}$

Probe: $T_1(x_1) = a^2 + 4a + 4 - 8a - 16 - a^2 + 4a + 12 = \underline{\underline{0}};\ T_2 = \underline{\underline{0}}$

$T_1(x_2) = 36 - 12a + a^2 - 48 + 8a - a^2 + 4a + 12 = \underline{\underline{0}};\ T_2 = \underline{\underline{0}}$

Aufgaben ($G = \mathbb{R}$)

15 a) $x^2 + 2ax - 8a^2 = 0$ b) $x^2 - bx - \frac{3}{4}b^2 = 0$
c) $2x^2 + ax - a^2 = 0$ d) $2x^2 - 5bx + 3b^2 = 0$

16 a) $x^2 - 4x - a^2 + 4 = 0$ b) $x^2 - 2bx - a^2 + b^2 = 0$
c) $x^2 - 4x - a^2 + 6a - 5 = 0$ d) $x^2 + 6x - b^2 - 8b - 7 = 0$

17 a) $2x(x - a) + 4a(a - x) = 0$ b) $b(x + 6b) - x^2 = 2x(x - b)$
c) $3x(x - 2a) = a^2 - 4a(x - a)$ d) $4x(x - b) + x(2x + b) = b(4b - x)$

18 a) $\frac{x}{a} + \frac{a}{x} = \frac{5}{2}$ b) $\frac{x}{b} - \frac{b}{x} = \frac{8}{3}$ c) $\frac{x}{a} - \frac{a}{4x} = \frac{3}{4}$

19 a) $\frac{x - a}{1 - a} + \frac{1}{x} = 2$ b) $x - \frac{1}{b} = b - \frac{1}{x}$ c) $\frac{2}{a} - x = \frac{2}{x} - a$

20 a) $\frac{x - b}{a - b} = \frac{a}{x}$ b) $\frac{a - b + x}{a + b - x} = \frac{x}{b}$ c) $\frac{x - a}{b - a} = 2 - \frac{b}{x}$

21 a) $\frac{x - 3a}{3a} + \frac{x - 2b}{2b} = \frac{x^2 - 6ab}{6ab}$ b) $\frac{x^2 - b^2}{a^2} - \frac{2b - 3x}{a} = \frac{b}{a}$

22 a) $\frac{x - 2a}{a + x} + \frac{x - a}{x} = \frac{x^2 - 2a^2 + 1}{ax + x^2}$ b) $\frac{2x + a}{b} - \frac{4x - b}{2x - a} = 0$

[1] Da p ein Vielfaches von 2 ist, wenden wir die Formel für $x^2 + px + q = 0$ an. Bei Anwendung der Formel für $ax^2 + bx + c = 0$ ist $a = 1$; $b = -8$; $c = -a^2 + 4a + 12$.

23 Bestimmen Sie mithilfe des Satzes von Vieta die Zahl, die in folgende Gleichungen für k eingesetzt werden muss, um die gegebene Lösung x_1 zu erhalten!

a) $x^2 - kx + 6 = 0;\ x_1 = 2$ b) $x^2 - kx - 15 = 0;\ x_1 = 5$
c) $x^2 + kx + 12 = 0;\ x_1 = -3$ d) $x^2 + kx - 12 = 0;\ x_1 = -6$

Anleitung: Bestimmen Sie nach $x_1 \cdot x_2 = q$ zunächst x_2!

24 Bestimmen Sie die Zahl, die in folgende Gleichungen für k eingesetzt werden muss, um die gegebene Lösung x_1 zu erhalten!

a) $x^2 - 4x + k = 0;\ x_1 = 1$ b) $x^2 - 2x - k = 0;\ x_1 = 4$
c) $x^2 + 5x + k = 0;\ x_1 = -2$ d) $x^2 + 6x - k = 0;\ x_1 = -7$

Anleitung: Bestimmen Sie nach $x_1 + x_2 = -p$ zunächst x_2!

9.3 Textaufgaben

9.3.1 Verteilungsrechnung

Beispiel mit Lösung

Aufgabe: Zwei Unternehmer A und B können einen Auftrag über Erdbewegungsarbeiten gemeinsam in 12 Tagen ausführen. Wie viel Tage benötigt jeder allein, wenn B 10 Tage weniger als A braucht?

Lösung:

x als Platzhalter einsetzen:	B benötigt x Tage, A $(x + 10)$ Tage. Die gemeinsame Arbeitsmenge sei 1. Die Tagesleistung von B ist $\frac{1}{x}$, die von A $\frac{1}{x + 10}$; die gemeinsame Tagesleistung $\frac{1}{12}$.
Ansatz in Worten:	Tagesleistung (A + B) = gemeinsame Tagesleistung
Ansatz in Zahlen:	$\frac{1}{x + 10} + \frac{1}{x} = \frac{1}{12} \quad \vert \cdot 12x(x + 10)$
Mit HN $12x(x + 10)$ multiplizieren:	$12x + 12(x + 10) = x(x + 10)$
Klammern ausmultiplizieren:	$12x + 12x + 120 = x^2 + 10x$
Normalform der Gleichung:	$x^2 - 14x - 120 = 0$
In Linienfaktoren zerlegen:	$(x - 20)(x + 6) = 0$
	$\underline{\underline{x_1 = 20}};\ \underline{\underline{x_2 = -6}}$ (keine Lösung, da $-6 \notin \mathbb{R}_+$)
Ergebnis:	B benötigt allein 20 Tage; A braucht allein 30 Tage.
Probe anhand des Textes:	A führt in 12 Tagen $\frac{12}{30} = \frac{2}{5}$ der Arbeit aus
	B führt in 12 Tagen $\frac{12}{20} = \frac{3}{5}$ der Arbeit aus
	zusammen führen A und B $\frac{5}{5}$ der Arbeit aus

Aufgaben ($G = \mathbb{R}_+$)

1 Zwei Unternehmer A und B können einen Auftrag über Erdbewegungsarbeiten gemeinsam in 18 Tagen ausführen. Wie viel Tage benötigt jeder allein, wenn A 15 Tage mehr als B braucht?

2 Zwei Bauunternehmer A und B können ein Bauvorhaben gemeinsam in 6 Monaten ausführen. Wie viel Monate benötigt jeder allein, wenn A 5 Monate weniger als B braucht?

3 Ein Auftrag kann bei Einsatz von 3 Automaten in 4 Tagen ausgeführt werden. Wie viel Tage werden bei Einsatz von jeweils einem Automaten benötigt, wenn mit dem zweiten Automaten 3 Tage mehr als mit dem ersten und mit dem dritten Automaten doppelt so viel Tage wie mit dem ersten gebraucht werden?

4 Ein Auftrag kann bei Einsatz von 3 Automaten in 5 Tagen ausgeführt werden. Wie viel Tage werden bei Einsatz von jeweils einem Automaten benötigt, wenn mit dem zweiten Automaten 5 Tage weniger als mit dem ersten und mit dem dritten Automaten doppelt so viel Tage wie mit dem ersten gebraucht werden?

5 Bei Auflösung eines Vereines wird das Vermögen von 2400,00 EUR an die Mitglieder verteilt. Da 5 Mitglieder auf ihren Anteil verzichten, bekommen die übrigen je 2,00 EUR mehr als ihnen ursprünglich zustand. Wie viel Mitglieder waren es ursprünglich und wie hoch ist der tatsächlich ausbezahlte Anteil?

6 Eine Schulklasse bezahlt für eine Busfahrt einen Pauschalpreis von 165,00 EUR. Am Ausflugstag fehlen 3 Schüler. Ihnen wird der Fahrpreis erlassen und der Anteil der übrigen um 0,50 EUR erhöht. Wie viel Schüler wollten ursprünglich am Ausflug teilnehmen und wie hoch kam der Fahrpreis für jeden teilnehmenden Schüler?

7 Eine Weinhändlerin kaufte für 540,00 EUR Rotwein in Literflaschen. Als der Preis je Flasche um 30 Cent erhöht wird, erhält sie für den gleichen Gesamtbetrag 20 Flaschen weniger. Wie viel Flaschen hatte sie ursprünglich gekauft und wie hoch war der ursprüngliche Preis je Flasche?

9.3.2 Prozent- und Zinsrechnung[1]

Beispiel mit Lösung

Aufgabe: Eine Maschine, deren Anschaffungswert 15000,00 EUR beträgt, wird zweimal mit gleichem Prozentsatz vom jeweiligen Buchwert abgeschrieben und hat jetzt einen Restbuchwert von 9600,00 EUR. Wie viel Prozent beträgt der Abschreibungssatz?

[1] Bei den Aufgaben aus der Zinsrechnung werden die Zinsen des zweiten Jahres auch von den Zinsen des ersten Jahres berechnet. Es handelt sich also um Zinseszinsaufgaben über einen Zeitraum von zwei Jahren bei jährlicher Verzinsung.

Lösung:	
x als Platzhalter einsetzen:	x % Abschreibung
Die 1. Abschreibung beträgt EUR:	$\frac{15000 \cdot x}{100} = 150x$
Der 1. Restbuchwert beträgt EUR:	$15000 - 150x$
Die 2. Abschreibung beträgt EUR:	$\frac{(15000 - 150x)x}{100}$
Ansatz in Worten:	1. + 2. Abschreibung = 15000 − 9600
Ansatz in Zahlen:	$150x + \frac{(15000 - 150x)x}{100} = 5400 \quad \vert \cdot 100$
Mit HN 100 multiplizieren:	$15000x + 15000x - 150x^2 = 540000$
Zusammenfassen, ordnen und · (−1):	$150x^2 - 30000x + 540000 = 0 \quad \vert : 150$
Normalform der Gleichung:	$x^2 - 200x + 3600 = 0$
$\frac{p}{2}$ und q bestimmen:	$\frac{p}{2} = -100;\ q = 3600$
Formel aufschreiben:	$x_{1,2} = -\frac{p}{2} \pm \sqrt{(\frac{p}{2})^2 - q}$
Werte für $\frac{p}{2}$ und für q in die Formel einsetzen:	$x_{1,2} = -(-100) \pm \sqrt{(-100)^2 - 3600}$ $x_{1,2} = 100 \pm 80$
x_1 und x_2 berechnen:	$x_1 = 180$ (keine Lösung, weil man nicht 180 % abschreiben kann) $x_2 = 20$
Ergebnis:	20 % Abschreibung
Probe anhand des Textes:	Anschaffungswert 15000,00 EUR − 20 % Abschreibung 3000,00 EUR 1. Restbuchwert 12000,00 EUR − 20 % Abschreibung 2400,00 EUR 2. Restbuchwert 9600,00 EUR

Aufgaben ($G = \mathbb{R}_+$)

1 Der Anschaffungspreis einer Maschine beträgt 12000,00 EUR. Nach einer zweimaligen Abschreibung vom Buchwert mit gleichem Prozentsatz steht die Maschine mit 6750,00 EUR zu Buche. Wie viel Prozent beträgt der Abschreibungssatz?

2 Ein Gemälde kostete 1250,00 EUR. Dieser Betrag wurde um einen bestimmten Prozentsatz erhöht. Nach einiger Zeit wurde der erhöhte Betrag nochmals um den gleichen Prozentsatz auf 1458,00 EUR heraufgesetzt. Wie viel Prozent betrug die jeweilige Erhöhung?

3 Der Umsatz eines Geschäftes in Höhe von 250000,00 EUR stieg innerhalb eines Jahres um einen bestimmten Prozentsatz. Im folgenden Jahr ging der erhöhte Umsatz um den gleichen Prozentsatz auf 249100,00 EUR zurück. Wie viel Prozent betrug die Erhöhung?

4 Ein Kaufmann verkauft eine Ware zu 31,25 EUR. Der Kalkulationszuschlag in Prozent ist so hoch wie der Einstandspreis der Ware in EUR. Berechnen Sie den Einstandspreis und den Prozentsatz des Kalkulationszuschlages!

5 Felix zahlt 2000,00 EUR auf sein Sparkonto ein. Nach einem Jahr schreibt die Sparkasse die Zinsen für 1 Jahr gut. Gleichzeitig hebt Felix 280,00 EUR ab. Nach einem weiteren Jahr schreibt die Sparkasse die Zinsen für das zweite Jahr gut. Das Guthaben beträgt jetzt 1872,00 EUR. Mit wie viel Prozent wurde das Guthaben verzinst?

6 Auf ein Sparkonto werden 1000,00 EUR einbezahlt. Nach einem Jahr schreibt die Bank die Zinsen für 1 Jahr gut. Gleichzeitig zahlt der Sparer 165,00 EUR ein. Nach der Zinsgutschrift für das zweite Jahr beträgt das Guthaben 1242,00 EUR. Mit wie viel Prozent wurde das Guthaben verzinst?

7 Auf ein Sparkonto werden 4000,00 EUR einbezahlt. Nach der Zinsgutschrift für das erste Jahr wird der Zinsfuß um 0,5% gesenkt. Die Zinsen für das zweite Jahr betragen 145,60 EUR. Wie hoch war der ursprüngliche Zinsfuß?

8 Julia zahlt zu Beginn des Jahres 2000,00 EUR bei ihrer Bank ein. Am Ende des Jahres werden die Zinsen dem Guthaben zugeschlagen. Gleichzeitig zahlt Julia 230,00 EUR ein. Im zweiten Jahr wird der Zinsfuß um 0,5% erhöht. Wie hoch war der ursprüngliche Zinsfuß, wenn das Guthaben nach der zweiten Zinsgutschrift 2392,00 EUR beträgt?

9 Herr Huber besitzt am Beginn des Jahres ein Sparguthaben von 6000,00 EUR. Am Jahresende werden die Zinsen dem Guthaben zugeschlagen. Gleichzeitig zahlt Herr Huber 700,00 EUR auf das Sparkonto ein. Zu Beginn des zweiten Jahres wird der Zinsfuß um 0,5% gesenkt. Wie hoch ist der neue Zinsfuß, wenn das Guthaben nach der zweiten Zinsgutschrift 7315,00 EUR beträgt?

9.4 Grafische Lösung der gemischtquadratischen Gleichung $ax^2 + bx + c = 0$

Beispiel mit Lösung

Aufgabe: Lösen Sie die Gleichung $4x^2 - 4x - 15 = 0$ zeichnerisch!

Lösung:

Erstes Verfahren:

Gleichung auf ihre Normalform bringen:

$$4x^2 - 4x - 15 = 0 \quad |:4$$

$$x^2 - x - \frac{15}{4} = 0$$

Die Funktionsgleichung bilden:

$$y = x^2 - x - \frac{15}{4}$$

Funktionsgleichung auf ihre Scheitelform bringen:

$$y = x^2 - x + (\tfrac{1}{2})^2 - \frac{15}{4} - (\tfrac{1}{2})^2$$

$$y = (x - \tfrac{1}{2})^2 - 4$$

$$S(\tfrac{1}{2}|-4)$$

Scheitelpunkt bestimmen und die Parabel zeichnen:
Auf der x-Achse ist $y = 0$. Die Gleichung $0 = x^2 - x - \frac{15}{4}$ wird durch die x-Werte $\frac{5}{2}$ und $-\frac{3}{2}$ erfüllt. Diese Werte gehören zu den Schnittpunkten der Parabel mit der x-Achse, $P_1(\frac{5}{2}|0)$ und $P_2(-\frac{3}{2}|0)$.

Ergebnis: $x_1 = \frac{5}{2}$; $x_2 = -\frac{3}{2}$

$L = \{\frac{5}{2}; -\frac{3}{2}\}$

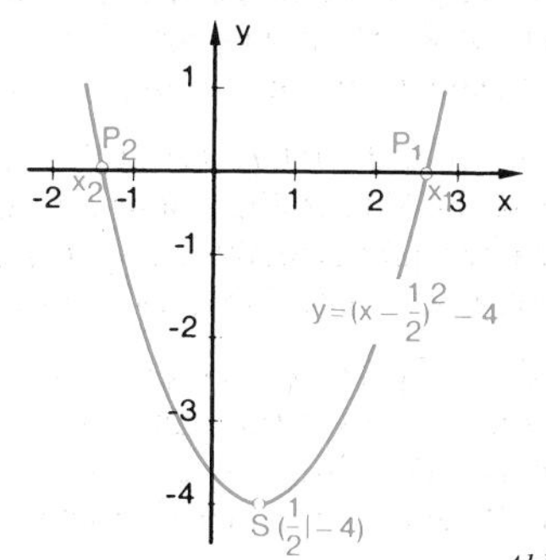

Abb. 117

Probe: $T_1(\frac{5}{2}) = 4 \cdot \frac{25}{4} - 4 \cdot \frac{5}{2} - 15 = 25 - 10 - 15 = \underline{\underline{0}}$; $T_2(\frac{5}{2}) = 0$; $0 = 0$ (*w*)

$T_1(-\frac{3}{2}) = 4 \cdot \frac{9}{4} - 4(-\frac{3}{2}) - 15 = 9 + 6 - 15 = \underline{\underline{0}}$; $T_2(-\frac{3}{2}) = \underline{\underline{0}}$; $0 = 0$ (*w*)

Probe mit Funktionswerten: $y = f(x) = x^2 - x - \frac{15}{4}$

$P_1(\frac{5}{2}|0)$: $f(\frac{5}{2}) = (\frac{5}{2})^2 - \frac{5}{2} - \frac{15}{4} = 0$; $0 = 0$ (*w*)

$P_2(-\frac{3}{2}|0)$: $f(-\frac{3}{2}) = (-\frac{3}{2})^2 - (-\frac{3}{2}) - \frac{15}{4} = 0$; $0 = 0$ (*w*)

Satz 117

Bei der grafischen Lösung von Gleichungen 2. Grades unterscheidet man nach dem ersten Verfahren 3 Fälle:

1. Die Parabel schneidet die x-Achse in P_1 und P_2. $L = \{x_1; x_2\}$
2. Der Scheitelpunkt der Parabel liegt auf der x-Achse. $L = \{x_1 = x_2\}$
3. Die Parabel verläuft ganz oberhalb der x-Achse. Die Gleichung hat keine Lösung in der Menge $\mathbb{R}$. $L = \emptyset$

Zweites Verfahren:

Gleichung auf ihre Normalform bringen:

$$4x^2 - 4x - 15 = 0 \quad |:4$$
$$x^2 - x - 3{,}75 = 0$$

Gleichung nach x^2 auflösen:

$$\underline{x^2 = x + 3{,}75}$$

Beide Seiten der Gleichung $x^2 = x + 3{,}75$ gleich y setzen:

$$y = x^2 \text{ (Normalparabel)}$$
$$\underline{y = x + 3{,}75 \text{ (Gerade)}}$$

Den Graphen beider Funktionen in ein gemeinsames Achsenkreuz zeichnen: Die Schnittpunkte P_1 und P_2 der Parabel mit der Geraden haben die Koordinaten (2,5|6,25) und (−1,5|2,25). Diese beiden Zahlenpaare erfüllen die Gleichungen der Parabel und der Geraden, also auch die ursprüngliche Gleichung.
Ergebnis: $x_1 = 2{,}5$; $x_2 = -1{,}5$
$L = \{2{,}5; -1{,}5\}$

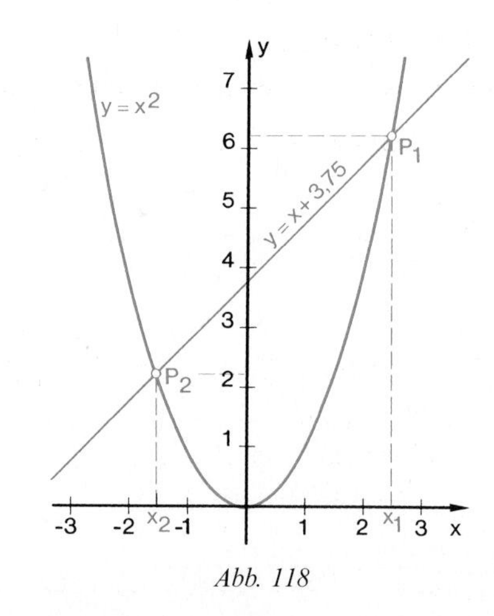

Abb. 118

Satz 118

Bei der grafischen Lösung von Gleichungen 2. Grades unterscheidet man nach dem zweiten Verfahren 3 Fälle:

1. Die Gerade schneidet die Normalparabel in P_1 und P_2. $L = \{x_1; x_2\}$
2. Die Gerade berührt die Normalparabel in P[1]. $L = \{x_1 = x_2\}$
3. Die Gerade meidet die Normalparabel. Die Gleichung hat keine Lösung in der Menge $\mathbb{R}$. $L = \emptyset$

Aufgaben ($G = \mathbb{R}$)

Lösen Sie folgende Gleichungen zeichnerisch nach einem der beiden Verfahren!

1 a) $4x^2 + 4x - 3 = 0$ b) $2x^2 + 4x - 6 = 0$ c) $4x^2 - 20x + 25 = 0$

2 a) $3x^2 - 6x = 0$ b) $\frac{1}{2}x^2 + 2x + 2 = 0$ c) $x^2 + 2x + 2 = 0$

3 a) $\frac{1}{2}x^2 - 2x + 4 = 0$ b) $\frac{1}{3}x^2 + \frac{1}{3}x - \frac{2}{3} = 0$ c) $4x^2 + 12x + 9 = 0$

4 a) $4x^2 + 12x - 7 = 0$ b) $\frac{1}{2}x^2 - x + \frac{3}{2} = 0$ c) $4x^2 - 4x + 1 = 0$

9.5 Berechnung der Nullstellen von quadratischen Funktionen

In Abschnitt 8.3 haben wir die Nullstellen von quadratischen Funktionen grafisch bestimmt. Nach Behandlung der Rechenverfahren zur Lösung von quadratischen Gleichungen können wir jetzt die Nullstellen von quadratischen Funktionen auch rechnerisch bestimmen.

[1] Der Berührpunkt lässt sich aus dem Graphen oft nur annähernd bestimmen.

Beispiel mit Lösung

Aufgabe: Bestimmen Sie rechnerisch die Koordinaten der Nullstellen des Graphen der Funktion $x \mapsto f(x)$ mit der Funktionsgleichung $f(x) = \frac{1}{2}x^2 + x - 1{,}5$!

Lösung:

	$f(x) = \frac{1}{2}x^2 + x - 1{,}5$
$f(x)$ gleich 0 setzen:	$\frac{1}{2}x^2 + x - 1{,}5 = 0 \quad \vert \cdot 2$
mit 2 multiplizieren:	$x^2 + 2x - 3 = 0$
In Linearfaktoren zerlegen:	$(x + 3)(x - 1) = 0$
x_1 und x_2 bestimmen:	$x_1 = -3$ $x_2 = 1$
Nullstellen festlegen:	$P_1(-3\vert 0)$, $P_2(1\vert 0)$

Punktproben: $f(x) = \frac{1}{2}x^2 + x - 1{,}5$

$P_1(-3|0)$: $f(-3) = \frac{1}{2} \cdot (-3)^2 + (-3) - 1{,}5 = 4{,}5 - 3 - 1{,}5 = 0;\ 0 = 0\ (w)$

$P_2(1|0)$: $f(1) = \frac{1}{2} \cdot (1)^2 + 1 - 1{,}5 = 0{,}5 + 1 - 1{,}5 = 0;\ 0 = 0\ (w)$

Aufgaben

Berechnen Sie die Nullstellen der Funktionsgraphen mit folgenden Funktionsgleichungen!

1 a) $f(x) = x^2 - 4x + 3$ b) $f(x) = x^2 + 2x - 3$ c) $f(x) = x^2 - 5x + 2{,}25$
d) $f(x) = -x^2 - 4x - 3$ e) $f(x) = -x^2 - 3x + 1{,}75$ f) $f(x) = -x^2 + 6x - 6{,}75$

2 a) $f(x) = \frac{1}{2}x^2 - x - 1{,}5$ b) $f(x) = \frac{1}{2}x^2 + x - 4$ c) $f(x) = -\frac{1}{2}x^2 + 2x + 2{,}5$
d) $f(x) = \frac{1}{3}x^2 - \frac{2}{3}x - \frac{8}{3}$ e) $f(x) = \frac{1}{4}x^2 + \frac{1}{2}x - \frac{3}{4}$ f) $f(x) = -\frac{1}{4}x^2 + \frac{1}{2}x + \frac{15}{4}$

10 Ganzrationale Funktionen 3. und 4. Grades

10.1 Grafische Darstellung der Funktionen $f\colon x \mapsto ax^3 + bx^2 + cx + d$ und $f\colon x \mapsto ax^4 + bx^3 + cx^2 + dx + e$

Definition 120

Funktionen der Form
$f\colon x \mapsto a_n x^n + a_{n-1}x^{n-1} + \ldots + a_3x^3 + a_2x^2 + a_1x + a_0$ heißen ganzrationale Funktionen n-ten Grades.
$n \in \mathbb{N}$, $a_n, \ldots, a_2, a_1, a_0 \in \mathbb{R}$.

Der höchste Exponent n gibt den Grad der Funktion an.

Beispiele:

$x \mapsto 3x - 2$ Funktion 1. Grades (lineare Funktion),
$x \mapsto \frac{1}{2}x^2 + x - 4$ Funktion 2. Grades (quadratische Funktion),
$x \mapsto \frac{2}{3}x^3 + x^2 - 2x + 1$ Funktion 3. Grades,
$x \mapsto x^4 - 6x^3 - 11x^2 - 7x + 2$ Funktion 4. Grades,
$x \mapsto \frac{2}{5}x^5 - x^2 + 10$ Funktion 5. Grades,
$x \mapsto x^{10} - 3$ Funktion 10. Grades.

Bei $n = 3$ setzt man in die allgemeine Funktionsform für die Koeffizienten a_3, a_2, a_1, a_0 auch die Variablen a, b, c, d; bei $n = 4$ die Variablen a, b, c, d, e.

Beispiel mit Lösung

Aufgabe: Zeichnen Sie in ein gemeinsames Achsenkreuz mithilfe von Wertetafeln die Graphen der Funktionen $x \mapsto f(x)$! $G = \mathbb{R} \times \mathbb{R}$.
$x \mapsto x^3$ mit Zeichenbereich $A = \{x \mid -1{,}5 \leqq x \leqq 1{,}5\}$,
$x \mapsto \frac{1}{4}x^3$; $A = \{x \mid -2{,}5 \leqq x \leqq 2{,}5\}$,
$x \mapsto -\frac{1}{4}x^3 + 1$; $A = \{x \mid -2{,}5 \leqq x \leqq 2{,}5\}$.

Lösung:

x	–2,5	–2	–1,5	–1	–0,5	0	0,5	1	1,5	2	2,5
x^3			–3,38	–1	–0,13	0	0,13	1	3,38		
$\frac{1}{4}x^3$	–3,91	–2	–0,84	–0,25	–0,03	0	0,03	0,25	0,84	2	3,91
$-\frac{1}{4}x^3 + 1$	4,91	3	1,84	1,25	1,03	1	0,97	0,75	0,16	–1	–2,91

Der Graph der Funktion $x \mapsto x^3$ ist eine Parabel, die punktsymmetrisch zum Nullpunkt verläuft. Der Nullpunkt ist Wendepunkt der Parabel, d. h., die Kurve geht von einer Rechtskrümmung in eine Linkskrümmung über. Die Parabel heißt auch Wendeparabel.

Der Graph der Funktion $x \mapsto \frac{1}{4}x^3$ ist eine gepresste Wendeparabel. Bei $x \mapsto -\frac{1}{4}x^3 + 1$ ist die Wendeparabel gepresst, um +1 längs der y-Achse verschoben und an der y-Achse gespiegelt.

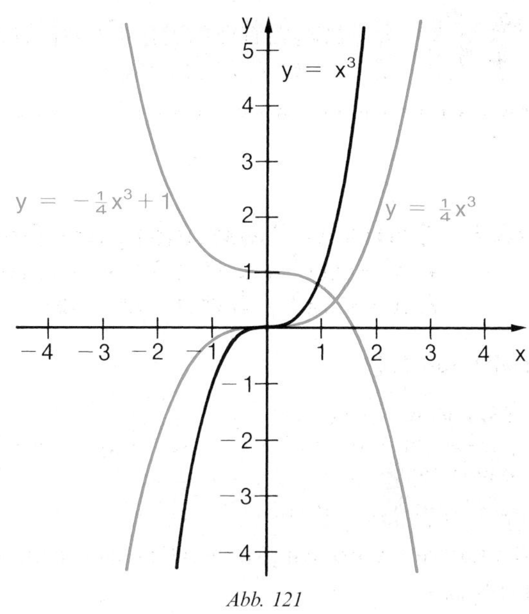

Abb. 121

Durch Änderung der Koeffizienten a, b c, d entstehen auch bei Parabeln dritten Grades Verschiebungen, Dehnung oder Pressung und Spiegelung.

Aufgaben

Zeichnen Sie in ein gemeinsames Achsenkreuz mithilfe von Wertetafeln die Graphen der Funktionen $x \mapsto f(x)$! $G = \mathbb{R} \times \mathbb{R}$.

1 a) $x \mapsto \frac{1}{2}x^3 + 1;\ A = \{x|-2 \leqq x \leqq 2\}$

$x \mapsto \frac{1}{3}x^3 - 1;\ A\{x|-2 \leqq x \leqq 2{,}5\}$

b) $x \mapsto -\frac{1}{3}x^3 - 2;\ A = \{x|-2{,}5 \leqq x \leqq 2\}$

$x \mapsto -\frac{1}{4}x^3 + 1{,}5;\ A = \{x|-2{,}5 \leqq x \leqq 3\}$

2 a) $x \mapsto (x-2)^3;\ A = \{x|0{,}5 \leqq x \leqq 3{,}5\}$

$x \mapsto \frac{1}{4}(x+1)^3;\ A = \{x|-3{,}5 \leq x \leq 1{,}5\}$

b) $x \mapsto -(x+2)^3 - 1;\ A = \{x|-4 \leqq x \leqq -0{,}5\}$

$x \mapsto -\frac{1}{2}(x-1)^3 + 1;\ A = \{x|-1 \leqq x \leqq 3{,}5\}$

Beispiel mit Lösung

Aufgabe: Zeichnen Sie den Graphen der Funktion $x \mapsto 0{,}2x^3 - 0{,}6x^2 - 1{,}2x + 1{,}6$!
Zeichenbereich $A = \{x|-3 \leqq x \leqq 4{,}5\}$, $G = \mathbb{R} \times \mathbb{R}$.

Lösung:

x	−3	−2,5	−2	−1,5	−1	−0,73[1]	0	0,5
$0{,}2x^3 - 0{,}6x^2 - 1{,}2x + 1{,}6$	−5,6	−2,28	0	1,38	2	2,08	1,6	0,88

x	1	1,5	2	2,73[1]	3	3,5	4	4,5
$0{,}2x^3 - 0{,}6x^2 - 1{,}2x + 1{,}6$	0	−0,88	−1,6	−2,08	−2	−1,38	0	2,28

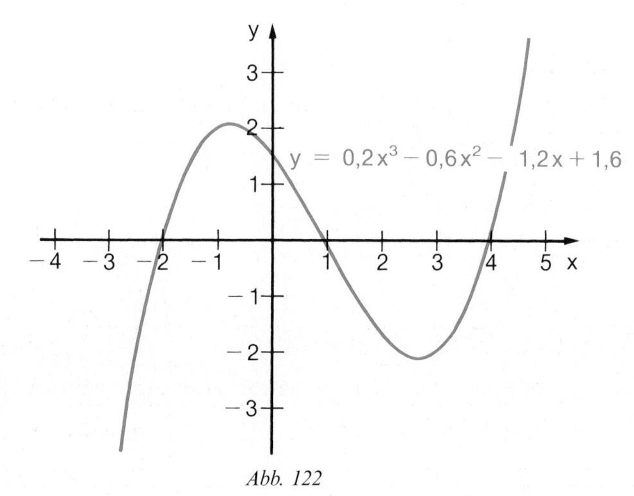

Abb. 122

Der Graph der Funktion hat drei Nullstellen, einen Wendepunkt, ein Maximum und Minimum. Maximum nennt man den Punkt $P(x|y)$ einer Kurve, wenn dessen benachbarten Punkte (vorher und nachher) einen kleineren y-Wert haben. Sind die y-Werte der benachbarten Punkte größer, so ist der Punkt $P(x|y)$ ein Minimum.

Jede ganzrationale Funktion dritten Grades hat höchstens drei Nullstellen und immer einen Wendepunkt.

Die Berechnung der Koordinaten der Nullstellen wird im Abschnitt 10.3 behandelt. Die rechnerische Bestimmung des Wendepunktes, Maximums und Minimums ist Aufgabe der Differenzialrechnung (siehe Abschnitt 21.3).

Aufgaben

Zeichnen Sie den Graphen der Funktionen dritten Grades, die durch nachstehende Gleichungen bestimmt sind! $G = \mathbb{R} \times \mathbb{R}$.

3 a) $f(x) = 0{,}5x^3 + 1{,}5x^2 - 0{,}5x - 1{,}5;\ A = \{x | -3{,}5 \leqq x \leqq 1{,}5\}$
b) $f(x) = 0{,}5x^3 + x^2 - 2{,}5x - 3;\ A = \{x | -3{,}5 \leqq x \leqq 2{,}5\}$

[1] Das Maximum $(-0{,}73|2{,}08)$ und das Minimum $(2{,}73|-2{,}08)$ wurden mithilfe der Differenzialrechnung bestimmt (siehe Abschnitt 21.3).

4 a) $f(x) = -x^3 - 2x^2 + x + 2$; $A = \{x|-2{,}5 \leqq x \leqq 1{,}5\}$
b) $f(x) = -0{,}5x^3 + x^2 + 2{,}5x - 3$; $A = \{x|-2{,}5 \leqq x \leqq 3{,}5\}$

5 a) $f(x) = 0{,}4x^3 - 0{,}8x^2 - 2x + 2{,}4$; $A = \{x|-2{,}5 \leqq x \leqq 3{,}5\}$
b) $f(x) = -0{,}25x^3 + 0{,}75x^2 + 1{,}5x - 2$; $A = \{x|-2{,}5 \leqq x \leqq 4{,}5\}$

6 a) $f(x) = -0{,}2x^3 + 0{,}2x^2 + 1{,}2x$; $A = \{x|-3 \leqq x \leqq 4\}$
b) $f(x) = \frac{1}{3}x^3 - \frac{4}{3}x^2 - \frac{1}{3}x + \frac{4}{3}$; $A = \{x|-2 \leqq x \leqq 4{,}5\}$

Beispiel mit Lösung

Aufgabe: Zeichnen Sie in ein gemeinsames Achsenkreuz mithilfe von Wertetafeln die Graphen der Funktionen $x \mapsto f(x)$! $G = \mathbb{R} \times \mathbb{R}$.
$x \mapsto x^4$ mit Zeichenbereich $A = \{x|-1{,}5 \leqq x \leqq 1{,}5\}$,
$x \mapsto \frac{1}{2}x^4 - 1$; $A = \{x|-2 \leqq x \leqq 2\}$,
$x \mapsto -(x-2)^4 - 1$; $A = \{x|0{,}5 \leqq x \leqq 3{,}5\}$.

Lösung:

x	–2	–1,5	–1	–0,7	–0,5	0	0,5	0,7	1	1,5	2
x^4		5,06	1	0,24	0,06	0	0,06	0,24	1	5,06	
$\frac{1}{2}x^4 - 1$	7	1,53	–0,5	–0,88	–0,97	–1	–0,97	–0,88	–0,5	1,53	7

x	0,5	1	1,3	1,5	2	2,5	2,7	3	3,5
$-(x-2)^4 - 1$	–6,06	–2	–1,24	–1,06	–1	–1,06	–1,24	–2	–6,06

Der Graph der Funktion $x \mapsto x^4$ ist eine Parabel, die symmetrisch zur y-Achse verläuft. Der Nullpunkt ist Scheitelpunkt der Parabel. Der Graph der Funktion $x \mapsto \frac{1}{2}x^4 - 1$ ist eine gepresste Parabel, die um -1 längs der y-Achse verschoben ist. Bei $x \mapsto -(x-2)^4 - 1$ wird die Parabel gespiegelt, um $+2$ längs der x-Achse und um -1 längs der y-Achse verschoben.

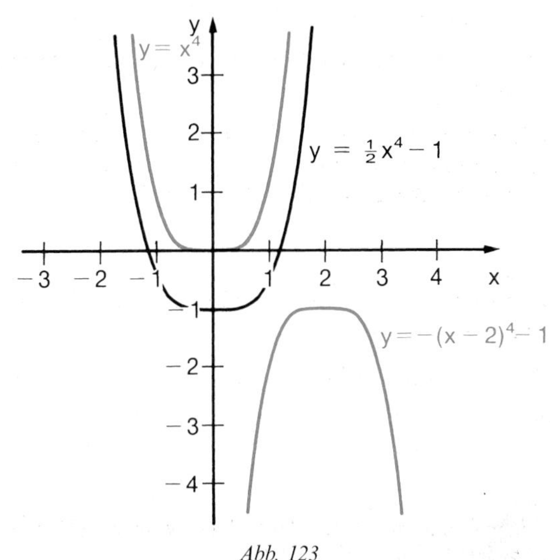

Abb. 123

Die Parabel 4. Grades verläuft wie die Parabel 2. Grades (Quadratzahlparabel) achsensymmetrisch zur y-Achse. Allgemein gilt folgender Satz:

Satz 124

Die Parabeln n-ter Ordnung mit der Gleichung $y = ax^n$, $a \in \mathbb{R}^*$, $n \in \mathbb{N}^* \setminus \{1\}$, sind bei geraden Exponenten achsensymmetrisch zur y-Achse, bei ungeraden Exponenten punktsymmetrisch zum Ursprung.

Aufgaben

Zeichnen Sie in ein gemeinsames Achsenkreuz mithilfe von Wertetafeln die Graphen der Funktionen $x \mapsto f(x)$, die durch folgende Funktionsgleichungen jeweils festgelegt sind! $G = \mathbb{R} \times \mathbb{R}$.

7 a) $f(x) = 0{,}2x^4 + 1$; $A = \{x \mid -2 \leqq x \leqq 2\}$
$f(x) = -0{,}5x^4 - 0{,}5$; $A = \{x \mid -2 \leqq x \leqq 2\}$
b) $f(x) = (x - 2)^4$; $A = \{x \mid 0{,}5 \leqq x \leqq 3{,}5\}$
$f(x) = -0{,}5(x + 1)^4$; $A = \{x \mid -3 \leqq x \leqq 1\}$

8 a) $f(x) = (x + 2)^4 - 1$; $A = \{x \mid -3{,}5 \leqq x \leqq -0{,}5\}$
$f(x) = -(x - 1)^4 + 1$; $A = \{x \mid -0{,}5 \leqq x \leqq 2{,}5\}$
b) $f(x) = 0{,}5(x + 1)^4 + 2$; $A = \{x \mid -2{,}5 \leqq x \leqq 0{,}5\}$
$f(x) = -0{,}25(x - 1)^4 + 2$; $A = \{x \mid -1{,}5 \leqq x \leqq 3{,}5\}$

Beispiel mit Lösung

Aufgabe: Zeichnen Sie den Graphen der Funktion $x \mapsto 0{,}25x^4 - 0{,}5x^3 - 1{,}25x^2 + 1{,}5x$! Zeichenbereich $A = \{x \mid -2{,}5 \leqq x \leqq 3{,}5\}$, $G = \mathbb{R} \times \mathbb{R}$.

Lösung:

x	−2,5	−2	−1,5	−1	−0,5	0	0,5	1	1,5	2	2,5	3	3,5
$0{,}25x^4 - 0{,}5x^3 - 1{,}25x^2 + 1{,}5x$	6,02	0	−2,11	2	−0,98	0	0,39	0	−0,98	−2	−2,11	0	6,02

Der Graph der Funktion hat vier Nullstellen, ein Maximum, zwei Minima und zwei Wendepunkte.

Nullstellen $N_1(-2|0)$, $N_2(0|0)$, $N_3(1|0)$, $N_4(3|0)$

Maximum $H(0{,}50|0{,}39)$,
Minima $T_1(2{,}30|-2{,}25)$, $T_2(-1{,}30|-2{,}25)$,

Wendepunkte $W_1(1{,}54|-1{,}08)$, $W_2(-0{,}54|-1{,}08)$.

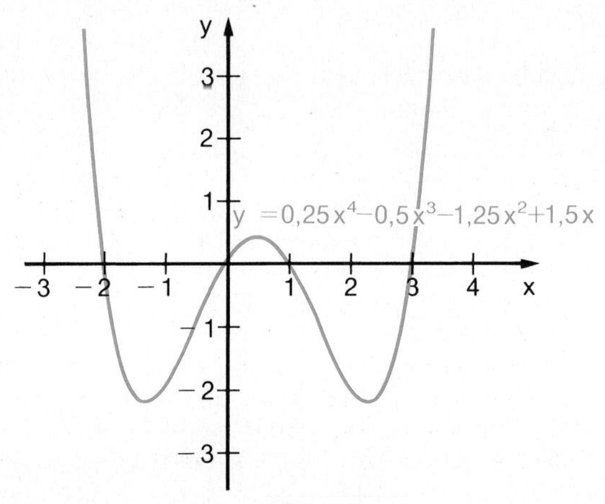

Abb. 124

Jede ganzrationale Funktion vierten Grades hat höchstens vier Nullstellen und höchstens zwei Wendepunkte.

Aufgaben

Zeichnen Sie die Graphen der Funktionen vierten Grades, die durch nachstehende Gleichungen bestimmt sind! $G = \mathbb{R} \times \mathbb{R}$.

9 a) $f(x) = 0{,}1x^4 - x^2 + 0{,}9;\ A = \{x | -3{,}5 \leqq x \leqq 3{,}5\}$

b) $f(x) = -0{,}1x^4 + 0{,}6x^3 - 0{,}1x^2 - 2{,}4x + 2;\ A = \{x | -2{,}5 \leqq x \leqq 5{,}5\}$

10 a) $f(x) = 0{,}2x^4 - 0{,}6x^3 - 0{,}8x^2 + 2{,}4x;\ A = \{x | -2{,}5 \leqq x \leqq 3{,}5\}$

b) $f(x) = -0{,}2x^4 + 0{,}2x^3 + 1{,}4x^2 - 0{,}2x - 1{,}2;\ A = \{x | -2{,}5 \leqq x \leqq 3{,}5\}$

11 a) $f(x) = -0{,}1x^4 + 0{,}2x^3 + 0{,}9x^2 - 1{,}8x;\ A = \{x | -3{,}5 \leqq x \leqq 3{,}5\}$

b) $f(x) = 0{,}1x^4 + 0{,}1x^3 - 0{,}9x^2 - 0{,}9x;\ A = \{x | -3{,}5 \leqq x \leqq 4{,}5\}$

10.2 Bestimmung der Lösungsmenge von Gleichungen 3. und 4. Grades mit ganzzahligen Elementen. Polynomzerlegung

Die Bestimmung der Lösungsmenge von Gleichungen 3. und 4. Grades erfolgt mithilfe der Polynomdivision. Terme wie $x + 3$, $2x^2 - 6x + 9$, $x^3 + 3x^2 - x + 3$, $3x^2 - 4ax + a^2$ heißen Polynome[1] in x. Wir befassen uns zunächst mit der Division von Polynomen.

Beispiele mit Lösungen

Aufgabe: 1. $(6x^3 + 11x^2 - 9x - 4) : (3x + 1)$ 2. $(x^3 - 8) : (x - 2)$

Lösungen:

1. Zuerst dividieren wir $6x^3 : 3x = 2x^2$. Dann multiplizieren wir den Teilquotienten $2x^2$ mit dem Divisor $(3x + 1)$, subtrahieren den Term $6x^3 + 2x^2$ vom Dividenden und erhalten den Rest $9x^2 - 9x - 4$. Jetzt dividieren wir $9x^2 : 3x = 3x$ und setzen das Verfahren fort, bis die Division aufgeht (oder ein Rest bleibt).

$$
\begin{array}{l}
(6x^3 + 11x^2 - 9x - 4) \cdot (3x + 1) = 2x^2 + 3x - 4 \\
\underline{\overset{(-)}{+ 6x^3} \overset{(-)}{+ 2x^2}} \\
\qquad + 9x^2 - 9x - 4 \\
\qquad \underline{\overset{(-)}{+ 9x^2} \overset{(-)}{+ 3x}} \\
\qquad\qquad - 12x - 4 \\
\qquad\qquad \underline{\overset{(+)}{- 12x} \overset{(+)}{- 4}}
\end{array}
$$

[1] polys (griech.), viel; nomos (griech.), Regel, Gesetz.

2. Entstehen bei der Multiplikation des Teilquotienten mit dem Divisor neue Terme, so werden diese auch vom Dividenden subtrahiert und bei der weiteren Division berücksichtigt.

$$
\begin{array}{l}
(x^3 - 8) : (x - 2) = x^2 + 2x + 4 \\
\underline{\overset{(-)}{+ x^3} \overset{(+)}{- 2x^2}} \\
\quad + 2x^2 - 8 \\
\quad \underline{\overset{(-)}{+ 2x^2} \overset{(+)}{- 4x}} \\
\qquad + 4x - 8 \\
\qquad \underline{\overset{(-)}{+ 4x} \overset{(+)}{- 8}}
\end{array}
$$

Aufgaben

1 a) $(x^3 - 3x^2 - 4x + 12) : (x + 2)$ b) $(x^3 - 5x^2 - 3x - 18) : (x - 6)$

2 a) $(5x^3 + 24x^2 + 11x - 20) : (x + 4)$ b) $(12x^3 - 5x^2 - 20x - 14) : (4x - 7)$

3 a) $(x^3 - 27x + 10) : (x - 5)$ b) $(x^3 + 27) : (x + 3)$

4 a) $(x^4 - x^3 - 7x^2 + 13x - 6) : (x - 1)$ b) $(x^4 + 6x^3 + 8x^2 - 6x - 9) : (x + 3)$

5 a) $(x^4 - 5x^3 + 8x^2 - 7x + 3) : (x^2 - x + 1)$
b) $(x^4 + 5x^3 + 3x^2 - 7x + 2) : (x^2 + 3x - 2)$

6 a) $(x^4 - 16) : (x + 2)$ b) $(x^4 - 1) : (x - 1)$

Sind x_1 und x_2 Lösungen der quadratischen Gleichung $x^2 + px + q = 0$, so ist nach dem Satz 109.1 $x^2 + px + q = (x - x_1)(x - x_2) = 0$. Dieser Satz gilt in erweiterter Form auch für bestimmte Gleichungen dritten und vierten Grades. So hat zum Beispiel die Gleichung dritten Grades
$x^3 - 2x^2 - 5x + 6 = (x + 2)(x - 1)(x - 3) = 0$
die Lösungen $x_1 = -2$, $x_2 = 1$, $x_3 = 3$.
Die Gleichung vierten Grades
$x^4 - 10x^2 + 9 = (x + 3)(x + 1)(x - 1)(x - 3) = 0$
hat die Lösungen $x_1 = -3$, $x_2 = -1$, $x_3 = 1$, $x_4 = 3$.

Zur Bestimmung der Lösungsmenge einer Gleichung dritten Grades mit ganzzahligen Elementen sucht man durch Probieren eine Lösung x_1. Dann dividiert man beide Seiten der Gleichung durch $(x - x_1)$ und formt dadurch die Gleichung dritten Grades in eine quadratische Gleichung um. Durch Zerlegen der quadratischen Gleichung in Linearfaktoren erhält man die Lösungen x_2 und x_3 der Gleichung dritten Grades.

Beispiel mit Lösung

Aufgabe: Bestimmen Sie die Lösungsmenge der Gleichung $x^3 + 2x^2 - 5x - 6 = 0$!

Lösung: Wir suchen durch Probieren die Lösung x_1.

Probe mit $x = 1$:

$T_1(1) = 1^3 + 2 \cdot 1^2 - 5 \cdot 1 - 6 = \underline{\underline{-8}};$

$T_2 = \underline{\underline{0}}; \quad -8 = 0\ (f)$

$x = 1$ ist keine Lösung der Gleichung, $1 \notin L$.

Probe mit $x = -1$:

$T_1(-1) = (-1)^3 + 2 \cdot (-1)^2 - 5 \cdot (-1) - 6 = \underline{\underline{0}};$

$T_2 = \underline{\underline{0}}; \quad 0 = 0\ (w)$

$x = -1$ ist Lösung der Gleichung, $-1 \in L$.

Beide Seiten der Gleichung durch $(x - x_1) = (x + 1)$ dividieren:

Division auf der linken Seite:

$$\begin{array}{l}
(x^3 + 2x^2 - 5x - 6) : (x + 1) = x^2 + x - 6 \\
\underline{x^3 + x^2} \\
\phantom{x^3 + {}} x^2 - 5x - 6 \\
\phantom{x^3 + {}} \underline{x^2 + x} \\
 - 6x - 6 \\
 \underline{- 6x - 6}
\end{array}$$

$$x^3 + 2x^2 - 5x - 6 = 0 \qquad | : (x + 1)$$

$$x^2 + x - 6 = 0$$

In Linearfaktoren zerlegen:

$$(x - 2)(x + 3) = 0$$

Lösungen x_2 und x_3 bestimmen:

$$\underline{\underline{x_2 = 2}}$$

$$\underline{\underline{x_3 = -3}}$$

Lösungsmenge der Gleichung:

$$L = \{-3, -1, 2\}$$

Proben:

$T_1(-3) = (-3)^3 + 2 \cdot (-3)^2 - 5 \cdot (-3) - 6 = \underline{\underline{0}}; \quad T_2 = \underline{\underline{0}}; \quad 0 = 0\ (w)$

$T_1(-1) = (-1)^3 + 2 \cdot (-1)^2 - 5 \cdot (-1) - 6 = \underline{\underline{0}}; \quad T_2 = \underline{\underline{0}}; \quad 0 = 0\ (w)$

$T_1(2) = 2^3 + 2 \cdot 2^2 - 5 \cdot 2 - 6 = \underline{\underline{0}}; \quad T_2 = \underline{\underline{0}}; \quad 0 = 0\ (w)$

Merke Gleichungen dritten Grades, deren Lösungen ganzzahlig sind, lösen wir in der Reihenfolge:

1. Lösung x_1 durch Probieren bestimmen.
2. Gleichung durch Division mit $(x - x_1)$ in quadratische Gleichung umformen.
3. Lösungen x_2 und x_3 durch Zerlegen in Linearfaktoren bestimmen.

Aufgaben

Bestimmen Sie die Lösungsmenge nachstehender Gleichungen, deren Lösungen ganzzahlig sind!

7 a) $x^3 + x^2 - 10x + 8 = 0$ b) $x^3 - 4x^2 - 4x + 16 = 0$

8 a) $x^3 - 3x^2 - 10x = 0$ b) $x^3 + x^2 - 12x = 0$

9	a) $x^3 - 10x^2 + 13x + 24 = 0$	b) $x^3 - 5x^2 - 22x + 56 = 0$
10	a) $x^3 - 4x^2 - 27x + 90 = 0$	b) $x^3 - 10x^2 - 3x + 108 = 0$
11	a) $x^3 - 2x^2 - 15x + 36 = 0$	b) $x^3 + 6x^2 + 12x + 8 = 0$

Gleichungen 4. Grades, deren Lösungen ganzzahlig sind, löst man in folgenden Schritten:
1. Bestimmung von x_1 durch Probieren.
2. Umformung durch Division mit $(x - x_1)$ in eine Gleichung 3. Grades.
3. Lösung x_2 durch Probieren ermitteln.
4. Umformung durch Division mit $(x - x_2)$ in eine quadratische Gleichung.
5. Lösungen x_3 und x_4 durch Zerlegen in Linearfaktoren bestimmen.

Aufgaben

12	a) $x^4 - 5x^2 + 4 = 0$	b) $x^4 - 20x^2 + 64 = 0$
13	a) $x^4 - 5x^3 - 2x^2 + 24x = 0$	b) $x^4 - 4x^3 - 11x^2 + 30x = 0$
14	a) $x^4 - x^3 - 6x^2 + 4x + 8 = 0$	b) $x^4 - x^3 - 15x^2 + 9x + 54 = 0$

10.3 Berechnung der Nullstellen von Funktionen 3. und 4. Grades

Die Schnittpunkte von Funktionsgraphen mit der x-Achse haben den Funktionswert $f(x) = 0$. Die zugehörigen x-Werte bezeichnet man auch mit x_0 oder x_p. Diese Bezeichnungen verwenden wir im Abschnitt „Differenziation ganzrationaler Funktionen".

Die Berechnung der zu den Nullstellen gehörenden x-Werte erfolgt mithilfe der im vorangegangenen Abschnitt behandelten Polynomdivision.

Beispiel mit Lösung

Aufgabe: Bestimmen Sie rechnerisch die Koordinaten der Nullstellen des Graphen der Funktion $x \mapsto f(x)$ mit der Funktionsgleichung $f(x) = 0{,}5x^3 - 1{,}5x^2 - 3x + 4$!

Lösung:

	$f(x) = 0{,}5x^3 - 1{,}5x^2 - 3x + 4$
$f(x)$ gleich 0 setzen:	$0{,}5x^3 - 1{,}5x^2 - 3x + 4 = 0 \quad \vert \cdot 2$
mit 2 multiplizieren:	$x^3 - 3x^2 - 6x + 8 = 0$
Lösung x_1 durch Probieren suchen:	$x_1 = 1$
	$x^3 - 3x^2 - 6x + 8 = 0 \quad \vert :(x - 1)$
Durch $(x - 1)$ dividieren[1]:	$x^2 - 2x - 8 = 0$
In Linearfaktoren zerlegen:	$(x - 4)(x + 2) = 0$
x_2 und x_3 bestimmen:	$x_2 = 4$
	$x_3 = -2$
Nullstellen festlegen:	$N_1(1\vert 0)$, $N_2(4\vert 0)$, $N_3(-2\vert 0)$

[1] Siehe Beispiel mit Lösung auf Seite 127.

Punktproben:
$f(1) = 0{,}5 \cdot 1^3 - 1{,}5 \cdot 1^2 - 3 \cdot 1 + 4 = 0{,}5 - 1{,}5 - 3 + 4 = 0$
$f(4) = 0{,}5 \cdot 4^3 - 1{,}5 \cdot 4^2 - 3 \cdot 4 + 4 = 32 - 24 - 12 + 4 = 0$
$f(-2) = 0{,}5 \cdot (-2)^3 - 1{,}5 \cdot (-2)^2 - 3 \cdot (-2) + 4 = -4 - 6 + 6 + 4 = 0$

Bei Funktionsgraphen 4. Grades bestimmt man zwei Lösungen x_1 und x_2 durch Probieren.

Aufgaben

Berechnen Sie die Nullstellen der Funktionsgraphen mit folgenden Funktionsgleichungen!

1 a) $f(x) = 0{,}5x^3 - x^2 - 2{,}5x + 3$ b) $f(x) = \frac{1}{3}x^3 + \frac{1}{3}x^2 - 3x - 3$

2 a) $f(x) = 0{,}2x^3 + 0{,}6x^2 - 2{,}6x - 3$ b) $f(x) = 0{,}25x^3 - x^2 - 0{,}25x + 1$

3 a) $f(x) = \frac{1}{4}x^3 - \frac{1}{2}x^2 - 2x$ b) $f(x) = \frac{1}{3}x^3 - 3x$

4 a) $f(x) = \frac{1}{6}x^3 - 2x$ b) $f(x) = \frac{1}{4}x^3 - \frac{1}{4}x^2 - 2x + 2$

5 Bestimmen Sie rechnerisch die Nullstellen der Graphen mit den Funktionsgleichungen der Aufgaben 3. bis 6. auf Seite 122/123!

6 a) $f(x) = 0{,}2x^4 - 0{,}2x^3 - 1{,}8x^2 + 1{,}8x$
b) $f(x) = 0{,}1x^4 + 0{,}2x^3 - 1{,}1x^2 - 1{,}2x$

7 a) $f(x) = \frac{1}{3}x^4 - \frac{10}{3}x^2 + 3$
b) $f(x) = \frac{1}{6}x^4 - \frac{1}{3}x^3 - \frac{13}{6}x^2 + \frac{7}{3}x + 4$

8 a) $f(x) = 0{,}1x^4 - 0{,}1x^3 - 0{,}8x^2 + 1{,}2x$
b) $f(x) = 0{,}25x^4 - 1{,}5x^3 + 2x^2 + 1{,}5x - 2{,}25$

9 a) $f(x) = 0{,}25x^4 - x^3 - 1{,}25x^2 + 5x$
b) $f(x) = 0{,}2x^4 - x^3 + 0{,}4x^2 + 2x - 1{,}6$

10 Bestimmen Sie rechnerisch die Nullstellen der Graphen mit den Funktionsgleichungen der Aufgaben 9. bis 11. auf Seite 125!

10.4 Rechnerische Bestimmung der Funktionsgleichung 3. Grades

Die Funktionsgleichung 3. Grades bestimmen wir rechnerisch nach dem Verfahren zur Bestimmung der quadratischen Gleichung (vgl. Seite 98). Nur führt der Lösungsweg über ein Gleichungssystem mit vier Variablen.

Beispiel mit Lösung

Aufgabe: Auf einer Kurve, die durch die Funktionsgleichung $f(x) = y = ax^3 + bx^2 + cx + d$ bestimmt ist, liegen die Punkte $A(-1|9)$, $B(1|3)$, $C(2|0)$ und $D(3|5)$. Wie lautet die Funktionsgleichung?

Lösung: Bei Einsetzung der Koordinaten der Punkte A, B, C und D in die Funktionsgleichung $y = ax^3 + bx^2 + cx + d$ erhält man folgendes Gleichungssystem:

$$\begin{array}{lrl}
A(-1|9): & -a + b - c + d = 9 & (1) \\
B(1|3): & a + b + c + d = 3 & (2) \\
C(2|0): & 8a + 4b + 2c + d = 0 & (3) \\
D(3|5): & 27a + 9b + 3c + d = 5 & (4)
\end{array}$$

Wir eliminieren nacheinander drei Variablen durch Äquivalenzumformungen[1].

Variable a aus (2), (3) und (4) eliminieren:

$$\begin{array}{rl}
-a + b - c + d = 9 & (1) \\
2b + 2d = 12 & (2a) = (2) + (1) \\
12b - 6c + 9d = 72 & (3a) = (3) + (1) \cdot 8 \\
36b - 24c + 28d = 248 & (4a) = (4) + (1) \cdot 27
\end{array}$$

Variable b aus (3a) und (4a) eliminieren:

$$\begin{array}{rl}
-a + b - c + d = 9 & (1) \\
2b + 2d = 12 & (2a) \\
-6c - 3d = 0 & (3b) = (3a) + (2a) \cdot -6 \\
-24c - 8d = 32 & (4b) = (4a) + (2a) \cdot -18
\end{array}$$

Variable c aus (4b) eliminieren:

$$\begin{array}{rl}
-a + b - c + d = 9 & (1) \\
2b + 2d = 12 & (2a) \\
-6c - 3d = 0 & (3b) \\
4d = 32 & (4c) = (4b) + (3b) \cdot -4 \\
4d = 32 & (4c) \\
d = 8 & (4d) \\
-6c - 24 = 0 & (5) = (4d) \text{ in } (3b) \\
c = -4 & (5a) \\
2b + 16 = 12 & (6) = (4d) \text{ in } (2a) \\
b = -2 & (6a) \\
-a - 2 + 4 + 8 = 9 & (7) = (6a), (5a) \text{ und } (4d) \text{ in } (1) \\
a = 1 & (7a)
\end{array}$$

Die Funktionsgleichung lautet $y = f(x) = x^3 - 2x^2 - 4x + 8$

Punktproben: $y = f(x) = x^3 - 2x^2 - 4x + 8$

$A(-1|9)$: $f(-1) = (-1)^3 - 2 \cdot (-1)^2 - 4 \cdot (-1) + 8 = 9;\ 9 = 9\ (w)$

$B(1|3)$: $f(1) = 1^3 - 2 \cdot 1^2 - 4 \cdot 1 + 8 = 3;\ 3 = 3\ (w)$

$C(2|0)$: $f(2) = 2^3 - 2 \cdot 2^2 - 4 \cdot 2 + 8 = 0;\ 0 = 0\ (w)$

$D(3|5)$: $f(3) = 3^3 - 2 \cdot 3^2 - 4 \cdot 3 + 8 = 5;\ 5 = 5\ (w)$

[1] Siehe auch Lösung mithilfe des Gaußschen Algorithmus Seite 239f.

Aufgaben

In nachstehenden Aufgaben liegen die angegebenen Punkte auf Parabeln, die durch die Funktionsgleichung $f(x) = y = ax^3 + bx^2 + cx + d$ festgelegt sind. Bestimmen Sie die jeweilige Funktionsgleichung und machen Sie die Punktprobe! $G = \mathbb{R} \times \mathbb{R}$.

1 a) $A(-2|3)$, $B(-1|7)$, $C(1|-3)$, $D(3|3)$
b) $A(-2|2)$, $B(-1|-2)$, $C(1|8)$, $D(3|2)$

2 a) $A(-2|8)$, $B(-1|6)$, $C(1|-4)$, $D(3|18)$
b) $A(-2|12)$, $B(-1|0)$, $C(1|6)$, $D(3|12)$

3 a) $A(-1|6)$, $B(1|0)$, $C(2|-6)$, $D(3|-10)$
b) $A(-4|4)$, $B(-3|-1)$, $C(-1|1)$, $D(2|-11)$

4 a) $A(-4|16)$, $B(-2|-4)$, $C(2|4)$, $D(4|-16)$
b) $A(-4|1)$, $B(-2|7)$, $C(2|-5)$, $D(4|1)$

5 a) $A(-2|-12)$, $B(0|2)$, $C(2|0)$, $D(4|6)$
b) $A(-2|-3)$, $B(0|1)$, $C(2|13)$, $D(4|9)$

10.5 Angewandte Aufgaben: Kosten-, Erlös- und Gewinnfunktionen

Im Beispiel mit Lösung auf Seite 83/84 und in den darauf folgenden Übungsaufgaben haben wir uns bereits mit Kosten- und Erlösfunktionen befasst. Bei diesen Aufgaben war der Gesamtkostenverlauf linear, weil nur proportionale variable Kosten angenommen wurden, die sich im gleichen Verhältnis zur Produktionsmenge verändern. Es gibt aber auch variable Kosten, die geringer bzw. stärker als die zunehmende Produktionsmenge steigen. Geringer steigende variable Kosten (zum Beispiel Transportkosten bei steigendem Absatz) bezeichnet man als unterproportionale Kosten. Stärker steigende Kosten (zum Beispiel Überstundenlöhne) heißen überproportionale Kosten. Bei Berücksichtigung von unter- und überproportionalen Kosten ist der Gesamtkostenverlauf nicht linear.

Beispiel mit Lösung

Aufgabe: In einem Betrieb zur Herstellung von Elektroteilen wird der Verlauf der Gesamtkosten K durch eine Funktionsgleichung der Form $K(x) = y = ax^3 + bx^2 + cx + d$ bestimmt. In nachstehender Tabelle sind die Gesamtkosten K in Geldeinheiten (1 GE ≙ 1000 EUR) für x Mengeneinheiten (1 ME ≙ 1000 Stück) angegeben.

ME	x	0	2	4	6
GE	$K(x)$	18	56	62	84

Der Erlös je ME beträgt 20 GE.

a) Bestimmen Sie die Funktionsgleichung für den Gesamtkostenverlauf!
b) Wie lautet die Funktionsgleichung der Erlösgeraden E?

c) Zeichnen Sie mithilfe einer Wertetafel die Gesamtkostenkurve K und die Erlösgerade E in ein gemeinsames Achsenkreuz!

Teilung der x-Achse: 1 ME $\widehat{=}$ 1 cm. Teilung der y-Achse: 20 GE $\widehat{=}$ 1 cm.

d) Berechnen Sie die Schnittpunkte von Gesamkostenkurve und Erlösgeraden! Eine Lösung ist durch Probieren zu bestimmen. In welchem Bereich wird mit Gewinn produziert?

e) Wie lautet die Gleichung der Gewinnfunktion? Zeichnen Sie in das Achsenkreuz von c) den Graphen der Gewinnfunktion! Lesen Sie aus dem Graphen einen Näherungswert für die x-Stelle ab, an der der Gesamtgewinn am höchsten wird (Gewinnmaximum)!

f) Wie viel GE betragen die fixen Kosten? Wie lautet die Funktionsgleichung für die variablen Stückkosten k_v?

Lösung:

a) Gegebene Werte in die Funktionsgleichung $y = ax^3 + bx^2 + cx + d$ einsetzen:

$$
\begin{array}{lrl}
(0|18): & d = 18 & (1) \\
(2|56): & 8a + 4b + 2c + d = 56 & (2) \\
(4|62): & 64a + 16b + 4c + d = 62 & (3) \\
(6|84): & 216a + 36b + 6c + d = 84 & (4) \\
\hline
 & 8a + 4b + 2c = 38 & (2a) = (1) \text{ in } (2) \\
 & 64a + 16b + 4c = 44 & (3a) = (1) \text{ in } (3) \\
 & 216a + 36b + 6c = 66 & (4a) = (1) \text{ in } (4) \\
\hline
 & 4a + 2b + c = 19 & (2b) = (2a) : 2 \\
 & 16a + 4b + c = 11 & (3b) = (3a) : 4 \\
 & 36a + 6b + c = 11 & (4b) = (4a) : 6 \\
\hline
 & 4a + 2b + c = 19 & (2b) \\
 & -4b - 3c = -65 & (3c) = (3b) - (2b) \cdot 4 \\
 & -12b - 8c = -160 & (4c) = (4b) - (2b) \cdot 9 \\
\hline
 & 4a + 2b + c = 19 & (2b) \\
 & -4b - 3c = -65 & (3c) \\
 & \underline{c = 35} & (4d) = (4c) - (3c) \cdot 3 \\
 & -4b - 105 = -65 & (5) = (4d) \text{ in } (3c) \\
 & \underline{b = -10} & (5a) \\
 & 4a - 20 + 35 = 19 & (6) = (5a) \text{ und } (4d) \text{ in } (2b) \\
 & \underline{a = 1} &
\end{array}
$$

Die Gleichung der Gesamtkostenfunktion lautet
$y = K(x) = x^3 - 10x^2 + 35x + 18$

b) Die Gleichung der Erlösfunktion lautet $y = E(x) = 20x$

c)

x	0	0,5	1	1,5	2	2,5	3	3,5	4	4,5
$x^3 - 10x^2 + 35x + 18$	18	33,1	44	51,4	56	58,6	60	60,9	62	64,1
$20x$							60			

x	5	5,5	6	6,5	7	7,5	8	8,5	9
$x^3 - 10x^2 + 25x + 18$	68	74,4	84	97,6	116	139,9	170	207,1	252
$20x$							160		

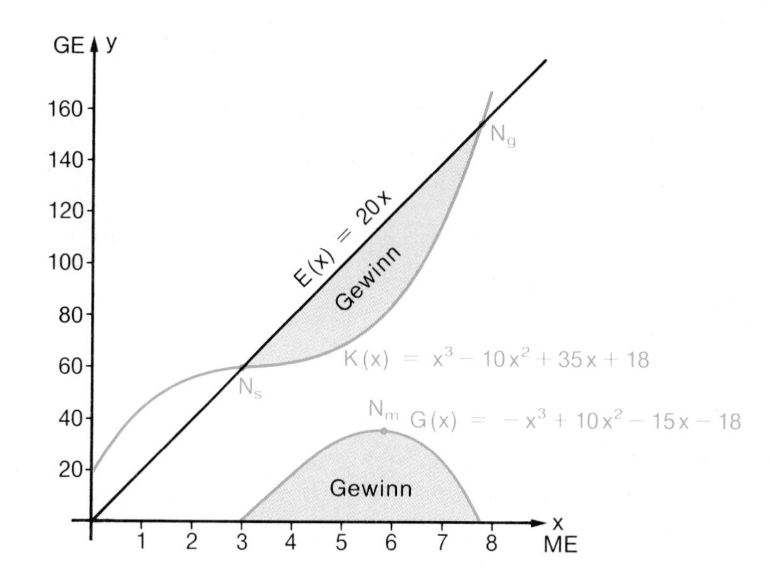

Abb. 133

d) $K(x) = y = x^3 - 10x^2 + 35x + 18$ (1) Gleichung der Gesamtkostenkurve K
$E(x) = y = 20x$ (2) Gleichung der Erlösgeraden E

$x^3 - 10x^2 + 35x + 18 = 20x$ (1) und (2) gleichsetzen
$x^3 - 10x^2 + 15x + 18 = 0$

Durch Probieren und aus der Wertetafel von c) finden wir $x_1 = 3$

$$(x^3 - 10x^2 + 15x + 18) : (x - 3) = x^2 - 7x - 6$$
$$\underline{x^3 - 3x^2}$$
$$- 7x^2 + 15x + 18$$
$$\underline{- 7x^2 + 21x}$$
$$- 6x + 18$$
$$\underline{- 6x + 18}$$

$$x^3 - 10x^2 + 15x + 18 = 0 \quad | : (x - 3)$$
$$x^2 - 7x - 6 = 0$$

$x^2 - 7x - 6$ kann man nicht in Linearfaktoren zerlegen. Die Berechnung von x_2 und x_3 erfolgt deshalb mithilfe der Formel

$$x_{2,3} = \frac{-b \pm \sqrt{b^2 - 4ac}}{2a}$$

$$x_{2,3} = \frac{7 \pm \sqrt{49 + 24}}{2}$$

$\underline{x_2 = 7{,}772}$

$\underline{x_3 = -0{,}772}$ (negative Zahlen sind keine Lösung)

Im Bereich $3 < x < 7{,}772$ wird mit Gewinn produziert.
Den Schnittpunkt $N_s(3|60)$ bezeichnet man als Nutzenschwelle;
Schnittpunkt $N_g(7{,}772|155{,}440)$ ist die Nutzengrenze.
Bei einer Produktion von 3000 Stück betragen die Gesamtkosten und der Gesamterlös 60000 EUR. Bei einer Produktionsmenge von 7772 Stück belaufen sich die Gesamtkosten und der Gesamterlös auf 155440 EUR. Die Stückkosten und der Stückerlös betragen jeweils 20 EUR.

e) Berechnung der Gleichung der Gewinnfunktion:
$G(x) = E(x) - K(x)$
$G(x) = 20x - (x^3 - 10x^2 + 35x + 18)$
$G(x) = -x^3 + 10x^2 - 15x - 18$ Gleichung der Gewinnfunktion

x	2,5	3	3,5	4	4,5	5	5,5	5,8	6	6,5	7	7,5	7,77	8
$-x^3 + 10x^2 - 15x - 18$	−8,6	0	9,1	18	25,9	32	35,6	36,3	36	32,4	24	10,1	0	−10

Das Gewinnmaximum liegt nahe bei $x = 6$. Mithilfe der Differenzialrechnung erhält man den genauen Wert $x = 5{,}805$. Das Nutzenmaximum ist in diesem Fall $N_m(5{,}805|36{,}288)$. Bei 5805 Stück wird der maximale Gewinn in Höhe von 36288 EUR erzielt.

f) Die fixen Kosten betragen $K(0) = d = 18$ GE.
Funktionsgleichungen für
Gesamtkosten (fixe und variable): $K(x) = x^3 - 10x^2 + 35x + 18$
Variable Gesamtkosten: $K_v(x) = x^3 - 10x^2 + 35x$
Variable Stückkosten ($K_v : x$): $k_v(x) = x^2 - 10x + 35$

Der Graph der Funktion der variablen Stückkosten ist eine Parabel 2. Grades. Der Scheitelpunkt ist ein Minimum und stellt die minimalen variablen Stückkosten dar. Man bezeichnet diesen Punkt als Betriebsminimum. Der Verkaufspreis kann kurzfristig bis auf die minimalen variablen Stückkosten gesenkt werden (kurzfristige Preisuntergrenze), wenn man auf die vorübergehende Deckung der fixen Kosten verzichtet.

Mithilfe der Differenzialrechnung werden im Abschnitt 21.4 berechnet: Das Nutzenmaximum N_m (maximaler Gewinn), die Differenzialkosten K', das Betriebsoptimum O (Minimum der Stückkosten k, langfristige Preisuntergrenze), das Betriebsminimum U (Minimum der variablen Stückkosten k_v, kurzfristige Preisuntergrenze).

Aufgaben

1 Ein Betrieb berechnet die Gesamtkosten K nach einer Funktionsgleichung der Form $y = ax^3 + bx^2 + cx + d$. In nebenstehender Tabelle sind die Gesamtkosten K in Geldeinheiten (1 GE ≙ 1 000 EUR) für x Mengeneinheiten (1 ME ≙ 1 000 Stück) angegeben. Der Erlös je ME beträgt 20 GE.

ME	x	0	1	3	5
GE	$K(x)$	14	32	44	64

a) Berechnen Sie die Funktionsgleichung für den Gesamtkostenverlauf!

b) Wie lautet die Funktionsgleichung der Erlösgeraden?

c) Zeichnen Sie mithilfe einer Wertetafel die Gesamtkostenkurve K und die Erlösgerade E in ein gemeinsames Achsenkreuz! Teilung der x-Achse: 1 ME ≙ 1 cm. Teilung der y-Achse: 20 GE ≙ 1 cm.

d) Berechnen Sie die Nutzenschwelle und die Nutzengrenze!

e) Wie lautet die Gleichung der Gewinnfunktion? Zeichnen Sie in das Achsenkreuz von c) den Graphen der Gewinnfunktion! Lesen Sie aus dem Graphen einen Näherungswert für das Gewinnmaximum ab!

f) Bestimmen Sie die Funktionsgleichung für die variablen Stückkosten!

2 Die Gesamtkosten eines Betriebes sind durch eine ganzrationale Funktion 3. Grades festgelegt. Der Verlauf des Erlöses ist linear. Nebenstehende Tabelle enthält die Gesamtkosten K in GE für x ME. Der Erlös je ME beträgt 15 GE.

ME	x	0	2	3	4
GE	$K(x)$	12	18	27	48

a) Bestimmen Sie die Funktionsgleichungen für die Gesamtkosten K und für die Umsatzerlöse E!

b) Zeichnen Sie den Graphen der Gesamtkostenfunktion und der Erlösfunktion in ein gemeinsames Achsenkreuz! 1 ME ≙ 1 cm; 10 GE ≙ 1 cm.

c) In welchem Bereich wird mit Gewinn produziert?

d) Bestimmen Sie die Gleichung der Gewinnfunktion und zeichnen Sie ihren Graphen in das Achsenkreuz von b)! Geben Sie einen Näherungswert für das Gewinnmaximum an!

3 In der Abteilung Kosten- und Leistungsrechnung eines Industriebetriebes werden folgende Gesamtkosten ermittelt: 16000 EUR bei einer Produktionsmenge von 2000 Stück, 24000 EUR bei 4000 Stück, 56000 EUR bei 6000 Stück. Die fixen Kosten betragen 8000 EUR, der Stückerlös 8 EUR. Der Gesamtkostenverlauf ist durch eine ganzrationale Funktion 3. Grades bestimmt.

a) Berechnen Sie die Funktionsgleichung der Gesamtkosten K und der Umsatzerlöse E! 1 ME $\hat{=}$ 1000 Stück, 1 GE $\hat{=}$ 1000 EUR.

b) Zeichnen Sie in ein gemeinsames Achsenkreuz den Graphen von $x \mapsto K(x)$ und von $x \mapsto E(x)$! 1 ME $\hat{=}$ 1 cm; 10 GE $\hat{=}$ 1 cm.

c) Bestimmen Sie rechnerisch die Nutzenschwelle und die Nutzengrenze!

d) Wie lautet die Funktionsgleichung für die variablen Stückkosten? Bringen Sie die quadratische Funktionsgleichung auf ihre Scheitelpunktform und bestimmen Sie das Minimum der variablen Stückkosten!

e) Berechnen Sie die Gleichung der Gewinnfunktion!

f) Zeichnen Sie in das Achsenkreuz von b) den Graphen der Gewinnfunktion und den Graphen der Funktion der variablen Stückkosten! Lesen Sie aus dem Schaubild das Nutzenmaximum ab!

4 Die Gesamtkosten eines Industriebetriebes betragen bei einer Produktion von 4000 Stück 68000 EUR, bei 7000 Stück 122000 EUR. Die fixen Kosten belaufen sich auf 24000 EUR. Bei einer Produktionsmenge von 6000 Stück entstehen 11 EUR variable Stückkosten. Der Verkaufspreis je Stück beträgt 22 EUR. Die Abhängigkeit der Gesamtkosten von der Produktionsmenge wird durch die Funktionsgleichung $f(x) = y = ax^3 + bx^2 + cx + d$ bestimmt.

a) Bestimmen Sie die Funktionsgleichungen der Gesamtkosten und der Umsatzerlöse und zeichnen Sie deren Graphen in ein gemeinsames Achsenkreuz!
1 ME $\hat{=}$ 1000 Stück, 1 GE $\hat{=}$ 1000 EUR. 1 ME $\hat{=}$ 1 cm; 20 GE $\hat{=}$ 1 cm.

b) In welchem Bereich wird mit Gewinn produziert?

c) Wie lautet die Funktionsgleichung für die variablen Stückkosten? Bringen Sie die quadratische Funktionsgleichung auf ihre Scheitelpunktform und bestimmen Sie das Minimum der variablen Stückkosten!

d) Berechnen Sie die Gleichung der Gewinnfunktion und zeichnen Sie in das Achsenkreuz von b) den Graphen der Gewinnfunktion und den Graphen der Funktion der variablen Stückkosten! Lesen Sie aus dem Schaubild einen Näherungswert für das Gewinnmaximum ab!

5 In einem Fertigungsbetrieb ist die Abhängigkeit der Gesamtkosten K von der Produktionsmenge x durch eine ganzrationale Funktion 3. Grades bestimmt. In nebenstehender Tabelle sind Gesamtkosten K in GE für x ME angegeben.

ME	x	10	20	30
GE	$K(x)$	60000	9000	18000

Der Erlös je ME beträgt 600 GE. Die fixen Kosten belaufen sich auf 3000 GE.

a) Bestimmen Sie die Funktionsgleichungen für die Gesamtkosten K und für die Umsatzerlöse E!
b) Zeichnen Sie den Graphen der Gesamtkostenfunktion und der Erlösfunktion in ein gemeinsames Achsenkreuz! 4 ME ≙ 1 cm; 2000 GE ≙ 1 cm.
c) Berechnen Sie die Nutzenschwelle und Nutzengrenze!
d) Bestimmen Sie die Gleichung der Gewinnfunktion und zeichnen Sie ihren Graphen in das Achsenkreuz von b)! Geben Sie einen Näherungswert für das Gewinnmaximum an!
e) Wie lautet die Funktionsgleichung für die variablen Stückkosten? Bestimmen Sie mithilfe der Scheitelpunktform das Minimum der variablen Stückkosten!

6 Der Verlauf der Gesamtkosten K eines Herstellungsbetriebes ist durch eine Funktionsgleichung der Form $f(x) = ax^3 + bx^2 + cx + d$ bestimmt. Nebenstehende Tabelle enthält die Gesamtkosten K in GE für x ME.

1 ME ≙ 1000 Stück; 1 GE ≙ 1000 EUR.

ME	x	4	5	10
GE	$K(x)$	80	85	140

An fixen Kosten fallen 40 GE an. Der Erlös je ME beträgt 20 GE.

a) Wie lauten die Gleichungen für die Gesamtkostenfunktion, die Erlösfunktion und Gewinnfunktion?
b) Berechnen Sie die Nutzenschwelle N_s und Nutzengrenze N_g!
c) Wegen Absatzschwierigkeiten wird der Verkaufspreis auf 16,00 EUR je Stück herabgesetzt. Die fixen Kosten können durch teilweisen Verzicht auf die Verrechnung von Abschreibungsbeträgen auf 24 GE gesenkt werden. Wie lauten jetzt die Funktionsgleichungen für Gesamtkosten, Erlös und Gewinn? Bei welchen Produktionsmengen liegen jetzt N_s und N_g?
d) Zeichnen Sie in ein gemeinsames Achsenkreuz die alte und neue Gewinnkurve G! Teilung der x-Achse: 1 ME ≙ 1 cm; Teilung der y-Achse: 10 GE ≙ 1 cm. Lesen sie aus dem Schaubild einen Näherungswert für das jeweilige Gewinnmaximum ab!
e) Bei welcher Produktionsmenge liegt die kurzfristige Preisuntergrenze und wie viel EUR-beträgt sie (Minimum der variablen Stückkosten)?

11 Gebrochenrationale Funktionen

11.1 Graph der Funktion $f\colon x \mapsto \frac{a}{x} + b$

Definition 138

Funktionen der Form

$$f\colon x \mapsto \frac{a_n x^n + a_{n-1}x^{n-1} + \ldots + a_3x^3 + a_2x^2 + a_1x + a_0}{b_m x^m + b_{m-}x^{m-1} + \ldots + b_3x^3 + b_2x^2 + b_1x + b_0}$$

heißen gebrochenrationale Funktionen.
$n \in \mathbb{N}$; $m \in \mathbb{N}^*$; $a_k, b_k \in \mathbb{R}$; $a_n \neq 0$, $b_m \neq 0$.

Beispiele:

$x \mapsto \frac{2}{x}$; $x \mapsto \frac{1}{x^2}$; $x \mapsto \frac{5}{x} + 1$; $x \mapsto \frac{x}{x^2+1}$; $x \mapsto \frac{x-1}{x^2+x}$

Zur Darstellung und Lösung von Problemen aus dem Bereich der Wirtschaft und Verwaltung sind gebrochenrationale Funktionen der Form $x \mapsto \frac{a}{x} + b$, $x \neq 0$, besonders bedeutungsvoll.

Beispiele mit Lösung:

Aufgabe: Zeichnen Sie in ein gemeinsames Achsenkreuz die Graphen der Funktionen $x \mapsto \frac{1}{x}$ und $x \mapsto \frac{2}{x}$! $G = \mathbb{R}^* \times \mathbb{R}^*$. Zeichenbereich $A = \{x \mid -4 \leqq x \leqq 4\}$

Lösung:

	x	-4	-2	-1	$-\frac{1}{2}$	$-\frac{1}{4}$	$\frac{1}{4}$	$\frac{1}{2}$	1	2	4
$x \mapsto \frac{1}{x}$	$\frac{1}{x}$	$-\frac{1}{4}$	$-\frac{1}{2}$	-1	-2	-4	4	2	1	$\frac{1}{2}$	$\frac{1}{4}$
$x \mapsto \frac{2}{x}$	$\frac{2}{x}$	$-\frac{1}{2}$	-1	-2	-4	-8	8	4	2	1	$\frac{1}{2}$

Der Graph der Funktion $x \mapsto \frac{1}{x}$ ist eine Hyperbel, die punktsymmetrisch zum Nullpunkt und achsensymmetrisch zu den Winkelhalbierenden verläuft. Die Hyperbel besitzt zwei Äste im I. und III. Quadranten, die sich immer mehr den Koordinatenachsen nähern, ohne sie ganz zu erreichen. Man nennt die Koordinatenachsen *Asymptoten*[1] der Hyperbel.

Strebt x von rechts gegen 0, so strebt y gegen $+\infty$. Strebt x von links gegen 0, so strebt y gegen $-\infty$. Die Funktion hat bei $x = 0$ eine Unendlichkeitsstelle, einen Pol.

Für $x \to \pm\infty$ strebt $y \to \pm 0$.

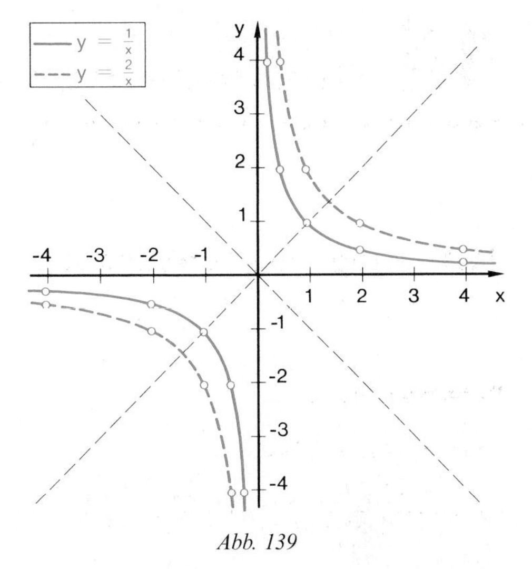

Abb. 139

Der Graph der Funktion $x \mapsto \frac{2}{x}$ ist eine gedehnte Hyperbel, deren Äste sich langsamer den Achsen (Asymptoten) nähern als die Äste der Funktion $x \mapsto \frac{1}{x}$.

Satz 139

Der Graph der Funktion $x \mapsto \frac{1}{x}$, $x \in \mathbb{R}^*$, ist eine Hyperbel, die punktsymmetrisch zum Nullpunkt und achsensymmetrisch zu den Winkelhalbierenden verläuft. Ihre Äste liegen im I. und III. Quadranten.

Der Graph der Funktion $x \mapsto \frac{a}{x}$, $a, x \in \mathbb{R}^*$, ist eine gedehnte oder gepresste Hyperbel.

$a > 1$ bedeutet Dehnung, $0 < a < 1$ bewirkt Pressung. Bei $a < 0$ tritt außerdem eine Spiegelung an der x-Achse ein.

Aufgaben

1 Zeichnen Sie den Graphen der Funktionen $x \mapsto f(x)$! $G = \mathbb{R}^* \times \mathbb{R}^*$.

a) $x \mapsto \frac{4}{x}$; $A = \{x | -5 \leqq x \leqq 5\}$

b) $x \mapsto \frac{1}{2x}$; $A = \{x | -4 \leqq x \leqq 4\}$

[1] asymptotos (griech.), nicht zusammenfallend.

c) $x \mapsto -\frac{1}{x}$; $A = \{x \mid -4 \leqq x \leqq 4\}$ d) $x \mapsto -\frac{2}{x}$; $A = \{x \mid -4 \leqq x \leqq 4\}$

In gebrochenrationalen Funktionen der Form $x \mapsto \frac{a}{x} + b$ bewirkt b Verschiebung der Hyperbel längs der y-Achse. Neben der y-Achse wird die Parallele zur x-Achse im Abstand von b Asymptote.

2 Zeichnen Sie den Graphen der Funktionen $x \mapsto f(x)$! $G = \mathbb{R}^* \times \mathbb{R}^*$.

a) $x \mapsto \frac{2}{x} + 1$; $A = \{x \mid -5 \leqq x \leqq 5\}$

b) $x \mapsto \frac{5}{2x} - 1$; $A = \{x \mid -6 \leqq x \leqq 6\}$

c) $x \mapsto -\frac{3}{2x} + 2$; $A = \{x \mid -5 \leqq x \leqq 5\}$

d) $x \mapsto -\frac{2}{x} - 2$; $A = \{x \mid -5 \leqq x \leqq 5\}$

11.2 Textaufgaben aus dem Bereich der Wirtschaft und Verwaltung

Beispiel mit Lösung

Aufgabe: In einem Industriebetrieb zur Herstellung elektronischer Bauteile entstehen in einer Fertigungsabteilung je Produktionsschicht 800 EUR fixe Kosten und 2 EUR proportional verlaufende variable Stückkosten. Je Schicht können höchstens 1 000 Stück hergestellt werden (Kapazitätsgrenze). Der Stückerlös beträgt 4,50 EUR.

a) Bestimmen Sie die Funktionsgleichung für die Stückkosten k und die Gleichung für den Stückerlös e!
b) Zeichnen Sie den Graphen der Stückkostenfunktion und der Stückerlösfunktion in ein gemeinsames Achsenkreuz! 100 Stück $\hat{=}$ 1 cm; 1 EUR $\hat{=}$ 1 cm.
c) Berechnen Sie die Nutzenschwelle!
d) Stellen Sie die Funktionsgleichung für den Stückgewinn g auf und zeichnen Sie den Graphen der Stückgewinnfunktion in das Achsenkreuz von b)!

Lösung:

a) x Stück Produktionsmenge.

Funktionsgleichung der Stückkosten k: $k(x) = \frac{800}{x} + 2$

Gleichung der Stückerlösgeraden e: $e = 4{,}5$

b)

x	100	200	300	400	500	600	700	800	900	1 000
$\frac{800}{x} + 2$	10	6	4,67	4	3,6	3,33	3,14	3	2,89	2,8

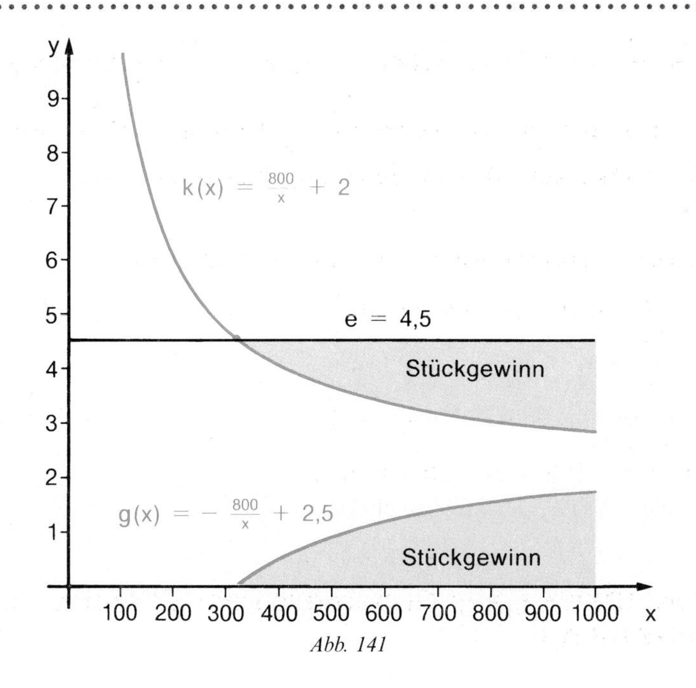

Abb. 141

c) $\frac{800}{x} + 2 = 4.5 \quad | \cdot x$

$800 + 2x = 4{,}5x$

$\underline{x = 320}$

$\underline{y = 4{,}5}$

Die Nutzenschwelle liegt bei $N_s(320|4{,}5)$

d) $g(x) = e - k(x)$

$g(x) = 4{,}5 - \left(\frac{800}{x} + 2\right)$

$g(x) = -\frac{800}{x} + 2{,}5$

x	200	300	400	500	600	700	800	900	1000	320
$-\frac{800}{x} + 2{,}5$	−1,5	−0,17	0,5	0,9	1,17	1,36	1,5	1,61	1,7	0

Aufgaben

1 Die Produktion von Kleinteilen verursacht je Schicht 900 EUR fixe Kosten. Die proportionalen Stückkosten betragen 4 EUR, der Stückerlös 7 EUR. Die Kapazitätsgrenze liegt bei 1000 Stück.

a) Bestimmen Sie die Gleichungen der Stückkostenfunktion, der Stückerlösgeraden und der Stückgewinnfunktion!

b) Zeichnen Sie die Graphen der Funktionen und der Erlösgeraden in ein gemeinsames Achsenkreuz! 100 Stück $\hat{=}$ 1 cm; 1 EUR $\hat{=}$ 1 cm.

c) Berechnen Sie die Nutzenschwelle!

2 Bei der Herstellung von Elektroteilen in einer Fertigungsabteilung fallen bei der Produktion von 100 Stück 2 300 EUR Gesamtkosten, bei 200 Stück 3 100 EUR Gesamtkosten an. Die proportionalen Stückkosten belaufen sich auf 8 EUR, der Stückerlös auf 12 EUR. Kapazitätsgrenze 1 200 Stück.

a) Berechnen Sie die fixen Kosten!

b) Wie lauten die Gleichungen der Stückkostenfunktion, der Stückerlösgeraden und der Stückgewinnfunktion?

c) Zeichnen Sie die Graphen der Funktionen und der Erlösgeraden in ein gemeinsames Achsenkreuz! 100 Stück $\hat{=}$ 1 cm, 2 EUR $\hat{=}$ 1 cm.

d) Bestimmen Sie rechnerisch die Nutzenschwelle!

Die Umformung der Gleichung $y = \frac{a}{x}$ in $xy = a$ zeigt, dass die Zahlenpaare $(x; y)$, die die Gleichung erfüllen, **produktgleich** sind. Wir können deshalb Dreisatzaufgaben mit produktgleichen Zahlenpaaren (mit umgekehrten Verhältnissen, siehe Seite 16 f.) mithilfe der Funktion $x \mapsto \frac{a}{x}$ grafisch darstellen.

3 Zum Mauern einer Stützwand benötigen 4 Arbeiter 3 Tage. Wie viel Tage brauchen bei gleichen Durchschnittsleistungen 1, 2, 3, 6, 12 Arbeiter?

a) Stellen Sie die Funktionsgleichung auf (x Arbeiter in y Tagen) und zeichnen Sie den Graphen der Funktion für $A = \{x | 1 \leqq x \leqq 12\}$ ($x \in \mathbb{N}^*$)! Weshalb kommen für x nur positive Werte infrage?

b) Lesen Sie aus dem Graphen ab, wie viel Tage 5, 8, 10 Arbeiter benötigen! Kontrollieren Sie die Werte mithilfe einer Wertetafel!

4 Karl hat 240,00 EUR für eine Ferienreise gespart. Wie viel Tage reicht das Geld bei einer täglichen Ausgabe von 10,00 EUR, 15,00 EUR, 20,00 EUR?

a) Stellen Sie die Funktionsgleichung auf (x EUR täglich für y Tage) und zeichnen Sie den Graphen der Funktion! (2,00 EUR $\hat{=}$ 1 cm; 2 Tage $\hat{=}$ 1 cm)

b) Lesen Sie aus dem Graphen ab, wie viel EUR Karl täglich ausgeben kann, wenn das Geld 15 Tage, 20 Tage reichen soll! Kontrollieren Sie die Werte mithilfe einer Wertetafel!

5 Die Preise für 1 000 l Lösungsmittel veränderten sich wie folgt: 170,00 EUR, 150,00 EUR, 135,00 EUR, 125,00 EUR, 100,00 EUR, 85,00 EUR. Wie viel erhielt man jeweils für 500,00 EUR?

a) Stellen sie die Funktionsgleichung auf (x EUR/1 000 l für y l) und zeichnen Sie den Graphen der Funktion! (20,00 EUR $\hat{=}$ 1 cm; 500 l $\hat{=}$ 1 cm)

b) Lesen Sie aus dem Graphen ab, bei welchem Preis je 1 000 l man 4 500 l, 5 500 l Lösungsmittel für 500,00 EUR erhält! Kontrollieren Sie die Werte mithilfe einer Wertetafel!

6 Ein Pkw legt eine Strecke von 180 km in 3 Stunden zurück. In welcher Zeit (Minuten) legt er die gleiche Strecke zurück bei einer Geschwindigkeit von 50 km/h, 80 km/h, 100 km/h?

a) Stellen Sie die Funktionsgleichung auf (x km/h y Minuten lang) und zeichnen Sie den Graphen der Funktion! (10 km/h $\hat{=}$ 1 cm, 20 Minuten $\hat{=}$ 1 cm)

b) Lesen Sie aus dem Graphen ab, wie hoch die Geschwindigkeit sein muss, wenn die Strecke in 150 Minuten, 120 Minuten zurückgelegt werden soll! Kontrollieren Sie die Werte mithilfe der Wertetafel!

7 Wie viel EUR muss das Kapital betragen, um jährlich 200,00 EUR Zinsen bei einem Zinsfuß von 3 %, $3\frac{1}{2}$ %, 4 %, 5 %, 7 % zu erhalten?

a) Stellen Sie die Funktionsgleichung auf (x % Zinsfuß; y EUR Kapital) und zeichnen Sie den Graphen der Funktion! (1 % $\hat{=}$ 1 cm; 500 EUR $\hat{=}$ 1 cm; auf der y-Achse mit 2 000 EUR beginnen)

b) Lesen Sie aus dem Graphen den ungefähren EUR-Wert des Kapitals ab bei einer Verzinsung von $4\frac{1}{2}$ %, 6 %! Kontrollieren Sie die Werte mithilfe der Wertetafel!

8 Wie viel EUR muss ein Kapital betragen, um bei einem Zinsfuß von 6 % 50,00 EUR Zinsen in 2, 4, 8, 12 Monaten zu erhalten?

a) Stellen Sie die Funktionsgleichung auf (x Monate; y EUR Kapital) und zeichnen Sie den Graphen der Funktion! (1 Monat $\hat{=}$ 1 cm, 500 EUR $\hat{=}$ 1 cm)

b) Lesen Sie aus dem Graphen den ungefähren EUR-Wert des Kapitals ab bei einer Laufzeit von 3, 5, 7, 10 Monaten! Kontrollieren Sie die Werte mithilfe der Wertetafel!

9 Wie viel Tage reicht ein Heizölvorrat von 15 000 Litern bei einem Tagesverbrauch von 40 l, 50 l, 60 l, 70 l, 80 l, 90 l, 100 l?

a) Wie lautet die Funktionsgleichung (x Liter Tagesverbrauch; y Tage)? Zeichnen Sie den Graphen der Funktion! (10 l $\hat{=}$ 1 cm; 50 Tage $\hat{=}$ 1 cm).

b) Lesen Sie aus dem Graphen ab, wie hoch der Tagesverbrauch ist, wenn man mit dem Vorrat 200 Tage bzw. 270 Tage reicht!

10 In einer Fertigungsabteilung eines Industriebetriebes fallen monatlich 18 000,00 EUR fixe Kosten an. Wie hoch ist der Fixkostenanteil je Stück bei einer Monatsproduktion von 400 Stück, 500 Stück, 600 Stück, 700 Stück, 800 Stück, 900 Stück?

a) Bestimmen Sie die Funktionsgleichung (x Stück; y EUR Fixkostenanteil je Stück) und zeichnen Sie den Graphen der Funktion!
(100 Stück $\hat{=}$ 1 cm; 5 EUR $\hat{=}$ 1 cm).

b) Lesen Sie aus dem Graphen ab, wie viel Stück produziert werden, wenn der Fixkostenanteil je Stück 40,00 EUR bzw. 25,00 EUR beträgt!

12 Exkurs zur Wiederholung: Potenzen, Wurzeln

Mit den Inhalten dieses Abschnittes ist die Möglichkeit gegeben, bei Bedarf Begriffe zu wiederholen und Rechenfertigkeiten zu festigen, die zum besseren Verständnis der Lerninhalte der Abschnitte 13 bis 18 beitragen bzw. zum Lösen der in diesen Abschnitten gestellten Aufgaben erforderlich sind.

12.1 Rechenregeln für Potenzen mit positiven ganzen Exponenten

Eine Summe von gleichen Summanden ergibt ein Produkt. Ein Produkt von gleichen Faktoren ergibt eine Potenz.

$$3 + 3 + 3 + 3 = 4 \cdot 3 \qquad a + a + a + a = 4a$$
$$3 \cdot 3 \cdot 3 \cdot 3 = 3^4 \qquad a \cdot a \cdot a \cdot a = a^4$$

In der Potenz 3^4 heißt 3 Grundzahl oder Basis, 4 Hochzahl oder Exponent. Der Exponent gibt an, wie viel mal die Basis als Faktor gesetzt werden soll. Das ausgerechnete Produkt heißt Potenzwert.

Potenz { Exponent ← / Basis ← } $3^4 = 3 \cdot 3 \cdot 3 \cdot 3 = 81$ → Potenzwert

Definition 144

a^n bedeutet ein Produkt von n gleichen Faktoren a: $a^n = a \cdot a \cdot a \cdot \ldots \cdot a$ (n Faktoren, $a \in \mathbb{R}, n \in \mathbb{N}^*$).
Wir setzen $a^1 = a$.

Die Addition und Subtraktion sind die Rechenarten der 1. Stufe, die Multiplikation und Division die Rechenarten der 2. Stufe. Das Potenzieren gehört zu den Rechenarten der 3. Stufe.

12.1.1 Addition und Subtraktion

Beispiel mit Lösung

Aufgabe: Fassen Sie zusammen! $5a^4 + 4a^3 - 2a^4 + a^3$

Lösung: $5a^4 - 2a^4 + 4a^3 + a^3 = \underline{\underline{3a^4 + 5a^3}}$

Satz 144

Nach dem Distributivgesetz gilt:

$$x \cdot a^n + y \cdot a^n = (x + y)\,a^n; \quad x \cdot a^n - y \cdot a^n = (x - y)\,a^n \quad (a, x, y \in \mathbb{R}, n \in \mathbb{N}^*)$$

Beachte: Man kann nur Potenzen mit gleicher Basis und mit gleichem Exponenten zusammenfassen.

Aufgaben

1 a) $3a^4 + 5a^4$ b) $6x^5 - x^5$ c) $7b^3 + 4b^3$ d) $5y^4 - 4y^4$

2 a) $p^3 + \frac{1}{4}p^3$ b) $q^6 - \frac{1}{5}q^6$ c) $\frac{3}{4}t^4 - \frac{3}{4}t^4$ d) $\frac{5}{6}z^3 - \frac{2}{3}z^3$

3 a) $3a^n + a^n$ b) $4b^m - 5b^m$ c) $x^p + x^p$ d) $y^k - y^k$

4 a) $8a^5 - 4a^3 - 7a^5 + 5a^3$ b) $7x^4 - 6y^4 - 5x^4 + 3y^4$
c) $5a^n - 4b^m - 4a^n + 3b^m$ d) $2ax^n - 3by^m - ax^n + 4by^m$

5 a) $ax^3 + bx^3$ b) $ay^4 - by^4$ c) $xa^n + a^n$ d) $yb^m - b^m$

6 a) $4(a + b)^2 + 3(a + b)^2$ b) $5(a - b)^2 - 4(a - b)^2$
c) $2(x + y)^n - (x + y)^n$ d) $(x - y)^m + (x - y)^m$

12.1.2 Multiplikation und Division von Potenzen mit gleicher Basis

Beispiel mit Lösung

Aufgabe: Zerlegen Sie in Faktoren und fassen Sie zu einer einzigen Potenz zusammen!
$a^3 \cdot a^2$

Lösung: $a^3 \cdot a^2 = a \cdot a \cdot a \cdot a \cdot a = a^5$ kürzer: $a^3 \cdot a^2 = a^{3+2} = a^5$

Satz 145

Erster Potenzsatz: $a^m \cdot a^n = a^{m+n}$ $(a \in \mathbb{R};\ m, n \in \mathbb{N}^*)$
Potenzen mit gleicher Basis werden multipliziert, indem man die gemeinsame Basis mit der Summe der Exponenten potenziert.

Aufgaben

1 a) $2^3 \cdot 2^2 \cdot 2$ b) $10^2 \cdot 10^3 \cdot 10^4$ c) $a^3 \cdot a^5$ d) $b^5 \cdot b$ e) $x^2 \cdot x^4 \cdot x$

2 a) $a^n \cdot a^3$ b) $b^m \cdot b^4$ c) $x^n \cdot x$ d) $y^m \cdot y^m$ e) $z^n \cdot z^{2n}$

3 a) $a^3 \cdot a^{n-3}$ b) $b^{m-1} \cdot b$ c) $x^{p-3} \cdot x^2$ d) $y^n \cdot y^{2-n}$ e) $z^{3-m} \cdot z^{m-2}$

4 a) $a^{n+1} \cdot a^{n+2}$ b) $b^{x+1} \cdot b^{x-1}$ b) $x^{2n+1} \cdot x^{n-1}$ d) $y^{m+2} \cdot y$ e) $z^{p-1} \cdot z^{2-p}$

5 a) $(a^3 + a^4)a^2$ b) $(b^3 - b)b^2$ c) $(2x^2 + 3x^3)4x^4$

6 a) $(a^n + a^{n-1})a^{n+1}$ b) $(b^x - b^{x-1})b$ c) $(x^5 - x^4)x^{n-4}$

7 a) $(a^3 + a^4)^2$ b) $(a^4 - b^3)^2$ c) $(x^5 - x^3)^2$ d) $(x^6 + y^5)^2$

8 a) $(3a^3 + 2b)^2$ b) $(4b^3 - 3b^2)^2$ c) $(3x^3 - 5x^2)^2$ d) $(5x^5 + 4y^4)^2$

9 a) $(a^4 + b^3)(a^4 - b^3)$ b) $(x^5 + x^4)(x^5 - x^4)$
c) $(3a^3 + 5b^5)(3a^3 - 5b^5)$ d) $(4x^4 - 3x^3)(4x^4 + 3x^3)$

10 Verwandeln Sie in ein Produkt von Potenzen!
a) a^{5+3} b) b^{n+2} c) x^{m+1} d) y^{m+n+3} e) z^{3n+4}

Beispiel mit Lösung

Aufgabe: Schreiben Sie als Bruch, zerlegen Sie Zähler und Nenner in Faktoren, kürzen Sie und fassen Sie zusammen! $a^7 : a^4$

Lösung: $a^7 : a^4 = \frac{a^7}{a^4} = \frac{a \cdot a \cdot a \cdot a \cdot a \cdot a \cdot a}{a \cdot a \cdot a \cdot a} = a^3$ kürzer: $\frac{a^7}{a^4} = a^{7-4} = a^3$

Satz 146

Zweiter Potenzsatz: $a^m : a^n = a^{m-n}$ $(a \in \mathbb{R}^*;\ m, n \in \mathbb{N}^*;\ m > n)$[1]
Potenzen mit gleicher Basis werden dividiert, indem man die gemeinsame Basis mit der Differenz der Exponenten potenziert.

Die beiden ersten Potenzsätze bestätigen die Zweckmäßigkeit der Festsetzung $a^1 = a$. Es ist zum Beispiel $a^3 \cdot a^1 = a^{3+1} = a^4$ und $a^3 \cdot a^1 = a \cdot a \cdot a \cdot a = a^4$; ebenso $a^3 : a^1 = a^{3-1} = a^2$ und $a^3 : a^1 = \frac{a \cdot a \cdot a}{a} = a^2$.

Aufgaben (Bei Quotienten sei der Nenner nicht gleich null.)

11 a) $\frac{2^7}{2^4}$ b) $\frac{3^5}{3^3}$ c) $\frac{10^9}{10^6}$ d) $\frac{a^8}{a^3}$ e) $\frac{x^6}{x^2}$ f) $\frac{y^7}{y^6}$

12 a) $\frac{a^n}{a^2}$ b) $\frac{b^m}{b}$ c) $\frac{c^{2p}}{c^p}$ d) $\frac{x^{3m}}{x^m}$ e) $\frac{y^{4n}}{y^{3n}}$ f) $\frac{z^{3p}}{z^3}$

13 a) $\frac{a^n}{a^{n-2}}$ b) $\frac{b^{2n}}{b^{n+1}}$ c) $\frac{x^n}{x^{n-3}}$ d) $\frac{y^{3m}}{y^{3m-1}}$ e) $\frac{z^{4x}}{z^{x+4}}$

14 a) $\frac{a^{n+1}}{a^{n-2}}$ b) $\frac{b^{2n-1}}{b^{n+1}}$ c) $\frac{c^{3p+1}}{c^{2p+1}}$ d) $\frac{x^{2m-3}}{x^{m-4}}$ e) $\frac{z^{2n+3}}{z^{2n+2}}$

15 a) $(a^7 + a^5 - a^3) : a^2$ b) $(6x^6 + 8x^5 - 4x^3) : 2x^2$
c) $(9b^{n+2} - 6b^{n+1} + 3b^n) : 3b^2$ d) $(16y^{n+3} + 12y^{n+2} + 8y^{n+1}) : 4y^n$

[1] Der Fall $m \leqq n$ wird auf S. 149 f. behandelt.

Zerlegen Sie in den Aufgaben 16 bis 18 die Summen in Faktoren!

16 a) $a^5 + a^3$ b) $b + b^4$ c) $3x^3 - 6x^2$ d) $6y^4 + 9y^5$

17 a) $a^6 - b^4$ b) $4a^8 - 9b^6$ c) $16x^4 - 1$ d) $a^{2m} - b^{2n}$

18 a) $a^6 + 2a^3b^3 + b^6$ b) $a^8 - 2a^4b^2 + b^4$ c) $9x^4 - 6x^2 + 1$

19 a) $\frac{8a^3b^2}{3x^3y^4} : \frac{4a^2b}{9x^4y^5}$ b) $\frac{6m^4n^3}{5pq^2} : \frac{3m^3n}{5p^4q^6}$ c) $\frac{18a^5b^3}{5x^2y^4} : \frac{9a^3b}{10x^3y^5}$

20 Verwandeln Sie in Quotienten von Potenzen!
a) a^{7-5} b) a^{m-2} c) b^{2m-1} d) x^{m-2n} e) y^{n+2-m}

12.1.3 Multiplikation und Division von Potenzen mit gleichem Exponenten

Beispiel mit Lösung

Aufgabe: Zerlegen Sie in Faktoren und fassen Sie geschickt zusammen!
a) $2^3 \cdot 3^3$ b) $a^3 \cdot b^3$

Lösung: a) $2^3 \cdot 3^3 = 2 \cdot 2 \cdot 2 \cdot 3 \cdot 3 \cdot 3 = (2 \cdot 3) \cdot (2 \cdot 3) \cdot (2 \cdot 3) = (2 \cdot 3)^3 = 6^3 = 216$
b) $a^3 \cdot b^3 = a \cdot a \cdot a \cdot b \cdot b \cdot b = ab \cdot ab \cdot ab = (ab)^3$

Satz 147

Dritter Potenzsatz: $a^n \cdot b^n = (ab)^n$ $(a, b \in \mathbb{R};\ n \in \mathbb{N}^*)$
Potenzen mit gleichem Exponenten werden multipliziert, indem man das Produkt der Basen mit dem gemeinsamen Exponenten potenziert.

Aufgaben

1 a) $4^2 \cdot 3^2$ b) $5^3 \cdot 2^3$ c) $8^4 \cdot (0{,}25)^4$ d) $6^5 \cdot \left(\frac{1}{6}\right)^5$ e) $\left(\frac{2}{3}\right)^3 \cdot \left(\frac{9}{10}\right)^3$

2 a) $5^4 \cdot 0{,}2^4 \cdot 3^4$ b) $4^3 \cdot 0{,}3^3 \cdot 5^3$ c) $2{,}5^2 \cdot 1{,}2^2 \cdot 0{,}4^2$ d) $\left(\frac{4}{5}\right)^4 \cdot \left(\frac{15}{16}\right)^4 \cdot \left(\frac{2}{3}\right)^4$

3 a) $4^n \cdot 5^n$ b) $3^{n+1} \cdot 6^{n+1}$ c) $5^{m-2} \cdot 2^{m-2}$ d) $7^{2n+1} \cdot 3^{2n+1}$

4 a) $a^6 \cdot b^6$ b) $(a + b)^6 \cdot (a - b)^6$ c) $x^n \cdot y^n$ d) $(x - y)^n \cdot (x + y)^n$

5 a) $(-6)^n \cdot (-0{,}5)^n$ b) $(-1{,}5)^p \cdot (-0{,}4)^p$ c) $(+a)^3 \cdot (-b)^3$ d) $(-x)^5 \cdot (-y)^5$

6 a) $(ab)^3$ b) $(2a)^4$ c) $(-2a)^5$ d) $(-3x)^4$ e) $\left(\frac{2}{3}y\right)^3$

Beispiel mit Lösung

Aufgabe: Zerlegen Sie in Faktoren und fassen Sie geschickt zusammen!
a) $2^3 : 3^3$ b) $a^3 : b^3$

Lösung: a) $2^3 : 3^3 = \frac{2^3}{3^3} = \frac{2 \cdot 2 \cdot 2}{3 \cdot 3 \cdot 3} = \frac{2}{3} \cdot \frac{2}{3} \cdot \frac{2}{3} = \left(\frac{2}{3}\right)^3 = \frac{8}{27}$

b) $a^3 : b^3 = \frac{a^3}{b^3} = \frac{a \cdot a \cdot a}{b \cdot b \cdot b} = \frac{a}{b} \cdot \frac{a}{b} \cdot \frac{a}{b} = \left(\frac{a}{b}\right)^3$

Satz 148

Vierter Potenzsatz: $a^n : b^n = \frac{a^n}{b^n} = \left(\frac{a}{b}\right)^n$ $(a, b \in \mathbb{R};\ b \neq 0;\ n \in \mathbb{N}^*)$

Potenzen mit gleichem Exponenten werden dividiert, indem man den Quotienten der Basen mit dem gemeinsamen Exponenten potenziert.

Aufgaben (Der Nenner sei nicht gleich null).

7 a) $\frac{18^3}{6^3}$ b) $\frac{26^5}{13^5}$ c) $\frac{16^4}{24^4}$ d) $36^6 : 18^6$ e) $12^3 : 30^3$

8 a) $\frac{1{,}2^3}{0{,}3^3}$ b) $\frac{0{,}5^2}{0{,}6^2}$ c) $\frac{0{,}7^3}{2{,}1^3}$ d) $\frac{2^4}{(\frac{1}{2})^4}$ e) $\frac{(\frac{1}{8})^3}{(\frac{1}{4})^3}$

9 a) $\frac{x^5}{y^5}$ b) $\frac{y^n}{z^n}$ c) $\frac{(-a)^3}{(-b)^3}$ d) $\frac{(a)^4}{(-b)^4}$ e) $\frac{a^{n+1}}{b^{n+1}}$

10 a) $\frac{3^4 \cdot 4^4}{6^4}$ b) $\frac{24^3}{2^3 \cdot 4^3}$ c) $\frac{12^5 \cdot 0{,}5^5}{3^5}$ d) $\frac{(3a)^3}{a^3}$ e) $\frac{(4x)^n}{x^n}$

11 a) $\frac{27}{a^3}$ b) $\frac{32}{b^5}$ c) $\frac{25a^2}{b^2}$ d) $\frac{8x^3}{27y^3}$ e) $\frac{81x^4}{10\,000y^4}$

12 a) $\frac{(a^2 - b^2)^3}{(a + b)^3}$ b) $\frac{(x^2 - y^2)^n}{(x - y)^n}$ c) $\frac{(4p^2 - q^2)^4}{(2p + q)^4}$ d) $\frac{(9a^2 - 16b^2)^{2n}}{(3a - 4b)^{2n}}$

12.1.4 Potenzieren von Potenzen

Beispiel mit Lösung

Aufgabe: Zerlegen Sie in Faktoren und wenden Sie den ersten Potenzsatz an!
a) $(2^2)^3$ b) $(a^4)^3$

Lösung: a) $(2^2)^3 = 2^2 \cdot 2^2 \cdot 2^2 = 2^{2+2+2} = 2^6 = 64$ kürzer: $(2^2)^3 = 2^{2 \cdot 3} = 2^6 = 64$

b) $(a^4)^3 = a^4 \cdot a^4 \cdot a^4 = a^{4+4+4} = a^{12}$ kürzer: $(a^4)^3 = a^{4 \cdot 3} = a^{12}$

Satz 149

Fünfter Potenzsatz: $(a^m)^n = a^{mn}$ $(a \in \mathbb{R};\ m, n \in \mathbb{N}^*)$
Eine Potenz wird potenziert, indem man die Basis mit dem Produkt der Exponenten potenziert.

Aufgaben (Der Nenner sei nicht gleich null).

1 a) $(2^4)^2$ b) $(3^3)^2$ c) $(10^3)^3$ d) $(0{,}1^2)^3$ e) $[(\frac{1}{2})^3]^2$

2 a) $(a^3)^5$ b) $(x^4)^4$ c) $(a^n)^3$ d) $(x^5)^m$ e) $(y^p)^{2q}$

3 a) Zeige, dass $(3^2)^3 \neq 3^{(2^3)}$ ist!

4 a) $(a^3)^{n+1}$ b) $(b^{n-1})^2$ c) $(x^m)^{n+3}$ d) $(y^{2m+1})^n$ e) $(z^{n-2})^3$

5 a) $(a^3b^2)^4$ b) $(x^2y)^5$ c) $(a^4b^2)^n$ d) $(x^my)^n$ e) $(a^2b^p)^q$

6 a) $(4a^3)^2$ b) $(5a^2b^3)^3$ c) $(3x^4y^3)^4$ d) $2(4x^2y^4)^3$ e) $3(2a^2b^3)^5$

7 a) $\left(\frac{3a^2b}{4xy^2}\right)^3$ b) $\left(\frac{5a^4b^3}{6x^2y}\right)^2$ c) $\frac{(2a^3b^2)^5}{(4a^2b)^4}$ d) $\frac{(4x^2y^3)^3}{(6x^3y^4)^2}$ e) $\frac{(2a^3b^4)^4}{(4a^2b^3)^3}$

8 Verwandeln Sie in Potenzen mit der kleinstmöglichen natürlichen Basis!
a) 4^3 b) 9^4 c) 16^3 d) 81^4 e) $10\,000^3$ f) 128^2

9 Verwandeln Sie in Potenzen, die nur Variablen als Exponenten haben!
a) 4^{3n} b) 3^{n+1} c) 4^{m+2} d) 3^{2m+3} e) 5^{2n+1}

12.2 Potenzen mit dem Exponenten 0 und mit negativen ganzen Exponenten

Beispiel mit Lösung

Aufgabe: Lösen Sie die Divisionsaufgaben $a^4 : a^2$; $a^4 : a^3$ und setzen Sie die Folge fort bis $a^4 : a^6$!

Lösung:

$$a^4 : a^2 = \frac{a^4}{a^2} = \frac{a \cdot a \cdot a \cdot a}{a \cdot a} = a^2 \qquad \text{kürzer: } a^4 : a^2 = a^{4-2} = a^2$$

$$a^4 : a^3 = \frac{a^4}{a^3} = \frac{a \cdot a \cdot a \cdot a}{a \cdot a \cdot a} = a \qquad a^4 : a^3 = a^{4-3} = a^1 = a$$

$$a^4 : a^4 = \frac{a^4}{a^4} = \frac{a \cdot a \cdot a \cdot a}{a \cdot a \cdot a \cdot a} = 1 \qquad a^4 : a^4 = a^{4-4} = \boxed{a^0 = 1}$$

$$a^4 : a^5 = \frac{a^4}{a^5} = \frac{a \cdot a \cdot a \cdot a}{a \cdot a \cdot a \cdot a \cdot a} = \frac{1}{a} \qquad a^4 : a^5 = a^{4-5} = \boxed{a^{-1} = \frac{1}{a}}$$

$$a^4 : a^6 = \frac{a^4}{a^6} = \frac{a \cdot a \cdot a \cdot a}{a \cdot a \cdot a \cdot a \cdot a \cdot a} = \frac{1}{a^2} = \left(\frac{1}{a}\right)^2 \qquad a^4 : a^6 = a^{4-6} = \boxed{a^{-2} = \frac{1}{a^2} = \left(\frac{1}{a}\right)^2}$$

Nach der Definition der Potenz (vgl. S. 144) können a^0, a^{-n} mit $n \in \mathbb{N}^*$ keine Potenzen sein, da man a nicht 0 oder $(-n)$-mal als Faktor setzen kann. Durch die Festsetzung

$$a^0 = 1;\ a^{-1} = \frac{1}{a};\ a^{-n} = \frac{1}{a^n} = \left(\frac{1}{a}\right)^n \quad (a \in \mathbb{R}^*;\ n \in \mathbb{N}^*)$$

erweitern wir den Potenzbegriff. Damit gilt $a^m : a^n = a^{m-n}$ auch für $m \leqq n$.

Definition 150

Durch die Festsetzung $a^0 = 1;\ a^{-n} = \frac{1}{a^n} = \left(\frac{1}{a}\right)^n$ $(a \in \mathbb{R}^*;\ n \in \mathbb{N}^*)$ wird der Potenzbegriff erweitert:
Jede Potenz mit dem Exponenten 0 hat den Wert 1:
$a^0 = 1,\ a \in \mathbb{R}^*;\ 3^0 = 1;\ 0{,}3^0 = 1;\ \left(\frac{1}{3}\right)^0 = 1.$
Jede Potenz mit negativem ganzen Exponenten ist gleich dem Kehrwert ihrer Basis mit positivem ganzen Exponenten: $a^{-n} = \frac{1}{a^n} = \left(\frac{1}{a}\right)^n;\ a \in \mathbb{R}^*,\ n \in \mathbb{N}^*;$
$2^{-3} = \left(\frac{1}{2}\right)^3;\ \left(\frac{2}{3}\right)^{-3} = \left(\frac{3}{2}\right)^3;\ \left(\frac{x}{y}\right)^{-n} = \left(\frac{y}{n}\right)^n.$

Aufgaben (Der Nenner bzw. die Basis sei nicht gleich null).

1 a) 1^0 b) 10^0 c) $0{,}5^0$ d) $\left(\frac{3}{4}\right)^0$ e) x^0 f) $(a + b)^0$

2 Schreiben Sie mit positivem Exponenten und berechnen Sie!
a) 3^{-4} b) 5^{-3} c) 10^{-2} d) 10^{-5} e) $(-3)^{-2}$ f) $(-3)^{-3}$
g) $\left(\frac{1}{2}\right)^{-4}$ h) $\left(\frac{1}{5}\right)^{-1}$ i) $\left(\frac{2}{3}\right)^{-3}$ k) $\left(\frac{3}{4}\right)^{-2}$ l) $\left(\frac{4}{5}\right)^{-3}$ m) $\left(\frac{5}{3}\right)^{-1}$

3 Schreiben Sie mit positivem Exponenten!
a) a^{-3} b) b^{-4} c) $\left(\frac{1}{x}\right)^{-2}$ d) $\left(\frac{1}{y}\right)^{-1}$ e) $\left(\frac{a}{b}\right)^{-4}$
f) $\left(\frac{x}{y}\right)^{-p}$ g) $(a + b)^{-1}$ h) $(a - b)^{-2}$ i) $\left(\frac{2}{x + y}\right)^{-1}$ k) $\left(\frac{3}{x - y}\right)^{-n}$

4 Beseitigen Sie die negativen Exponenten und den Exponenten 0!
a) $\frac{3^{-2}}{2^{-3}}$ b) $\frac{4^{-3}}{5^{-2}}$ c) $\frac{6^{-2}}{7^0}$ d) $\frac{a^{-4}}{b^{-5}}$ e) $\frac{x^0}{y^{-3}}$ f) $\frac{x^{-n}}{y^0}$
Anleitung: Wird eine Potenz vom Zähler in den Nenner oder vom Nenner in den Zähler gebracht, so muss man die Vorzeichen der Exponenten umkehren: $\frac{a^{-m}}{b^{-n}} = \frac{b^n}{a^m}$

5 Schreiben Sie mit negativem Exponenten bei kleinstmöglicher natürlicher Grundzahl!

a) $\frac{1}{9}$ b) $\frac{1}{25}$ c) $\frac{1}{8}$ d) $\frac{1}{81}$ e) $\frac{1}{100}$ f) $\frac{1}{10000}$ g) $\frac{1}{625}$

6 Es ist $0{,}003 = \frac{3}{1\,000} = \frac{3}{10^3} = 3 \cdot 10^{-3}$. Schreiben Sie entsprechend:

a) 0,01 b) 0,00001 c) 0,005 d) 0,00006 e) 0,000007

Beispiele mit Lösungen

Aufgaben: Zeigen Sie an Zahlenbeispielen, dass die fünf Potenzsätze auch für Potenzen mit negativen ganzen Exponenten gelten!

Lösungen:

I. $3^{-2} \cdot 3^{-5} = \frac{1}{3^2} \cdot \frac{1}{3^5} = \frac{1}{3^{2+5}} = \frac{1}{3^7} = 3^{-7}$ $\qquad 3^{-2} \cdot 3^{-5} = 3^{(-2)+(-5)} = 3^{-7}$

II. $3^{-2} : 3^{-5} = \frac{1}{3^2} : \frac{1}{3^5} = \frac{1}{3^2} \cdot 3^5 = 3^3$ $\qquad 3^{-2} : 3^{-5} = 3^{(-2)-(-5)} = 3^3$

III. $3^{-2} \cdot 4^{-2} = \frac{1}{3^2} \cdot \frac{1}{4^2} = \frac{1}{12^2} = 12^{-2}$ $\qquad 3^{-2} \cdot 4^{-2} = (3 \cdot 4)^{-2} = 12^{-2}$

IV. $3^{-2} : 4^{-2} = \frac{1}{3^2} : \frac{1}{4^2} = \frac{1}{3^2} \cdot 4^2 = \left(\frac{4}{3}\right)^2 = \left(\frac{3}{4}\right)^{-2}$ $\qquad 3^{-2} : 4^{-2} = \left(\frac{3}{4}\right)^{-2}$

V. $(4^{-3})^{-2} = \left(\frac{1}{4^3}\right)^{-2} = (4^3)^2 = 4^6$ $\qquad (4^{-3})^{-2} = 4^{(-3)\cdot(-2)} = 4^6$

Satz 151

Die 5 Potenzsätze gelten auch für Potenzen mit negativen ganzen Exponenten.

Aufgaben (Der Nenner bzw. die Basis sei nicht gleich null).

7 a) $a^5 \cdot a^{-3}$ b) $b^4 \cdot b^{-6}$ c) $p^{-3} \cdot p^4$ d) $q^{-5} \cdot q^{-2}$
e) $x^n \cdot x^{-2}$ f) $y^{3m} \cdot y^{-3}$ g) $z^{n-3} \cdot z^{2-n}$ h) $a^{2n-3} \cdot a^{3-2n}$

8 a) $\frac{a^5}{a^{-3}}$ b) $\frac{b^{-4}}{b^3}$ c) $\frac{p^{-1}}{p^{-3}}$ d) $\frac{q^{-3}}{q^3}$ e) $\frac{r^{-2}}{r^0}$
f) $\frac{x^m}{x^{-1}}$ g) $\frac{y^{-n}}{y^{-2}}$ h) $\frac{z^0}{z^{-3}}$ i) $\frac{x^2}{x^{-n}}$ k) $\frac{y^{-1}}{y^{-m}}$

9 a) $3^{-2} \cdot 2^{-2}$ b) $5^{-1} \cdot 4^{-1}$ c) $3^{-5} \cdot \left(\frac{1}{3}\right)^{-5}$ d) $\left(\frac{5}{6}\right)^{-3} \cdot \left(\frac{3}{10}\right)^{-3}$
e) $x^{-4} \cdot y^{-4}$ f) $a^{-1} \cdot b^{-1}$ g) $x^{-n} \cdot y^{-n} \cdot z^{-n}$ h) $a^0 \cdot b^0$

10 a) $\frac{14^{-5}}{7^{-5}}$ b) $\frac{1{,}2^{-3}}{3{,}6^{-3}}$ c) $\left(\frac{2}{3}\right)^{-4} : \left(\frac{2}{3}\right)^{-4}$ d) $\left(\frac{5}{6}\right)^{-1} : \left(\frac{5}{12}\right)^{-1}$

e) $\frac{a^{-4}}{b^{-4}}$ f) $\frac{x^0}{y^0}$ g) $\frac{(a^2 - b^2)^{-1}}{(a+b)^{-1}}$ h) $\frac{(x-y)^{-n}}{(x^2 - y^2)^{-n}}$

11 a) $(a^4)^{-2}$ b) $(b^{-4})^2$ c) $(p^{-4})^{-2}$ d) $(q^{-4})^0$ e) $(r^{-4})^{-1}$

f) $(a^3b^{-2})^4$ g) $(x^{-4}y^2)^{-3}$ h) $(a^{-1} \cdot b^3)^{-1}$ i) $(x^0y^{-n})^{-m}$

12 a) $\frac{a^{-3}b^4}{x^{-3}y^{-1}} \cdot \frac{x^{-4}y^{-3}}{a^{-4}b^2}$ b) $\frac{a^4b^{-5}}{x^2y^{-3}} \cdot \frac{xy^{-2}}{a^3b^{-4}}$ c) $\frac{x^{-1}y^4}{a^{-3}b^{-1}} \cdot \frac{a^{-2}b}{x^{-4}y^0}$

13 Unterscheiden Sie!

a) $a^4 + a^4 + a^4$ und $a^4 \cdot a^4 \cdot a^4$ b) $x^3 + x^2$; $x^3 \cdot x^2$ und $(x^3)^2$

c) $2a^{-3}$ und $(2a)^{-3}$ d) $3(a^2)^3$ und $(3a^2)^3$ e) $(-3x^2)^3$ und $(-3x^3)^2$

12.3 Potenzen mit rationalen Exponenten; Wurzeln

12.3.1 Der allgemeine Wurzelbegriff. Potenzen mit rationalen Exponenten

Beim Potenzieren sind die Basis und der Exponent gegeben; der Potenzwert wird gesucht:

$2^5 = x.$

Beim Radizieren sind der Potenzwert und der Exponent gegeben, die Basis wird gesucht:

$a^5 = 32 \Leftrightarrow a = \sqrt[5]{32}$

Das Radizieren ist also eine Umkehrung des Potenzierens. Beim Radizieren verwendet man allerdings andere Bezeichnungen:

Potenzrechnung	**Wurzelrechnung**
Exponent ← $2^5 = 32$ → Potenzwert Basis ←	Wurzelexponent ← $\sqrt[5]{32} = 2$ → Wurzel(wert) Radikand ←

Statt „Wurzelwert“ sagt man oft kurz „Wurzel“. Der Wurzelexponent 2 wird meist nicht geschrieben. Die Wurzel entspricht in einer Potenzaufgabe der Basis, der Radikand dem Potenzwert.

Definition 152

Die n-te Wurzel aus einer positiven Zahl a ($\sqrt[n]{a}$) ist diejenige positive Zahl, deren n-te Potenz gleich a ist.

$(\sqrt[n]{a})^n = a \quad (a \in \mathbb{R}_+; n \in \mathbb{N}^* \setminus \{1\})$

Für $a = 0$ ist $\sqrt[n]{0} = 0$; für negative a ist $\sqrt[n]{a}$ nicht erklärt.

Beispiele mit Lösungen

$\sqrt[3]{8} = 2$, da $2^3 = 8$; $\sqrt[4]{81} = 3$, da $3^4 = 81$; $\sqrt[5]{1} = 1$, da $1^5 = 1$

$\sqrt[5]{a^{10}} = a^2$, da $(a^2)^5 = a^{10}$; $\sqrt[6]{a^{18}} = a^3$, da $(a^3)^6 = a^{18}$ $(a \in \mathbb{R}_+)$

Aufgaben

Geben Sie die Werte folgender Wurzeln an und machen Sie die Probe!

1 a) $\sqrt[3]{27}$ b) $\sqrt[3]{125}$ c) $\sqrt[4]{16}$ d) $\sqrt[4]{\frac{1}{16}}$ e) $\sqrt[4]{\frac{1}{81}}$

2 a) $\sqrt[5]{0}$ b) $\sqrt[5]{\frac{1}{32}}$ c) $\sqrt[6]{1}$ d) $\sqrt[6]{\frac{1}{64}}$ e) $\sqrt[7]{0}$

3 a) $\sqrt[3]{1\,000}$ b) $\sqrt[3]{0{,}001}$ c) $\sqrt[4]{10\,000}$ d) $\sqrt[5]{0{,}00001}$ e) $\sqrt[6]{0{,}000001}$

4 a) $\sqrt[6]{a^6}$ b) $\sqrt[7]{a^{14}}$ c) $\sqrt[8]{a^{24}}$ d) $\sqrt[9]{a^9}$ e) $\sqrt[10]{a^{20}}$

Nach dem 5. Potenzsatz ist $(a^2)^3 = a^{2 \cdot 3} = a^6$. Beim Radizieren als Umkehrung des Potenzierens ist dann $\sqrt[3]{a^6} = a^{6:3} = a^2$. Man kann also beim Radizieren den Potenzexponenten des Radikanden durch den Wurzelexponenten dividieren.

In der Folge $\sqrt{a^6} = a^{\frac{6}{2}} = a^3$, $\sqrt[3]{a^6} = a^{\frac{6}{3}} = a^2$, $\sqrt[6]{a^6} = a^{\frac{6}{6}} = a$ sind die Ergebnisse Potenzen mit ganzzahligen Exponenten. Nimmt man größere Wurzelexponenten, so erhält man gebrochene Exponenten:

$$\sqrt[12]{a^6} = a^{\frac{6}{12}} = a^{\frac{1}{2}},\ \sqrt[18]{a^6} = a^{\frac{6}{18}} = a^{\frac{1}{3}},\ \sqrt[24]{a^6} = a^{\frac{6}{24}} = a^{\frac{1}{4}}.$$

Definition 153

Jede Wurzel kann in eine Potenz mit rationalem Exponenten umgewandelt werden (zweite Erweiterung des Potenzbegriffes). Der Wurzelexponent wird zum Nenner des Potenzexponenten. Umgekehrt kann jede Potenz mit rationalem Exponenten als Wurzel geschrieben werden.

$$\sqrt[n]{\boldsymbol{a}} = \boldsymbol{a}^{\frac{1}{n}};\quad \sqrt[n]{\boldsymbol{a}^m} = \boldsymbol{a}^{\frac{m}{n}};\quad \frac{1}{\sqrt[n]{a}} = a^{-\frac{1}{n}};\quad \frac{1}{\sqrt[n]{a^m}} = a^{-\frac{m}{n}}$$

$a \in \mathbb{R}_+$ (bei negativem Exponenten ist $a \in \mathbb{R}_+^*$; $n \in \mathbb{N}^* \setminus \{1\}$; $m \in \mathbb{N}^*$)

Beispiele mit Lösungen

a) $\sqrt[4]{a} = a^{\frac{1}{4}}$; $\sqrt[4]{a^3} = a^{\frac{3}{4}}$; $\frac{1}{\sqrt[4]{a^3}} = \frac{1}{a^{\frac{3}{4}}} = a^{-\frac{3}{4}}$

b) $a^{\frac{1}{3}} = \sqrt[3]{a}$; $a^{\frac{3}{5}} = \sqrt[5]{a^3}$; $a^{-\frac{3}{5}} = \frac{1}{a^{\frac{3}{5}}} = \frac{1}{\sqrt[5]{a^3}}$

Aufgaben (Der Radikand sei $\geqq 0$, bei negativen Exponenten > 0)

Schreiben Sie als Potenzen mit rationalen Exponenten!

5 a) $\sqrt{a}$ b) $\sqrt[3]{b}$ c) $\sqrt[4]{c}$ d) $\sqrt[5]{x}$ e) $\sqrt{x+y}$

6 a) $\sqrt[3]{a^2}$ b) $\sqrt[4]{b^3}$ c) $\sqrt[5]{c^2}$ d) $\sqrt[3]{x^4}$ e) $\sqrt[4]{y^7}$

7 a) $\frac{1}{\sqrt[4]{a}}$ b) $\frac{1}{\sqrt[3]{b}}$ c) $\frac{1}{\sqrt[3]{c^2}}$ d) $\frac{1}{\sqrt[5]{x^4}}$ e) $\frac{1}{\sqrt[4]{y^5}}$

Schreiben Sie mit dem Wurzelzeichen!

8 a) $a^{\frac{1}{3}}$ b) $b^{\frac{2}{3}}$ c) $c^{\frac{3}{4}}$ d) $x^{\frac{5}{6}}$ e) $y^{\frac{6}{5}}$

9 a) $a^{-\frac{1}{2}}$ b) $b^{-\frac{1}{4}}$ c) $c^{-\frac{4}{5}}$ d) $x^{-\frac{3}{4}}$ e) $y^{-\frac{4}{3}}$

10 a) $3^{\frac{1}{2}}$ b) $5^{\frac{1}{3}}$ c) $7^{-\frac{1}{2}}$ d) $6^{-\frac{1}{4}}$ e) $10^{-\frac{1}{3}}$

Schreiben Sie mit dem Wurzelzeichen und bestimmen Sie die Wurzelwerte!

11 a) $9^{\frac{1}{2}}$ b) $8^{\frac{1}{3}}$ c) $81^{\frac{1}{4}}$ d) $32^{\frac{1}{5}}$ e) $1^{\frac{1}{6}}$

12 a) $4^{-\frac{1}{2}}$ b) $27^{-\frac{1}{3}}$ c) $16^{-\frac{1}{4}}$ d) $1^{-\frac{1}{5}}$ e) $0^{\frac{1}{7}}$

13 a) $1^{\frac{2}{3}}$ b) $8^{\frac{2}{3}}$ c) $0^{\frac{3}{4}}$ d) $100^{\frac{3}{2}}$ e) $1^{-\frac{4}{5}}$

14 a) $\left(\frac{9}{16}\right)^{\frac{1}{2}}$ b) $\left(\frac{8}{27}\right)^{\frac{1}{3}}$ c) $\left(\frac{1}{81}\right)^{\frac{1}{4}}$ d) $\left(\frac{1}{4}\right)^{-\frac{1}{2}}$ e) $\left(\frac{1}{16}\right)^{-\frac{1}{4}}$

12.3.2 Rechnen mit Potenzen mit rationalen Exponenten

Beispiele mit Lösungen

Aufgaben: Zeigen Sie an Zahlenbeispielen, dass die fünf Potenzsätze auch für Potenzen mit rationalen Exponenten gelten!

Lösungen:

I. $\sqrt{16} \cdot \sqrt[4]{16} = 4 \cdot 2 = \underline{\underline{8}}$ oder $16^{\frac{1}{2}} \cdot 16^{\frac{1}{4}} = 16^{\frac{1}{2}+\frac{1}{4}} = 16^{\frac{3}{4}} = \sqrt[4]{16^3} = \sqrt[4]{(2^4)^3} = 2^3 = \underline{\underline{8}}$

II. $\sqrt{64} : \sqrt[3]{64} = 8 : 4 = \underline{\underline{2}}$ oder $64^{\frac{1}{2}} : 64^{\frac{1}{3}} = 64^{\frac{1}{2}-\frac{1}{3}} = 64^{\frac{1}{6}} = \sqrt[6]{64} = \underline{\underline{2}}$

III. $\sqrt[3]{27} \cdot \sqrt[3]{8} = 3 \cdot 2 = \underline{\underline{6}}$ oder $27^{\frac{1}{3}} \cdot 8^{\frac{1}{3}} = (27 \cdot 8)^{\frac{1}{3}} = 216^{\frac{1}{3}} = \sqrt[3]{216} = \underline{\underline{6}}$

IV. $\sqrt[3]{64} : \sqrt[3]{8} = 4 : 2 = \underline{\underline{2}}$ oder $64^{\frac{1}{3}} : 8^{\frac{1}{3}} = (64 : 8)^{\frac{1}{3}} = 8^{\frac{1}{3}} = \sqrt[3]{8} = \underline{\underline{2}}$

V. $\sqrt[3]{\sqrt{64}} = \sqrt[3]{8} = \underline{\underline{2}}$ oder $(64^{\frac{1}{2}})^{\frac{1}{3}} = 64^{\frac{1}{6}} = \sqrt[6]{64} = \underline{\underline{2}}$

Satz 155

Die 5 Potenzsätze gelten auch für Potenzen mit rationalen Exponenten.

Aufgaben (Der Radikand sei > 0)

1 a) $\sqrt{a} \cdot \sqrt[3]{a}$ b) $\sqrt{b} \cdot \sqrt[4]{b}$ c) $\sqrt[3]{x} \cdot \sqrt[4]{x}$ d) $\sqrt[3]{y} \cdot \sqrt[5]{y}$
e) $\sqrt{a} \cdot \sqrt[4]{a^3}$ f) $\sqrt[3]{x^2} \cdot \sqrt[4]{x}$ g) $\sqrt[5]{y^4} \cdot \sqrt{y}$ h) $\sqrt[3]{a} \cdot \sqrt[5]{a^3}$

2 a) $\sqrt{2} \cdot \sqrt[3]{2}$ b) $\sqrt[3]{7} \cdot \sqrt[6]{7}$ c) $\sqrt[4]{3} \cdot \sqrt{3}$ d) $\sqrt[3]{5} \cdot \sqrt[5]{5}$
e) $\sqrt{3} \cdot \sqrt[3]{3^2}$ f) $\sqrt[3]{5} \cdot \sqrt[4]{5^3}$ g) $\sqrt{2} \cdot \sqrt[5]{2^2}$ h) $\sqrt[3]{3^2} \cdot \sqrt[4]{3^3}$

3 a) $\sqrt{a} : \sqrt[3]{a}$ b) $\sqrt{b} : \sqrt[5]{b}$ c) $\sqrt[3]{x} : \sqrt[5]{x}$ d) $\sqrt[3]{y} : \sqrt[4]{y}$
e) $\sqrt[3]{a^2} : \sqrt{a}$ f) $\sqrt[4]{x^3} : \sqrt{x}$ g) $\sqrt[5]{y^4} : \sqrt[3]{y^2}$ h) $\sqrt[4]{z^3} : \sqrt[3]{z^2}$

4 a) $\sqrt{2} : \sqrt[3]{2}$ b) $\sqrt[3]{3} : \sqrt[4]{3}$ c) $\sqrt{5} : \sqrt[4]{5}$ d) $\sqrt[3]{6} : \sqrt[5]{6}$
e) $\sqrt[3]{5^2} : \sqrt{5}$ f) $\sqrt[4]{2^3} : \sqrt{2}$ g) $\sqrt[3]{3^2} : \sqrt[4]{3}$ h) $\sqrt[5]{4^2} : \sqrt[3]{4}$

5 a) $\sqrt[3]{a} \cdot \sqrt[3]{b}$ b) $\sqrt[4]{x} \cdot \sqrt[4]{y}$ c) $\sqrt{c} \cdot \sqrt{d}$ d) $\sqrt[5]{y} \cdot \sqrt[5]{z}$
e) $\sqrt{3} \cdot \sqrt{4}$ f) $\sqrt[3]{5} \cdot \sqrt[3]{6}$ g) $\sqrt[4]{8} \cdot \sqrt[4]{2}$ h) $\sqrt[5]{1} \cdot \sqrt[5]{16}$

6 a) $\sqrt{a} : \sqrt{b}$ b) $\sqrt[4]{x} : \sqrt[4]{y}$ c) $\sqrt[3]{c} : \sqrt[3]{d}$ d) $\sqrt[5]{x} : \sqrt[5]{y}$
e) $\sqrt{2} : \sqrt{3}$ f) $\sqrt[5]{1} : \sqrt[5]{5}$ g) $\sqrt[4]{32} : \sqrt[4]{2}$ h) $\sqrt[3]{9} : \sqrt[3]{3}$

7 a) $\sqrt{\sqrt[3]{a}}$ b) $\sqrt[3]{\sqrt{b}}$ c) $\sqrt{\sqrt{x}}$ d) $\sqrt[3]{\sqrt[4]{y}}$

e) $\sqrt{\sqrt{16}}$ f) $\sqrt{\sqrt[3]{1}}$ g) $\sqrt[3]{\sqrt{50}}$ h) $\sqrt[4]{\sqrt[3]{25}}$

12.3.3 Rechnen mit Wurzeln

Für bestimmte Rechenoperationen mit Wurzeln ist die Umwandlung in Potenzen mit rationalen Exponenten umständlich. Bei Anwendung der Wurzelsätze, die sich aus den Potenzsätzen ableiten lassen, ist der Lösungsweg oft kürzer.

Für die Multiplikation von Wurzeln bietet sich an, die Aussage $\sqrt{a} \cdot \sqrt{b} = \sqrt{a \cdot b}$ auf ihre Richtigkeit zu überprüfen. Durch Quadrieren findet man gemäß dem dritten Potenzsatz bestätigt:

$$(\sqrt{a} \cdot \sqrt{b})^2 = (\sqrt{a \cdot b})^2$$
$$(\sqrt{a})^2 \cdot (\sqrt{b})^2 = a \cdot b$$
$$a \cdot b = a \cdot b$$

Man kann sich leicht davon überzeugen, dass sich eine derartig einfache Gesetzmäßigkeit für die Multiplikation von Wurzeln mit verschiedenen Wurzelexponenten nicht finden lässt.

Beispiele mit Lösungen

a) $\sqrt[3]{9} \cdot \sqrt[3]{3} = \sqrt[3]{9 \cdot 3} = \sqrt[3]{27} = \underline{\underline{3}}$ b) $\sqrt[3]{2a^2} \cdot \sqrt[3]{4a} = \sqrt[3]{2a^2 \cdot 4a} = \sqrt[3]{8a^3} = \underline{\underline{2a}}$

Satz 156

Man multipliziert Wurzeln mit gleichen Exponenten, indem man die Radikanden multipliziert und aus ihrem Produkt die Wurzel zieht.

$\sqrt[n]{a} \cdot \sqrt[n]{b} = \sqrt[n]{a \cdot b}$ $(a, b \in \mathbb{R}_+; n \in \mathbb{N}^* \setminus \{1\})$

Aufgaben (Der Radikand sei $\geqq 0$)

1 a) $\sqrt[3]{8} \cdot \sqrt[3]{8}$ b) $\sqrt[4]{3} \cdot \sqrt[4]{27}$ c) $\sqrt[5]{4} \cdot \sqrt[5]{8}$ d) $\sqrt[6]{1} \cdot \sqrt[6]{1}$

2 a) $\sqrt[3]{5} \cdot \sqrt[3]{1} \cdot \sqrt[3]{25}$ b) $\sqrt[4]{2} \cdot \sqrt[4]{4} \cdot \sqrt[4]{2}$ c) $\sqrt[6]{2} \cdot \sqrt[6]{4} \cdot \sqrt[6]{8}$

3 a) $\sqrt[3]{a^2} \cdot \sqrt[3]{a} \cdot \sqrt[3]{a^3}$ b) $\sqrt[4]{b} \cdot \sqrt[4]{b^2} \cdot \sqrt[4]{b}$ c) $\sqrt[5]{x} \cdot \sqrt[5]{x^3} \cdot \sqrt[5]{x^6}$

4 a) $\sqrt[3]{3a} \cdot \sqrt[3]{a^4} \cdot \sqrt[3]{9a}$ b) $\sqrt[4]{10x} \cdot \sqrt[4]{20x^2} \cdot \sqrt[4]{50x}$ c) $\sqrt[5]{2y} \cdot \sqrt[5]{y^3} \cdot \sqrt[5]{16y}$

Die Division von Wurzeln mit demselben Wurzelexponenten unterliegt dem entsprechend gleichen Rechengesetz, dessen Gültigkeit mit dem vierten Potenzsatz ebenso leicht zu überprüfen ist:

$$\sqrt{a} : \sqrt{b} = \sqrt{a : b}$$

$$\frac{\sqrt{a}}{\sqrt{b}} = \sqrt{\frac{a}{b}}$$

$$\left(\frac{\sqrt{a}}{\sqrt{b}}\right)^2 = \left(\sqrt{\frac{a}{b}}\right)^2$$

$$\frac{(\sqrt{a})^2}{(\sqrt{b})^2} = \frac{a}{b}$$

$$\frac{a}{b} = \frac{a}{b}$$

Beispiele mit Lösungen ($x > 0$)

a) $\sqrt[3]{32} : \sqrt[3]{4} = \sqrt[3]{32 : 4} = \sqrt[3]{8} = \underline{\underline{2}}$

b) $\sqrt[4]{48x^5} : \sqrt[4]{3x} = \sqrt[4]{48x^5 : 3x} = \sqrt[4]{16x^4} = \underline{\underline{2x}}$

Satz 157

Man dividiert Wurzeln mit gleichen Exponenten, indem man die Radikanden dividiert und aus ihrem Quotienten die Wurzel zieht.

$\sqrt[n]{a} : \sqrt[n]{b} = \sqrt[n]{a : b}$ $(a, b \in \mathbb{R}_+, b \neq 0; n \in \mathbb{N}^* \setminus \{1\})$

Aufgaben (Der Radikand sei > 0)

5 a) $\sqrt[3]{54} : \sqrt[3]{2}$ b) $\sqrt[4]{30\,000} : \sqrt[4]{3}$ c) $\sqrt[5]{64} : \sqrt[5]{2}$ d) $\sqrt[6]{7} : \sqrt[6]{7}$

6 a) $\sqrt[5]{a^7} : \sqrt[5]{a^2}$ b) $\sqrt[6]{9b^9} : \sqrt[6]{9b^3}$ c) $\sqrt[3]{81x^8} : \sqrt[3]{3x^2}$ d) $\sqrt[4]{64y^7} : \sqrt[4]{4y^3}$

7 a) $\sqrt[4]{\frac{1}{2}a} : \sqrt[4]{8a}$ b) $\sqrt[5]{\frac{3}{5}b^7} : \sqrt[5]{\frac{3}{5}b^2}$ c) $\sqrt[6]{\frac{2}{x}} : \sqrt[6]{\frac{x^5}{32}}$ d) $\sqrt[3]{\frac{4y^2}{9}} : \sqrt[3]{\frac{3}{2y}}$

Da das Radizieren die Umkehrung des Potenzierens ist, liegt die Frage nahe, ob das Potenzieren der Wurzel dem Potenzieren des Radikanden gleichwertig ist. Die Anwendung des fünften Potenzsatzes liefert dafür den Beweis:

$$(\sqrt{a})^m = \sqrt{a^m}$$

$$[(\sqrt{a})^m]^2 = (\sqrt{a^m})^2 \Leftrightarrow (\sqrt{a})^{2 \cdot m} = a^m \Leftrightarrow [(\sqrt{a})^2]^m = a^m \Leftrightarrow a^m = a^m$$

Beispiele mit Lösungen

a) $\left(\sqrt[3]{15}\right)^2 = \sqrt[3]{15} \cdot \sqrt[3]{15} = \sqrt[3]{15^2} = \underline{\underline{\sqrt[3]{225}}}$

b) $\left(\sqrt[3]{a}\right)^4 = \sqrt[3]{a} \cdot \sqrt[3]{a} \cdot \sqrt[3]{a} \cdot \sqrt[3]{a} = \sqrt[3]{a^4} = \underline{\underline{a\sqrt[3]{a}}} \quad (a \geqq 0)$

Satz 158.1

Für das Potenzieren einer Wurzel gelten folgende Regeln:

$\left(\sqrt[n]{a}\right)^m = \sqrt[n]{a^m}$ und $\sqrt[n]{a^m} = \left(\sqrt[n]{a}\right)^m (a \in \mathbb{R}_+; m, n \in \mathbb{N}^* \setminus \{1\})$

Potenzieren und Radizieren mit demselben Exponenten gleichen sich aus.

$\left(\sqrt[n]{a}\right)^n = \sqrt[n]{a^n} = a$

Aufgaben (Der Radikand sei $\geqq 0$)

8 a) $\left(\sqrt{2}\right)^4$ b) $\left(\sqrt[3]{2}\right)^6$ c) $\left(\sqrt[4]{4}\right)^2$ d) $\left(\sqrt[5]{7}\right)^5$ e) $\left(\sqrt[6]{9}\right)^6$

9 a) $\left(\sqrt[5]{a}\right)^4$ b) $\left(\sqrt[4]{b}\right)^4$ c) $\left(\sqrt[3]{x}\right)^5$ d) $\left(\sqrt[3]{y^2}\right)^3$ e) $\left(\sqrt[5]{z^2}\right)^3$

Das Radizieren von Potenzen lässt sich vereinfachen, wenn Wurzel- und Potenzexponent einen gemeinsamen Teiler haben.

Beispiele mit Lösungen

a) $\sqrt[4]{2^8} = \sqrt[4]{2^{2 \cdot 4}} = \sqrt[4]{(2^2)^4} = 2^2 = \underline{\underline{4}}$

b) $\sqrt[6]{27^2} = \sqrt[2 \cdot 3]{27^2} = \sqrt[3]{\sqrt[2]{27^2}} = \sqrt[3]{27} = \underline{\underline{3}}$

Satz 158.2

Beim Radizieren einer Potenz kann man den Wurzelexponenten gegen den Potenzexponenten kürzen.

$\sqrt[n]{a^{mn}} = \sqrt[n]{(a^m)^n} = a^m, \; \sqrt[mn]{a^m} = \sqrt[n]{\sqrt[m]{a^m}} = \sqrt[n]{a} \; (a \in \mathbb{R}_+; m, n \in \mathbb{N}^* \setminus \{1\})$

Aufgaben (Der Radikand sei $\geqq 0$)

10 a) $\sqrt[3]{3^6}$ b) $\sqrt[4]{4^8}$ c) $\sqrt[5]{2^{15}}$ d) $\sqrt[3]{3^9}$ e) $\sqrt{4^6}$

11 a) $\sqrt[6]{4^3}$ b) $\sqrt[8]{9^4}$ c) $\sqrt[4]{16^2}$ d) $\sqrt[6]{8^2}$ e) $\sqrt[8]{16^2}$

12 a) $\sqrt[3]{a^6b^9}$ b) $\sqrt[4]{x^{12}y^8}$ c) $\sqrt[6]{a^3}$ d) $\sqrt[6]{b^2}$ e) $\sqrt[8]{x^2y^4}$

Das Potenzieren einer Potenz führte auf eine Einfachpotenz mit einem Produkt als Exponenten (fünfter Potenzsatz). Ganz entsprechend gehen wir nun hier der Frage nach, ob auch das Radizieren einer Wurzel eine Einfachwurzel mit einem Produkt als Wurzelexponenten ergibt. Setzt man für dieses den Platzhalter x ein, so gelingt der Nachweis folgendermaßen:

$$\sqrt[m]{\sqrt[n]{a}} = \sqrt[x]{a}$$
$$\sqrt[n]{a} = \left(\sqrt[x]{a}\right)^m$$
$$a = \left(\sqrt[x]{a}\right)^{m \cdot n} \Rightarrow x = m \cdot n$$

Wie bei der Potenz erkennt man auch hier beim Exponentenprodukt die Vertauschbarkeit der Wurzelexponenten: $\sqrt[m]{\sqrt[n]{a}} = \sqrt[n]{\sqrt[m]{a}}$.

Beispiele mit Lösungen

a) $\sqrt[3]{\sqrt{64}} = \sqrt[3]{8} = \underline{\underline{2}}$ oder $\sqrt[3]{\sqrt{64}} = \sqrt[2\cdot 3]{64} = \sqrt[6]{64} = \underline{\underline{2}}$ oder

$\sqrt[3]{\sqrt{64}} = \sqrt{\sqrt[3]{64}} = \sqrt{4} = \underline{\underline{2}}$

b) $\sqrt[3]{\sqrt{a^6}} = \sqrt[6]{a^6} = \underline{\underline{a}}$ c) $\sqrt[4]{\sqrt[3]{a^8}} = \sqrt[3]{\sqrt[4]{a^8}} = \underline{\underline{\sqrt[3]{a^2}}}$

Satz 159

Für das Radizieren einer Wurzel gelten folgende Regeln:

$\sqrt[m]{\sqrt[n]{\boldsymbol{a}}} = \sqrt[mn]{\boldsymbol{a}}$ und $\sqrt[mn]{\boldsymbol{a}} = \sqrt[m]{\sqrt[n]{\boldsymbol{a}}} = \sqrt[n]{\sqrt[m]{\boldsymbol{a}}}$ $(a \in \mathbb{R}_+; m, n \in \mathbb{N}^* \setminus \{1\})$

Aufgaben (Der Radikand sei $\geqq 0$)

13 a) $\sqrt{\sqrt{81}}$ b) $\sqrt{\sqrt[3]{64}}$ c) $\sqrt[3]{\sqrt{1\,000\,000}}$ d) $\sqrt[3]{\sqrt[3]{512}}$ e) $\sqrt{\sqrt{\frac{1}{16}}}$

14 a) $\sqrt{\sqrt{a^4}}$ b) $\sqrt{\sqrt[3]{b^6}}$ c) $\sqrt[3]{\sqrt[3]{c^9}}$ d) $\sqrt{\sqrt{x^8}}$ e) $\sqrt[3]{\sqrt{y^{12}}}$

15 a) $\sqrt{\sqrt[3]{a^4}}$ b) $\sqrt[3]{\sqrt[3]{b^6}}$ c) $\sqrt[3]{\sqrt[4]{c^{10}}}$ d) $\sqrt[3]{\sqrt{x^8}}$ e) $\sqrt{\sqrt{y^6}}$

16 Berechnen Sie die Wurzel:

a) $\sqrt[4]{14\,641}$ b) $\sqrt[4]{50\,625}$ c) $\sqrt[4]{279\,841}$ d) $\sqrt[4]{923\,521}$

Anleitung: Da $\sqrt[4]{a} = \sqrt{\sqrt{a}}$ ist, kann man die 4. Wurzel einer Zahl durch zweimaliges Quadratwurzelziehen berechnen.

13 Exponentialfunktion und Logarithmusfunktion

13.1 Logarithmen

Bei der Potenzrechnung wird der Wert einer Potenz gesucht; Basis und Exponent der Potenz sind gegeben.

Potenzrechnung
(Potenzieren)
$2^5 = x$
Exponent ← Basis ← $2^5 = 32$ → Potenzwert

Beim Radizieren sind der Potenzwert (Radikand) und der Fxponent gegeben; die Basis wird gesucht.

Wurzelrechnung
(Radizieren)
$x^5 = 32$
Wurzel(wert) ← $x = \sqrt[5]{32}$ → Radikand; 5 → Wurzelexponent

Sind Basis und Potenzwert bekannt und wird aus ihnen der Exponent gesucht, so führt das zum Logarithmieren.

Logarithmenrechnung
(Logarithmieren)
$2^x = 32$
Logarithmus ← $x = \log_2 32$ → Numerus; 2 → Basis

Die Gleichung $x = \log_2 32$ liest man: x gleich Logarithmus 32 zur Basis 2. Der Logarithmus[1] entspricht in der Potenzgleichung dem Exponenten, der Numerus[2] dem Potenzwert. Das Logarithmieren ist wie das Radizieren eine Umkehrung des Potenzierens.

Beachte: **Der Logarithmus ist ein Exponent.**

Definition 161

Der Logarithmus einer Zahl b zur Basis a ist derjenige Exponent, mit dem man a potenzieren muss, um b zu erhalten.

$\mathbf{\log_a b = x}$, wenn $a^x = b$ $(a \in \mathbb{R}^*_+ \setminus \{1\}, b \in \mathbb{R}^*_+, x \in \mathbb{R})$

$\log_2 8 = 3$ (lies: Logarithmus 8 zur Basis 2 gleich 3), weil $2^3 = 8$

$\log_2 2 = 1$, weil $2^1 = 2$ $\qquad$ $\mathbf{\log_a a = 1}$, weil $a^1 = a$

$\log_2 1 = 0$, weil $2^0 = 1$ $\qquad$ $\mathbf{\log_a 1 = 0}$, weil $a^0 = 1$

Beachten Sie: Logarithmus $x \in \mathbb{R}$; der Logarithmus kann auch eine irrationale Zahl sein.

[1] logos (griech.), Vernunft; Rechnung; arithmos (griech.), Zahl
[2] numerus (lat.) Zahl

Aufgaben

1 Verwandeln Sie folgende Potenzgleichungen in Logarithmengleichungen!

Beispiel: $4^{-1} = \frac{1}{4}$; $\log_4 \frac{1}{4} = -1$

a) $2^6 = 64$ b) $3^4 = 81$ c) $4^3 = 64$ d) $6^2 = 36$

e) $4^1 = 4$ f) $5^0 = 1$ g) $3^{-1} = \frac{1}{3}$ h) $10^{-2} = \frac{1}{100}$

i) $\left(\frac{1}{2}\right)^4 = \frac{1}{16}$ k) $\left(\frac{2}{3}\right)^3 = \frac{8}{27}$ l) $\left(\frac{3}{5}\right)^2 = \frac{9}{25}$ m) $\left(\frac{5}{6}\right)^0 = 1$

n) $25^{\frac{1}{2}} = 5$ o) $8^{\frac{1}{3}} = 2$ p) $32^{\frac{1}{5}} = 2$ q) $81^{\frac{1}{4}} = 3$

2 Verwandeln Sie folgende Logarithmengleichungen in Potenzgleichungen!

Beispiel: $\log_{64} 4 = \frac{1}{3}$; $64^{\frac{1}{3}} = 4$ ($\sqrt[3]{64} = 4$)

a) $\log_3 81 = 4$ b) $\log_5 125 = 3$ c) $\log_7 49 = 2$ d) $\log_2 128 = 7$

e) $\log_3 1 = 0$ f) $\log_6 6 = 1$ g) $\log_2 \frac{1}{2} = -1$ h) $\log_4 \frac{1}{16} = -2$

i) $\log_9 3 = \frac{1}{2}$ k) $\log_{27} 3 = \frac{1}{3}$ l) $\log_{16} 2 = \frac{1}{4}$ m) $\log_{32} 2 = \frac{1}{5}$

3 Verwandeln Sie in Potenzgleichungen und berechnen Sie dann x!

Beispiel: $\log_3 x = 4$; $x = 3^4 \Leftrightarrow x = 81$

a) $\log_3 x = 2$ b) $\log_4 x = 3$ c) $\log_8 x = 2$ d) $\log_2 x = 5$

e) $\log_5 x = 0$ f) $\log_6 x = 1$ g) $\log_3 x = -1$ h) $\log_{\frac{1}{3}} x = 2$

i) $\log_2 x = -3$ k) $\log_4 x = -1$ l) $\log_5 x = -2$ m) $\log_3 x = -3$

4 Bestimmen Sie x durch Umwandeln in eine Potenzgleichung!

Beispiel: $\log_3 81 = x$; $3^x = 81 \Leftrightarrow x = 4$, da $3^4 = 81$

a) $\log_2 8 = x$ b) $\log_3 9 = x$ c) $\log_2 16 = x$ d) $\log_4 16 = x$

e) $\log_{10} 1\,000 = x$ f) $\log_{10} 10 = x$ g) $\log_{10} 1 = x$ h) $\log_{10} 100 = x$

i) $\log_4 4 = x$ k) $\log_4 1 = x$ l) $\log_5 25 = x$ m) $\log_5 \frac{1}{25} = x$

n) $\log_{10} 0{,}1 = x$ o) $\log_2 0{,}5 = x$ p) $\log_{\frac{1}{2}} \frac{1}{8} = x$ q) $\log_{\frac{2}{3}} \frac{4}{9} = x$

5 Bestimmen Sie x durch Umwandeln in eine Potenzgleichung!

a) $\log_2 32 = x$ b) $\log_3 27 = x$ c) $\log_2 2 = x$ d) $\log_5 125 = x$

e) $\log_5 5 = x$ f) $\log_5 1 = x$ g) $\log_3 3 = x$ h) $\log_2 1 = x$

i) $\log_2 \frac{1}{2} = x$ k) $\log_2 \frac{1}{4} = x$ l) $\log_2 \frac{1}{8} = x$ m) $\log_2 \frac{1}{16} = x$

n) $\log_3 \frac{1}{9} = x$ o) $\log_4 \frac{1}{4} = x$ p) $\log_4 \frac{1}{16} = x$ q) $\log_3 \frac{1}{27} = x$

13.2 Die Exponentialfunktion f: $x \mapsto a^x$

Bei der Potenzfunktion $x \mapsto x^n$ ist die unabhängige Variable x Basis der Potenz. Steht die unabhängige Variable x als Potenzexponent, so nennt man die Zuordnung $x \mapsto a^x$ **Exponentialfunktion**, $x \in \mathbb{R}$, $a \in \mathbb{R}^*_+$. Der Graph der Exponentialfunktion ist eine **Exponentialkurve**.

Beispiel mit Lösung

Aufgabe:

Zeichnen Sie in ein gemeinsames Achsenkreuz die Graphen der Funktionen $x \mapsto 2^x$, $x \mapsto \left(\frac{1}{2}\right)^x$, $x \mapsto 3^x$ und $x \mapsto \left(\frac{1}{3}\right)^x$! $G = \mathbb{R} \times \mathbb{R}$, Zeichenbereich $A = \{x | -3 \leqq x \leqq 3\}$.

Beschreiben Sie den Verlauf der Exponentialkurven!

Lösung:

x	−3	−2	−1	0	1	2	3
2^x	$\frac{1}{8}$	$\frac{1}{4}$	$\frac{1}{2}$	1	2	4	8
$\left(\frac{1}{2}\right)^x$	8	4	2	1	$\frac{1}{2}$	$\frac{1}{4}$	$\frac{1}{8}$
3^x		$\frac{1}{9}$	$\frac{1}{3}$	1	3	9	
$\left(\frac{1}{3}\right)^x$		9	3	1	$\frac{1}{3}$	$\frac{1}{9}$	

Rechenbeispiele: $2^{-3} = \frac{1}{2^3} = \frac{1}{8}$; $\left(\frac{1}{2}\right)^{-3} = \left(\frac{2}{1}\right)^3 = 8$

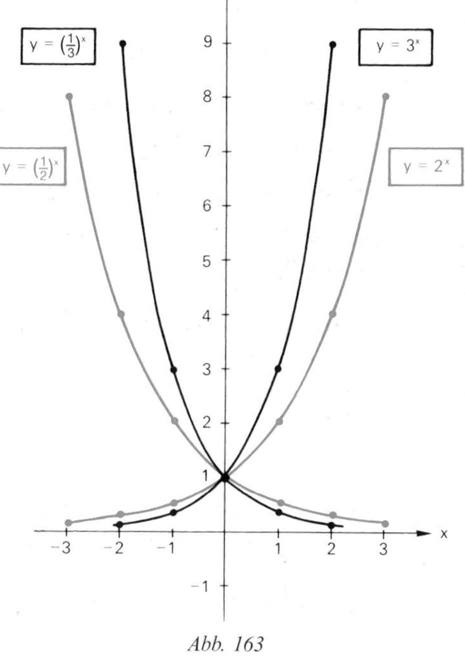

Abb. 163

Die vier Exponentialkurven verlaufen oberhalb der x-Achse. Der Definitionsbereich ist $D = \mathbb{R}$, der Wertebereich $W = \mathbb{R}^*_+$. Die Exponentialkurven mit den Gleichungen $y = 2^x$ und $y = 3^x$ steigen in Richtung der positiven x-Achse und haben die negative x-Achse als Asymptote[1]. Die Kurven mit den Gleichungen $y = \left(\frac{1}{2}\right)^x$ und $y = \left(\frac{1}{3}\right)^x$ fallen in Richtung der positiven x-Achse und haben diese als Asymptote. Die Kurven mit den Gleichungen $y = 2^x$ und $y = \left(\frac{1}{2}\right)^x$ sowie $y = 3^x$ und $y = \left(\frac{1}{3}\right)^x$ verlaufen jeweils symmetrisch zueinander bezüglich der y-Achse. Die y-Achse wird von allen Kurven im Punkt $P(0|1)$ geschnitten.

Satz 163

> Die Exponentialkurven mit der Gleichung $y = a^x$, $x \in \mathbb{R}$, $a \in \mathbb{R}^*_+$, verlaufen oberhalb der x-Achse und gehen durch den Punkt $P(0|1)$; $D = \mathbb{R}$, $W = \mathbb{R}^*_+$.
> Bei $a > 1$ steigen die Kurven in Richtung der positiven x-Achse, die negative x-Achse ist Asymptote.
> Die Kurven mit $0 < a < 1$ fallen in Richtung der positiven x-Achse und haben diese als Asymptote.
> Die Exponentialkurven mit den Gleichungen $y = a^x$ und $y = \left(\frac{1}{a}\right)^x$ liegen symmetrisch zueinander bezüglich der y-Achse.

Bei $a = 1$ erhält man die Gleichung $y = 1$, deren Graph die Parallele zur x-Achse durch den Punkt $P(0|1)$ ist.

[1] asymptotos (griech.), nicht zusammenfallend

Aufgaben

1 Zeichnen Sie jeweils in ein gemeinsames Achsenkreuz den Graphen der Funktion $x \mapsto f(x)$! $G = \mathbb{R} \times \mathbb{R}$, $A = \{x \mid -2 \leqq x \leqq 2\}$, Teilung der Achsen 1 LE = 2 cm, auf der positiven y-Achse 4 LE.

a) $x \mapsto 4^x$ und $x \mapsto \left(\frac{1}{4}\right)^x$ b) $x \mapsto \left(\frac{5}{2}\right)^x$ und $x \mapsto \left(\frac{2}{5}\right)^x$

c) $x \mapsto \left(\frac{3}{2}\right)^x$ und $x \mapsto \left(\frac{2}{3}\right)^x$ d) $x \mapsto \left(\frac{3}{4}\right)^x$ und $x \mapsto \left(\frac{4}{3}\right)^x$

2 Zeichnen Sie den Graphen der Funktion $x \mapsto 10^x$! $G = \mathbb{R} \times \mathbb{R}$, $A = \{x \mid -2 \leqq x \leqq 1\}$, Teilung der Achsen 1 LE = 2 cm, auf der positiven y-Achse 10 LE.
Lesen Sie aus dem Graphen die x-Werte ab, die zu $y \in \{0{,}5;\ 2;\ 4;\ 8\}$ gehören!

13.3 Die Logarithmusfunktion f: $x \mapsto \log_a x$

Beispiel mit Lösung

Aufgabe: Bestimmen Sie zu der Funktion f: $x \mapsto 2^x$ die Umkehrfunktion f^{-1} und zeichnen Sie die Graphen von f und f^{-1} in ein gemeinsames Achsenkreuz! $G = \mathbb{R} \times \mathbb{R}$, Zeichenbereich $A = \{x \mid -2 \leqq x \leqq 3\}$ für den Graphen von f und $A = \{x \mid 0 < x \leqq 8\}$ für den Graphen von f^{-1}!

Lösung:

Gleichung der Stammfunktion f: $y = 2^x$
Variablen tauschen: $x = 2^y$ (D und W tauschen)
Gleichung nach y auflösen $2^y = x$
Gleichung der Umkehrfunktion f^{-1}: $y = \log_2 x$

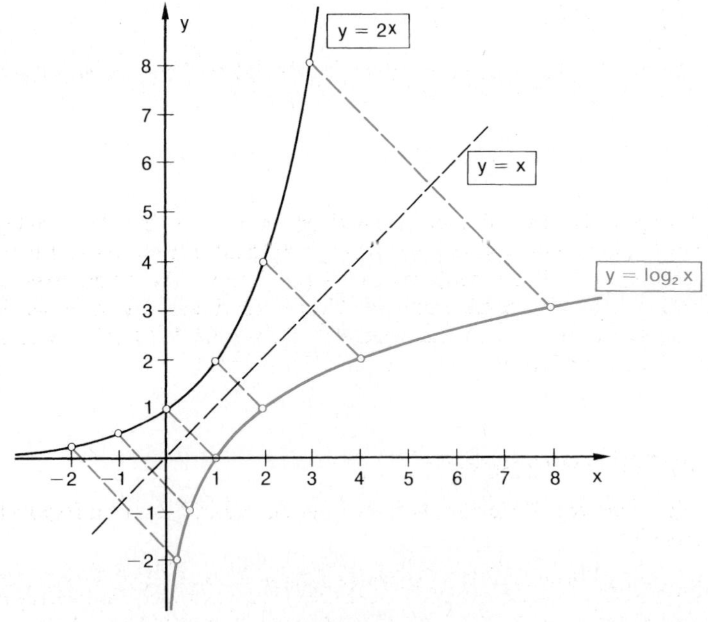

Abb. 164

Den Graphen von f^{-1} zeichnen wir durch Spiegelung der Exponentialkurve von f an der ersten Winkelhalbierenden. Das entspricht nebenstehender Wertetafel mit vertauschten Werten x und 2^x.

x	–2	–1	0	1	2	3
2^x	$\frac{1}{4}$	$\frac{1}{2}$	1	2	4	8

	x	$\frac{1}{4}$	$\frac{1}{2}$	1	2	4	8
$y = \log_2 x \Leftrightarrow 2^y = x$	$\log_2 x$	–2	–1	0	1	2	3

Die Logarithmuskurve mit der Gleichung $y = \log_2 x$ verläuft im ersten und vierten Quadranten. der Definitionsbereich ist $D = \mathbb{R}^*_+$, der Wertebereich $W = \mathbb{R}$. Die Logarithmenwerte y sind positiv für $x > 1$, $y = 0$ für $x = 1$, y ist negativ für $0 < x < 1$. Die negative y-Achse ist Asymptote.

Satz 165

Die Logarithmusfunktion $x \mapsto \log_a x$ ($x \in \mathbb{R}^*_+$, $a \in \mathbb{R}^*_+ \setminus \{1\}$) ist die Umkehrfunktion der Exponentialfunktion $x \mapsto a^x$.

Der Graph der Logarithmusfunktion $x \mapsto \log_a x$ entsteht durch Spiegelung des Schaubildes der Exponentialfunktion $x \mapsto a^x$ an der ersten Winkelhalbierenden. Die Funktion $x \mapsto \log_a x$ hat den Definitionsbereich $D = \mathbb{R}^*_+$ und den Wertebereich $W = \mathbb{R}$.
Ist $a > 1$, so ist $\log_a x > 0$ für $x > 1$,
$\log_a x = 0$ für $x = 1$,
$\log_a x < 0$ für $0 < x < 1$.

Die y-Achse ist Asymptote der Logarithmuskurve. Für $x = 0$ ist $\log_a x$ nicht erklärt.

Aufgabe

Zeichnen Sie den Graphen der Funktion der Zehnerlogarithmen $x \mapsto \lg x$ durch Spiegelung des Schaubildes der Exponentialfunktion $x \mapsto 10^x$ (vgl. Aufgabe 2, Seite 164) an der ersten Winkelhalbierenden. $G = \mathbb{R} \times \mathbb{R}$, Zeichenbereich $A = \{x | -2 \leqq x \leqq 1\}$ für die Exponentialkurve und $A = \{x | 0 < x \leqq 10\}$ für die Kurve der Zehnerlogarithmen, Teilung der Achsen 1 LE = 2 cm (auf der positiven x-Achse und positiven y-Achse jeweils 10 LE). Lesen Sie aus dem Graphen die Näherungswerte ab für lg 2; lg 3,5; lg 5; lg 6,5; lg 8!

13.4 Die Logarithmensätze

In der folgenden Tafel sind die Werte aller Potenzen mit der Basis 2 und den Exponenten 1 bis 16 zusammengestellt:

x	1	2	3	4	5	6	7	8	9	10	11	12	13	14	15	16
2^x	2	4	8	16	32	64	128	256	512	1024	2048	4096	8192	16384	32768	65536

Mit dieser Tabelle können wir viele Aufgaben, deren Zahlen sich als Potenzen mit der Basis 2 ausdrücken lassen, besonders einfach ausrechnen, indem wir die Potenzgesetze anwenden:

(1) $128 \cdot 256 = 2^7 \cdot 2^8 = 2^{7+8} = 2^{15} = \underline{\underline{32\,768}}$

Da der Potenzwert ein Numerus und der dazugehörige Exponent der Logarithmus dieses Numerus ist, lässt sich die Aufgabe mithilfe der Tabelle folgendermaßen lösen:
$\log_2 128 = 7$ und $\log_2 256 = 8$;
Addition dieser Logarithmen: $7 + 8 = 15$;
Numerus zum Logarithmus 15: $\underline{\underline{32\,768}}$

Satz 166.1

Der Logarithmus eines Produkts ist gleich der Summe der Logarithmen seiner Faktoren.
$\log (b \cdot c) = \log b + \log c \ (b, c \in \mathbb{R}^*_+)$

Beachten Sie: In diesem Abschnitt wird der Einfachheit halber die Basis $a \in \mathbb{R}^*_+ \setminus \{1\}$ weggelassen. Für $\log_a b$ steht $\log b$, für $\log_a c$ steht $\log c$ usw.

Beweis:

Setzt man	$\log b = x$ und $\log c = y$
so ist in Potenzform	$a^x = b$ und $a^y = c$
Daraus folgt	$b \cdot c = a^x \cdot a^y = a^{x+y}$
in Logarithmenform	$\log (b \cdot c) = x + y$
und damit	$\log (b \cdot c) = \log b + \log c$

(2) $65\,536 : 128 = 2^{16} : 2^7 = 2^{16-7} = 2^9 = \underline{\underline{512}}$
$\log_2 65\,536 = 16$ und $\log_2 128 = 7$;
Subtraktion dieser Logarithmen: $16 - 7 = 9$;
Numerus zum Logarithmus 9: $\underline{\underline{512}}$

Satz 166.2

Der Logarithmus eines Quotienten ist gleich der Differenz der Logarithmen von Zähler und Nenner.

$\log \left(\frac{b}{c}\right) = \log b - \log c \ (b, c \in \mathbb{R}^*_+)$

Beweis:

Setzt man	$\log b = x$ und $\log c = y$
so ist in Potenzform	$a^x = b$ und $a^y = c$
Daraus folgt	$\frac{b}{c} = \frac{a^x}{a^y} = a^{x-y}$
in Logarithmenform	$\log \left(\frac{b}{c}\right) = x - y$
und damit	$\log \left(\frac{b}{c}\right) = \log b - \log c$

(3) $(16)^4 = (2^4)^4 = 2^{16} = \underline{\underline{65536}}$

$\log_2 16 = 4$; Logarithmus 4 mit 4 multiplizieren: $4 \cdot 4 = 16$;
Numerus zum Logarithmus 16: $\underline{\underline{65536}}$

Satz 167.1

Der Logarithmus einer Potenz ist gleich dem Produkt aus dem Potenzexponenten und dem Logarithmus der Potenzbasis.

$\log b^n = n \cdot \log b \quad (b \in \mathbb{R}^*_+, n \in \mathbb{R})$

Beweis:	Setzt man	$\log b = x$
	so ist in Potenzform	$a^x = b$
	Daraus folgt	$b^n = (a^x)^n = a^{nx}$
	in Logarithmenform	$\log b^n = n \cdot x$
	und damit	$\log b^n = n \cdot \log b$

(4) $\sqrt[3]{32768} = \sqrt[3]{2^{15}} = 2^{\frac{15}{3}} = 2^5 = \underline{\underline{32}}$

$\log_2 32768 = 15$; Logarithmus 15 durch 3 dividieren: $15 : 3 = 5$;
Numerus zum Logarithmus 5: $\underline{\underline{32}}$

Satz 167.2

Als Sonderfall von Satz 167.1 gilt für Wurzeln in Potenzform:

$\log \sqrt[n]{b} = \log b^{\frac{1}{n}} = \frac{1}{\text{n}} \cdot \log b \quad (b \in \mathbb{R}^*_+, n \in \mathbb{R}^*_+, n \in \mathbb{N}^* \setminus \{1\})$

Beweis analog Satz 167.1

Aufgaben

Formen Sie mithilfe der Logarithmensätze nachstehende Terme um!

1 a) $\log (xy)$ b) $\log (3x)$ c) $\log (7y)$ d) $\log (4 \cdot 5)$
e) $\log (abc)$ f) $\log (2xy)$ g) $\log (2 \cdot 3x)$ h) $\log (5 \cdot 5 \cdot 3)$

2 a) $\log \frac{x}{y}$ b) $\log \frac{5}{x}$ c) $\log \frac{z}{7}$ d) $\log \frac{3}{5}$
e) $\log \frac{ab}{c}$ f) $\log \frac{a}{bc}$ g) $\log \frac{1}{3x}$ h) $\log \frac{2x}{5y}$

3 a) $\log a^2$ b) $\log x^3$ c) $\log y^5$ d) $\log z^0$
e) $\log \frac{1}{x^2}$ f) $\log \frac{2}{y^3}$ g) $\log a^{-3}$ h) $\log 3x^{-2}$

4 a) $\log a^{\frac{1}{2}}$ b) $\log b^{\frac{1}{3}}$ c) $\log x^{\frac{2}{3}}$ d) $\log y^{-\frac{3}{2}}$

e) $\log \sqrt[3]{x}$ f) $\log \sqrt{y}$ g) $\log \sqrt[3]{a^2}$ h) $\log \frac{1}{\sqrt[4]{b^3}}$

5 a) $\log (x^3y^2)$ b) $\log (ab)^3$ c) $\log \frac{x^2}{y^3}$ d) $\log \left(\frac{a}{b}\right)^4$

e) $\log a^2 \sqrt[3]{b}$ f) $\log \sqrt{xy}$ g) $\log \frac{\sqrt{x}}{\sqrt[3]{y^2}}$ h) $\log \sqrt[3]{\frac{a^2}{b}}$

6 Drücken Sie durch einen Logarithmus aus!

a) $\log a - \log b + \log c$ b) $\log x - \log y - \log z$ c) $2 \cdot \log x + 3 \cdot \log y$

d) $4 \cdot \log a - 5 \cdot \log b$ e) $\frac{1}{2} \cdot \log a - \frac{1}{3} \cdot \log b$ f) $\frac{2}{3} \cdot \log x + \frac{3}{4} \cdot \log y$

13.5 Zehnerlogarithmen

Zur Lösung von angewandten Aufgaben, zum Beispiel Aufgaben aus der Finanzmathematik, benützt man Logarithmen zur Basis 10. Für $\log_{10} a$ schreibt man kurz lg *a*. Logarithmen zur Basis 10 nennt man Zehnerlogarithmen, dekadische Logarithmen oder Briggssche[1] Logarithmen.

Definition 168

Die Logarithmen zur Basis 10 nennt man Zehnerlogarithmen. Für $\log_{10} a$ schreibt man kurz lg *a*.

In der folgenden Tabelle sind die Werte der Potenzen mit der Basis 10 und den ganzen Exponenten − 3 bis 4 zusammengestellt:

	10^{-3}	10^{-2}	10^{-1}	10^0	10^1	10^2	10^3	10^4
Numerus *x*	0,001	0,01	0,1	1	10	100	1 000	10 000
lg *x*	−3	−2	−1	0	1	2	3	4

Der Wert des Logarithmus wird größer, wenn der Numerus größer wird:

Numerus *x*	lg *x*
$1 < x < 10$	$0 < x < 1$
$10 < x < 100$	$1 < x < 2$
$100 < x < 1000$	$2 < x < 3$
$1000 < x < 10000$	$3 < x < 4$

Für $x > 1$ ist lg *x* positiv.

Numerus *x*	lg *x*
$0{,}1 < x < 1$	$-1 < x < 0$
$0{,}01 < x < 0{,}1$	$-2 < x < -1$
$0{,}001 < x < 0{,}01$	$-3 < x < -2$

Liegt *x* zwischen 0 und 1, ist lg *x* negativ.

[1] Henry Briggs (1556−1630), Professor in London, gab als erster 1624 eine (unvollständige) Tafel von Zehnerlogarithmen heraus.

Für 0 und für negative Zahlen ist der Logarithmus nicht erklärt. Wir können deshalb zum Beispiel in den Gleichungen $10^x = 0$ und $10^x = -1$ den Logarithmus x nicht bestimmen.

Satz 169

Ist $x > 1$, so ist $\lg x > 0$.
Ist $x = 1$, so ist $\lg x = 0$.
Ist $0 < x < 1$, so ist $\lg x < 0$.
Für $x \leqq 0$ ist $\lg x$ nicht erklärt.

Vergleichen Sie den Verlauf der Logarithmenkurve mit der Gleichung $y = \log_2 x$ in der Abbildung auf Seite 164!

Zum Rechnen mit Zehnerlogarithmen verwenden wir den Taschenrechner mit der Funktionstaste [log] und der Umkehrung [10^x] bzw. der Umkehrung [INV][log]

Beispiele mit Lösungen

Aufgaben:

1. Bestimmen Sie mit dem Taschenrechner für die folgenden Numeri die Zehnerlogarithmen bis zu 5 Stellen nach dem Komma!
   a) 15 b) 3 260 c) 4,69 d) 0,674 e) 0,0091
2. Bestimmen Sie mit dem Taschenrechner zu den folgenden Logarithmen die Numeri!
   a) $\lg x = 1{,}23045$ b) $\lg x = 2{,}46835$ c) $\lg x = 3{,}68574$
   d) $\lg x = 0{,}79796$ e) $\lg x = -0{,}14997$ f) $\lg x = -2{,}02687$

Lösungen:

1. a) $\lg 15 = 1{,}17609$ b) $\lg 3\,260 = 3{,}51322$ c) $\lg 4{,}69 = 0{,}67117$
   d) $\lg 0{,}674 = -0{,}017134$ e) $\lg 0{,}0091 = -2{,}04096$
   a) Tastfolge mit dem Taschenrechner: [15][log][1.17609]
2. a) 17 b) 294 c) 4 849,98 d) 6,28 e) 0,708 f) 0,0094
   a) Tastfolge mit dem Taschenrechner: [1.23045][INV][log][17]

Aufgaben

Bestimmen Sie mit dem Taschenrechner für die folgenden Numeri die Zehnerlogarithmen bis zu 5 Stellen nach dem Komma!

1	a) 1 570	b) 2,47	c) 367	d) 51,4	e) 85 300
2	a) 2,08	b) 0,326	c) 0,0047	d) 0,0008	e) 0,094
3	a) 0,146	b) 4,01	c) 0,0514	d) 0,0067	e) 0,0003
4	a) 23,5	b) 0,319	c) 5,07	d) 0,0738	e) 0,908
5	a) 1 860	b) 31,6	c) 3,89	d) 0,457	e) 54 900

6 a) 60,2 b) 6020 c) 0,851 d) 85100 e) 0,0933

7 a) 106,8 b) 1795 c) 19,34 d) 2461 e) 2,748

8 a) 3427 b) 39,71 c) 4,606 d) 57280 e) 612900

9 a) 0,7511 b) 8,008 c) 0,08725 d) 0,9486 e) 9,672

10 a) 925,84 b) 8,3832 c) 0,66024 d) 5630,9 e) 38546

Bestimmen Sie mit dem Taschenrechner zu den folgenden Logarithmen die Numeri auf höchstens 5 geltende Ziffern!

11 a) $\lg x = 2{,}29003$ b) $\lg x = 3{,}42325$ c) $\lg x = 1{,}58546$

12 a) $\lg x = 0{,}67394$ b) $\lg x = -0{,}29499$ c) $\lg x = -1{,}24489$

13 a) $\lg x = -3{,}39794$ b) $\lg x = -2{,}45593$ c) $\lg x = -0{,}32057$

14 a) $\lg x = 0{,}89432$ b) $\lg x = 1{,}94052$ c) $\lg x = 2{,}99520$

15 a) $\lg x = -0{,}38934$ b) $\lg x = -1{,}25964$ c) $\lg x = -0{,}21968$

16 a) $\lg x = 1{,}59715$ b) $\lg x = 2{,}53807$ c) $\lg x = 0{,}49094$

17 a) $\lg x = 3{,}46702$ b) $\lg x = 1{,}44529$ c) $\lg x = -0{,}57856$

18 a) $\lg x = 0{,}39690$ b) $\lg x = -1{,}62088$ c) $\lg x = 2{,}31006$

19 a) $\lg x = 3{,}28285$ b) $\lg x = 1{,}19145$ c) $\lg x = 0{,}13640$

20 a) $\lg x = -0{,}94615$ b) $\lg x = 0{,}01995$ c) $\lg x = 3{,}00217$

13.6 Exponentialgleichungen

Gleichungen, welche die Lösungsvariable x als Exponenten einer Potenz enthalten, heißen **Exponentialgleichungen**. In der Exponentialgleichung $a^x = b$ sind $a \in \mathbb{R}_+^* \setminus \{1\}$, $b \in \mathbb{R}_+^*$, $x \in \mathbb{R}$.

Aufgaben

1 Lösen Sie im Kopf!
a) $3^x = 27$ b) $2^{x-1} = 16$ c) $5^x = 1$ d) $6^{2x-3} = 6$
e) $7^{4x} = 49$ f) $8^{5x} = 1$ g) $9^{9x-2} = 9$ h) $10^{2-5x} = 10$
i) $3^x = \frac{1}{9}$ k) $2^{2x} = \frac{1}{64}$ l) $6^{x+2} = \frac{1}{36}$ m) $5^{2x-1} = \frac{1}{125}$

2 Lösen Sie im Kopf!
a) $4^x = 1$ b) $4^{x+1} = 16$ c) $5^{x-1} = 25$ d) $3^{x+1} = 3$
e) $6^{2x} = 36$ f) $7^{3x} = 1$ g) $10^{3x} = 10$ h) $8^{2x+1} = 64$
i) $5^x = \frac{1}{5}$ k) $2^x = \frac{1}{8}$ l) $4^{2x} = \frac{1}{16}$ m) $3^{x+1} = \frac{1}{27}$

Exponentialgleichungen, die man nicht im Kopf ausrechnen kann, löst man schriftlich, indem man beide Seiten der Gleichung logarithmiert.

Beispiel mit Lösung

Aufgabe:	$13^{x-2} = 2 \cdot 3^x$
Lösung:	
Logarithmieren:	$(x-2) \cdot \lg 13 = \lg 2 + x \cdot \lg 3$
Klammer ausmultiplizieren:	$x \cdot \lg 13 - 2 \cdot \lg 13 = \lg 2 + x \cdot \lg 3$
Ordnen:	$x \cdot \lg 13 - x \cdot \lg 3 = \lg 2 + 2 \cdot \lg 13$
Ausklammern:	$x \cdot (\lg 13 - \lg 3) = \lg 2 + 2 \cdot \lg 13$
Durch (lg 13 − lg 3) dividieren:	$x = \dfrac{\lg 2 + 2 \cdot \lg 13}{\lg 13 - \lg 3}$
	$x \approx 3{,}9712$
Tastfolge mit dem Taschenrechner:	2 log + 2 × 13 log = ÷ (13 log − 3 log) = 3.971151
Probe:	$T_1(3{,}9712) = 13^{3{,}9712-2} = 13^{1{,}9712} \approx 156{,}97$[1] $T_2(3{,}9712) = 2 \cdot 3^{3{,}9712} = 2 \cdot 78{,}48 \approx 156{,}96$[1]

Aufgaben

3 a) $1{,}04^x = 1{,}5$ b) $1{,}045^x = 2$ c) $1{,}055^x = 2{,}5$

4 a) $1\,800 \cdot 1{,}04^x = 3\,450$ b) $950 \cdot 1{,}05^x = 1\,625$ c) $1\,685 \cdot 1{,}0525^x = 3\,560$

5 a) $7^x = 5^{x+1}$ b) $3^x = 4^{x-1}$ c) $7^{2x} = 10^{x+2}$

6 a) $0{,}7^x = 0{,}2401$ b) $0{,}45^x = 0{,}0911$ c) $0{,}52^x = 0{,}038$

7 a) $0{,}95^x = 0{,}6124 \cdot 1{,}4$ b) $0{,}28^x = 0{,}058 \cdot 0{,}106$ c) $0{,}165^x = \dfrac{0{,}0226}{0{,}83}$

8 a) $10 \cdot 6^x = 3 \cdot 5^{x+1}$ b) $24 \cdot 3^{x-1} = 13{,}5 \cdot 2^{x+1}$ c) $5^{x+2} \cdot 12{,}5 = 4^{x+1} \cdot 32$

13.7 Wachstumsprozesse

Beispiel mit Lösung

Aufgabe: Ein Produzent von Computerteilen hatte im ersten Jahr der Herstellung einen Umsatz von $a = 1000$ Tsd. EUR (1 Million EUR) und erzielte in den folgenden vier Jahren einen jährlichen Umsatzzuwachs von 20%.

a) Stellen sie die Funktionsgleichung y Tsd. EUR Umsatz nach x Jahren auf!
b) Wie viel Tsd. EUR betrug der Umsatz nach 4 Jahren?
c) Zeichnen Sie den Graphen der Funktion! 1 Jahr ≙ 1 cm;

[1] Die Differenz entsteht durch das Runden der Zahlen.

Lösung:

a) jährlicher Umsatzzuwachs 20 % = 0,2;
jährlicher Wachstumsfaktor $b = 1{,}2$

nach 0 Jahren: (Anfangsjahr)	1 000 Tsd. EUR
nach 1 Jahr:	1 000 Tsd. EUR $\cdot$ 1,2
nach 2 Jahren:	1 000 Tsd. EUR $\cdot 1{,}2 \cdot 1{,}2 =$ 1 000 Tsd. EUR $\cdot 1{,}2^2$
nach 3 Jahren:	1 000 Tsd. EUR $\cdot 1{,}2^2 \cdot 1{,}2 =$ 1 000 Tsd. EUR $\cdot 1{,}2^3$
nach 4 Jahren:	1 000 Tsd. EUR $\cdot 1{,}2^3 \cdot 1{,}2 =$ 1 000 Tsd. EUR $\cdot 1{,}2^4$
nach x Jahren:	1 000 Tsd. EUR $\cdot 1{,}2^x$

Funktionsgleichung: $y = 1000 \cdot 1{,}2^x$
Allgemeine Form der Funktionsgleichung: $y = a \cdot b^x$

b) Umsatz nach 4 Jahren: $y = 1000 \cdot 1{,}2^4 = 2073{,}6$;
2 073,6 Tsd. EUR = 2 073 600 EUR

c)

x	0	1	2	3	4
$1000 \cdot 1{,}2^x$	1000	1200	1440	1728	2073,6

Bachte: $1{,}2^0 = 1$

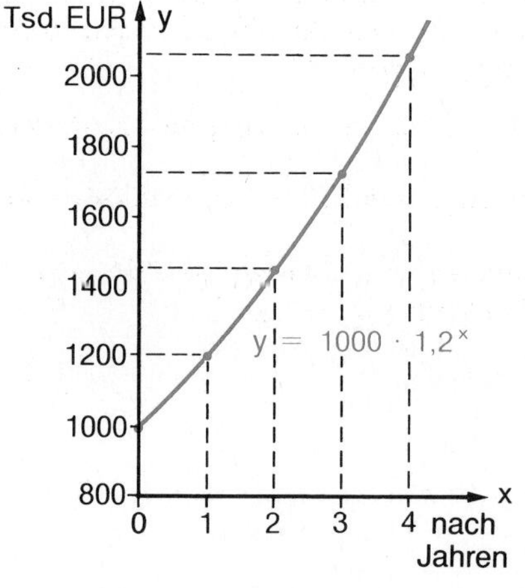

Abb. 172

> **Merke** Wachstumsprozesse mit dem Anfangswert a und dem konstanten Wachstumsfaktor b führen auf eine Funktionsgleichung der Form $y = a \cdot b^x$, durch die die Exponentialfunktion $f\colon x \mapsto a \cdot b^x$ festgelegt wird. $a \in \mathbb{R}^*$, $b \in \mathbb{R}^*_+$, $x \in \mathbb{N}$

Aufgaben

1 Eine Großhandlung erzielte einen Jahresumsatz von 2 Millionen EUR. In den nächsten fünf Jahren rechnet man mit einem jährlichen Umsatzzuwachs von 8 %.
a) Wie lautet die Funktionsgleichung y Tsd. EUR Umsatz nach x Jahren?
b) Berechnen Sie den Umsatz in Tsd. EUR, der nach 5 Jahren erwartet wird!
c) Zeichnen Sie den Graphen der Funktion! 1 Jahr ≙ 1 cm; 100 Tsd.EUR ≙ 1 cm. Beginnen Sie die Teilung der y-Achse mit 1 800 Tsd. EUR!

2 Ein Verlustvortrag von 500 Tsd. EUR (negativer Wert) soll in den nächsten 8 Jahren um jährlich 10 % des jeweiligen Restverlustvortrages gekürzt werden.
a) Bestimmen Sie die Funktionsgleichung y Tsd. EUR Restverlust nach x Jahren!
b) Wie viel Tsd. EUR beträgt der Restverlust nach 8 Jahren?
c) Zeichnen Sie die Verlustkurve! 1 Jahr ≙ 1 cm; −50 Tsd. EUR ≙ 1 cm.

3 Die Bevölkerung eines afrikanischen Staates betrug 1990 4,5 Millionen Einwohner. Die jährliche Zuwachsrate liegt bei 4 %.
a) Stellen Sie die Funktionsgleichung y Mio. Einwohner nach x Jahren auf!
b) Mit welcher Einwohnerzahl ist im Jahr 2000 und im Jahr 2010 zu rechnen, wenn sich der Wachstumsfaktor nicht ändert?

4 Der Umsatz eines Großhandelsbetriebes verdoppelte sich von 4 Mio. EUR auf 8 Mio. EUR. Der durchschnittliche jährliche Wachstumsfaktor betrug 8 %.
a) Bestimmen Sie die Funktionsgleichung y Mio. EUR Umsatz nach x Jahren!
b) Nach wie viel Jahren hatte sich der Umsatz verdoppelt?

5 In 1 cm^3 Flqssigkeit werden 2 000 Keime festgestellt. Nach jeweils einer Stunde verdoppelt sich die Anzahl der Keime.
a) Wie lautet die Funktionsgleichung y Keime nach x Stunden?
b) Nach wie viel Stunden ist die Anzahl der Keime auf das Hundertfache des ursprünglichen Wertes gestiegen?

6 Ein Biologe züchtet Bakterien, die sich auf einem Nährboden in einer Stunde verdoppeln.
a) Wie viel Bakterien sind nach 24 Stunden vorhanden, wenn mit drei Bakterien begonnen wird?
b) Nach wie viel Stunden ist die Anzahl der Bakterien auf das Tausendfache der ursprünglichen Zahl gestiegen?

14 Geometrische Folgen und Reihen

14.1 Festlegung von Folgen durch Funktionen

Beispiel mit Lösung

Aufgabe:

Ordnen Sie mithilfe eines Pfeildiagramms den ersten fünf Zahlen aus der Menge $\mathbb{N}^*$ ihr Quadrat zu!

Wie lautet die Funktion f?

Lösung:

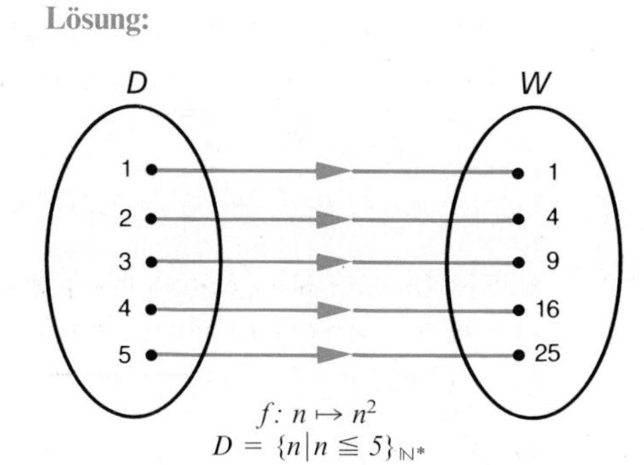

$f\colon n \mapsto n^2$
$D = \{n \mid n \leqq 5\}_{\mathbb{N}^*}$

Abb. 174

Ordnet man den natürlichen Zahlen 1, 2, 3, … der Reihe nach die Werte $a_1, a_2, a_3, \ldots, a_n$ zu, so bilden diese Werte eine **Zahlenfolge**. Die einzelnen Zahlen der Folge heißen **Glieder** der Folge. a_1 ist das erste Glied, a_2 das zweite Glied, a_n das n-te Glied.

Ist die Anzahl der Glieder begrenzt, so liegt eine **endliche Folge** vor, andernfalls eine **unendliche Folge**.

Die Glieder der Folge sind eine Funktion f der natürlichen Zahlen; $f\colon n \mapsto a_n$, $n \in \mathbb{N}^*$. Jedem Element n des Definitionsbereiches $D = \{n \mid n \in \mathbb{N}^*\}$ wird in der Reihenfolge der natürlichen Zahlen genau ein Element a_n des Wertebereiches W zugeordnet. Die Funktionswerte bezeichnet man also mit a_n.

Für die Zahlenfolge von n-Gliedern verwendet man die Bezeichnung (a_n). Im obigen Beispiel ist $a_1 = 1$, $a_2 = 4$, $a_n = a_5 = 25$, $(a_n) = (a_5) = 1, 4, 9, 16, 25$.

Definition 174

Durch Funktionen der Form $n \mapsto a_n$, $n \in \mathbb{N}^*$, werden Zahlenfolgen festgelegt. Die Elemente einer Zahlenfolge (a_n) heißen Glieder der Folge. Die Glieder werden mit $a_1, a_2, a_3, \ldots, a_n$ nummeriert.

Beispiel mit Lösung

Aufgabe: Geben Sie die Folge (a_n) an, die durch die Funktion $n \mapsto a_n$; $a_n = 2n + 3$, $D = \{n|n \leqq 6\}_{\mathbb{N}^*}$ festgelegt ist! Bestimmen Sie a_1, a_3, a_6!

Lösung: $(a_n) = (a_6) = 5, 7, 9, 11, 13, 15 \quad a_1 = 5;\ a_3 = 9;\ a_6 = 15$

Aufgaben

1 Geben Sie die Folgen (a_n) an, die durch nachstehende Funktionen $n \mapsto a_n$, $n \in \mathbb{N}^*$, festgelegt sind! Welche Folgen sind endlich, welche unendlich? Bestimmen Sie bei den endlichen Folgen a_1, a_3 und das letzte Glied a_n!

a) $n \mapsto a_n;\ a_n = 3n + 2;$ $\quad D = \{n|n \leqq 8\}_{\mathbb{N}^*}$

b) $n \mapsto a_n;\ a_n = \frac{1}{n};$ $\quad D = \mathbb{N}^*$

c) $n \mapsto a_n;\ a_n = n^2 + 1;$ $\quad D = \{n|n \leqq 5\}_{\mathbb{N}^*}$

d) $n \mapsto a_n;\ a_n = \frac{n+3}{2};$ $\quad D = \{n|n \leqq 6\}_{\mathbb{N}^*}$

e) $n \mapsto a_n;\ a_n = 3 - 2n;$ $\quad D = \mathbb{N}^*$

f) $n \mapsto a_n;\ a_n = \frac{n}{n+1};$ $\quad D = \{n|n \leqq 4\}_{\mathbb{N}^*}$

2 Geben Sie zu den nachstehenden Folgen (a_n) jeweils die zugrunde liegende Funktion $n \mapsto a_n$ mit Definitionsbereich D an!

a) $(a_n) = 3, 4, 5, 6, \ldots$

b) $(a_n) = 3, 5, 7, 9, 11$

c) $(a_n) = 0, 3, 8, 15$

d) $(a_n) = \frac{1}{2}, \frac{1}{3}, \frac{1}{4}, \frac{1}{5}, \ldots$

e) $(a_n) = 1, 0, -1, -2, -3, \ldots$

f) $(a_n) = \frac{1}{3}, \frac{2}{4}, \frac{3}{5}, \frac{4}{6}, \frac{5}{7}$

14.2 Geometrische Folgen

Beispiel mit Lösung

Aufgabe: Stellen Sie bei den nachstehenden Folgen fest, durch welche Rechenoperation jedes Glied aus dem vorhergehenden entsteht!

a) $(a_n) = 2, 6, 18, 54$ $\quad$ b) $(a_n) = 4, 2, 1, \frac{1}{2}, \frac{1}{4}, \frac{1}{8}$ $\quad$ c) $(a_n) = 5, -10, 20, -40, 80$

Lösung: Jedes Glied einer Folge entsteht aus dem vorhergehenden durch Multiplikation mit derselben Zahl. Diese Zahl bezeichnet man mit q.

Es ist $\quad$ a) $q = 3$, $\quad$ b) $q = \frac{1}{2}$, $\quad$ c) $q = -2$

Eine Folge, bei der jedes Glied aus dem vorhergehenden durch Multiplikation mit derselben Zahl q entsteht ($q \neq 0$), heißt **geometrische Folge**. Die Zahl q erhält man, wenn ein Glied durch das vorhergehende geteilt wird, zum Beispiel $\frac{54}{18} = 3$, $\frac{18}{6} = 3$, $\frac{6}{2} = 3$. Man nennt die Zahl q deshalb den **Quotienten** der geometrischen Folge.

Definition 176

Eine Zahlenfolge heißt geometrische Folge, wenn der Quotient q aus einem Glied und seinem vorhergehenden Glied konstant ist ($q \neq 0$).

Bei $a_1 > 0$ und $q > 1$ steigt die Folge, bei $0 < q < 1$ fällt sie. Ist $q < 0$, so haben die Glieder wechselnde Vorzeichen; man spricht von einer alternierenden[1] Folge. Bei $q = 1$ hat die Folge gleiche Glieder, für $q = 0$ ist sie nicht definiert.

In der geometrischen Folge $(a_n) = 2, 6, 18, 54$ besteht die Beziehung $2 : 6 = 6 : 18$, $6 : 18 = 18 : 54$. Allgemein gilt $a : b = b : c \Leftrightarrow b^2 = ac \Leftrightarrow b = \sqrt{ac}$. In einer geometrischen Folge ist somit jedes Glied das geometrische Mittel aus den beiden benachbarten Gliedern. Aus dieser Eigenschaft leitet man die Bezeichnung „geometrische Folge" ab.

Beispiele: $(a_n) = 3, 6, 12, 24, 48$

a) $3, 6, 12;\ \sqrt{3 \cdot 12} = 6$ b) $6, 12, 24;\ \sqrt{6 \cdot 24} = 12$ c) $12, 24, 48;\ \sqrt{12 \cdot 48} = 24$

Eine geometrische Folge mit dem Anfangsglied a_1 und dem Quotienten q hat die Form

a_1,	a_1q,	a_1q^2,	a_1q^3,	...,	a_1q^{n-1}
1. Glied,	2. Glied,	3. Glied,	4. Glied,	...,	n-tes Glied

Beachte: Das letzte oder n-te Glied ist $a_n = a_1q^{n-1}$

Satz 176

Eine geometrische Folge hat die Form $(a_n) = a_1, a_1q, a_1q^2, a_1q^3, \ldots, a_1q^{n-1}$.
Das n-te Glied einer geometrischen Folge ist $a_n = a_1q^{n-1}$.

Beispiel mit Lösung

Aufgabe: Von einer geometrischen Folge sind gegeben $a_1 = 16$; $q = 1{,}5$; $n = 5$. Wie heißt die Folge?

Lösung: $(a_n) = (a_5) = a_1, a_1q, a_1q^2, a_1q^3, a_1q^4$

$(a_n) = (a_5) = 16, 16 \cdot 1{,}5, 16 \cdot 1{,}5^2, 16 \cdot 1{,}5^3, 16 \cdot 1{,}5^4$

$(a_n) = (a_5) = 16, 24, 36, 54, 81$

[1] alternare (lat.), abwechseln

Aufgaben

1 Geben Sie die geometrische Folge (a_n) an!

a) $a_1 = 2, q = 4, n = 6$ b) $a_1 = -3, q = 2, n = 7$

c) $a_1 = 1\,000; q = 1{,}1; n = 4$ d) $a_1 = 81, q = \frac{1}{3}, n = 8$

e) $a_1 = 1, q = -3, n = 5$ f) $a_1 = 8, q = -\frac{1}{2}, n = 7$

2 Von einer geometrischen Folge sind nachstehende Glieder bekannt. Geben Sie die unendliche Folge (a_n) an!

a) $a_2 = 10, a_3 = 50$ b) $a_3 = 36, a_4 = 108$ c) $a_2 = 32, a_3 = 16$

d) $a_1 = 2, \; a_3 = 18$ e) $a_2 = 4, \; a_4 = 64$ f) $a_1 = 3, \; a_3 = \frac{1}{3}$

3 Es ist $a_n = a_1 q^{n-1}$. Berechnen Sie aus drei gegebenen Größen die vierte Größe! $q > 0$.

	a)	b)	c)	d)	e)	f)	g)	h)
erstes Glied a_1	5	1 000	?	?	3	256	7	20 000
letztes Glied a_n	?	?	768	243	375	16	896	162
Quotient q	3	0,2	4	$\frac{3}{2}$	?	?	2	0,3
Anzahl n der Glieder	7	5	5	6	4	3	?	?

4 Schalten Sie zwischen je zwei Glieder der geometrischen Folge $(a_n) = \frac{3}{8}, 3, 24, 192, \ldots$ zwei neue Glieder so ein, dass wieder eine geometrische Folge entsteht! Wie heißt die Folge?

5 a) Wie viel Zweierpotenzen mit Exponenten aus $\mathbb{N}^*$ liegen zwischen 1 und 300 000?
b) Wie viel Potenzen mit der Basis 3 und mit Exponenten aus $\mathbb{N}^*$ liegen zwischen 1 000 und 1 000 000?

6 Vom wievielten Glied sind die Glieder der Folge
a) $(a_n) = 4, 12, 36, \ldots$ größer als 10^6;
b) $(a_n) = 300, 150, 75, \ldots$ kleiner als 10^{-3}?

7 Eine Biologin züchtet Bakterien, die sich auf einem Nährboden in einer Stunde verdoppeln. Wie viel Bakterien sind nach 24 Stunden vorhanden, wenn mit drei Bakterien begonnen wird?

8 Der Umsatz einer Lebensmittelgroßhandlung beträgt 1 200 000,00 EUR. Wie groß ist der voraussichtliche Umsatz im 5. Jahr, wenn im Jahresdurchschnitt mit einer Zunahme von 10 % gerechnet wird?

9 Der Umsatz einer Elektrogroßhandlung hat sich in den letzten 10 Jahren von 1 500 000,00 EUR auf 3 000 000,00 EUR verdoppelt.

a) Wie viel Prozent betrug im Durchschnitt die Jahreszunahme?
b) Wie viel Prozent beträgt die jährliche Zunahme, wenn der Umsatz sich in 7 Jahren verdoppelt?

Auch geometrische Folgen werden durch die Funktion $n \mapsto a_n$, $n \in \mathbb{N}^*$, festgelegt. Die Funktionsgleichung lautet $a_n = a_1 q^{n-1}$ $(q > 0)$.

Da die Variable n im Exponenten steht, ist diese Funktionsgleichung eine Exponentialgleichung (vgl. Seite 170), die Funktion selbst eine **Exponentialfunktion**.

Satz 178

> Geometrische Folgen werden durch die Exponentialfunktion $n \mapsto a_n$ mit der Gleichung $a_n = a_1 q^{n-1}$, $n \in \mathbb{N}^*$, $q > 0$, festgelegt.

Beispiel mit Lösung

Aufgabe:: Von einer geometrischen Folge sind gegeben $a_1 = \frac{1}{2}$, $q = 2$.

Geben Sie die geometrische Folge (a_n) an! Bestimmen Sie die zugrunde liegende Funktionsgleichung und zeichnen Sie den Graphen der Funktion mit $D = \{n | n \leqq 4\}_{\mathbb{N}^*}$!

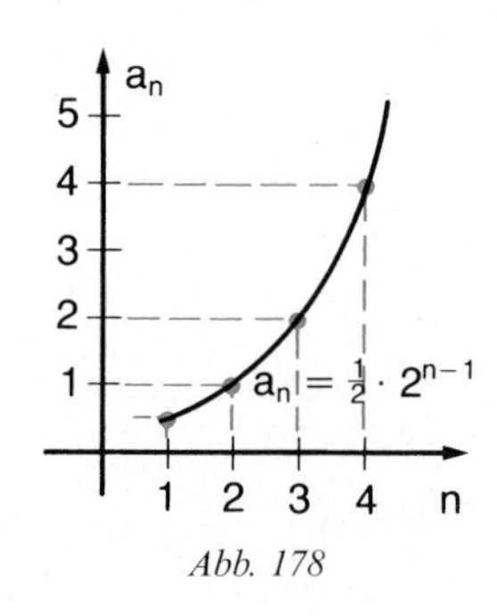

Abb. 178

Lösung: $(a_n) = \frac{1}{2}, 1, 2, 4, \ldots$

$n \mapsto a_n; \quad a_n = a_1 q^{n-1}$

$n \mapsto a_n; \quad a_n = \frac{1}{2} \cdot 2^{n-1}$

Beachte: $q^{1-1} = q^0 = 1$

Der Graph der Funktion besteht aus vier Bildpunkten, die auf einer Exponentialkurve liegen.

Aufgaben

10 Von einer geometrischen Folge sind a_1 und q bekannt. Geben Sie die ersten vier Glieder der Folge (a_n) an, bestimmen Sie die zugrunde liegende Funktionsgleichung und zeichnen Sie den Graphen der Funktion mit $D = \{n | n \leqq 4\}_{\mathbb{N}^*}$!

a) $a_1 = \frac{1}{3}$, $q = 3$ b) $a_1 = 2$, $q = 1{,}5$ c) $a_1 = -1$, $q = 1{,}8$

d) $a_1 = 5$, $q = 1{,}2$ e) $a_1 = 4$, $q = \frac{1}{2}$ f) $a_1 = 3$, $q = \frac{1}{3}$

14.3 Geometrische Reihen

Die nicht ausgerechnete Summe s_n der Glieder einer geometrischen Folge nennt man **geometrische Reihe**.

Unterscheide: Geometrische Folge $(a_n) = (a_6) = 4, 12, 36, 108, 324, 972$

Geometrische Reihe $s_6 = 4 + 12 + 36 + 108 + 324 + 972$

Beispiel mit Lösung

Aufgabe: Bestimmen Sie die Summe der geometrischen Reihe $s_6 = 4 + 4 \cdot 3 + 4 \cdot 3^2 + 4 \cdot 3^3 + 4 \cdot 3^4 + 4 \cdot 3^5$!

a) Geben Sie die Glieder an und addieren Sie dann die Glieder der Reihe!
b) Schreiben Sie die Reihe in ihrer ursprünglichen Form auf! Multiplizieren Sie jedes Glied der Reihe mit $q = 3$ und schreiben Sie die neu entstehende Reihe so unter die ursprüngli-

che Reihe, dass das erste Glied der neuen Reihe unter dem zweiten Glied der ursprünglichen Reihe, das zweite Glied der neuen Reihe unter dem dritten Glied der ursprünglichen Reihe usw. steht. Subtrahieren Sie die ursprüngliche Reihe von der neuen Reihe und bestimmen Sie s_6!
Welche Summenformel erhält man bei Einsetzung von a_1 für 4, q für 3, n für 6?

Lösung:

a) $$s_6 = 4 + 12 + 36 + 108 + 324 + 972 = \underline{\underline{1456}}$$

b) $$s_6 = 4 + 4 \cdot 3 + 4 \cdot 3^2 + 4 \cdot 3^3 + 4 \cdot 3^4 + 4 \cdot 3^5$$
$$3s_6 = 4 \cdot 3 + 4 \cdot 3^2 + 4 \cdot 3^3 + 4 \cdot 3^4 + 4 \cdot 3^5 + 4 \cdot 3^6$$

$$3s_6 - s_6 = -4 + 0 + 0 + 0 + 0 + 0 + 4 \cdot 3^6$$
$$3s_6 - s_6 = 4 \cdot 3^6 - 4$$
$$s_6(3 - 1) = 4(3^6 - 1)$$
$$s_6 = \frac{4(3^6 - 1)}{(3 - 1)}$$
$$s_6 = \frac{4(729 - 1)}{2}$$
$$s_6 = 2 \cdot 728$$
$$\underline{\underline{s_6 = 1456}}$$

Die Herleitung der Summenformel sieht so aus:

$$s_n = a_1 + a_1q + a_1q^2 + \cdots + a_1q^{n-1}$$
$$qs_n = a_1q + a_1q^2 + \cdots + a_1q^{n-1} + a_1q^n$$

$$qs_n - s_n = a_1q^n - a_1$$
$$s_n(q - 1) = a_1(q^n - 1)$$
$$s_n = \frac{a_1(q^n - 1)}{(q - 1)}$$. Diese Formel verwenden wir bei $|q| > 1$[1]

Für $0 < |q| < 1$ ist es empfehlenswert, den Klammerwert im Zähler und Nenner des Bruches mit (-1) zu multiplizieren, also den Bruch mit (-1) zu erweitern. Man erhält dann

$$s_n = \frac{a_1(1 - q^n)}{(1 - q)}$$. Diese Formel verwenden wir bei $0 < |q| < 1$[1].

Satz 179

Die Summe s_n einer geometrischen Reihe ist
$$s_n = \frac{a_1(q^n - 1)}{(q - 1)} \text{ für } |q| > 1; \quad s_n = \frac{a_1(1 - q^n)}{(1 - q)} \text{ für } 0 < |q| < 1$$

[1] $|q|$ ist der Betrag von q. $|q|$ ist stets positiv.
Beispiele: $|-2| = 2$, $|2| = 2$, $|-\frac{1}{2}| = \frac{1}{2}$, $|\frac{1}{2}| = \frac{1}{2}$

Beispiel mit Lösung

Aufgabe: Bestimmen Sie a_9 und s_9 der geometrischen Folge $(a_n) = 3{,}5;\ 7;\ 14;\ \ldots$!

Lösung: $q = \frac{a_2}{a_1} = \frac{7}{3{,}5} = 2;\ a_1 = 3{,}5;\ n = 9;$

$a_n = a_1 q^{n-1};\quad a_9 = a_1 q^{9-1} = 3{,}5 \cdot 2^8 = 3{,}5 \cdot 256 = 896$

$s_n = \frac{a_1(q^n - 1)}{(q-1)};\quad s_9 = \frac{a_1(q^9 - 1)}{(q-1)} = \frac{3{,}5(2^9 - 1)}{(2-1)} = 3{,}5 \cdot 511 = 1788{,}5$

Unterscheide q^{n-1} und $q^n - 1$!

Aufgaben

1 Berechnen Sie a_n und s_n der nachstehenden geometrischen Folgen!

a) $(a_n) = 2, 6, 18, \ldots$ für $n = 8$
b) $(a_n) = 0{,}5;\ 2;\ 8;\ \ldots$ für $n = 7$
c) $(a_n) = 24, 12, 6, \ldots$ für $n = 6$
d) $(a_n) = 3, -6, 12, \ldots$ für $n = 10$

2 Berechnen Sie aus drei gegebenen Größen die jeweils fehlenden zwei Größen!

	a)	b)	c)	d)	e)	f)	g)	h)
erstes Glied a_1	?	?	3	64	2	1,5	?	?
letztes Glied a_n	?	?	?	?	486	384	320	12500
Quotient q	3	$\frac{1}{2}$	2	1,5	?	?	2	5
Anzahl n der Glieder	8	6	?	?	?	?	?	?
Summe s_n der Reihe	13120	157,5	765	1330	728	511,5	637,5	15624

3 Fügen Sie zwischen zwei Zahlen weitere Zahlen so ein, dass eine geometrische Folge entsteht! Wie heißt die Folge und wie groß ist die Summe der Reihe?

a) 4 Zahlen zwischen 3 und 3072,
b) 5 Zahlen zwischen 6 und 4374,
c) 5 Zahlen zwischen 768 und 12,
d) 3 Zahlen zwischen 567 und 7

4 Das vierte Glied einer geometrischen Folge ist $a_4 = 135$, das siebente Glied $a_7 = 3645$. Wie heißt die Folge (a_7) und wie groß ist die Summe s_7 der Reihe?

5 In einer geometrischen Folge stehen das zweite und fünfte Glied im Verhältnis 1 : 8, das dritte und vierte Glied bilden die Summe 108. Bestimmen Sie die Folge und berechnen Sie die Summe der ersten sechs Glieder!

6 Das zweite Glied einer geometrischen Folge ist um 14 größer als das erste Glied, das vierte Glied um 126 größer als das dritte. Wie heißt die Folge und wie groß ist die Summe der ersten fünf Glieder? $q > 0$.

7 Eine Rakete steigt in der ersten Sekunde 2,5 m, in der zweiten 5 m, in der dritten 10 m usw. Nach 16 Sekunden hört die Beschleunigung auf. Welche Geschwindigkeit hat die Rakete nach 16 Sekunden erreicht und welche Strecke hat sie bis dahin zurückgelegt?

8 Der Erfinder des Schachspiels soll sich als Belohnung vom indischen König für das erste der 64 Felder ein Weizenkorn, für das zweite zwei Körner, für das dritte vier Körner usw. erbeten haben.

a) Wie viel Weizenkörner hätte er bekommen müssen?
b) Wie viel t wiegt die Gesamtmenge, wenn 20 000 Körner 1 kg wiegen?
c) Wie viel Menschen könnte man ihr Leben lang ernähren, wenn man annimmt, dass ein Mensch im Laufe seines Lebens 20 t Weizen verbraucht?

9 Diese Aufgabe soll das lawinenhafte Ansteigen der Absatzzahlen beim Verkauf nach dem gesetzlich verbotenen Schneeballsystem veranschaulichen: Ein Kaufmann verspricht dem Käufer eines Taschenrechners die Erstattung des Kaufpreises, wenn der Käufer fünf weitere Abnehmer eines Taschenrechners wirbt. Im ersten Monat gewinnt der Kaufmann 20 Käufer, die im zweiten Monat je fünf weitere Käufer finden. Im dritten Monat gewinnen die bisherigen Käufer je fünf weitere Abnehmer usw.

a) Wie viel Taschenrechner wären in den ersten 6 Monaten zu liefern?
b) Nach wie viel Monaten hätte der Kaufmann 1,9 Millionen oder mehr Kunden?
c) Wie groß wäre der Kundenstamm nach 10 Monaten?

10 Ein Ball fällt aus 121,5 m Höhe. Nach jedem Aufschlag steigt er auf $\frac{2}{3}$ der vorhergehenden Höhe. Welche Höhe erreicht er nach dem 5. Aufschlag und welche Strecke hat er bis zum 6. Aufschlag zurückgelegt?

15 Zinseszinsrechnung

Bei der Zinseszinsrechnung werden die Zinsen am Ende eines Zeitabschnittes nicht ausbezahlt, sondern dem Kapital zugeschlagen. Das neue erhöhte Kapital bildet die Grundlage für die Berechnung der Zinsen im folgenden Zeitabschnitt, die dann abermals dem Kapital zugeschlagen werden. Die Berechnung und der Zuschlag der Zinsen erfolgt in der Regel am Ende des Zeitabschnittes, meist am Jahresende. Die nachträgliche Berechnung der Zinsen heißt dekursive oder nachschüssige Verzinsung.

15.1 Berechnung des Endkapitals bei jährlichen Zeitabständen

Beispiel mit Lösung

Aufgabe: Auf welchen Betrag wachsen 3 000,00 EUR in 4 Jahren bei einem Zinssatz von 6 % an, wenn die Zinsen am Ende eines Jahres dem jeweiligen Kapital zugeschlagen werden? Wie groß ist das Kapital nach n Jahren?

Lösung:

Gegeben: Anfangskapital $K_0 = 3000$, Zinssatz $p\,\% = 6\,\%$, Anzahl der Jahre $n = 4$.

Gesucht: Endkapital K_4 nach 4 Jahren

Kapital am Ende

1. Jahr $K_1 = K_0 + K_0 \cdot \frac{p}{100} = K_0 \cdot \left(1 + \frac{p}{100}\right) = K_0 \cdot q \quad \left(1 + \frac{p}{100} = q\right)$

2. Jahr $K_2 = K_1 + K_1 \cdot \frac{p}{100} = K_1 \cdot \left(1 + \frac{p}{100}\right) = K_1 \cdot q = (K_0 \cdot q) \cdot q = K_0 \cdot q^2$

3. Jahr $K_3 = K_2 + K_2 \cdot \frac{p}{100} = K_2 \cdot \left(1 + \frac{p}{100}\right) = K_2 \cdot q = (K_0 \cdot q^2) \cdot q = K_0 \cdot q^3$

4. Jahr $K_4 = K_3 + K_3 \cdot \frac{p}{100} = K_3 \cdot \left(1 + \frac{p}{100}\right) = K_3 \cdot q = (K_0 \cdot q^3) \cdot q = K_0 \cdot q^4$

Zusammenfassung:

$K_1 = K_0 \cdot q$

$K_2 = K_0 \cdot q^2$

$K_3 = K_0 \cdot q^3$

$K_4 = K_0 \cdot q^4$

…

$K_n = K_0 \cdot q^n$

$K_4 = K_0 \cdot q^4$ $\qquad K_4 = 3000 \cdot 1{,}06^4$

$K_4 = K_0 \cdot \left(1 + \frac{p}{100}\right)^4$ $\qquad K_4 = 3000 \cdot 1{,}262477$[1]

$K_4 = 3000 \cdot (1 + 0{,}06)^4$ $\qquad \underline{\underline{K_4 = 3787{,}43}}$

Tastfolge mit dem Taschenrechner[2]:

3000	×	1.06	x^y	4	=	3787.430

Ergebnis: 3 787,43 EUR Endkapital

> **Merke**
>
> Zinsenszinsformel $K_n = K_0 \cdot q^n$ $\qquad$ Aufzinsungsfaktor $q^n = \left(1 + \frac{p}{100}\right)^n$

Aufgaben

1 Es ist $q = 1 + \frac{p}{100}$. Bestimmen Sie den Aufzinsungsfaktor q, wenn p gegeben ist!

a) $p = 3$ b) $p = 7$ c) $p = 10$ d) $p = 4{,}5$

e) $p = 6{,}5$ f) $p = 5{,}25$ g) $p = 7{,}75$ h) $p = 8\frac{1}{3}$

2 Wie groß ist p, wenn der Aufzinsungsfaktor q gegeben ist?

a) $q = 1{,}04$ b) $q = 1{,}055$ c) $q = 1{,}0675$ d) $q = 1{,}07\bar{6}$

3 Bestimmen Sie mithilfe des Taschenrechners den Aufzinsungsfaktor q^n!

a) $p = 4;\ n = 15$ b) $p = 5{,}5;\ n = 12$ c) $p = 7{,}25;\ n = 22$

d) $p = 8{,}5;\ n = 18$ e) $p = 8;\ n = 34$ f) $p = 9{,}5;\ n = 45$

4 Auf welchen Betrag K_n wächst ein Kapital von K_0 bei p % Zinseszinsen in n Jahren an?

a) $K_0 = 6000;\ p = 5;\ n = 10$ b) $K_0 = 8500;\ p = 6{,}5;\ n = 15$

c) $K_0 = 10000;\ p = 7{,}75;\ n = 8$ d) $K_0 = 5000;\ p = 4{,}5;\ n = 40$

5 Auf welchen Betrag würde ein Cent bei 2 % Zinseszinsen bis zum Jahre 2000 anwachsen, wenn er im Jahre 1000 angelegt worden wäre?

6 Ein Vater legt bei der Geburt seines Sohnes 4000,00 EUR als Ausbildungsbeihilfe auf Zinseszins an. Der Betrag wird 10 Jahre lang mit 5,5 %, dann bis zur Vollendung des 18. Lebensjahres mit 6,5 % verzinst. Welcher Betrag steht nach 18 Jahren zur Verfügung?

[1] Die Berechnung des Aufzinsungsfaktors 1,262477 bis zu 6 Stellen nach dem Komma ist mit dem Taschenrechner auszuführen, dessen Anwendung nach den Lehrplänen vorgesehen ist. Aus diesem Grund wird auf die Verwendung finanzmathematischer Tabellenwerte verzichtet.

[2] Die aufgezeichneten Tastfolgen wurden anhand eines „Casio"-Taschenrechners vorgenommen. Abweichungen gegenüber Rechnern anderer Hersteller sind möglich.

7 Herr Kluge legt 8 000,00 EUR zu 7,25 % Zinseszinsen an. Nach Ablauf von 5 Jahren verringert er das Guthaben um 4 352,00 EUR und legt den Restbetrag noch weitere 5 Jahre zu 7,75 % Zinseszinsen an. Wie viel EUR beträgt das Endkapital nach insgesamt 10 Jahren?

8 Herr Glücklich erbt mit 40 Jahren 20 000,00 EUR. Er legt diesen Betrag 25 Jahre lang zu 7 % Zinseszinsen an. Nach 25 Jahren lässt er sich jeweils am Ende der folgenden Jahre die Zinsen als zusätzliche Rente auszahlen. Wie viel EUR beträgt diese Jahresrente?

9 a) Stellen Sie die Funktionsgleichung y EUR Endkapital nach n Jahren bei p% Zinseszinsen auf für (1) $p = 6$, (2) $p = 8$, (3) $p = 10$!
b) Zeichnen Sie in ein gemeinsames Achsenkreuz die Graphen der Funktionen $n \mapsto f(n)$, die durch die drei Funktionsgleichungen von a) festgelegt sind! $D = \{n | 0 \leqq n \leqq 20\}_{\mathbb{N}}$, Teilung der n-Achse: 2 Jahre $\hat{=}$ 1 cm, Teilung der y-Achse: 1 EUR $\hat{=}$ 2 cm.

15.2 Berechnung des Barwertes, des Zinssatzes und der Zeit bei jährlichen Zeitabständen

Das zu einem Endkapital K_n gehörende Anfangskapital K_0 bezeichnet man auch als Barwert oder Gegenwartswert des Kapitals K_n. Die Berechnung des Barwertes K_0 nennt man Diskontierung; das Kapital K_n wird um n Jahre diskontiert, abgezinst.

Beispiel mit Lösung

Aufgabe: Berechnen Sie den Barwert K_0 eines in 8 Jahren fälligen Kapitals von 100 000,00 EUR, das jährlich mit 7,5 % verzinst wird!

Lösung:

Gegeben: Endkapital $K_n = 100\,000$; Anzahl der Jahre $n = 8$; Zinssatz $p\% = 7{,}5\%$
Gesucht: Barwert K_0

Zinseszinsformel nach K_0 umformen:	$K_n = K_0 \cdot q^n$ $K_0 = \frac{K_n}{q^n}$
Gegebene Werte einsetzen:	$K_0 = \frac{100\,000}{1{,}075^8}$
Bruch ausrechnen:	$K_0 = \frac{100\,000}{1{,}783478}$
Ergebnis:	$\underline{\underline{K_0 = 56\,070{,}22}}$
Tastfolge mit dem Taschenrechner:	100000 ÷ 1.075 x^y 8 = 56070.223
Ergebnis:	Der Barwert K_0 beträgt 56 070,22 EUR

Die Berechnung des Barwertes K_0 kann auch mithilfe des Abzinsungsfaktors $v^n = \frac{1}{q^n}$ erfolgen. Statt $K_0 = \frac{K_n}{q_n}$ rechnet man $K_0 = K_n \cdot v^n$. Bei Einsatz des Taschenrechners bringt aber der Rechenweg mithilfe von Abzinsungsfaktoren keine Vorteile.

Aufgaben

1 Bestimmen Sie mithilfe des Taschenrechners den Abzinsungsfaktor $v^n = \frac{1}{q^n}$![1]

a) $p = 4{,}5;\ n = 12$ b) $p = 6{,}5;\ n = 20$ c) $p = 7{,}75;\ n = 18$
d) $p = 9{,}5;\ n = 8$ e) $p = 7{,}25;\ n = 30$ f) $p = 8{,}5;\ n = 35$

2 Berechnen Sie den Barwert K_0 eines in n Jahren fälligen Kapitals K_n, das jährlich mit p% verzinst wird!

a) $K_n = 30\,000;\ n = 10;\ p = 6{,}5$ b) $K_n = 75\,000;\ n = 12;\ p = 7{,}75$
c) $K_n = 20\,000;\ n = 6;\ p = 11$ d) $K_n = 125\,000;\ n = 15;\ p = 8{,}5$

3 Diskontieren Sie ein Kapital K_n um n Jahre auf den Barwert K_0 ab!

a) $K_n = 9\,500;\ n = 7;\ p = 6$ b) $K_n = 22\,800;\ n = 11;\ p = 7{,}25$
c) $K_n = 85\,000;\ n = 5;\ p = 9{,}5$ d) $K_n = 165\,000;\ n = 30;\ p = 5{,}5$

4 Für ihre Tochter legen die Eltern ein Sparkonto an, auf dem nach 18 Jahren 30 000,00 EUR angespart sein sollen. Welcher einmalige Betrag ist bei einem Zinssatz von 5,5 % einzuzahlen?

5 Der Verkäufer eines Grundstücks erhält zwei Angebote:
A zahlt sofort 150 000,00 EUR bar und nach 5 Jahren 240 000,00 EUR.
B will sofort 120 000,00 EUR bar und nach 3 Jahren 250 000,00 EUR zahlen.
Welches Angebot ist günstiger bei einer jährlichen Verzinsung von 6 %?

6 Ein Kapital K_0 wird 5 Jahre zu 6,5 % und danach 3 weitere Jahre zu 7 % verzinst. Nach Ablauf der 8 Jahre ist das Kapital auf 41 960,00 EUR angewachsen. Berechnen Sie K_0!

7 Die Kapitalbeteiligung an einem Unternehmen soll an folgenden Terminen eingezahlt werden: 150 000,00 EUR sofort, 80 000,00 EUR nach 2 Jahren, 100 000,00 EUR nach weiteren 2 Jahren und 120 000,00 EUR nach nochmaligen 2 Jahren. Wie viel EUR beträgt der Barwert der Beteiligung bei einem Zinssatz von 7,25 %?

8 Eine maschinelle Anlage wird zu einem Barpreis von 150 000,00 EUR zu folgenden Zahlungsbedingungen verkauft: 50 000,00 EUR Anzahlung, Rest in 2 gleich großen

[1] Bei Einsatz des Taschenrechners kann man auf die Bestimmung des Abzinsungsfaktors v^n verzichten. Man rechnet zweckmäßiger $K_0 = \frac{K_n}{q^n}$, statt $K_0 = K_n \cdot v^n$.

Raten einschließlich 5,5% Zinseszinsen. Die erste Rate ist nach 3 Jahren, die zweite Rate nach weiteren 2 Jahren fällig. Wie viel EUR beträgt eine Rate?
Hinweis zur Lösung: Bezeichnen Sie die zwei unterschiedlichen Barwerte der Raten mit K_0 und $(100\,000 - K_0)$!

Beispiel mit Lösung

Aufgabe: 15000,00 EUR Kapital wachsen bei einer Anlage zu Zinseszinsen in 10 Jahren auf 33915,00 EUR an. Wie viel Prozent beträgt der Jahreszinssatz?

Lösung:

Gegeben: $K_0 = 15\,000;\ n = 10;\ K_n = 33\,915$

Gesucht: Jahreszinssatz $p\,\%$

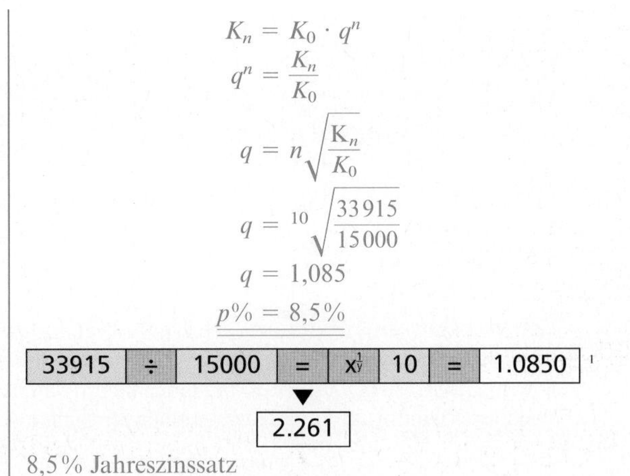

Zinseszinsformel nach q^n umformen:	$K_n = K_0 \cdot q^n$ $q^n = \frac{K_n}{K_0}$ $q = \sqrt[n]{\frac{K_n}{K_0}}$
Gegebene Werte einsetzen und q berechnen:	$q = \sqrt[10]{\frac{33\,915}{15\,000}}$ $q = 1{,}085$
$p\,\%$ bestimmen:	$p\,\% = 8{,}5\,\%$
Tastfolge mit dem Taschenrechner:	33915 ÷ 15000 = $x^{\frac{1}{y}}$ 10 = 1.0850 [1]
Ergebnis:	8,5% Jahreszinssatz

Aufgaben

9 Mit wie viel Prozent wird ein Kapital K_0 zu Zinseszinsen angelegt, wenn es in n Jahren auf das Kapital K_n anwächst?

a) $K_0 = 5000;\ n = 8;\ K_n = 9963$ b) $K_0 = 12\,000;\ n = 15;\ K_n = 30\,862$
c) $K_0 = 65\,000;\ n = 25;\ K_n = 352\,783$ d) $K_0 = 35\,800;\ n = 10;\ K_n = 73\,785$
e) $K_0 = 110\,000;\ n = 6;\ K_n = 189\,617$ f) $K_0 = 250\,000;\ n = 7;\ K_n = 421\,562$

[1] Die Taste $x^{\frac{1}{y}}$ ist gleich der Tastfolge INV x^y

10 Herr Wachter legt 17 500,00 EUR in Sparbriefen an und erhält nach 7 Jahren einschließlich Zinseszinsen 30 977,50 EUR ausbezahlt. Wie viel Prozent beträgt der Zinssatz?

11 Zu wie viel Prozent muss ein Kapital zu Zinseszinsen angelegt werden, damit es sich in

a) 12 Jahren verdoppelt,
b) 10 Jahren verdoppelt,
c) 8 Jahren verdoppelt,
d) 12 Jahren verdreifacht?

Beispiel mit Lösung

Aufgabe: Ein Kapital von 25 000,00 EUR wird zu 7,5 % Zinseszinsen angelegt. Nach wie viel Jahren beträgt das Kapital 44 586,00 EUR?

Lösung:

Gegeben: $K_0 = 25\,000$; $p = 7{,}5$; $K_n = 44\,586$
Gesucht: n Jahre

Zinseszinsformel nach n umformen:	$K_n = K_0 \cdot q^n$ $q^n = \frac{K_n}{K_0}$ $n = \frac{\lg K_n - \lg K_0}{\lg q}$
Gegebene Werte einsetzen:	$n = \frac{\lg 44\,586 - \lg 25\,000}{\lg 1{,}075}$
Logarithmen bestimmen:	$n = \frac{4{,}6492 - 4{,}3979}{0{,}0314}$
n berechnen:	$n = 8{,}00$

Tastfolge mit dem Taschenrechner:

44586	log	−	25000	log	=	÷	1.075	log	=	7.9997
	4.649198			4.397940				0.031408		

Ergebnis:	8 Jahre

Aufgaben

12 Nach wie viel Jahren wächst ein Kapital K_0 bei p % Zinseszinsen auf das Kapital K_n an?

a) $K_0 = 9000$; $p = 6$; $K_n = 21\,569$
b) $K_0 = 16\,000$; $p = 9$; $K_n = 29\,249$
c) $K_0 = 45\,000$; $p = 10$; $K_n = 72\,473$
d) $K_0 = 82\,000$; $p = 5{,}5$; $K_n = 155\,899$
e) $K_0 = 27\,500$; $p = 7{,}25$; $K_n = 48\,141$
f) $K_0 = 145\,000$; $p = 6{,}5$; $K_n = 272\,185$

13 Frau Fröhlich legt 17 000,00 EUR zu 8,5 % Zinseszinsen so lange an, bis das Kapital 30 000 EUR übersteigt. Wie viel Jahre muss Frau Fröhlich warten?

14 Nach wie viel Jahren verdoppelt sich ein auf Zinseszinsen angelegtes Kapital bei

a) 5% b) 7,5% c) 9% d) 10%?

15 Nach wie viel Jahren verdreifacht sich ein auf Zinseszinsen angelegtes Kapital bei

a) 6% b) 8% c) 10% d) 11%?

16 65 000,00 EUR sollen zu 7,75% Zinseszinsen so lange angelegt werden, bis das Kapital auf über 100 000,00 EUR anwächst. Nach wie viel Jahren ist dies der Fall?

17 Zur Finanzierung der späteren Ausbildung legen Eltern für ihren Sohn bei der Geburt einen einmaligen Betrag an, der nach 18 Jahren auf 50 000,00 EUR anwachsen soll. Wie viel EUR sind bei 6,5% Verzinsung anzulegen?

18 Ein EUR-Betrag K_0 wird 4 Jahre lang zu 7,5% und danach 6 weitere Jahre zu 8% angelegt. Nach 10 Jahren ist der angelegte Betrag auf 42 384,43 EUR angewachsen. Wie viel EUR sind angelegt worden?

19 Zur Beteiligung an einem Unternehmen sollen folgende Beträge an den aufgeführten Terminen eingezahlt werden: 180 000,00 EUR sofort, 120 000,00 EUR nach 2 Jahren und 150 000,00 EUR nach weiteren 3 Jahren. Berechnen Sie den Barwert der Beteiligung bei einem Zinssatz von 7,75%!

20 Der Barwert einer maschinellen Anlage beträgt 240 000,00 EUR. Es wird folgende Zahlungsbedingung vereinbart: 100 000,00 EUR Anzahlung, Rest in 2 gleich großen Raten einschließlich 6,25% Zinseszinsen. Die erste Rate nach 2 Jahren, die zweite Rate nach weiteren 2 Jahren fällig. Wie viel EUR beträgt eine Rate?
Hinweis zur Lösung: Bezeichnen Sie die zwei unterschiedlichen Barwerte der Raten mit K_0 und $(140\,000 - K_0)$!

21 Für in Sparbriefen angelegte 12 000,00 EUR werden nach 5 Jahren einschließlich Zinseszinsen 17 836,96 EUR ausbezahlt. Wie viel Prozent beträgt der Zinssatz?

22 Herr Walter legt 20 000,00 EUR zu 8,5% so lange an, bis das Kapital 50 000,00 EUR übersteigt. Nach wie viel Jahren ist das der Fall? Runden Sie auf volle Jahre auf und berechnen Sie das Endkapital!

16 Die degressive Abschreibung

Abschreibungen sind Aufwendungen für Wertminderungen der abnutzbaren Wirtschaftsgüter wie Gebäude, Maschinen, Fahrzeuge, Betriebs- und Geschäftsausstattung. Hauptursachen für die Abschreibungen sind Abnutzung durch den Gebrauch der Wirtschaftsgüter, technische und wirtschaftliche Überholung, Sonderabschreibungen nach dem Steuerrecht aus wirtschaftspolitischen Gründen.

Die Höhe der planmäßigen Abschreibung richtet sich nach der betriebsgewöhnlichen Nutzungsdauer des Wirtschaftsgutes. Aus der betriebsgewöhnlichen Nutzungsdauer ermittelt man den Abschreibungsprozentsatz. Nach der Art der Berechnung unterscheidet man die **lineare** und **degressive Abschreibung**.

Die lineare Abschreibung ergibt gleich große (konstante) Abschreibungsbeträge je Nutzungsjahr. Die Nutzungsdauer von n Jahren setzt man 100%. Der jährliche Abschreibungssatz beträgt dann $\frac{100\,\%}{n \text{ Jahre}}$, zum Beispiel $\frac{100\,\%}{5 \text{ Jahre}} = 20\,\%$ jährliche Abschreibung. Der Abschreibungssatz wird auf die **Anschaffungskosten** des Wirtschaftsgutes angewandt. Zu den Anschaffungskosten zählt der Nettopreis des Wirtschaftsgutes zuzüglich der einmalig auftretenden Beschaffungskosten wie Transportkosten, Montagekosten.

Die degressive Abschreibung wird im ersten Jahr von den Anschaffungskosten gerechnet, in den Folgejahren vom jeweiligen **Restwert**. Die Abschreibungsbeträge fallen deshalb von Jahr zu Jahr. Am Ende der Nutzungsdauer ist das Wirtschaftsgut nicht voll abgeschrieben.

Die Höhe des degressiven Abschreibungssatzes darf nach dem Einkommensteuergesetz das Dreifache des linearen Abschreibungssatzes, höchstens aber 30%, betragen.

Beispiel mit Lösung

Aufgabe: Die Anschaffungskosten einer Maschine betragen 60 000,00 EUR, die betriebsgewöhnliche Nutzungsdauer 8 Jahre. Es soll degressiv mit 25% abgeschrieben werden.

a) Stellen sie eine Abschreibungstabelle über die volle Nutzungsdauer auf! Was für eine Folge bilden die Restwerte $R_1, R_2, R_3, \ldots, R_8$? (Vgl. Satz 176)

b) Entwickeln Sie die Formel zur Berechnung der Restwerte R! Berechnen Sie mithilfe der entwickelten Formel R_3, R_5, R_8!

c) Stellen Sie die Funktionsgleichung R_n EUR Restwert nach n Jahren auf und zeichnen Sie den Graphen der Funktion $n \mapsto R_n$! 1 Jahr $\mathrel{\hat=}$ 1 cm; 5000 EUR $\mathrel{\hat=}$ 1 cm.

d) Was für eine Folge bilden die Abschreibungsbeträge $a_1, a_2, a_3, \ldots, a_8$? Sellen Sie die Funktionsgleichung a_n EUR Abschreibung im Jahre n auf und zeichnen Sie den Graphen der Funktion $n \mapsto a_n$! 1 Jahr $\mathrel{\hat=}$ 1 cm; 1000 EUR $\mathrel{\hat=}$ 1 cm.

Lösung:

a) Abschreibungstabelle:

A a_1	60 000,00 15 000,00
R_1 a_2	45 000,00 11 250,00
R_2 a_3	33 750,00 8 437,50
R_3 a_4	25 312,50 6 328,13
R_4 a_5	18 984,37 4 746,09
R_5 a_6	14 238,28 3 559,57
R_6 a_7	10 678,71 2 669,68
R_7 a_8	8 009,03 2 002,26
R_8	6 006,77

b) Anschaffungskosten A, Abschreibungssatz $p\,\%$, Restwert R.

$$R_1 = A - \frac{A \cdot p}{100} = A \cdot \left(1 - \frac{p}{100}\right)$$

$$R_2 = R_1 - \frac{R_1 \cdot p}{100} = R_1 \cdot \left(1 - \frac{p}{100}\right) = A \cdot \left(1 - \frac{p}{100}\right)^2$$

$$R_3 = R_2 - \frac{R_2 \cdot p}{100} = R_2 \cdot \left(1 - \frac{p}{100}\right) = A \cdot \left(1 - \frac{p}{100}\right)^3$$

...

$$R_n = A \cdot \left(1 - \frac{p}{100}\right)^n$$

$$R_3 = 60\,000 \cdot \left(1 - \frac{25}{100}\right)^3 = 60\,000 \cdot 0{,}75^3 = 25\,312{,}50$$

$$R_5 = 60\,000 \cdot \left(1 - \frac{25}{100}\right)^5 = 60\,000 \cdot 0{,}75^5 = 14\,238{,}28$$

$$R_8 = 60\,000 \cdot \left(1 - \frac{25}{100}\right)^8 = 60\,000 \cdot 0{,}75^8 = 6\,006{,}77$$

Tastfolge mit dem Taschenrechner zur Aufstellung der Abschreibungstabelle:

0.75	×	×[1]	60000	=	45000	=	33750	=	25312.5	=	18984.375

=	14238.28	=	10678.71	=	8009.03	=	6006.77

Die Restwerte 45 000; 33 750; 25 312,50; …; 6 006,77 bilden eine fallende geometrische Folge mit $q = 0{,}75$

c) $R_n = A \cdot \left(1 - \frac{p}{100}\right)^n$

$R_n = 60\,000 \cdot 0{,}75^n$ (Exponentialgleichung)

[1] Bei einigen Taschenrechner-Modellen ist für [× ×] die Tastfolge [× K] zu wählen.

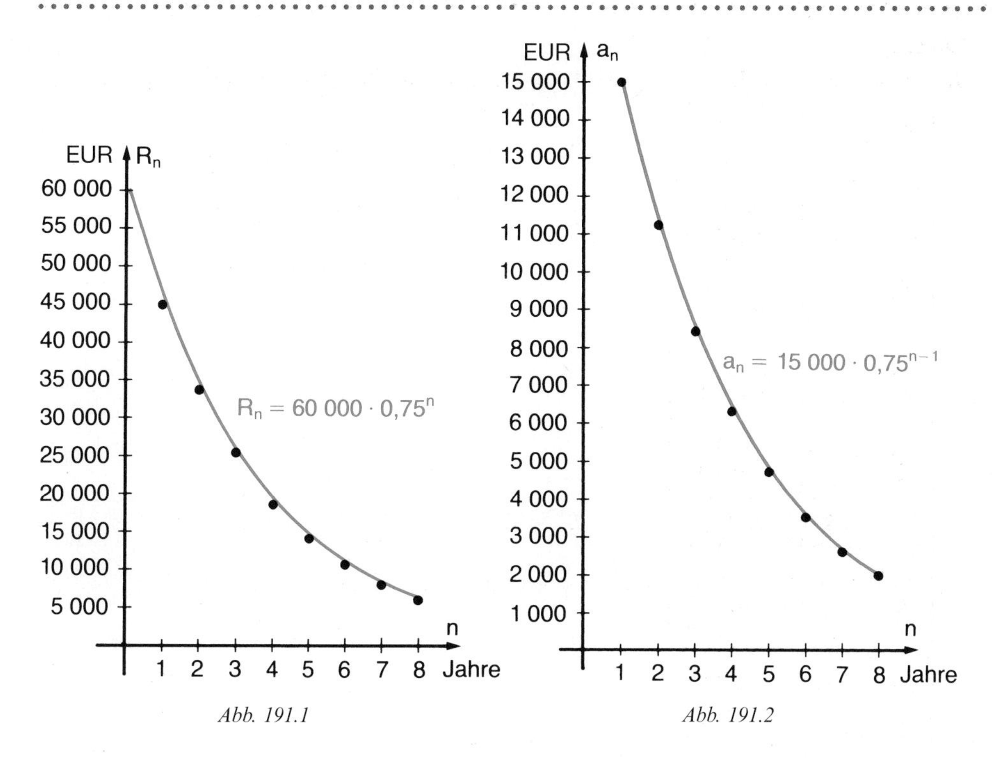

Abb. 191.1 *Abb. 191.2*

d) Die Abschreibungsbeträge 15 000; 11 250; 8 427,50; …; 2 002,26 bilden eine fallende geometrische Folge mit $q = 0{,}75$

$a_n = a_1 \cdot q^{n-1}$ $\qquad q = \frac{a_2}{a_1} = \frac{11\,250}{15\,000} = 0{,}75$

$a_n = 15\,000 \cdot 0{,}75^{n-1}$ (Exponentialgleichung)

Merke Für die degressive Abschreibung gilt bei n Jahren Nutzungsdauer, A EUR Anschaffungskosten und R EUR Restwert:

$$R_n = A \cdot \left(1 - \frac{p}{100}\right)^n$$

Der Abschreibungssatz $p\,\%$ darf das Dreifache des linearen Abschreibungssatzes, höchstens aber 30 % betragen.

Die Restwerte $R_1, R_2, R_3, \ldots, R_n$ und die Abschreibungsbeträge $a_1, a_2, a_3, \ldots, a_n$ bilden fallende geometrische Folgen.

Die Schaubilder der Funktionen $n \mapsto R_n$ mit $R_n = A \cdot \left(1 - \frac{p}{100}\right)^n$ und $n \mapsto a_n$ mit $a_n = a_1 \cdot q^{n-1}$ sind Exponentialkurven.

Aufgaben

1 Berechnen Sie den steuerrechtlich höchstmöglichen degressiven Abschreibungssatz bei einer Nutzungsdauer von n Jahren!

a) $n = 20$ b) $n = 15$ c) $n = 12$
d) $n = 10$ e) $n = 8$ f) $n = 6$

2 Der Nettopreis einer maschinellen Anlage beträgt 149 000,00 EUR. Die Transportkosten belaufen sich auf 6 800,00 EUR, die Montagekosten auf 4 200,00 EUR. Die Nutzungsdauer wird mit 6 Jahren angenommen. Es soll degressiv mit 25 % abgeschrieben werden.

a) Stellen Sie eine Abschreibungstabelle mit den Anschaffungskosten A, den jährlichen Abschreibungsbeträgen a_1, a_2, ... und den jeweiligen Restwerten R_1, R_2, ... auf!
b) Wie lautet die Funktionsgleichung R_n EUR Restwert nach n Jahren? Zeichnen Sie den Graphen der Funktion $n \mapsto R_n$! 1 Jahr $\triangleq$ 1 cm, 20 000 EUR $\triangleq$ 1 cm. Berechnen Sie mithilfe der Funktionsgleichung R_4 und R_6!
c) Stellen Sie die Funktionsgleichung a_n EUR Abschreibung im Jahre n auf und zeichnen Sie den Graphen der Funktion $n \mapsto a_n$! 1 Jahr $\triangleq$ 1 cm; 5 000 EUR $\triangleq$ 1 cm. Berechnen Sie mithilfe der Funktionsgleichung a_4 und a_6!

3 Eine Transportanlage, deren Anschaffungskosten 328 000,00 EUR betragen, hat eine Nutzungsdauer von 20 Jahren. Die Anlage soll mit 12,5 % degressiv abgeschrieben werden.

a) Wie lautet die Funktionsgleichung R_n EUR Restwert nach n Jahren und wie viel EUR betragen R_{10}, R_{15} und R_{20}?
b) Stellen Sie die Funktionsgleichung a_n EUR Abschreibung im Jahre n auf und berechnen Sie a_{10}, a_{15} und a_{20}!

4 Die Anschaffungskosten einer Maschine betragen 240 000,00 EUR, die Nutzungsdauer 12 Jahre. Es soll degressiv mit dem steuerrechtlich zulässigen Höchstsatz abgeschrieben werden.

a) Bestimmen Sie den höchstmöglichen Abschreibungssatz!
b) Stellen Sie die Funktionsgleichung R_n EUR Restwert nach n Jahren auf und berechnen Sie R_6, R_9 und R_{12}!
c) Wie lautet die Funktionsgleichung a_n EUR Abschreibung im Jahre n und wie viel EUR betragen a_6, a_9 und a_{12}!

5 Eine maschinelle Anlage, deren Anschaffungskosten 145 500,00 DM betragen, soll in 12 Jahren auf einen Schrottwert von 10 000,00 DM degressiv abgeschrieben werden.

a) Wie viel Prozent beträgt der degressive Abschreibungssatz?
b) Ist der unter a) berechnete Abschreibungssatz steuerrechtlich zulässig?

6 Die Anschaffungskosten einer Maschine betragen 78 600,00 EUR. Die Maschine soll in 8 Jahren auf einen Schrottwert von 6 000,00 EUR degressiv abgeschrieben werden. Berechnen Sie den degressiven Abschreibungssatz und stellen Sie fest, ob er steuerrechtlich anerkannt wird!

7 Eine Maschine wird degressiv mit 25% abgeschrieben. Am Ende der Nutzungsdauer von 8 Jahren beträgt R_8 9010,16 EUR. Berechnen Sie die Anschaffungskosten A!

8 Im letzten Jahr der Nutzungsdauer einer maschinellen Anlage beträgt die Abschreibung a_{10} 2102,37 EUR. Wie viel EUR betrug im ersten Jahr die Abschreibung a_1 und wie hoch waren die Anschaffungskosten? Degressiver Abschreibungssatz 25%.

9 Am Ende der Nutzungsdauer beträgt der Restwert einer Maschine 12814,45 EUR. Wie viel Jahre wurde die Maschine genutzt bei 72000,00 EUR Anschaffungskosten und 25% degressiver Abschreibung?

10 Im letzten Jahr der Nutzungsdauer einer Maschine beträgt die Abschreibung 4538,45 EUR. Berechnen Sie die Nutzungsdauer bei 136000,00 EUR Anschaffungskosten und 25% degressiver Abschreibung!

17 Rentenrechnung

Renten sind Zahlungen, die in gleicher Höhe und in gleichen Zeitabständen geleistet werden. Man unterscheidet **endliche Renten**, die zeitlich begrenzt sind, und zeitlich unbegrenzte **ewige Renten**. Bei **nachschüssigen Renten** werden die Zahlungen am Ende der Zeitabschnitte, bei **vorschüssigen Renten** am Anfang der Zeitabschnitte geleistet.

17.1 Berechnung des nachschüssigen und vorschüssigen Rentenendwertes, der Rente und der Zeit

Beispiel mit Lösung

Aufgabe: Herr Altmann zahlt 10 Jahre lang jährlich 5 000,00 EUR auf ein Sonderkonto. Die jährliche Verzinsung beträgt 7,5 %.

a) Wie hoch ist das Guthaben am Ende des 10. Jahres, wenn die Einzahlungen am Jahresende erfolgen (nachschüssiger Rentenendwert)?
Entwickeln Sie zuerst mithilfe der Zeitgeraden die Formel zur Berechnung des nachschüssigen Rentenendwertes!

b) Wie viel EUR beträgt das Guthaben am Ende des 10. Jahres bei Einzahlungen am Jahresanfang (vorschüssiger Rentenendwert)?
Wie lautet die Formel zur Berechnung des vorschüssigen Rentenendwertes?

Lösung:

a) Die regelmäßige Zahlung in gleichbleibender Höhe sei r, die Anzahl der Zahlungen (Jahre) sei n.

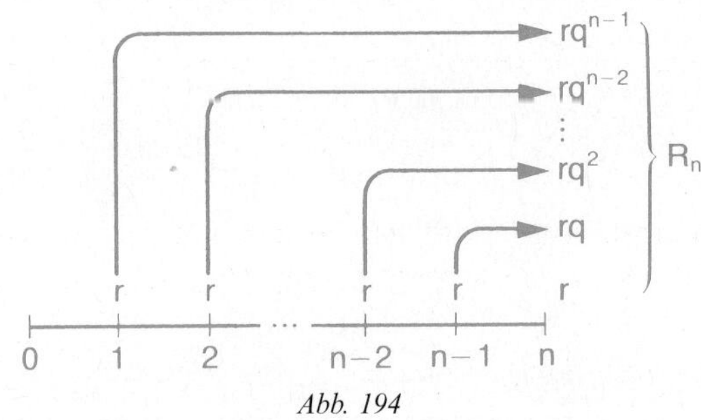

Abb. 194

Die erste Einzahlung wird $(n - 1)$ Jahre zu Zinseszinsen verzinst und ergibt einen Endwert von rq^{n-1}; die zweite Einzahlung wächst in $(n - 2)$ Jahren auf rq^{n-2} an; usw.
Die vorletzte Einzahlung am Ende des Jahres $(n - 1)$ wird 1 Jahr verzinst und ergibt einen Endwert von rq; die letzte Einzahlung am Ende des Jahres n wird nicht mehr verzinst.

Schreibt man die Endwerte der Einzahlungen in umgekehrter Reihenfolge, so erhält man für die Summe R_n aller Einzahlungen eine geometrische Reihe mit dem Anfangsglied r und dem Quotienten q (vgl. Satz 179):

$$R_n = r + rq + rq^2 + \ldots + rq^{n-2} + rq^{n-1}$$

$$R_n = \frac{r(q^n - 1)}{(q - 1)} \text{ (nachschüssiger Rentenendwert)}^1$$

Werte der Aufgabe in die Formel einsetzen:

$r = 5000$, $q = 1{,}075$; $n = 10$

$$R_{10} = \frac{5000 \cdot (1{,}075^{10} - 1)}{(1{,}075 - 1)}$$

$$\underline{\underline{R_{10} = 70\,735{,}44}}$$

Tastfolge mit dem Taschenrechner (zuerst Rentenendwertfaktor $\frac{(q^n - 1)}{(q - 1)}$ berechnen):[2]

1.075	x^y	10	−	1	=	÷	0.075	=	×	5000	=	70735.437

▼ 14.14709 (Rentenendwertfaktor)

Das Guthaben beträgt bei nachschüssigen Einzahlungen am Ende des 10. Jahres 70 735,44 EUR.

b)

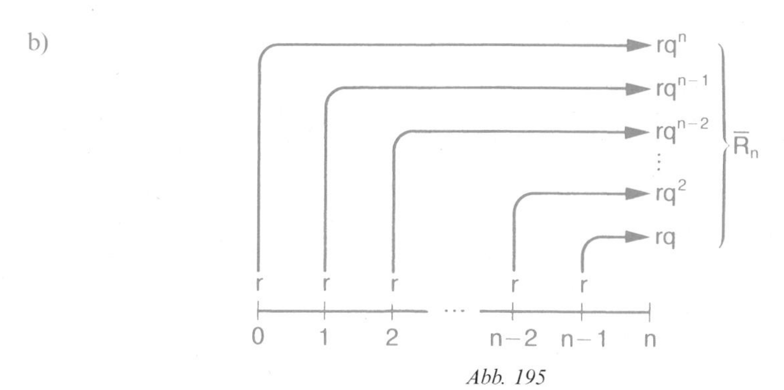

Abb. 195

Mithilfe der Zeitgeraden erhält man für die Summe $\overline{R}_n$ der vorschüssigen Endwerte die geometrische Reihe mit dem Anfangsglied rq und dem Quotienten q:

$$\overline{R}_n = rq + rq^2 + \ldots + rq^{n-2} + rq^{n-1} + rq^n$$

$$\overline{R}_n = \frac{rq(q^n - 1)}{(q - 1)} \text{ (vorschüssiger Rentenendwert)}$$

[1] Zur Berechnung des nachschüssigen Rentenendwertes sind für häufig vorkommende Zinssätze und Zeitabschnitte die Werte des Rentenendwertfaktors $\frac{(q^n - 1)}{(q - 1)}$ in Tabellen zusammengestellt. Die Verwendung des Taschenrechners ist aber vielseitiger und erlaubt den Verzicht auf Tabellen.

[2] Andere Tastfolgen mit Anwendung von Klammern sind möglich.

Werte der Aufgabe in die Formel einsetzen:

$r = 5\,000;\ q = 1{,}075,\ n = 10$

$$\overline{R}_{10} = \frac{5\,000 \cdot 1{,}075 \cdot (1{,}075^{10} - 1)}{(1{,}075 - 1)}$$

$$\underline{\underline{\overline{R}_{10} = 76\,040{,}60}}$$

Tastfolge mit dem Taschenrechner (zuerst $\frac{(q^n - 1)}{(q - 1)}$ berechnen):

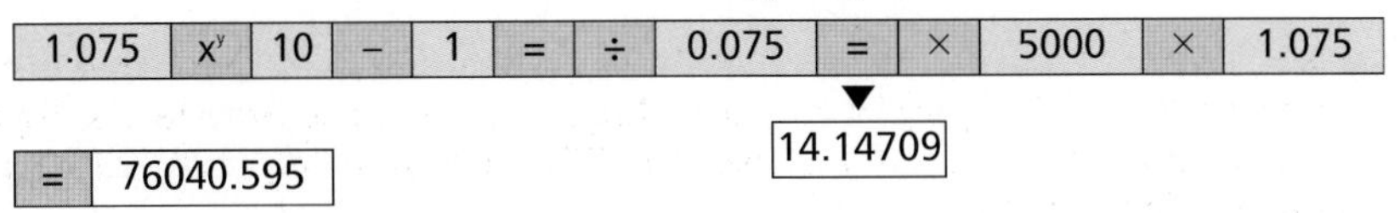

Das Guthaben beträgt bei vorschüssigen Einzahlungen am Ende des 10. Jahres 76 040,60 EUR.

Merke nachschüssiger Rentenendwert $R_n = \frac{r\,(q^n - 1)}{(q - 1)}$	vorschüssiger Rentenendwert $\overline{R}_n = \frac{rq\,(q^n - 1)}{(q - 1)}$

Aufgaben

1 Berechnen Sie die nachschüssigen Rentenendwerte R_n für r EUR Rente, $p\,\%$ Zinsfuß, n Jahre Laufzeit!

a) $r = 3\,000;\ p = 6;\ n = 15$
b) $r = 2\,500;\ p = 8;\ n = 12$
c) $r = 12\,000;\ p = 6{,}5;\ n = 8$
d) $r = 1\,800;\ p = 7{,}25;\ n = 20$

2 Wie viel EUR beträgt der vorschüssige Rentenendwert $\overline{R}_n$ für r EUR Rente, $p\,\%$ Zinssatz, n Jahre Laufzeit?

a) $r = 4\,500;\ p = 5{,}5;\ n = 20$
b) $r = 7\,500;\ p = 6{,}75;\ n = 8$
c) $r = 3\,600;\ p = 6\frac{2}{3};\ n = 15$
d) $r = 6\,000;\ p = 8\frac{1}{3};\ n = 10$

3 Herr Fröhlich zahlt 20 Jahre lang am Ende jeden Jahres 3 500,00 EUR auf ein Sparkonto. Wie viel EUR beträgt das Guthaben am Ende des 20. Jahres bei einer jährlichen Verzinsung von 6,25 %?

4 Frau Sparsam zahlt 15 Jahre lang am Anfang jeden Jahres 4 800,00 EUR auf ein Sonderkonkto ein. Die jährliche Verzinsung beträgt 7 %. Wie hoch ist das Guthaben am Ende des 15. Jahres?

5 Zur Finanzierung der späteren Berufsausbildung zahlen die Eltern bei der Geburt ihrer Tochter 2 000,00 EUR auf ein Sparkonto ein und zu jedem Geburtstag weitere 2 000,00 EUR. Die letzte Zahlung erfolgt am 18. Geburtstag (Vollendung des 18. Lebensjahres).

Wie viel EUR beträgt das Guthaben am 18. Geburtstag bei einer jährlichen Verzinsung von 5,5 %?
Hinweis zur Lösung: Stellen Sie die Einzahlungen auf der Zeitgeraden dar!

6 a) Herr Weber will in 8 Jahren 50 000,00 EUR durch gleich große Einzahlungen sparen. Wie viel EUR muss er am Ende jeden Jahres einzahlen, damit bei 6,5 % Verzinsung am Ende des 8. Jahres 50 000,00 EUR zur Verfügung stehen?
b) Wie hoch sind die jährlichen Einzahlungen, wenn in 10 Jahren bei 7 % Verzinsung 100 000,00 EUR gespart werden sollen?

7 a) Zur Finanzierung des Studiums seines Sohnes will ein Vater bis zum Ende von 7 Jahren 40 000,00 EUR sparen. Er beabsichtigt, 7 gleich große Beträge am Beginn jeden Jahres auf ein Sparkonto einzuzahlen. Wie viel EUR beträgt jede Einzahlung bei einem Zinssatz von 6,75 %?
b) Wie hoch ist die jährliche Einzahlung bei 7,25 % Verzinsung?

8 Herr Kunze will am Ende jeden Jahres 2 500,00 EUR auf ein Sparkonto so lange einzahlen, bis 30 000,00 EUR Guthaben überschritten werden. Wie viel Jahre muss er bei einem Zinssatz von 4,5 % sparen?

9 Wie viel Jahre lang muss man am Anfang jeden Jahres 4 250,00 EUR auf ein Sparkonto einzahlen, bis am Ende des Jahres der letzten Einzahlung 100 000,00 EUR Guthaben überschritten werden? Zinssatz 5,5 %.

10 Frau Haag schließt einen Bausparvertrag über eine Vertragssumme von 50 000,00 EUR ab. Es werden nachschüssige jährliche Einzahlungen in Höhe von 4 500,00 EUR vereinbart. Die Verzinsung des Guthabens beträgt 3 %.
a) Wie hoch ist das Guthaben am Ende des 4. Jahres?
b) Frau Haag will am Ende des 4. Jahres ein Guthaben von 20 000,00 EUR haben. Wie viel EUR muss sie jährlich einzahlen?
c) Nach wie viel Jahren beträgt das Guthaben 50 % der Vertragssumme bei jährlichen Einzahlungen von 5 000,00 EUR?

11 Bei Abschluss eines Bausparvertrages über 80 000,00 EUR Vertragssumme werden vorschüssige Einzahlungen von jährlich 6 000,00 EUR vereinbart bei 3 % Verzinsung des Guthabens.
a) Wie viel EUR beträgt das Guthaben am Ende des 5. Jahres?
b) Wie hoch müssen die jährlichen Einzahlungen sein, wenn das Guthaben am Ende des 5. Jahres 35 000,00 EUR betragen soll?
c) Nach wie viel Jahren wächst bei jährlich 6 000,00 EUR Einzahlungen das Guthaben auf 50 % der Vertragssumme an?

12 Herr Kugler zahlt 10 Jahre lang am Ende jeden Jahres 3 800,00 EUR auf ein Sparkonto. Bis zum Ende des 4. Jahres beträgt der Zinssatz 6 %, ab Beginn des 5. Jahres 6,5 %. Wie vel EUR beträgt das Guthaben am Ende des 10. Jahres? Stellen Sie die Verzinsung der Einzahlungen auf der Zeitgeraden dar!

13 Es werden 15 Jahre lang jeweils am Beginn eines Jahres 2700,00 EUR auf ein Konto eingezahlt. Die Verzinsung beträgt bis zum Ende des 8. Jahres 6%, ab Beginn des 9. Jahres 5,5%. Wie hoch ist das Guthaben des 15. Jahres? Veranschaulichen Sie die Verzinsung der Einzahlungen auf der Zeitgeraden!

17.2 Berechnung des nachschüssigen und vorschüssigen Rentenbarwertes, der Rente und der Zeit

Beispiel mit Lösung

Aufgabe: Welcher einmalige Betrag (Barwert) ist bei einer Rentenanstalt einzuzahlen, um 15 Jahre lang

a) am Ende,
b) am Anfang eines jeden Jahres

eine Rente von 5000,00 EUR beziehen zu können? Zinssatz 6%.

Lösung:

a) Den nachschüssigen Barwert R_0 erhält man durch Abzinsung des nachschüssigen Rentenendwertes R_n[1].

$R_0 \cdot q^n = R_n$

$$R_0 \cdot q^n = \frac{r\,(q^n - 1)}{(q - 1)}\ ^{2}$$

$$R_0 = \frac{r\,(q^n - 1)}{q^n\,(q - 1)} \text{ nachschüssiger Rentenbarwert}^{3}$$

Werte der Aufgabe in die Formel einsetzen:

$r = 5000;\ q = 1{,}06;\ n = 15$

$$R_0 = \frac{5000 \cdot (1{,}06^{15} - 1)}{1{,}06^{15} \cdot (1{,}06 - 1)}$$

$\underline{\underline{R_0 = 48\,561{,}24}}$

Tastfolge mit dem Taschenrechner (zuerst Rentenbarwertfaktor $\frac{(q^n - 1)}{q^n\,(q - 1)}$ berechnen):

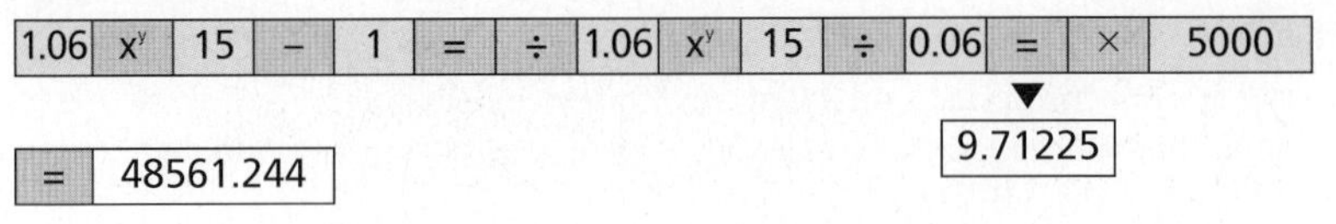

Der nachschüssige Rentenbarwert beträgt 48 561,24 EUR.

[1] Eine aufwendigere Lösung führt über die Abzinsung der einzelnen Rentenzahlungen.

[2] $R_0 \cdot q^n = \frac{r\,(q^n - 1)}{(q - 1)}$ bezeichnet man auch als nachschüssige Schuldentilgungsformel.

[3] Es gibt Tabellen mit häufig vorkommenden Werten des Rentenbarwertfaktors $\frac{(q^n - 1)}{q^n\,(q - 1)}$.

Probe: $R_n = R_0 \cdot q^n = 48\,561{,}24 \cdot 1{,}06^{15} = 116\,379{,}84$

$$R_n = \frac{r(q^n - 1)}{(q - 1)} = \frac{5\,000 \cdot (1{,}06^{15} - 1)}{(1{,}06 - 1)} = 116\,379{,}85$$

b) Der vorschüssige Rentenendwert $\overline{R}_n$ ist auf den vorschüssigen Rentenbarwert $\overline{R}_0$ abzuzinsen:

$$\overline{R}_0 \cdot q^n = \overline{R}_n$$

$$\overline{R}_0 \cdot q^n = \frac{rq(q^n - 1)}{(q - 1)}$$

$$\overline{R}_0 = \frac{rq(q^n - 1)}{q^n(q - 1)} \quad \text{vorschüssiger Rentenbarwert}$$

Werte der Aufgabe in die Formel einsetzen:

$r = 5\,000;\ q = 1{,}06;\ n = 15$

$$\overline{R}_0 = \frac{5\,000 \cdot 1{,}06 \cdot (1{,}06^{15} - 1)}{1{,}06^{15} \cdot (1{,}06 - 1)}$$

$$\underline{\underline{\overline{R}_0 = 51\,474{,}92}}$$

Tastfolge mit dem Taschenrechner (zuerst $\frac{(q^n - 1)}{q^n(q - 1)}$ berechnen):

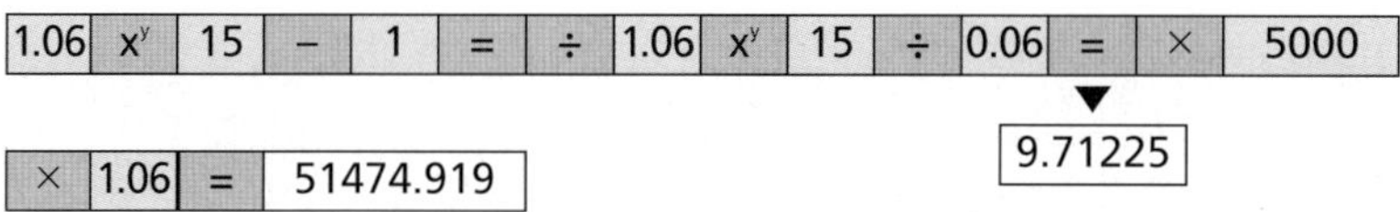

Der vorschüssige Rentenbarwert beträgt 51 474,92 EUR

Probe: $\overline{R}_n = \overline{R}_0 \cdot q^n = 51\,474{,}92 \cdot 1{,}06^{15} = 123\,362{,}64$

$$\overline{R}_n = \frac{rq(q^n - 1)}{(q - 1)} = \frac{5000 \cdot 1{,}06 \cdot (1{,}06^{15} - 1)}{(1{,}06 - 1)} = 123\,362{,}64$$

Merke nachschüssiger Rentenbarwert	vorschüssiger Rentenbarwert
$R_0 = \frac{r(q^n - 1)}{q^n(q - 1)}$	$\overline{R}_0 = \frac{rq(q^n - 1)}{q^n(q - 1)}$

Aufgaben

1 Berechnen Sie den nachschüssigen Rentenbarwert R_0 für r EUR Rente, p% Zinsfuß, n Jahre Laufzeit!

a) $r = 7\,500;\ p = 5{,}5;\ n = 10$ b) $r = 4\,800;\ p = 6;\ n = 15$

c) $r = 9\,000;\ p = 5;\ n = 12$ d) $r = 2\,700;\ p = 6{,}5;\ n = 20$

2 Wie viel EUR beträgt der vorschüssige Rentenbarwert $\overline{R}_0$ für r EUR Rente, p % Zinssatz, n Jahre Laufzeit?

a) $r = 15000$; $p = 7$; $n = 8$
b) $r = 7800$; $p = 6{,}5$; $n = 15$
c) $r = 3300$; $p = 7{,}5$; $n = 12$
d) $r = 5400$; $p = 5{,}5$; $n = 20$

3 Wie viel EUR sind einmalig einzuzahlen, um davon 10 Jahre lang am Ende eines jeden Jahres eine Rente von 10 000,00 EUR beziehen zu können? Zinssatz 5,5 %.

4 Herr Liebig will einmalig so viel EUR einzahlen, dass er davon 15 Jahre lang am Anfang jeden Jahres eine Rente von 8 000,00 EUR beziehen kann. Welchen Betrag muss er bei einem Zinssatz von 6,75 % anlegen?

5 Aus einer Erbschaft soll 20 Jahre lang eine nachschüssige Rente von 6 000,00 EUR gezahlt werden. Der Erbe wünscht die sofortige Auszahlung seines Rentenanspruches in einem Betrag. Wie viel EUR sind auszuzahlen, wenn mit 5,5 % Jahreszinsen gerechnet wird?

6 Frau Schöne zahlt am Jahresbeginn 50 000,00 EUR ein. Sie will davon am Ende jeden Jahres eine Rente beziehen. Die erste Auszahlung soll am Ende des ersten Jahres erfolgen. Wie viel EUR beträgt die Rente bei 6 % Jahreszinsen und einer Laufzeit von

a) 10 Jahren, b) 15 Jahren?

7 Von 80 000,00 EUR Erbschaft soll eine vorschüssige Rente, beginnend im ersten Jahr, gezahlt werden. Wie hoch ist die Rente bei 4,5 % Jahreszinsen und einer Laufzeit von

a) 15 Jahren, b) 20 Jahren?

8 Ein Kapital von 30 000,00 EUR wird mit 6,5 % jährlich verzinst. Wie viel EUR können 12 Jahre lang

a) am Ende,
b) am Anfang eines jeden Jahres

abgehoben werden, wenn das Kapital aufgebraucht werden soll?

9 Aus 35 000,00 EUR angelegtes Kapital soll eine nachschüssige Rente von 4 400,00 EUR gezahlt werden. Die Verzinsung beträgt 7 %. Wie viel Jahre kann man die Rente beziehen?

10 Herr Güntner soll aus seinem Erbschaftsanteil von 70 000,00 EUR eine vorschüssige Rente von 6 300,00 EUR beziehen. Wie viel Jahre lang erhält er die Rente, wenn man eine Verzinsung von 6,5 % zugrunde legt?

11 Ein Bauspardarlehen in Höhe von 40 000,00 EUR soll durch nachschüssige Jahresraten in 12 Jahren zurückgezahlt werden. Die Darlehenszinsen betragen 5 %.

a) Berechnen Sie den Betrag der jährlichen Rückzahlung!
b) Der Bausparer will jährlich 5 000,00 EUR zurückzahlen. Nach wie viel Jahren ist das Darlehen getilgt?

12 Ein Darlehen von 50 000,00 EUR, das mit 6,5 % verzinst wird, soll in 15 Jahren durch vorschüssige jährliche Ratenzahlungen getilgt werden.

a) Wie hoch ist die jährliche Rückzahlungsrate?

b) Wie viel Jahre sind zur Tilgung erforderlich, wenn die jährliche Rückzahlung 5 500,00 EUR beträgt?

17.3 Rentenumwandlungen

Beispiel mit Lösung

Aufgabe: Eine nachschüssige Jahresrente von 7 200,00 EUR hat eine Laufzeit von 15 Jahren.

a) Die nachschüssige Rente soll in eine vorschüssige Jahresrente mit einer Laufzeit von 12 Jahren umgewandelt werden. Wie hoch ist diese Rente bei 5 % Verzinsung?

b) Welche Laufzeit hat die Rente, wenn der vorschüssige Jahresbetrag mit 8 570,00 EUR angesetzt wird?

Lösung: Bezugsgröße für die Renten ist der gemeinsame Barwert.

a) $R_0 = \frac{r \cdot (q^n - 1)}{q^n \cdot (q - 1)} = \frac{7200 \cdot (1{,}05^{15} - 1)}{1{,}05^{15} \cdot (1{,}05 - 1)} = 74\,733{,}54$

$\overline{R}_0 = \frac{r \cdot q \cdot (q^n - 1)}{q \cdot (q - 1)}$

$r = \frac{\overline{R}_0 \cdot q^n - 1)}{q \cdot (q^n - 1)} = \frac{74\,733{,}54 \cdot 1{,}05^{12} \cdot (1{,}05 - 1)}{1{,}05 \cdot (1{,}05^{12} - 1)} = 8\,030{,}33$

Die vorschüssige Jahresrente beträgt 8 030,33 EUR.

b) $\overline{R}_0 = \frac{r \cdot q \cdot (q^n - 1)}{q^n \cdot (q - 1)}$

$74\,733{,}54 = \frac{8\,570 \cdot 1{,}05 \cdot (1{,}05^n - 1)}{1{,}05^n \cdot (1{,}05 - 1)} \quad \Big| \cdot \frac{0{,}05}{8\,570 \cdot 1{,}05}$

$0{,}415256 = \frac{(1{,}05^n - 1)}{1{,}05^n}$

$0{,}415256 = \frac{1{,}05^n}{1{,}05^n} - \frac{1}{1{,}05^n}$

$0{,}415256 = 1 - \frac{1}{1{,}05^n}$

$0{,}584744 = \frac{1}{1{,}05^n}$

$0{,}584744 \cdot 1{,}05^n = 1 \quad | : 0{,}584744$

$1{,}05^n = 1{,}710149$

$n \cdot \lg 1{,}05 = \lg 1{,}710149$

$n = 10{,}998 \approx 11$ (Jahre)

Die Rente hat eine Laufzeit von 11 Jahren.

Aufgaben

1 Herr Kramer möchte seine nachschüssige Jahresrente von 6 500,00 EUR mit 10jähriger Laufzeit auf eine längere Laufzeit umstellen.

a) Wie hoch ist die nachschüssige Jahresrente, die 15 Jahre lang ausbezahlt wird? Zinssatz 6 %.
b) Wie viel EUR beträgt die vorschüssige Jahresrente bei 15 Jahren Laufzeit?

2 Eine vorschüssige Jahresrente von 5 800,00 EUR soll von 20 Jahren Laufzeit auf 15 Jahre Laufzeit umgestellt werden. 4,5 % Verzinsung.

a) Wie viel EUR beträgt für diese Zeit die vorschüssige Rente und
b) wie viel EUR die nachschüssige Rente?

3 Frau Butz hat einen Rentenvertrag über eine nachschüssige Jahresrente von 7 500,00 EUR mit 8-jähriger Laufzeit abgeschlossen. Sie begnqgt sich mit einem geringeren Rentenbetrag bei längerer Laufzeit.

a) Wie viel Jahre kann Frau Butz eine nachschüssige Rente über 6 280,00 EUR beziehen bei 5 % Verzinsung?
b) Welche Laufzeit hat eine vorschüssige Rente von 6 500,00 EUR?

4 Zur Tilgung einer Schuld sind jeweils am Jahresende 4 000,00 EUR 10 Jahre lang zu zahlen. Die Laufzeit soll durch Zahlung größerer Beträge verkürzt werden. Zinssatz 6,5 %.

a) Wie lang ist die Laufzeit bei 4 720,00 EUR nachschüssiger Zahlung?
b) Wie viel Jahre sind zur Tilgung bei 4920,00 EUR vorschüssiger Zahlung erforderlich?

5 Eine vorschüssige Jahresrente von 6 000,00 EUR hat eine Laufzeit von 12 Jahren.

a) Die vorschüssige Rente soll in eine nachschüssige Jahresrente mit einer Laufzeit von 10 Jahren umgewandelt werden. Wie hoch ist diese Rente, wenn mit 6 % verzinst wird?
b) Wie viel Jahre kann die Rente bezogen werden, wenn sie in einen nachschüssigen Betrag von 7 840,00 EUR umgewandelt wird?

17.4 Veränderungen des Kapitals durch regelmäßige Einzahlungen oder Auszahlungen

Beispiel mit Lösung

Aufgabe: Ein Anfangskapital von 20 000,00 EUR soll durch jährliche Einzahlungen von 7 500,00 EUR erhöht werden. Wie viel EUR beträgt bei 7 % Zinseszinsen der Endwerte E_n bzw. $\overline{E}_n$ nach 8 Jahren bei

a) nachschüssigen, b) vorschüssigen Einzahlungen?

Lösung:

a)

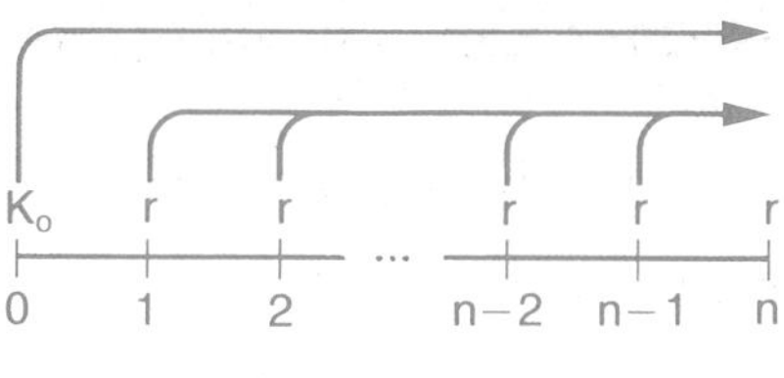

Abb. 203.1

$E_n = K_0 \cdot q^n + \dfrac{r\,(q^n - 1)}{(q - 1)}$ nachschüssige Sparkassenformel

Werte der Aufgabe in die Formel einsetzen:

$K_0 = 20\,000;\ r = 7\,500;\ q = 1{,}07;\ n = 8$

$E_8 = 20\,000 \cdot 1{,}07^8 + \dfrac{7\,500 \cdot (1{,}07^8 - 1)}{(1{,}07 - 1)}$

$\underline{\underline{E_8 = 111\,312{,}24}}$

Tastfolge mit dem Taschenrechner:

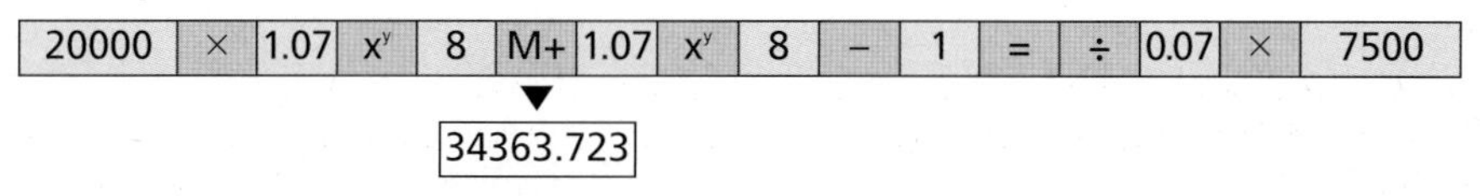

+	MR	=	111312.242

b)

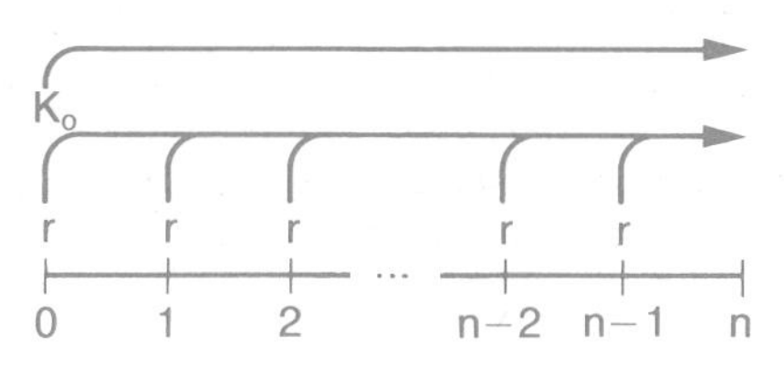

Abb. 203.2

$\overline{E}_n = K_0 \cdot q^n + \dfrac{rq\,(q^n - 1)}{(q - 1)}$ vorschüssige Sparkassenformel

Werte der Aufgabe in die Formel einsetzen:

$K_0 = 20\,000;\ r = 7\,500;\ q = 1{,}07;\ n = 8$

$\overline{E}_8 = 20\,000 \cdot 1{,}07^8 + \dfrac{7\,500 \cdot 1{,}07 \cdot (1{,}07^8 - 1)}{(1{,}07 - 1)}$

$\underline{\underline{\overline{E}_8 = 116\,698{,}64}}$

Tastfolge mit dem Taschenrechner:

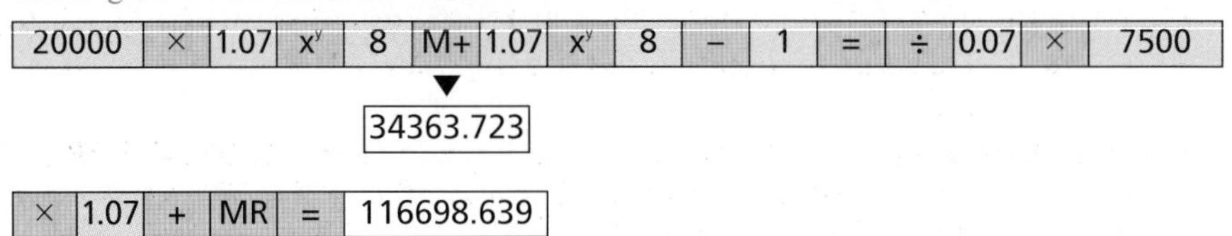

Werden Renten von einem vorhandenen Anfangskapital K_0 gezahlt, so wird der Wert $K_0 \cdot q^n$ um den Rentenendwert $\frac{r(q^n - 1)}{(q-1)}$ bzw. $\frac{rq(q^n - 1)}{(q-1)}$ gemindert.

Merke Veränderungen des Kapitals durch regelmäßige Einzahlungen oder Auszahlungen:
nachschüssiger Endwert

$$E_n = K_0 \cdot q^n + \frac{r(q^n - 1)}{(q-1)} \text{ oder } E_n = K_0 \cdot q^n - \frac{r(q^n - 1)}{(q-1)}$$

vorschüssiger Endwert

$$\overline{E}_n = K_0 \cdot q^n + \frac{rq(q^n - 1)}{(q-1)} \text{ oder } \overline{E}_n = K_0 \cdot q^n - \frac{rq(q^n - 1)}{(q-1)}$$

Aufgaben

1 Herr Martin zahlt am Anfang eines Jahres 20 000,00 EUR auf ein Bausparkonto ein und leistet in den folgenden 5 Jahren am Jahresende jeweils eine Sonderzahlung von 8 000,00 EUR. Wie viel EUR beträgt das Guthaben am Ende des 5. Jahres bei 3 % Verzinsung?

2 Zu einem Sparguthaben von 4 200,00 EUR werden 6 Jahre lang am Anfang eines jeden Jahres 1 800,00 EUR zugezahlt. Auf wie viel EUR wächst das Guthaben bis zum Ende des 6. Jahres bei einem Zinssatz von 5,5 % an?

3 Ein Lottogewinn von 10 000,00 EUR wird am Anfang eines Jahres auf ein Sparkonto eingezahlt; Zinssatz 5 %. Vom Ende des 4. Jahres an sollen jährlich am Jahresende jeweils 1 500,00 EUR zum Guthaben zugezahlt werden. Wie hoch ist das Guthaben am Ende des 20. Jahres?

4 Frau Scholz verfügt über ein Sparguthaben von 25 000,00 EUR. Sie will 10 Jahre lang am Jahresende jeweils 2 500,00 EUR abheben. Wie viel EUR beträgt das Guthaben am Ende des 10. Jahres bei 4,5 % Verzinsung?

5 Ein Barvermögen von 30 000,00 EUR wird zu 6,5 % verzinst. Es sollen am Anfang eines jeden Jahres 3 000,00 EUR abgehoben werden. Auf wie viel EUR sinkt das Vermögen bis zum Ende des 14. Jahres?

6 Herr Schneider hat ein Sparguthaben von 15 000,00 EUR, das zu 4,75 % verzinst wird. Am Ende des 3. Jahres beginnt er, jährlich 1 200,00 EUR jeweils am Jahresende abzuheben. Wie hoch ist sein Guthaben am Ende des 12. Jahres?

7 Zu einem Kapital K_0 werden 8 Jahre lang am Jahresende jeweils 600,00 EUR zugezahlt. Am Ende des 8. Jahres beträgt das Guthaben 12 371,38 EUR. Wie hoch war das Anfangskapital K_0 bei einem Zinssatz von 4 %?

8 Frau Lehmann zahlt 10 Jahre lang am Anfang eines jeden Jahres 1 500,00 EUR zu ihrem Sparguthaben K_0. Am Ende des 10. Jahres ist das Guthaben bei 6 % Verzinsung auf 43 343,06 EUR angewachsen. Berechnen Sie das Anfangskapital K_0!

9 Der Rentner Fritz Kluge hebt 12 Jahre lang von seinem Sparkonto am Jahresende 2 400,00 EUR ab und verfügt am Ende des 12. Jahres noch über ein Guthaben von 15 049,12 EUR. Wie hoch war das Anfangsguthaben K_0 bei einern Zinssatz von 5,5 %?

10 Ein Sparguthaben von 8 365,00 EUR soll durch gleich große Einzahlungen bis zum Ende des 5. Jahres auf 20 000,00 EUR anwachsen. Wie viel EUR sind jeweils am Jahresende bei einem Zinsfuß von 4,5 % einzuzahlen?

11 Frau Münch will ihr Sparguthaben von 11 840,00 EUR durch gleich große Einzahlungen bis zum Ende des 8. Jahres auf 30 000,00 EUR erhöhen. Die Zahlungen werden am Jahresanfang geleistet; der Zinsfuß beträgt 5,25 %. Über wie viel EUR lautet eine Zahlung?

12 Herr Weber verfügt über ein Sparguthaben von 25 090,00 EUR, das zu 6 % verzinst wird. Er möchte in den nächsten 10 Jahren jeweils am Jahresende einen gleich großen Betrag abheben. Das Guthaben soll aber am Ende des 10. Jahres noch 10 000,00 EUR betragen. Wie viel EUR kann Herr Weber jährlich abheben?

13 Der in Ruhestand tretende Erich Gutsmut will sein Sparguthaben in Höhe von 38 000,00 EUR in den nächsten 15 Jahren durch gleich große Abhebungen aufbrauchen. Wie viel EUR kann er jeweils am Jahresende bis zum Ende des 15. Jahres abheben? Zinssatz 5,5 %.

14 Zu 15 660,00 EUR Bausparguthaben sollen am Jahresende jeweils 6 000,00 EUR zugezahlt werden. Nach wie viel Jahren übersteigt das Bausparguthaben 50 000,00 EUR? Zinssatz 3 %.

15 Der 50-jährige Gusti Schneider will am Anfang eines jeden Jahres 3 000,00 EUR zu seinem Sparguthaben von 8 920,00 EUR so lange zuzahlen, bis das Guthaben 60 000,00 EUR übersteigt. Nach wie viel Jahren ist das der Fall? Zinssatz 5 %.

16 Frau Simon will jeweils am Jahresende 2 400,00 EUR von ihrem Sparguthaben in Höhe von 23 310,00 EUR so lange abheben, bis das Sparguthaben aufgebraucht ist. Wie lange ist dies möglich? Zinssatz 6 %.

18 Tilgungsrechnung

Bei der Tilgungsrechnung werden Schuldbeträge (Darlehen) in mehreren Teilbeträgen (Tilgungsraten) in gleichen Zeitabständen zurückgezahlt. Den Berechnungen in diesem Abschnitt liegen jährliche Zeitabstände zugrunde. Mit der Tilgungsrate werden zugleich die angefallenen Zinsen gezahlt. Tilgungsrate T zuzüglich Zinsen z ergeben die Annuität A.

Man unterscheidet **Ratentilgung** und **Annuitätentilgung**.

Bei der Ratentilgung bleibt die jährliche Tilgungsrate T während der gesamten Tilgungszeit gleich groß. Die Restschuld nimmt von Jahr zu Jahr ab. Dadurch werden die Zinsen z und die Annuitäten A von Jahr zu Jahr geringer.

Bei der Annuitätentilgung bleibt die jährliche Annuität gleich groß. Da $A = T + z$ gilt und die Restschuld von Jahr zu Jahr abnimmt, müssen sich T und z jeweils jährlich ändern. Die Tilgungsraten T steigen, die Zinsen z fallen von Jahr zu Jahr, ergeben aber zusammen jeweils den gleichen Betrag A.

18.1 Annuitätentilgung

Beispiel mit Lösung

Aufgabe: Ein Darlehen K von 150 000,00 EUR, das zu 8 % zu verzinsen ist, soll in 6 gleich großen Annuitäten getilgt werden.

a) Entwickeln Sie die Formel zur Berechnung der Annuität A und bestimmen Sie mit den gegebenen Werten A!
b) Stellen Sie einen Tilgungsplan auf!

Lösung:

a) **1. Jahr:** $A = K \cdot \frac{p}{100} + T_1$

2. Jahr: $A = (K - T_1) \cdot \frac{p}{100} + T_2$

für A den Wert des 1. Jahres einsetzen:

$$K \cdot \frac{p}{100} + T_1 = (K - T_1) \cdot \frac{p}{100} + T_2$$

$$K \cdot \frac{p}{100} + T_1 = K \cdot \frac{p}{100} - T_1 \cdot \frac{p}{100} + T_2$$

$$T_2 = T_1 + T_1 \cdot \frac{p}{100}$$

$$\underline{T_2 = T_1 \cdot \left(1 + \frac{p}{100}\right)}$$

3. Jahr: $A = (K - T_1 - T_2) \cdot \frac{p}{100} + T_3$

für A den Wert des 1. Jahres einsetzen:

$$K \cdot \frac{p}{100} + T_1 = (K - T_1 - T_2) \cdot \frac{p}{100} + T_3$$

$$K \cdot \frac{p}{100} + T_1 = K \cdot \frac{p}{100} - T_1 \cdot \frac{p}{100} - T_2 \cdot \frac{p}{100} + T_3$$

$$K \cdot \frac{p}{100} + T_1 = K \cdot \frac{p}{100} - T_1 \cdot \frac{p}{100} - T_1 \cdot \left(1 + \frac{p}{100}\right) \cdot \frac{p}{100} + T_3$$

$$T_3 = T_1 + T_1 \cdot \frac{p}{100} + T_1 \cdot \left(1 + \frac{p}{100}\right) \cdot \frac{p}{100}$$

$$T_3 = T_1 \cdot \left(1 + \frac{p}{100}\right) + T_1 \cdot \left(1 + \frac{p}{100}\right) \cdot \frac{p}{100}$$

$$T_3 = T_1 \cdot \left(1 + \frac{p}{100}\right) \cdot \left(1 + \frac{p}{100}\right)$$

$$\underline{T_3 = T_1 \cdot \left(1 + \frac{p}{100}\right)^2}$$

$$\left(1 + \frac{p}{100}\right) = q; \quad T_2 = T_1 \cdot \left(1 + \frac{p}{100}\right) = T_1 \cdot q; \quad T_3 = T_1 \cdot \left(1 + \frac{p}{100}\right)^2 = T_1 \cdot q^2$$

Die Tilgungsbeträge T_1, T_2, T_3, ... bilden mit T_1, $T_1 \cdot q$, $T_1 \cdot q^2$, ... die Glieder einer steigenden geometrischen Folge.

Die Summe aller Tilgungsbeträge ergibt das Darlehen K.

$$K = T_1 + T_2 + T_3 + \ldots + T_n$$

$$K = T_1 + T_1 \cdot q + T_1 \cdot q^2 + \ldots + T_1 \cdot q^{n-1}$$

$$\underline{K = \frac{T_1 \cdot (q^n - 1)}{(q - 1)}} \quad (1)$$

$$A = K \cdot \frac{p}{100} + T_1 \qquad \frac{p}{100} = (q - 1)$$

$$A = K \cdot (q - 1) + T_1 \quad (2)$$

$$\underline{K = \frac{A - T_1}{(q - 1)}} \quad (2a)$$

(1) und (2a) gleichsetzen:

$$\frac{T_1 \cdot (q^n - 1)}{(q - 1)} = \frac{A - T_1}{(q - 1)}$$

$$T_1 \cdot (q^n - 1) = A - T_1$$

$$T_1 \cdot q^n - T_1 = A - T_1$$

$$\underline{A = T_1 \cdot q^n} \quad (3)$$

$$A = K \cdot (q - 1) + T_1 \quad (2)$$

$$\underline{T_1 = A - K \cdot (q - 1)} \quad (2b)$$

(2b) in (3) einsetzen:

$$A = [A - K \cdot (q - 1)] \cdot q^n$$

$$A = A \cdot q^n - K \cdot q^n \cdot (q - 1)$$

$$K \cdot q^n \cdot (q - 1) = A \cdot q^n - A$$

$$K \cdot q^n \cdot (q - 1) = A \cdot (q^n - 1)$$

$$\boxed{A = \frac{K \cdot q^n \cdot (q - 1)}{(q^n - 1)}}$$

Werte der Aufgabe in die Formel einsetzen:

$K = 150\,000;\ q = 1{,}08;\ n = 6$

$$A = \frac{150\,000 \cdot 1{,}08^6 \cdot (1{,}08 - 1)}{(1{,}08^6 - 1)} = 32\,447{,}31$$

Tastfolge mit dem Taschenrechner (zuerst $1{,}08^6 - 1$ berechnen):[1]

1.08	x^y	6	−	1	M+	150000	×	1.08	x^y	6	×	0.08	÷	MR

=	32447.307

b)

Jahr	Restschuld	Zinsen z	Tilgung T	Annuität A
1	150 000,00	12 000,00	20 447,31	32 447,31
2	129 552,69	10 364,22	22 083,09	32 447,31
3	107 469,60	8 597,57	23 849,74	32 447,31
4	83 619,86	6 689,59	25 757,72	32 447,31
5	57 862,14	4 628,97	27 818,34	32 447,31
6	30 043,80	2 403,50	30 043,80	32 447,30
		44 683,85	150 000,00	194 683,85

Rechenweg: 8% von 150 000,00 EUR = 12 000,00 EUR Zinsen,
32 447,31 EUR − 12 000,00 EUR = 20 447,31 EUR Tilgung,
150 000,00 EUR − 20 447,31 EUR = 129 552,69 EUR Restschuld,
8% von 129 552,69 EUR = 10 364,22 EUR Zinsen, usw.

Merke Bei der Annuitätentilgung sind die Annuitäten gleich groß.
Für K EUR Darlehen, p% Zinsen und n Jahre Tilgungszeit gilt:

$$A = \frac{K \cdot q^n \cdot (q - 1)}{(q^n - 1)} \qquad K = \frac{T_1 \cdot (q^n - 1)}{(q - 1)}$$

Aufgaben

1 Der Textilgroßhändler Werner Schöne will ein Darlehen in Höhe von 180 000,00 EUR, das zu 7,5% verzinst wird, in 5 Jahren durch gleich große Annuitäten tilgen.

a) Berechnen Sie die Annuität A und stellen Sie den Tilgungsplan auf!

[1] Andere Tastfolgen mit Anwendung von Klammern sind möglich.

b) Welche Berechnung ist durchzuführen, um die Restschuld RK_3 am Ende des 3. Jahres (Anfang des 4. Jahres) ohne Tilgungsplan zu bestimmen?
Hinweis zur Lösung: Verwenden Sie die in der Einführungsaufgabe hergeleitete Formel (1) $K = \frac{T_1 \cdot (q^n - 1)}{(q - 1)}$!

2 Für einen Fabrikerweiterungsbau wird ein Darlehen in Höhe von 300 000,00 EUR gewährt, das in 8 gleich großen Annuitäten zurückgezahlt werden soll. Der Zinssatz beträgt 7 %.

a) Stellen Sie den Tilgungsplan auf!
b) Berechnen Sie zur Kontrolle die Restschuld RK_4 (Anfang des 5. Jahres) und RK_7 (Anfang des 8. Jahres)!

3 Frau Hauser soll ihr Bauspardarlehen in Höhe von 135 000,00 EUR in 12 Jahren durch gleich große Annuitäten tilgen. Die jährliche Verzinsung beträgt 4,5 %.

a) Wie lautet der Tilgungsplan für die ersten 3 Jahre?
b) Berechnen Sie die Restschuld RK_6 (Anfang des 7. Jahres) und RK_{11} (Anfang des 12. Jahres)!
c) Wie viel EUR betragen Zinsen und Tilgung im 12. Jahr? Wie groß ist die Rundungsdifferenz der Annuität?

4 Eine Hypothekenschuld von 160 000,00 EUR soll bei 6,5 % jährlicher Verzinsung in 25 Jahren durch gleich große Annuitäten getilgt werden.

a) Berechnen Sie die Annuität A und die 1. Tilgungsrate T_1!
b) Wie hoch sind die Restschulden RK_{10}, RK_{20} und RK_{24}?
c) Wie viel EUR betragen Zinsen und Tilgung im 25. Jahr und wie groß ist die Rundungsdifferenz der Annuität?

5 Herr Wagner will ein Darlehen von 75 000,00 EUR in 7 Jahren in gleich großen Annuitäten zurückzahlen. In den ersten 4 Jahren beträgt der Zinssatz 8,25 %; danach wird der Zinssatz für die Restlaufzeit auf 7,75 % gesenkt.

a) Berechnen Sie die Annuität A_1 für die ersten 4 Jahre!
b) Wie hoch ist die Restschuld RK_4 (Anfang des 5. Jahres)?
c) Wie viel EUR beträgt die Annuität A_2 vom 5. Jahr ab?
d) Wie hoch sind Zinsen und Tilgung im letzten Jahr?
e) Stellen Sie zur Kontrolle den Tilgungsplan auf!

6 Ein Darlehen von 90 000,00 EUR soll in 8 Jahren durch gleich große Annuitäten getilgt werden. Die Zinssätze betragen in den ersten 3 Jahren 7,25 %, im 4. und 5. Jahr 7,5 %, in den letzten 3 Jahren 7 %.

a) Berechnen Sie die Annuitäten, die zu den unterschiedlichen Zinssätzen gehören!
b) Wie lautet der Tilgungsplan?

7 Herr Daniel hat ein Darlehen von 50 000,00 EUR erhalten, das jährlich zu 5,5 % zu verzinsen ist. Für Tilgung und Zinsen will Herr Daniel jährlich 9 000,00 EUR aufwenden.

a) Nach wie viel Jahren ist das Darlehen getilgt?
Hinweis zur Lösung: Verwenden Sie die in der Einführungsaufgabe hergeleitete Formel (3) $A = T_1 \cdot q^n$!
b) Wie viel EUR betragen Zinsen und Tilgung im letzten Jahr?
c) Stellen Sie zur Kontrolle den Tilgungsplan auf!

8 Eine Hypothekenschuld von 125 000,00 EUR wird jährlich mit 6% verzinst. Für Tilgung und Zinsen sollen jährlich 10 000,00 EUR gezahlt werden.

a) Nach wie viel Jahren ist die Hypothekenschuld getilgt?
b) Wie viel EUR betragen Zinsen und Tilgung im 11. Jahr?
c) Wie hoch sind Zinsen und Tilgung im letzten Jahr?

9 Die Gerätefabrik Werner Knopf hat zur Erweiterung ihrer Anlagen einen Kredit in Höhe von 450 000,00 EUR zu folgenden Bedingungen aufgenommen: Jahreszinssatz 6,5%; jährliche Tilgung in gleich großen Annuitäten von 10% der Kreditsumme zuzüglich 6,5% Zinsen von der Kreditsumme.

a) Wie viel EUR beträgt die Annuität?
b) Nach wie viel Jahren ist der Kredit getilgt?
c) Wie hoch sind Zinsen und Tilgung im 4. und im letzten Jahr?
d) Stellen Sie den Tilgungsplan auf!

10 Eine Hypothekenschuld von 140 000,00 EUR soll jährlich in gleich großen Annuitäten in Höhe von 7,5% der Anfangsschuld zurückgezahlt werden. Jahreszinssatz 6%.

a) Nach wie viel Jahren ist die Hypothekenschuld getilgt?
b) Berechnen Sie Zinsen und Tilgungsrate im 10., 20. und letzten Jahr der Laufzeit!

11 Frau Bauer möchte ein Darlehen in Höhe von 90 000,00 EUR in 10 Jahren in gleich großen Annuitäten zurückzahlen. In den ersten 6 Jahren beträgt der Zinssatz 8%. Danach wird der Zinssatz für die Restlaufzeit um 0,5% gesenkt.

a) Berechnen Sie die Annuität A_1 für die ersten 6 Jahre!
b) Wie viel EUR beträgt die Restschuld RK_6 (Anfang des 7. Jahres)?
c) Bestimmen Sie die Annuität A_2 vom 7. Jahr ab!
d) Wie hoch sind Zinsen und Tilgung im letzten Jahr?
e) Prüfen Sie die Ergebnisse mithilfe des Tilgungsplanes!

12 Für die Tilgung einer Hypothekenschuld in Höhe von 120 000,00 EUR sollen jährlich 12 000,00 EUR aufgewendet werden.

a) Nach wie viel Jahren ist die Hypothekenschuld bei einem Zinssatz von 7% getilgt?
b) Wie hoch sind Zinsen und Tilgung im 10. Jahr?
c) Wie viel EUR betragen Zinsen und Tilgung im letzten Jahr?

19 Matrizenrechnung

19.1 Grundbegriffe der Matrizenrechnung

Die Matrizenrechnung ist ein zweckmäßiges Hilfsmittel für die Darstellung vieler volks- und betriebswirtschaftlicher Verflechtungen. Sie ermöglicht Vereinfachungen und Schematisierungen in Rechenabläufen und begünstigt damit den Einsatz von elektronischen Rechenanlagen.

Matrizen sind die kompakte Darstellung einer Menge von Zahlen, eine Art Stenographie der Mathematik.

Beispiel:

Ein Betrieb liefert drei Erzeugnisse an vier Abnehmer. Die Absatzzahlen des Monats Januar sind in nebenstehender Tabelle zusammengefasst:

Absatz in Stück im Januar

Erzeugnis	Abnehmer			
	a	b	c	d
1	9	11	6	15
2	7	4	8	3
3	12	5	9	6

Die Zahlen der Tabelle stellen wir in nachstehender Form als **Matrix** dar:

$$\boldsymbol{A} = \begin{pmatrix} 9 & 11 & 6 & 15 \\ 7 & 4 & 8 & 3 \\ 12 & 5 & 9 & 6 \end{pmatrix}$$

Matrizen bezeichnen wir nach DIN 1303 mit kursiven fetten Großbuchstaben $\boldsymbol{A}$, $\boldsymbol{B}$, $\boldsymbol{C}$, ... Die Zahlenmenge wird in runde Klammern gesetzt. Vorstehende Matrix besitzt 3 Zeilen und 4 Spalten, sie ist eine $3 \cdot 4$-Matrix. Die Zahlen der Matrix sind die Elemente der Matrix.

Definition 211

Das Zahlenschema

$$\begin{pmatrix} a_{11} & a_{12} & \dots & a_{1n} \\ a_{21} & a_{22} & \dots & a_{2n} \\ \vdots & & & \\ a_{m1} & a_{m2} & \dots & a_{mn} \end{pmatrix}$$

bezeichnet man als Matrix mit m Zeilen und n Spalten oder als $m \cdot n$-Matrix. Die reellen Zahlen dieses Schemas sind die Elemente der Matrix.

Jedem Element sind zwei Indizes zugeordnet. Der erste Index nennt die Zeile, der zweite Index die Spalte, in der das Element steht. Das Element a_{23} steht in Zeile 2 in der Spalte 3. Das allgemeine Element a_{ij} steht in der Zeile i in der Spalte j.

Matrizen, die nur aus einer Spalte bestehen, bezeichnet man als **Spaltenvektoren**. Sie werden nach DIN 1303 mit kursiven mageren Kleinbuchstaben und darüber gesetztem Pfeil bezeichnet[1]. Ein Index j gibt die j-te Spalte einer Matrix an. Die Absatzzahlen an Abnehmer b (2. Spalte der Matrix A) kann man als folgenden Vektor schreiben:

$$\vec{a} = \vec{a}_2 = \begin{pmatrix} 11 \\ 4 \\ 5 \end{pmatrix}$$

Definition 212.1

Eine Matrix, die nur eine Spalte besitzt, bezeichnet man als Spaltenvektor.

Matrizen, die nur aus einer Zeile bestehen, heißen **Zeilenvektoren**. Zur Unterscheidung von Spaltenvektoren erhalten die Kleinbuchstaben in diesem Lehrbuch einen Strich[2]. Die Absatzzahlen von Erzeugnis 3 an die Abnehmer a bis d (3. Zeile der Matrix A) schreibt man als Vektor:

$$\vec{a}\,' = \vec{a}\,'_3 = (12 \quad 5 \quad 9 \quad 6)$$

Definition 212.2

Eine Matrix, die nur eine Zeile besitzt, bezeichnet man als Zeilenvektor.

Enthält eine Matrix bzw. ein Vektor nur eine Zahl, so spricht man von einem **Skalar**. Ein Skalar wird mit einem kursiven mageren Kleinbuchstaben bezeichnet; die Klammern entfallen. Beispiel: Skalar $a = 2$.

Definition 212.3

Ein Skalar ist eine Matrix bzw. ein Vektor mit einem Element (einer Zahl).

Aufgaben

1 Schreiben Sie die Zahlen aus nachstehenden Tabellen in Matrizenform!

Tabelle 1
Absatz in Stück im Februar

Erzeugnis	Abnehmer			
	a	b	c	d
1	10	9	8	16
2	8	6	7	5
3	9	8	7	11

Tabelle 2
Zeit in Minuten je Einheit

Maschine	Erzeugnis		
	a	b	c
1	2	5	7
2	3	8	4
3	5	4	3
4	4	6	2

[1] DIN 1303 sieht zwei Darstellungen von Vektoren vor. Nach der ersten Darstellung werden Vektoren mit kursiven halbfetten Kleinbuchstaben bezeichnet. Die zweite Darstellung erlaubt die Bezeichnung mit kursiven mageren Kleinbuchstaben und darüber gesetztem Pfeil. Auf mehrfachem Wunsch wird ab der 9. Auflage des Lehrbuches die zweite Darstellung von Vektoren verwendet.

[2] Nach DIN 1303 sind keine speziellen Bezeichnungen für Zeilenvektoren vorgesehen.

2 Stellen Sie nachstehende Zahlen der Tabelle 1 bzw. Tabelle 2 aus Aufgabe 1 als Vektoren dar!

a) Absatz der Erzeugnisse 1 bis 3 an Abnehmer a,
b) Absatz der Erzeugnisse 1 bis 3 an Abnehmer d,
c) Zeit in Minuten der Maschinen 1 bis 4 für Erzeugnis b,
d) Zeit in Minuten der Maschinen 1 bis 4 für Erzeugnis c.

3 Schreiben Sie nachstehende Zahlen der Tabelle 1 bzw. Tabelle 2 aus Aufgabe 1 als Vektoren!

a) Absatzzahlen von Erzeugnis 1 an die Abnehmer a bis d,
b) Absatzzahlen von Erzeugnis 3 an die Abnehmer a bis d,
c) Zeit in Minuten von Maschine 2 für die Erzeugnisse a bis c,
d) Zeit in Minuten von Maschine 4 für die Erzeugnisse a bis c.

4 Schreiben Sie die Skalare mit folgenden Elementen!
a) 3 b) 7 c) 1,5

19.2 Matrizenverknüpfungen

19.2.1 Addition und Subtraktion von Matrizen

Beispiel mit Lösung

Aufgabe: Nachstehende Matrizen enthalten die Absatzzahlen der Erzeugnisse 1 bis 3 an die Abnehmer a bis d in den Monaten Januar (A) und Februar (B). Berechnen Sie die Summen der Absatzzahlen der beiden Monate!

$$\boldsymbol{A} = \begin{pmatrix} 9 & 11 & 6 & 15 \\ 7 & 4 & 8 & 3 \\ 12 & 5 & 9 & 6 \end{pmatrix} \qquad \boldsymbol{B} = \begin{pmatrix} 10 & 9 & 8 & 16 \\ 8 & 6 & 7 & 5 \\ 9 & 8 & 7 & 11 \end{pmatrix}$$

Lösung:

$$\boldsymbol{A} + \boldsymbol{B} = \begin{pmatrix} 19 & 20 & 14 & 31 \\ 15 & 10 & 15 & 8 \\ 21 & 13 & 16 & 17 \end{pmatrix}$$

Wir rechnen: 9 + 10, 11 + 9, 6 + 8, 15 + 16, 7 + 8, usw.

Definition 213

Sind $\boldsymbol{A}$ und $\boldsymbol{B}$ Matrizen mit der gleichen Zeilen- und Spaltenzahl, so ist die Summe der beiden Matrizen die Matrix, deren Elemente sich als Summe der entsprechenden Elemente von $\boldsymbol{A}$ und $\boldsymbol{B}$ ergeben.

Satz 214

Für die Matrizenaddition gelten das Kommutativgesetz und das Assoziativgesetz:

$\boldsymbol{A} + \boldsymbol{B} = \boldsymbol{B} + \boldsymbol{A}; \quad (\boldsymbol{A} + \boldsymbol{B}) + \boldsymbol{C} = \boldsymbol{A} + (\boldsymbol{B} + \boldsymbol{C})$.

Merke Matrizen werden addiert, indem man ihre Elemente in entsprechender Reihenfolge addiert. Die Matrizenaddition ist nur für Matrizen mit gleicher Zeilen- und Spaltenzahl möglich.

Die Additionsregel gilt auch für Vektoren (Matrizen mit einer Spalte bzw. mit einer Zeile). Die Summe von Spalten- bzw. Zeilenvektoren ist wieder ein Spalten- bzw. Zeilenvektor. Ein Spalten- und ein Zeilenvektor lassen sich nicht addieren.

Aufgaben

1 Bilden Sie die Summen $\boldsymbol{A} + \boldsymbol{B}$ und $\boldsymbol{B} + \boldsymbol{A}$!

a) $\boldsymbol{A} = \begin{pmatrix} 11 & 13 & 17 & 16 \\ 9 & 7 & 8 & 6 \\ 17 & 15 & 14 & 12 \end{pmatrix} \quad \boldsymbol{B} = \begin{pmatrix} 14 & 11 & 9 & 13 \\ 11 & 9 & 12 & 8 \\ 16 & 18 & 13 & 17 \end{pmatrix}$

b) $\boldsymbol{A} = \begin{pmatrix} 120 & 135 & 140 \\ 170 & 190 & 210 \\ 90 & 75 & 110 \\ 65 & 80 & 50 \end{pmatrix} \quad \boldsymbol{B} = \begin{pmatrix} 115 & 130 & 155 \\ 185 & 220 & 205 \\ 120 & 85 & 130 \\ 75 & 90 & 105 \end{pmatrix}$

2 Warum lassen sich folgende Matrizen nicht addieren?

$\boldsymbol{A} = \begin{pmatrix} 14 & 11 & 16 & 12 \\ 20 & 25 & 18 & 20 \\ 9 & 8 & 10 & 12 \end{pmatrix} \quad \boldsymbol{B} = \begin{pmatrix} 11 & 17 & 19 & 18 \\ 25 & 28 & 30 & 25 \end{pmatrix}$

3 Addieren Sie die Spaltenvektoren $\vec{a}$ und $\vec{b}$ bzw. $\vec{a}$, $\vec{b}$ und $\vec{c}$!

a) $\vec{a} = \begin{pmatrix} 30 \\ 55 \\ 25 \\ 70 \end{pmatrix} \quad \vec{b} = \begin{pmatrix} 45 \\ 60 \\ 35 \\ 90 \end{pmatrix}$

b) $\vec{a} = \begin{pmatrix} 160 \\ 110 \\ 230 \end{pmatrix} \quad \vec{b} = \begin{pmatrix} 125 \\ 130 \\ 250 \end{pmatrix} \quad \vec{c} = \begin{pmatrix} 140 \\ 145 \\ 225 \end{pmatrix}$

4 Bilden Sie die Summe der Zeilenvektoren $\vec{a}' + \vec{b}'$ bzw. $\vec{a}' + \vec{b}' + \vec{c}'$!

a) $\vec{a}' = (15 \quad 35 \quad 40 \quad 25) \quad \vec{b}' = (18 \quad 40 \quad 45 \quad 30)$

b) $\vec{a}' = (45 \quad 50 \quad 70) \quad \vec{b}' = (55 \quad 60 \quad 85) \quad \vec{c}' = (40 \quad 55 \quad 75)$

5 Warum kann man nachstehende Vektoren nicht addieren?

$\vec{a} = \begin{pmatrix} 60 \\ 85 \\ 150 \end{pmatrix} \quad \vec{b}' = (65 \quad 90 \quad 125)$

6 Nachstehende Tabellen enthalten die Produktionszahlen der Monate Januar, Februar und März. Erfassen Sie die Zahlen in den Matrizen $\boldsymbol{A}$, $\boldsymbol{B}$ und $\boldsymbol{C}$ und stellen Sie die Produktionszahlen des ersten Quartals als Matrix $\boldsymbol{D} = \boldsymbol{A} + \boldsymbol{B} + \boldsymbol{C}$ dar!

Produzierte Stück im Januar

Erzeugnis	Werk		
	I	II	III
1	160	90	120
2	85	240	110
3	210	70	85
4	75	80	225

Produzierte Stück im Februar

Erzeugnis	Werk		
	I	II	III
1	150	105	95
2	90	220	120
3	200	80	70
4	80	60	210

Produzierte Stück im März

Erzeugnis	Werk		
	I	II	III
1	170	95	110
2	95	250	100
3	190	90	80
4	90	75	205

Die Subtraktion von Matrizen ist als Umkehrung der Matrizenaddition definiert.

Beispiel mit Lösung

Aufgabe: Matrix A enthält die Stückzahlen der Jahresproduktion, Matrix $\boldsymbol{B}$ die Produktionszahlen des zweiten Halbjahres. Bestimmen Sie die Produktionszahlen des ersten Halbjahres und weisen Sie diese in der Matrix $\boldsymbol{C} = \boldsymbol{A} - \boldsymbol{B}$ aus!

$$A = \begin{pmatrix} 720 & 635 & 840 \\ 670 & 590 & 610 \\ 580 & 475 & 510 \\ 865 & 780 & 950 \end{pmatrix} \qquad B = \begin{pmatrix} 370 & 310 & 430 \\ 340 & 280 & 320 \\ 285 & 240 & 245 \\ 440 & 380 & 485 \end{pmatrix}$$

Lösung:

$$C = A - B = \begin{pmatrix} 350 & 325 & 410 \\ 330 & 310 & 290 \\ 295 & 235 & 265 \\ 425 & 400 & 465 \end{pmatrix}$$

Wir rechnen: 720 − 370, 635 − 310, 840 − 430, 670 − 340, usw.

Definition 216

Sind $\boldsymbol{A}$ und $\boldsymbol{B}$ Matrizen mit der gleichen Zeilen- und Spaltenzahl, so ist die Differenz der Matrizen $\boldsymbol{A}$ und $\boldsymbol{B}$ die Matrix, deren Elemente sich als Differenz der entsprechenden Elemente von $\boldsymbol{A}$ und $\boldsymbol{B}$ ergeben.

Merke Matrizen werden subtrahiert, indem man ihre Elemente in entsprechender Reihenfolge subtrahiert.

Die Subtraktionsregel gilt auch für Vektoren (Matrizen mit einer Spalte bzw. mit einer Zeile).

Aufgaben

7 Bilden Sie die Differenz $\boldsymbol{A} - \boldsymbol{B}$!

a) $\boldsymbol{A} = \begin{pmatrix} 28 & 32 & 19 & 41 \\ 43 & 26 & 38 & 16 \\ 33 & 45 & 24 & 52 \end{pmatrix}$ $\quad \boldsymbol{B} = \begin{pmatrix} 15 & 17 & 11 & 25 \\ 21 & 15 & 19 & 7 \\ 16 & 28 & 13 & 37 \end{pmatrix}$

b) $\boldsymbol{A} = \begin{pmatrix} 320 & 435 & 240 \\ 470 & 390 & 510 \\ 290 & 475 & 310 \\ 365 & 280 & 150 \end{pmatrix}$ $\quad \boldsymbol{B} = \begin{pmatrix} 215 & 330 & 125 \\ 285 & 120 & 205 \\ 130 & 285 & 170 \\ 175 & 160 & 115 \end{pmatrix}$

8 Warum lassen sich folgende Matrizen nicht subtrahieren?

$\boldsymbol{A} = \begin{pmatrix} 24 & 32 & 16 & 42 \\ 40 & 35 & 38 & 26 \\ 29 & 18 & 40 & 37 \end{pmatrix}$ $\quad \boldsymbol{B} = \begin{pmatrix} 12 & 18 & 10 & 28 \\ 25 & 23 & 31 & 20 \end{pmatrix}$

9 Bestimmen Sie von nachstehenden Spaltenvektoren die Differenzen $\vec{a} - \vec{b}$ bzw. $\vec{a} - \vec{b} - \vec{c}$!

a) $\vec{a} = \begin{pmatrix} 70 \\ 85 \\ 45 \\ 80 \end{pmatrix}$ $\quad \vec{b} = \begin{pmatrix} 40 \\ 55 \\ 25 \\ 45 \end{pmatrix}$

b) $\vec{a} = \begin{pmatrix} 360 \\ 410 \\ 530 \end{pmatrix}$ $\quad \vec{b} = \begin{pmatrix} 125 \\ 130 \\ 160 \end{pmatrix}$ $\quad \vec{c} = \begin{pmatrix} 150 \\ 240 \\ 145 \end{pmatrix}$

10 Bilden Sie die Differenzen der Zeilenvektoren $\vec{a}' - \vec{b}'$ bzw. $\vec{a}' - \vec{b}' - \vec{c}'$!

a) $\vec{a}' = (25 \quad 55 \quad 60 \quad 35)$ $\quad \vec{b}' = (15 \quad 30 \quad 45 \quad 20)$

b) $\vec{a}' = (95 \quad 80 \quad 75)$ $\quad \vec{b}' = (15 \quad 20 \quad 10)$ $\quad \vec{c}' = (30 \quad 25 \quad 40)$

11 Warum kann man nachstehende Vektoren nicht subtrahieren?

$$\vec{a} = \begin{pmatrix} 90 \\ 135 \\ 180 \end{pmatrix} \qquad \vec{b} = (55 \quad 80 \quad 125)$$

12 Nachstehende Tabellen weisen die Lagerbestände in Stück zu Beginn des Jahres und die Zugänge und Abgänge im ersten Halbjahr aus. Erfassen Sie die Zahlen in den Matrizen $\boldsymbol{A}$, $\boldsymbol{B}$ und $\boldsymbol{C}$! Ermitteln Sie die Lagerbestände am Ende des ersten Halbjahres und schreiben Sie das Ergebnis als Matrix $\boldsymbol{D} = \boldsymbol{A} + \boldsymbol{B} - \boldsymbol{C}$!

Bestände zu Beginn des Jahres

Artikel	Filiale		
	I	II	III
1	120	80	150
2	140	210	170
3	220	190	160
4	80	90	110

Zugänge im ersten Halbjahr

Artikel	Filiale		
	I	II	III
1	410	270	460
2	390	620	490
3	670	530	470
4	260	310	340

Abgänge im ersten Halbjahr

Artikel	Filiale		
	I	II	III
1	430	260	475
2	415	590	485
3	655	545	460
4	235	290	345

19.2.2 Multiplikation einer Matrix mit einem Skalar

Beispiel mit Lösung

Aufgabe: Ein Betrieb liefert u. a. drei Erzeugnisse in monatlich gleich bleibender Absatzmenge an vier Abnehmer. Diese Absatzzahlen sind in folgender Matrix A zusammengefasst. Berechnen Sie die Zahlen des Jahresabsatzes, indem Sie Matrix A mit dem Skalar $a = 12$ multiplizieren!

$$A = \begin{pmatrix} 150 & 200 & 0 & 120 \\ 125 & 0 & 150 & 180 \\ 75 & 140 & 250 & 0 \end{pmatrix} \qquad a = 12$$

Die Multiplikation der Matrix A mit dem Skalar a bezeichnen wir mit $a \cdot A$.

Lösung:

$$a \cdot A = \begin{pmatrix} 1\,800 & 2400 & 0 & 1\,440 \\ 1\,500 & 0 & 1\,800 & 2\,160 \\ 900 & 1\,680 & 3\,000 & 0 \end{pmatrix}$$

Wir rechnen: $12 \cdot 150$, $12 \cdot 200$, $12 \cdot 0$, usw.

Definition 218

Die Multiplikation einer Matrix $\boldsymbol{A}$ mit einem Skalar a ergibt eine Matrix, deren Elemente das a-fache der entsprechenden Elemente von $\boldsymbol{A}$ sind.

Satz 218

Für die Multiplikation einer Matrix mit einem Skalar gilt das Kommutativgesetz:
$a \cdot \boldsymbol{A} = \boldsymbol{A} \cdot a$

Merke Eine Matrix wird mit einem Skalar multipliziert, indem man ihre Elemente der Reihe nach mit dem Skalar multipliziert.

Die Multiplikationsregel gilt auch für die Multiplikation eines Vektors mit einem Skalar.

Aufgaben

1 Multiplizieren Sie nachstehende Matrizen mit dem jeweils angegebenen Skalar!

a) $\boldsymbol{A} = \begin{pmatrix} 120 & 180 & 200 & 0 \\ 0 & 325 & 220 & 175 \\ 240 & 160 & 0 & 180 \end{pmatrix}$

$a = 3$

b) $\boldsymbol{B} = \begin{pmatrix} 80 & 75 & 60 \\ 45 & 65 & 30 \\ 90 & 70 & 25 \\ 60 & 55 & 85 \end{pmatrix}$

$b = 6$

2 Führen Sie die Multiplikation nachstehender Spaltenvektoren mit dem jeweils angegebenen Skalar aus!

a) $\vec{a} = \begin{pmatrix} 5 \\ 3 \\ 2 \\ 7 \end{pmatrix}$

$a = 25$

b) $\vec{b} = \begin{pmatrix} 35 \\ 60 \\ 85 \\ 25 \end{pmatrix}$

$b = 12$

c) $\vec{c} = \begin{pmatrix} 360 \\ 270 \\ 450 \end{pmatrix}$

$c = \frac{1}{6}$

3 Multiplizieren Sie folgende Zeilenvektoren mit dem zugeordneten Skalar!

a) $\vec{a}' = (6 \quad 3 \quad 5 \quad 4) \qquad a = 120 \qquad \vec{b}' = (85 \quad 50 \quad 90 \quad 45) \qquad b = 6$

b) $\vec{c}' = (390 \quad 525 \quad 285) \quad c = \frac{1}{3}$

4 Für die Herstellung von drei Erzeugnissen werden vier Maschinen benötigt. In nachstehender Tabelle sind die Bearbeitungszeiten in Minuten je Erzeugniseinheit zusammengestellt.

Maschine	Minuten je Einheit des Erzeugnisses		
	a	b	c
1	3	5	4
2	6	2	3
3	4	3	2
4	2	4	5

Hergestellte Stück:
Erzeugnis a 120 Stück
Erzeugnis b 90 Stück
Erzeugnis c 140 Stück

Schreiben Sie die Minuten je Einheit als Spaltenvektoren $\vec{a}$, $\vec{b}$ und $\vec{c}$ und die hergestellten Stück als Skalare a, b und c! Stellen Sie durch Skalarmultiplikation fest, wie viel Minuten jede Maschine für die Herstellung der jeweiligen Produktionsmenge der einzelnen Erzeugnisse benötigt wird!

5 Nebenstehende Tabelle weist den Rohstoffverbrauch je Arbeitstag aus. Schreiben Sie die Werte der Tabelle als Matrix A und berechnen Sie durch Skalarmultiplikation den wöchentlichen Rohstoffverbrauch (5 Arbeitstage)!

Rohstoff	Verbrauch in t in den Werken		
	I	II	III
1	5	3	4
2	0	4	2
3	3	0	6
4	2	5	0

19.2.3 Multiplikation eines Zeilenvektors mit einem Spaltenvektor (Skalarprodukt)

Beispiel mit Lösung

Aufgabe: Ein Betrieb stellt im Januar folgende Mengen von vier Erzeugnissen her: 800 Stück von A, 600 Stück von B, 1 200 Stück von C und 900 Stück von D. Die Selbstkosten je Stück betragen 12,00 EUR für A, 15,00 EUR für B, 10,00 EUR für C und 25,00 EUR für D.

Berechnen Sie mithilfe der Matrizenrechnung die Gesamtselbstkosten (das Skalarprodukt)!

Lösung: Wir schreiben die hergestellten Stücke als Zeilenvektor und die Selbstkosten je Stück als Spaltenvektor. Dann multiplizieren wir das erste Element des Zeilenvektors mit dem ersten Element des Spaltenvektors, das zweite Element des Zeilenvektors mit dem zweiten Element des Spaltenvektors, usw. und addieren die vier Produkte.

$$(800 \quad 600 \quad 1200 \quad 900) \cdot \begin{pmatrix} 12 \\ 15 \\ 10 \\ 25 \end{pmatrix} = 53\,100$$

Die gesamten Selbstkosen betragen im Januar 53 100,00 EUR.

Wir rechnen: $800 \cdot 12 + 600 \cdot 15 + 1200 \cdot 10 + 900 \cdot 25 = 53\,100$.

Definition 220

Das Skalarprodukt zweier Vektoren mit je n Elementen ist ein Skalar, der dadurch entsteht, daß die entsprechenden Elemente der beiden Vektoren miteinander multipliziert und die gewonnenen Produkte addiert werden.

Die Multiplikation von zwei Vektoren kann nur als Multiplikation eines Zeilenvektors mit einem Spaltenvektor ausgeführt werden. Die Multiplikation eines Spaltenvektors mit einem Zeilenvektor ist nicht möglich. Man kann aber in diesem Fall den Spaltenvektor in einen Zeilenvektor und den Zeilenvektor in einen Spaltenvektor umwandeln.

Beispiel: $(1 \quad 2 \quad 3) \cdot \begin{pmatrix} 4 \\ 5 \\ 6 \end{pmatrix} = (4 \quad 5 \quad 6) \cdot \begin{pmatrix} 1 \\ 2 \\ 3 \end{pmatrix} = 32$

Satz 220

Das Skalarprodukt ist kommutativ: $\vec{a}' \cdot \vec{b} = \vec{b}' \cdot \vec{a}$

Merke Das Skalarprodukt wird berechnet, indem man das erste Element des Zeilenvektors mit dem ersten Element des Spaltenvektors, das zweite Element des Zeilenvektors mit dem zweiten Element des Spaltenvektors, usw., multipliziert und die erhaltenen Produkte addiert. Die Multiplikation von zwei Vektoren kann nur als Multiplikation eines Zeilenvektors mit einem Spaltenvektor ausgeführt werden.

Aufgaben

1 Berechnen Sie die Skalarprodukte $\vec{a}' \cdot \vec{b}$ und $\vec{b}' \cdot \vec{a}$!

a) $\vec{a} = (40 \quad 70 \quad 25)$

$\vec{b} = \begin{pmatrix} 8 \\ 5 \\ 4 \end{pmatrix}$

b) $\vec{a}' = (200 \quad 150 \quad 180 \quad 250)$

$\vec{b} = \begin{pmatrix} 10 \\ 8 \\ 15 \\ 6 \end{pmatrix}$

2 In nachstehender Tabelle sind die Absatzzahlen der Produkte A, B und C in den Monaten Januar bis März enthalten. Die Verkaufspreise je Stück betragen 420,00 EUR für Produkt A, 280,00 EUR für B und 340,00 EUR für C.

Erfassen Sie die monatlichen Absatzzahlen als Zeilenvektoren und berechnen Sie den Gesamtumsatz (das Skalarprodukt) der einzelnen Monate!

Monat	Absatz in Stück		
	A	B	C
Januar	90	75	80
Februar	80	85	70
März	95	100	60

19.2.4 Multiplikation von Matrizen

Beispiel mit Lösung

Aufgabe: Ein Betrieb stellt in zwei Montagestufen aus vier Einzelteilen drei Halberzeugnisse und aus den Halberzeugnissen zwei Fertigerzeugnisse her:

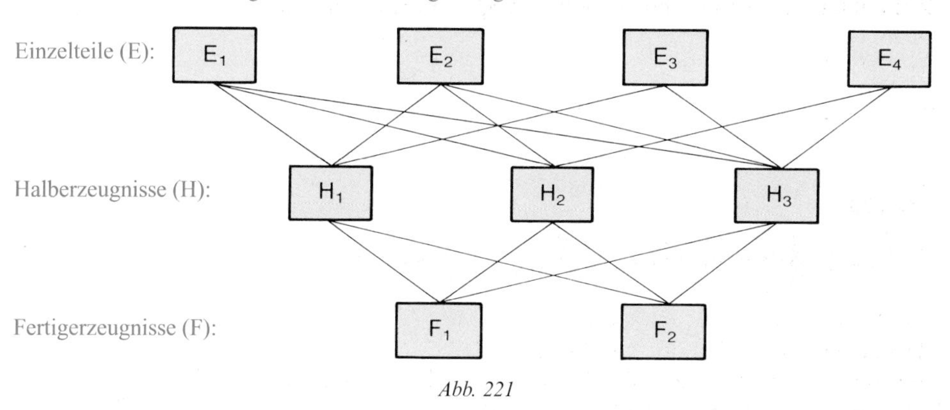

Abb. 221

Aus nachstehenden Tabellen ist zu entnehmen, wie viel Einzelteile jeweils in ein Halberzeugnis eingehen bzw. wie viel Halberzeugnisse jeweils für ein Fertigerzeugnis benötigt werden.

Tabelle 1

Einzelteile	Einzelteile je Halberzeugnis		
	H_1	H_2	H_3
E_1	3	4	2
E_2	2	3	1
E_3	4	0	3
E_4	0	2	4

Tabelle 2

Halberzeugnisse	Halberz. je Fertigerz.	
	F_1	F_2
H_1	4	3
H_2	2	5
H_3	3	1

Berechnen Sie durch Matrizenmultiplikation die Anzahl der Einzelteile, die jeweils für ein Fertigerzeugnis benötigt werden!

Lösung: Wir erfassen die Zahlen der Tabelle 1 als Matrix $\boldsymbol{A}$ und die Zahlen der Tabelle 2 als Matrix $\boldsymbol{B}$. Dann ermitteln wir das Matrizenprodukt $\boldsymbol{C} = \boldsymbol{A} \cdot \boldsymbol{B}$. Hierbei verfahren wir in Anlehnung an die Rechenregel zur Ermittlung des Skalarproduktes. Wir multiplizieren den ersten Zeilenvektor von $\boldsymbol{A}$ mit jedem Spaltenvektor von $\boldsymbol{B}$, dann den zweiten Zeilenvektor von $\boldsymbol{A}$ mit jedem Spaltenvektor von $\boldsymbol{B}$ usw.

$$\underset{\boldsymbol{A}}{\begin{pmatrix} 3 & 4 & 2 \\ 2 & 3 & 1 \\ 4 & 0 & 3 \\ 0 & 2 & 4 \end{pmatrix}} \cdot \underset{\boldsymbol{B}}{\begin{pmatrix} 4 & 3 \\ 2 & 5 \\ 3 & 1 \end{pmatrix}} = \underset{\boldsymbol{C}}{\begin{pmatrix} 26 & 31 \\ 17 & 22 \\ 25 & 15 \\ 16 & 14 \end{pmatrix}}$$

Die Zahlen der ersten Zeile von Matrix $\boldsymbol{C}$ erhalten wir durch folgende Vektormultiplikationen:
$3 \cdot 4 + 4 \cdot 2 + 2 \cdot 3 = 26$; $3 \cdot 3 + 4 \cdot 5 + 2 \cdot 1 = 31$

Die zweite Zeile von Matrix $\boldsymbol{C}$ entsteht durch folgende Vektormultiplikationen:
$2 \cdot 4 + 3 \cdot 2 + 1 \cdot 3 = 17$; $2 \cdot 3 + 3 \cdot 5 + 1 \cdot 1 = 22$

Die Zahlen der dritten und vierten Zeile von Matrix $\boldsymbol{C}$ werden durch entsprechende Berechnungen ermittelt.

Für 1 Stück F_1 werden benötigt: 26 E_1, 17 E_2, 25 E_3, 16 E_4.

Für 1 Stück F_2 werden benötigt: 31 E_1, 22 E_2, 15 E_3, 14 E_4.

Definition 222

Das Produkt einer Matrix $\boldsymbol{A}$ mit n Spalten und einer Matrix $\boldsymbol{B}$ mit n Zeilen ist eine Matrix, deren Elemente man durch Multiplikation der Zeilenvektoren von $\boldsymbol{A}$ mit jedem Spaltenvektor von $\boldsymbol{B}$ erhält.

Die Matrizenmultiplikation ist nur für den Fall definiert, dass die linke Matrix die gleiche Anzahl an Spalten wie die rechte Matrix Zeilen enthält. Die Ergebnismatrix ($\boldsymbol{C}$) hat ebenso viele Zeilen wie die linke Matrix ($\boldsymbol{A}$) und ebenso viele Spalten wie die rechte Matrix ($\boldsymbol{B}$).

Die Matrizenmultiplikation ist im Allgemeinen nicht kommutativ, im Allgemeinen ist $\boldsymbol{A} \cdot \boldsymbol{B} \neq \boldsymbol{B} \cdot \boldsymbol{A}$.

Die Division von Matrizen ist nicht definiert.

Merke Zwei Matrizen werden multipliziert, indem man die Zeilenvektoren der links stehenden Matrix mit jedem Spaltenvektor der rechts stehenden Matrix multipliziert.

Beachten Sie, dass die linke Matrix die gleiche Anzahl Spalten wie die rechte Matrix Zeilen hat.

Aufgaben

1 Bilden Sie das Produkt $\boldsymbol{C} = \boldsymbol{A} \cdot \boldsymbol{B}$!

a) $\boldsymbol{A} = \begin{pmatrix} 4 & 6 & 2 \\ 3 & 1 & 5 \end{pmatrix} \qquad \boldsymbol{B} = \begin{pmatrix} 5 & 3 & 1 \\ 2 & 4 & 3 \\ 1 & 5 & 2 \end{pmatrix}$

b) $\boldsymbol{A} = \begin{pmatrix} 5 & 0 & 6 \\ 4 & 2 & 0 \\ 0 & 3 & 1 \end{pmatrix} \qquad \boldsymbol{B} = \begin{pmatrix} 2 & 4 \\ 0 & 6 \\ 5 & 3 \end{pmatrix}$

c) $\boldsymbol{A} = \begin{pmatrix} 10 & 15 & 5 & 20 \\ 5 & 25 & 30 & 10 \end{pmatrix} \qquad \boldsymbol{B} = \begin{pmatrix} 1 & 2 \\ 3 & 0 \\ 2 & 4 \\ 2 & 1 \end{pmatrix}$

2 Weshalb kann man bei nachstehenden Matrizen die Produkte $\boldsymbol{A} \cdot \boldsymbol{B}$ und $\boldsymbol{B} \cdot \boldsymbol{A}$ nicht bilden?

a) $\boldsymbol{A} = \begin{pmatrix} 5 & 3 & 0 & 2 & 4 \\ 2 & 1 & 6 & 3 & 5 \end{pmatrix} \qquad \boldsymbol{B} = \begin{pmatrix} 3 & 1 & 0 \\ 4 & 2 & 6 \\ 0 & 5 & 2 \end{pmatrix}$

b) $\boldsymbol{A} = \begin{pmatrix} 2 & 5 & 3 \\ 5 & 1 & 0 \\ 3 & 4 & 5 \end{pmatrix} \qquad \boldsymbol{B} = \begin{pmatrix} 6 & 8 \\ 4 & 2 \end{pmatrix}$

3 Stellen Sie fest, bei welchen Aufgaben die Multiplikationen $\boldsymbol{A} \cdot \boldsymbol{B}$, $\boldsymbol{B} \cdot \boldsymbol{A}$, $\boldsymbol{A} \cdot \boldsymbol{B}$ und zugleich $\boldsymbol{B} \cdot \boldsymbol{A}$ möglich sind? Berechnen Sie diese Produkte!

a) $\boldsymbol{A} = \begin{pmatrix} 2 & 5 & 0 & 7 \\ 4 & 1 & 6 & 3 \end{pmatrix} \qquad \boldsymbol{B} = \begin{pmatrix} 3 & 6 \\ 4 & 2 \end{pmatrix}$

b) $\boldsymbol{A} = \begin{pmatrix} 3 & 1 & 6 \\ 5 & 2 & 0 \\ 4 & 3 & 5 \end{pmatrix} \qquad \boldsymbol{B} = \begin{pmatrix} 5 & 2 & 1 \\ 0 & 7 & 4 \\ 1 & 6 & 3 \end{pmatrix}$

c) $\boldsymbol{A} = \begin{pmatrix} 4 & 0 & 3 \\ 6 & 3 & 1 \\ 0 & 1 & 7 \end{pmatrix} \qquad \boldsymbol{B} = \begin{pmatrix} 1 & 5 & 4 & 0 \\ 6 & 0 & 2 & 3 \\ 2 & 3 & 5 & 1 \end{pmatrix}$

4 In nachstehender Tabelle 1 sind die Absatzmengen von vier Erzeugnissen in den Monaten Oktober bis Dezember erfasst. Tabelle 2 enthält die Verkaufspreise für ein Erzeugnis.

Tabelle 1

Monat	Stück von Erzeugnis			
		B	C	D
Oktober	180	210	90	320
November	160	240	110	300
Dezember	150	220	100	350

Tabelle 2

Erzeugnis	EUR je Stück
A	125,00
B	80,00
C	150,00
D	110,00

Schreiben Sie die Stückzahlen als Matrix A und die EUR als Spaltenvektor $\vec{b}$! Berechnen Sie die Monatsumsätze in EUR!

5 Ein Betrieb stellt drei Erzeugnisse her, die auf vier Maschinen bearbeitet werden. Die Maschinenzeit je Stück und die geplanten Produktionsmengen nach zwei Plänen sind in folgenden Tabellen zusammengefasst.

Maschine	Minuten je Erzeugnis		
	A	B	C
1	3	4	2
2	2	1	5
3	4	3	1
4	1	2	3

Erzeugnis	Stück nach Plan	
	I	II
A	80	60
B	75	70
C	90	110

Berechnen Sie mithilfe der Matrizenrechnung die benötigten Maschinenzeiten zur Herstellung der nach Plan I und II vorgesehenen Mengen!

6 Ein Betrieb stellt in zwei Produktionsstufen zwei Fertigerzeugnisse her. In nachstehender Stückliste 1 sind die Einzelteile aufgeführt, die je Stück der drei Zwischenerzeugnisse benötigt werden. Stückliste 2 enthält die Anzahl der Zwischenerzeugnisse für jeweils ein Fertigerzeugnis.

Stückliste 1

Einzelteile	Einzelteile je Zwischenerzeugnis		
	Z_1	Z_2	Z_3
E_1	5	0	3
E_2	3	4	2
E_3	0	3	6
E_4	4	5	0

Stückliste 2

Zwischenerzeugnisse	Zwischenerzeugnisse je Fertigerzeugnis	
	F_1	F_2
Z_1	3	5
Z_2	4	3
Z_3	5	2

Skizzieren Sie den Produktionsablauf und erfassen Sie die Werte der Stücklisten in Matrizen! Wie viel Einzelteile werden jeweils für ein Fertigerzeugnis benötigt?

Eine Matrix mit der gleichen Anzahl von Zeilen und Spalten heißt quadratische Matrix. Nebenstehende Matrix A ist mit drei Zeilen und drei Spalten eine quadratische Matrix dritter Ordnung. Bei vier Zeilen und vier Spalten liegt eine quadratische Matrix vierter Ordnung vor.

$$A = \begin{pmatrix} 2 & 2 & 1 \\ 1 & 2 & 3 \\ 1 & 2 & 1 \end{pmatrix}$$

Eine quadratische Matrix, deren Diagonalelemente 1 und alle anderen Elemente 0 sind, heißt Einheitsmatrix. Man bezeichnet sie mit $\boldsymbol{E}$. Die nebenstehende Matrix $\boldsymbol{E}$ ist die Einheitsmatrix dritter Ordnung.

$$\boldsymbol{E} = \begin{pmatrix} 1 & 0 & 0 \\ 0 & 1 & 0 \\ 0 & 0 & 1 \end{pmatrix}$$

Existiert zu einer quadratischen Matrix A die inverse Matrix, so bezeichnet man diese mit A^{-1}. Nebenstehende Matrix A^{-1} ist die inverse Matrix zu obenstehender Matrix A.

$$A^{-1} = \begin{pmatrix} 1 & 0 & -1 \\ -0{,}5 & -0{,}25 & 1{,}25 \\ 0 & 0{,}5 & -0{,}5 \end{pmatrix}$$

Multiplikationen mit den vorgenannten Matrizen führen zu besonderen Ergebnissen.

Beispiel:

$$\begin{array}{ccccc} A & \cdot & \boldsymbol{E} & = & A \end{array}$$

$$\begin{pmatrix} 2 & 2 & 1 \\ 1 & 2 & 3 \\ 1 & 2 & 1 \end{pmatrix} \cdot \begin{pmatrix} 1 & 0 & 0 \\ 0 & 1 & 0 \\ 0 & 0 & 1 \end{pmatrix} = \begin{pmatrix} 2 & 2 & 1 \\ 1 & 2 & 3 \\ 1 & 2 & 1 \end{pmatrix}$$

Satz 225.1

> Das neutrale Element bezüglich der Matrizenmultiplikation ist die Einheitsmatrix $\boldsymbol{E}$. Es gilt $A \cdot \boldsymbol{E} = A$ und $\boldsymbol{E} \cdot A = A$.

Beispiel:

$$\begin{array}{ccccc} A & \cdot & A^{-1} & = & \boldsymbol{E} \end{array}$$

$$\begin{pmatrix} 2 & 2 & 1 \\ 1 & 2 & 3 \\ 1 & 2 & 1 \end{pmatrix} \cdot \begin{pmatrix} 1 & 0 & -1 \\ -0{,}5 & -0{,}25 & 1{,}25 \\ 0 & 0{,}5 & -0{,}5 \end{pmatrix} = \begin{pmatrix} 1 & 0 & 0 \\ 0 & 1 & 0 \\ 0 & 0 & 1 \end{pmatrix}$$

Satz 225.2

> Existiert zu einer quadratischen Matrix A die inverse Matrix A^{-1}, so gilt $A \cdot A^{-1} = \boldsymbol{E}$ und $A^{-1} \cdot A = \boldsymbol{E}$.

Die Berechnung[1] der inversen Matrix erfolgt mithilfe der Einheitsmatrix. Die inverse Matrix hat praktische Bedeutung bei der Lösung bestimmter Verflechtungsaufgaben.

[1] Die Berechnung der inversen Matrix ist nach dem Lehrplan von Nordrhein-Westfalen nicht zu behandeln.

Aufgaben

7 Bilden Sie die Produkte $A \cdot E$ und $E \cdot A$!

a) $A = \begin{pmatrix} 3 & 1 & 4 \\ 2 & 0 & 5 \\ 0 & 4 & 2 \end{pmatrix}$ b) $A = \begin{pmatrix} 6 & 0 & 9 \\ 4 & 3 & 7 \\ 5 & 8 & 0 \end{pmatrix}$ c) $A = \begin{pmatrix} 4 & 0 & 3 & 5 \\ 1 & 3 & 2 & 0 \\ 0 & 5 & 1 & 6 \\ 3 & 4 & 0 & 2 \end{pmatrix}$

8 Multiplizieren Sie folgende Matrizen mit ihrer inversen Matrix!

a) $A = \begin{pmatrix} 1 & 1 & 2 \\ 1 & 3 & 2 \\ 2 & 1 & 2 \end{pmatrix}$ $A^{-1} = \begin{pmatrix} -1 & 0 & 1 \\ -0{,}5 & 0{,}5 & 0 \\ 1{,}25 & -0{,}25 & -0{,}5 \end{pmatrix}$

b) $B = \begin{pmatrix} 1 & 0 & 1 \\ 0 & -1 & 1 \\ 1 & 2 & 1 \end{pmatrix}$ $B^{-1} = \begin{pmatrix} 1{,}5 & -1 & -0{,}5 \\ -0{,}5 & 0 & 0{,}5 \\ -0{,}5 & 1 & 0{,}5 \end{pmatrix}$

c) $C = \begin{pmatrix} 3 & 1 & 4 \\ 2 & 5 & 2 \\ 1 & 2 & 1 \end{pmatrix}$ $C^{-1} = \begin{pmatrix} -1 & -7 & 18 \\ 0 & 1 & -2 \\ 1 & 5 & -13 \end{pmatrix}$

19.3 Angewandte Aufgaben zur Matrizenrechnung

19.3.1 Kosten-, Erlös- und Verbrauchsmatrizen

Beispiel mit Lösung

Aufgabe: Ein Fertigungsbetrieb stellt aus vier Rohstoffen drei Fertigerzeugnisse her.

Nebenstehende Tabelle zeigt, wie viel Mengeneinheiten (ME) der Rohstoffe zur Herstellung von je einem Fertigerzeugnis benötigt werden.

Rohstoff	ME der Rohstoffe je Fertigerzeugnis		
	F_1	F_2	F_3
R_1	3	4	1
R_2	4	1	3
R_3	0	2	2
R_4	2	0	4

a) Für einen Auftrag A sollen 350 ME von F_1, 500 ME von F_2 und 420 ME von F_3 hergestellt werden. Wie viel ME der Rohstoffe sind hierfür erforderlich?

b) Wie hoch sind die Rohstoffkosten für je ein Fertigerzeugnis, wenn 1 ME von R_1 8,00 EUR, 1 ME von R_2 12,00 EUR, 1 ME von R_3 4,00 EUR und 1 ME von R_4 6,00 EUR kostet?

c) Wie hoch sind die gesamten Rohstoffkosten für die Fertigungsmengen von Aufrag A?

d) Welchen Gesamterlös erzielt man aus Auftrag A bei folgenden Verkaufspreisen (netto)[1] je ME: 175,00 EUR für F_1, 110,00 EUR für F_2, 150,00 EUR für F_3?

[1] Der Nettoverkaufspreis enthält keine Umsatzsteuer.

e) An Fertigungskosten (FK), Verwaltungs- und Vertriebskosten (VwVtK) fallen je ME an: 72,00 EUR für F_1, 46,00 EUR für F_2, 60,00 EUR für F_3. Berechnen Sie die gesamten FK und VwVtK für Auftrag A!
Wie viel EUR beträgt der Gesamtgewinn aus Auftrag A?

Lösung:

a) Wir erfassen die ME der Rohstoffe je Fertigerzeugnis als Matrix A (3 Spalten), die Fertigungsmengen als Spaltenvektor $\vec{f}$ (3 Zeilen). Die benötigten ME der Rohstoffe zur Herstellung der Auftragsmengen erhält man durch Multiplikation von $A \cdot \vec{f} = \vec{r}$.

$$\underset{A}{\begin{pmatrix} 3 & 4 & 1 \\ 4 & 1 & 3 \\ 0 & 2 & 2 \\ 2 & 0 & 4 \end{pmatrix}} \cdot \underset{\vec{f}}{\begin{pmatrix} 350 \\ 500 \\ 420 \end{pmatrix}} = \underset{\vec{r}}{\begin{pmatrix} 3470 \\ 3160 \\ 1840 \\ 2380 \end{pmatrix}}$$

Für Auftrag A sind folgende ME der Rohstoffe erforderlich: 3470 ME von R_1, 3160 ME von R_2, 1840 ME von R_3, 2380 ME von R_4.

b) Wir schreiben die Rohstoffkosten je ME als Zeilenvektor $\vec{k}'$ (4 Spalten bei 4 Zeilen von Matrix A). Die Rohstoffkosten je ME der einzelnen Fertigerzeugnisse berechnet man durch Multiplikation von $\vec{k}' \cdot A = \vec{a}'$. (Die Multiplikation $A \cdot \vec{k}'$ ist nicht ausführbar, weil A drei Spalten und $\vec{k}'$ nur 1 Zeile hat.)

$$\underset{\vec{k}'}{(8 \quad 12 \quad 4 \quad 6)} \cdot \underset{A}{\begin{pmatrix} 3 & 4 & 1 \\ 4 & 1 & 3 \\ 0 & 2 & 2 \\ 2 & 0 & 4 \end{pmatrix}} = \underset{\vec{a}'}{(84 \quad 52 \quad 76)}$$

Die Rohstoffkosten je Fertigerzeugnis betragen 84,00 EUR für F_1, 52,00 EUR für F_2 und 76,00 EUR für F_3.

c)
$$\underset{\vec{a}'}{(84 \quad 52 \quad 76)} \cdot \underset{\vec{f}}{\begin{pmatrix} 350 \\ 500 \\ 420 \end{pmatrix}} = a = 87\,320 \text{ oder}$$

$$\underset{\vec{k}'}{(8 \quad 12 \quad 4 \quad 6)} \cdot \underset{\vec{r}'}{\begin{pmatrix} 3470 \\ 3160 \\ 1840 \\ 2380 \end{pmatrix}} = a = 87\,320$$

Die gesamten Rohstoffkosten für Auftrag A betragen 87320,00 EUR.

d)
$$\underset{\vec{b}'}{(175 \quad 110 \quad 150)} \cdot \underset{\vec{f}}{\begin{pmatrix} 350 \\ 500 \\ 420 \end{pmatrix}} = b = 179\,250$$

Der Gesamterlös aus Auftrag A beträgt 179250,00 EUR.

e) $\vec{c}' \cdot \vec{f} = c$

$$(72 \quad 46 \quad 60) \cdot \begin{pmatrix} 350 \\ 500 \\ 420 \end{pmatrix} = 73\,400$$

Die gesamten Fertigungs-, Verwaltungs- und Vertriebskosten für Auftrag A betragen 73400,00 EUR.

Rohstoffkosten	87320,00 EUR	Gesamterlös	179250,00 EUR
+ FK, VwVtK	73400,00 EUR	− Selbstkosten	160720,00 EUR
Selbstkosten	160720,00 EUR	Gewinn	18530,00 EUR

Merke Beachten Sie beim Erstellen der Matrizen zur Matrizenmultiplikation, dass die linke Matrix die gleiche Anzahl Spalten wie die rechte Matrix Zeilen hat.

Aufgaben

1 In einem Zweigwerk werden aus vier Einzelteilen drei Halberzeugnise hergestellt. In nebenstehender Tabelle sind die ME der Einzelteile zusammengefasst, die für je ein Halberzeugnis benötigt werden.

Einzelteil	ME der Einzelteile je Halberzeugnis		
	H_1	H_2	H_3
E_1	2	3	4
E_2	3	2	1
E_3	1	0	3
E_4	2	3	0

a) In einer Arbeitswoche sollen 400 ME von H_1, 300 ME von H_2 und 500 ME von H_3 hergestellt werden. Wie viel ME der Einzelteile sind hierfür erforderlich?

b) Wie viel EUR betragen die Einzelteilekosten für je ein Halberzeugnis, wenn 1 ME von E_1 3,00 EUR, 1 ME von E_2 8,00 EUR, 1 ME von E_3 4,00 EUR und 1 ME von E_4 7,00 EUR kostet?

c) Wie hoch sind die gesamten Einzelteilekosten je Arbeitswoche?

d) An Fertigungskosten (FK), Verwaltungs- und Vertriebskosten (VwVtK) fallen je ME an: 58,00 EUR für H_1, 52,00 EUR für H_2, 44,00 EUR für H_3? Berechnen Sie die FK und VwVtK einer Arbeitswoche!

2 Ein kleiner Industriebetrieb stellt aus vier Bauteilen zwei Fertigerzeugnisse her. In nebenstehender Tabelle sind die ME der Bauteile zusammengefasst, die für je ein Fertigerzeugnis benötigt werden.

Bauteil	ME der Bauteile je Fertigerzeugnis	
	F_1	F_2
B_1	3	2
B_2	1	4
B_3	0	3
B_4	4	0

a) Die Herstellungsmenge für einen Auftrag X beträgt 250 ME von F_1 und 200 ME von F_2. Wie viel ME der Bauteile werden für diesen Auftrag benötigt?

b) Wie hoch sind die Bauteilekosten für je ein Fertigerzeugnis, wenn 1 ME von B_1 4,00 EUR, 1 ME von B_2 6,00 EUR, 1 ME von B_3 14,00 EUR und 1 ME von B_4 8,00 EUR kostet?
c) Wie viel EUR betragen die gesamten Bauteilekosten für Auftrag X?
d) Die Fertigungskosten (FK), Verwaltungs- und Vertriebskosten (VwVtK) betragen je ME 110,00 EUR für F_1 und 140,00 EUR für F_2. Berechnen Sie die FK und VwVtK für Auftrag X! Wie hoch sind die gesamten Selbstkosten?
e) Die Verkaufspreise (netto) je ME betragen 180,00 EUR für F_1 und 235,00 EUR für F_2. Berechnen Sie den Gesamterlös und den Gewinn aus Auftrag X!

3 In einem Industriebetrieb werden aus fünf elektronischen Teilen drei Messgeräte hergestellt. Nebenstehende Tabelle enthält die ME der Einzelteile. die zur Herstellung von je einem Messgerät erforderlich sind.

Einzelteil	ME der Einzelteile je Fertigerzeugnis		
	F_1	F_2	F_3
E_1	2	1	3
E_2	3	2	1
E_3	1	0	4
E_4	0	3	2
E_5	4	3	0

a) Für einen Auftrag A sollen 180 ME von F_1, 320 ME von F_2 und 240 M von F_3 hergestellt werden. Wie viel ME der Einzelteile sind hierfür erforderlich?
b) Wie hoch sind die Einzelteilekosten für je ein Fertigerzeugnis, wenn 1 ME von E_1 10,00 EUR, 1 ME von E_2 8,00 EUR, 1 ME von E_3 12,00 EUR, 1 ME von E_4 5,00 EUR und 1 ME von E_5 3,00 EUR kostet?
c) Wie viel EUR betragen die gesamten Einzelteilekosten für die Fertigungsmengen von Auftrag A?
d) Die FK und VwVtK betragen insgesamt 120 % der Einzelteilekosten. Berechnen Sie die Selbstkosten für Auftrag A!
e) Welchen Gesamterlös erzielt man aus Auftrag A bei folgenden Verkaufspreisen (netto) je ME: 145,00 EUR für F_1, 105,00 EUR für F_2, 265,00 EUR für F_3? Wie viel EUR beträgt der Gewinn?

4 Zur Herstellung von drei Fertigerzeugnissen werden vier Maschinen eingesetzt. Nebenstehende Tabelle enthält die Bearbeitungszeiten in Minuten je Erzeugniseinheit, die verfügbare Maschinenzeit und die hergestellten ME je Schicht.

Maschine	min je Einheit des Erzeugnisses			Verfügbare Zeit in min
	F_1	F_2	F_3	
M_1	2	4	3	480
M_2	3	3	2	420
M_3	4	2	3	450
M_4	3	2	4	430
Produzierte ME	50	60	40	

a) Wie viel Minuten wird jede Maschine je Produktionsschicht genutzt und wie viel Minuten beträgt jeweils die Ausfallzeit?

b) Die Herstellkosten (Materialkosten + Fertigungskosten) betragen je ME: 42,00 EUR für F_1, 65,00 EUR für F_2 und 26,00 EUR für F_3. Berechnen Sie die gesamten Herstellkosten der Produktionsschicht!

5 Aus drei Rohstoffen werden drei elektronische Bauteile hergestellt. Die für ein Bauteil benötigten ME an Rohstoffen sind in nebenstehender Tabelle zusammengefasst.

Rohstoff	ME der Rohstoffe je Bauteil		
	B_1	B_2	B_3
R_1	2	4	3
R_2	4	1	2
R_3	3	2	3

a) Wie viel ME der Rohstoffe benötigt man zur Herstellung von 800 ME von B_1, 500 ME von B_2 und 900 ME von B_3?

b) Wie hoch sind die Rohstoffkosten je Bauteil und für die in a) genannten Fertigungsmengen bei folgenden Rohstoffpreisen je ME: 3,00 EUR für R_1, 7,00 EUR für R_2 und 4,00 EUR für R_3?

c) Die Herstellung soll auf das Mengenverhältnis B_1:B_2:B_3 = 4:3:5 umgestellt werden. Wie viel ME der Bauteile kann man maximal herstellen, wenn von R_1 je Herstellungszeitraum nur 10 500 ME zur Verfügung stehen?

Weitere angewandte Aufgaben finden Sie im Abschnitt 20.2.2.

19.3.2 Mehrstufige Produktionsprozesse

Beispiel mit Lösung

Aufgabe: Ein Betrieb stellt in zwei Produktionsstufen aus vier Einzelteilen drei Zwischenerzeugnisse und aus den Zwischenerzeugnissen zwei Fertigerzeugnisse her.

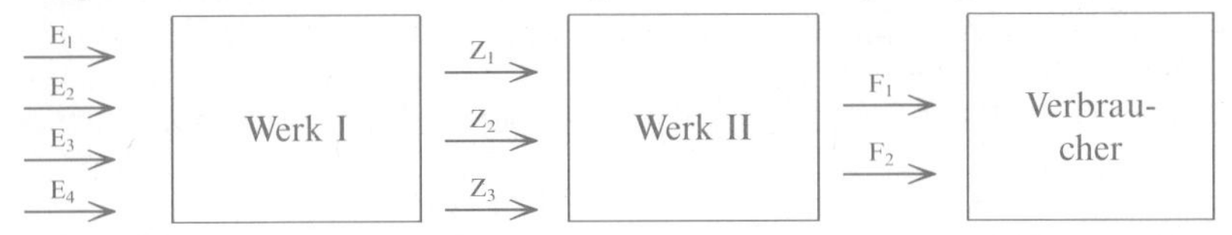

In nachstehender Tabelle 1 sind die Mengeneinheiten (ME) der Einzelteile zur Herstellung von 1 ME der Zwischenerzeugnisse erfasst. Tabelle 2 enthält die ME der Zwischenerzeugnisse zur Herstellung von 1 ME der Fertigerzeugnisse.

Tabelle 1

Einzelteile	Einzelteile je Zwischenerzeugnis		
	Z_1	Z_2	Z_3
E_1	3	1	2
E_2	2	0	3
E_3	0	4	1
E_4	1	2	0

Tabelle 2

Zwischenerzeugnisse	Zwischenerzeugnisse je Fertigerzeugnis	
	F_1	F_2
Z_1	1	1
Z_2	2	1
Z_3	1	3

Lösen Sie nachstehende Aufgaben mithilfe der Matrizenrechnung!

a) Wie viel ME der Einzelteile werden jeweils für 1 ME der Fertigerzeugnisse benötigt?
b) Wie viele ME der Einzelteile sind zur Herstellung von 60 ME von F_1 und 80 ME von F_2 erforderlich?
c) Der Transport der Zwischenerzeugnisse von Werk I nach Werk II verursacht nebenstehende Transportkosten:

	Z_1	Z_2	Z_3
EUR/ME	0,50	0,60	0,40

Berechnen Sie die Transportkosten der Zwischenerzeugnisse, die zur Herstellung von 60 ME von F_1 und 80 ME von F_2 benötigt werden!
d) Es sollen 200 ME von F_1 und 250 ME von F_2 und außerdem für den Verkauf von Zwischenerzeugnissen 50 ME von Z_1, 80 ME von Z_2 und 40 ME von Z_3 hergestellt werden. Wie viele ME der Einzelteile sind hierfür erforderlich?

Lösung:

a) Wir stellen die Werte der Tabelle 1 als Matrix $\boldsymbol{A}$, die Werte der Tabelle 2 als Matrix $\boldsymbol{B}$ dar. Die benötigten Einzelteile je Fertigerzeugnis erhält man durch Multiplikation von $\boldsymbol{A} \cdot \boldsymbol{B} = \boldsymbol{T}$.

$$\overset{\boldsymbol{A}}{\begin{pmatrix} 3 & 1 & 2 \\ 2 & 0 & 3 \\ 0 & 4 & 1 \\ 1 & 2 & 0 \end{pmatrix}} \cdot \overset{\boldsymbol{B}}{\begin{pmatrix} 1 & 1 \\ 2 & 1 \\ 1 & 3 \end{pmatrix}} = \overset{\boldsymbol{T}}{\begin{pmatrix} 7 & 10 \\ 5 & 11 \\ 9 & 7 \\ 5 & 3 \end{pmatrix}}$$

Für 1 ME von F_1 werden benötigt:
7 ME von E_1, 5 ME von E_2, 9 ME von E_3 und 5 ME von E_4.
Für 1 ME von F_2 werden benötigt:
10 ME von E_1, 11 ME von E_2, 7 ME von E_3 und 3 ME von E_4.

b) Die Fertigungsmengen erfassen wir als Spaltenvektor $\vec{f}_1$. Die benötigten Einzelteile für diese Mengen sind das Produkt $\boldsymbol{T} \cdot \vec{f}_1 = \vec{e}_1$.

$$\overset{\boldsymbol{T}}{\begin{pmatrix} 7 & 10 \\ 5 & 11 \\ 9 & 7 \\ 5 & 3 \end{pmatrix}} \cdot \overset{\vec{f}_1}{\begin{pmatrix} 60 \\ 80 \end{pmatrix}} = \overset{\vec{e}_1}{\begin{pmatrix} 1220 \\ 1180 \\ 1100 \\ 540 \end{pmatrix}}$$

Zur Herstellung von 60 ME von F_1 und 80 ME von F_2 benötigt man 1 220 ME von E_1, 1 180 ME von E_2, 1 100 ME von E_3 und 540 ME von E_4.

c) Berechnung der ME der Zwischenerzeugnisse, die zur Herstellung von 60 ME von F_1 und 80 ME von F_2 benötigt werden:

$$\overset{\boldsymbol{B}}{\begin{pmatrix} 1 & 1 \\ 2 & 1 \\ 1 & 3 \end{pmatrix}} \cdot \overset{\vec{f}_1}{\begin{pmatrix} 60 \\ 80 \end{pmatrix}} = \overset{\vec{z}_1}{\begin{pmatrix} 140 \\ 200 \\ 300 \end{pmatrix}}$$

Es werden 140 ME von Z_1, 200 ME von Z_2 und 300 ME von Z_3 benötigt.

Berechnung der Transportkosten: Die Transportkosten je ME stellen wir als Zeilenvektor $\vec{k}'$ dar. Die Transportkosten für die benötigten ME der Zwischenerzeugnisse sind das Skalarprodukt $\vec{k}' \cdot \vec{z}_1 = a$.

$$\vec{k}' \cdot \vec{z}'_1 = a$$

$$(0{,}5 \quad 0{,}6 \quad 0{,}4) \cdot \begin{pmatrix} 140 \\ 200 \\ 300 \end{pmatrix} = 310$$

Die Transportkosten betragen 310,00 EUR.

d) Berechnung der ME der Einzelteile für die Fertigerzeugnisse:

$$\boldsymbol{T} \cdot \vec{f}_2 = \vec{e}_2$$

$$\begin{pmatrix} 7 & 10 \\ 5 & 11 \\ 9 & 7 \\ 5 & 3 \end{pmatrix} \cdot \begin{pmatrix} 200 \\ 250 \end{pmatrix} = \begin{pmatrix} 3900 \\ 3750 \\ 3550 \\ 1750 \end{pmatrix}$$

Berechnung der ME der Einzelteile für die Zwischenerzeugnisse:

$$\boldsymbol{A} \cdot \vec{z}_2 = \vec{e}_3$$

$$\begin{pmatrix} 3 & 1 & 2 \\ 2 & 0 & 3 \\ 0 & 4 & 1 \\ 1 & 2 & 0 \end{pmatrix} \cdot \begin{pmatrix} 50 \\ 80 \\ 40 \end{pmatrix} = \begin{pmatrix} 310 \\ 220 \\ 360 \\ 210 \end{pmatrix}$$

Addition von $\vec{e}_2$ und $\vec{e}_3$:

$$\vec{e}_2 + \vec{e}_3 = \vec{e}_4$$

$$\begin{pmatrix} 3900 \\ 3750 \\ 3550 \\ 1750 \end{pmatrix} + \begin{pmatrix} 310 \\ 220 \\ 360 \\ 210 \end{pmatrix} = \begin{pmatrix} 4210 \\ 3970 \\ 3910 \\ 1960 \end{pmatrix}$$

Es werden 4210 ME von E_1, 3970 ME von E_2, 3910 ME von E_3 und 1960 ME von E_4 benötigt.

Aufgaben

1 Ein Industriebetrieb stellt aus vier Rohstoffen drei Baugruppen her, die zu zwei Fertigerzeugnissen weiterverarbeitet werden.
Nachstehende Tabellen zeigen, wie viel ME der Rohstoffe zur Herstellung von 1 ME der Baugruppen bzw. wie viel ME der Baugruppen zur Herstellung eines Fertigerzeugnisses benötigt werden.

Tabelle 1

Rohstoff	ME Rohstoffe je Baugruppe		
	B_1	B_2	B_3
R_1	2	4	1
R_2	3	1	3
R_3	1	0	4
R_4	2	2	0

Tabelle 2

Baugruppe	ME Baugruppen je Fertigerzeugnis	
	F_1	F_2
B_1	2	1
B_2	1	3
B_3	2	1

a) Wie viel ME der Rohstoffe werden jeweils für 1 ME der Fertigerzeugnisse benötigt?

b) Wie hoch sind die Rohstoffkosten je ME eines Fertigerzeugnisses bei folgenden Rohstoffkosten je ME: 3,00 EUR für R_1, 8,00 EUR für R_2, 5,00 EUR für R_3 und 1,00 EUR für R_4?

c) Für einen Auftrag A sollen 200 ME von F_1 und 300 ME von F_2 hergestellt werden. Wie viel ME der Rohstoffe sind hierfür erforderlich und wie hoch sind die gesamten Rohstoffkosten?

d) Ein Auftrag B lautet über 80 ME von F_1, 50 ME von F_2, 20 ME von B_1 und 10 ME von B_3. Wie viel ME der Rohstoffe werden für Auftrag B benötigt und wie viel EUR betragen hierfür die gesamten Rohstoffkosten?

2 Im Werk I eines Industriebetriebes werden aus vier Einzelteilen drei Zwischenerzeugnisse hergestellt. Aus diesen Zwischenerzeugnissen fertigt das Werk II zwei Fertigerzeugnisse.
Aus Abb. 234 ist zu ersehen, wie viel ME der Einzelteile für ein Zwischenerzeugnis und wie viel ME der Zwischenerzeugnisse für ein Fertigerzeugnis benötigt werden.

a) Berechnen Sie mithilfe der Matrizenrechnung die ME an Einzelteilen, die für 1 ME der Fertigerzeugnisse benötigt werden!

b) Wie viel EUR betragen die Einzelteilekosten für je ein Zwischenerzeugnis und je ein Fertigerzeugnis, wenn 1 ME von E_1 1,50 EUR, 1 ME von E_2 2,00 EUR, 1 ME von E_3 0,50 EUR und 1 ME von E_4 3,00 EUR kostet?

c) Für einen Auftrag X sollen 400 ME von F_1 und 300 ME von F_2 hergestellt werden. Wie viel ME der Einzelteile sind hierfür erforderlich?

d) Der Transport der Zwischenprodukte von Werk I nach Werk II verursacht folgende Kosten je ME:
Berechnen Sie die Transportkosten für Auftrag X!

	Z_1	Z_2	Z_3
EUR/ME	0,40	0,50	0,30

e) Neben den Einzelteilekosten und den Transportkosten fallen noch folgende Fertigungskosten (FK) und Verwaltungs- und Vertriebskosten (VwVtK) je ME an:
In Werk I: 10,00 EUR für Z_1, 12,00 EUR für Z_2, 9,00 EUR für Z_3.

In Werk II: 80,00 EUR für F_1, 90,00 EUR für F_2.
Wie viel EUR betragen die Selbstkosten für Auftrag X?

f) Die Verkaufspreise (netto) betragen je ME 270,00 EUR für F_1 und 305,00 EUR für F_2. Berechnen Sie den Gewinn aus Auftrag X!

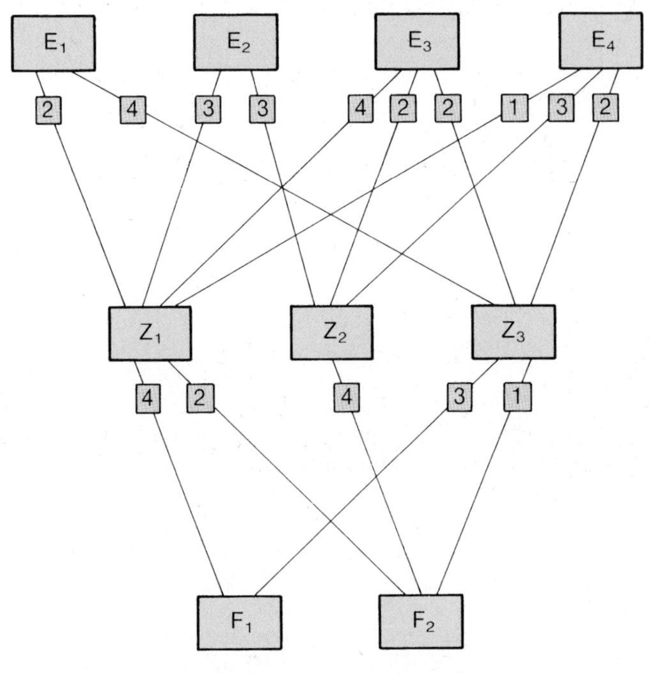

Abb. 234

3 Ein Betrieb stellt aus vier Rohstoffen drei Halberzeugnisse her und in einer zweiten Produktionsstufe aus den Halberzeugnissen drei Fertigerzeugnisse. Abb. 235 zeigt den Teilefluss mit Angabe der benötigten ME.

a) Wie viel ME der Rohstoffe sind für je eine ME der Fertigerzeugnisse erforderlich?

b) Die Rohstoffkosten je ME betragen 2,00 EUR für R_1, 0,50 EUR für R_2, 1,00 EUR für R_3 und 1,50 EUR für R_4. Berechnen Sie die Rohstoffkosten je Halberzeugnis und je Fertigerzeugnis!

c) Wie viel ME der Rohstoffe werden für eine Wochenproduktion von 600 ME von F_1, 500 ME von F_2 und 800 ME von F_3 benötigt?

d) Außer den Rohstoffkosten fallen folgende Kosten an:
25 000 EUR fixe Kosten in der Woche.
Variable Stückkosten: 5,00 EUR für H_1, 6,00 EUR für H_2, 4,00 EUR für H_3, 22,00 EUR für F_1, 18,00 EUR für F_2, 26,00 EUR für F_3.
Berechnen Sie die Gesamtkosten der Wochenproduktion!

e) Wie viel EUR beträgt der Gewinn in einer Woche bei einem Verkaufspreis von 120,00 EUR für F_1, 105,00 EUR für F_2 und 135,00 EUR für F_3?

f) Wegen langfristiger Absatzschwierigkeiten muss die Wochenproduktion auf 500 ME von F_1, 400 ME von F_2 und 600 ME von F_3 gekürzt werden. Wie hoch ist jetzt der Wochengewinn bei unveränderten Stückkosten, fixen Kosten und Verkaufspreisen?

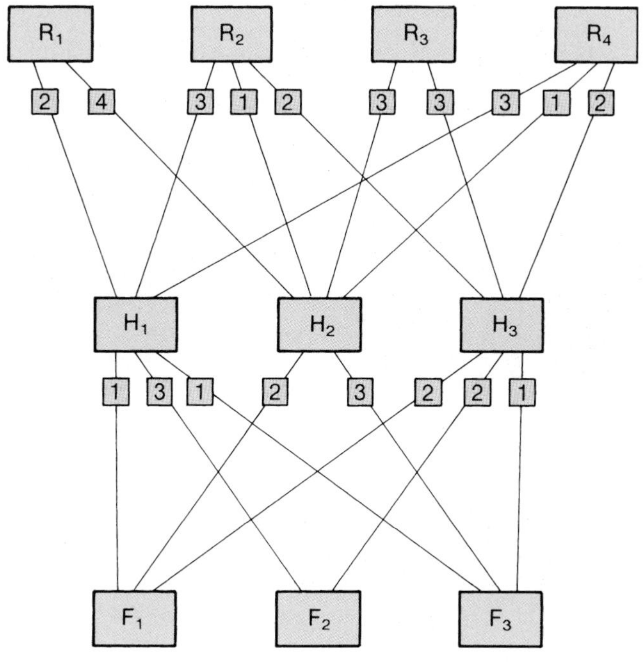

Abb. 235

4 Ein Betrieb stellt in zwei Produktionsstufen drei Fertigerzeugnisse her. Nachstehende Stückliste 1 enthält die ME der Rohstoffe, die für je ein Zwischenerzeugnis benötigt werden. In Stückliste 2 sind die ME der Zwischenerzeugnisse zur Herstellung von je einem Fertigerzeugnis aufgeführt.

Stückliste 1

Rohstoffe	ME Rohstoffe je Zwischenerzeugnis		
	Z_1	Z_2	Z_3
R_1	2	3	2
R_2	3	2	4
R_3	1	4	0
R_4	2	0	3

Stückliste 2

Zwischen-erzeugnisse	ME Zwischenerzeugnisse je Fertigerzeugnis		
	F_1	F_2	F_3
Z_1	4	0	2
Z_2	3	3	0
Z_3	0	2	3

a) Die Wochenproduktion beträgt 600 ME von F_1, 500 ME von F_2 und 700 ME von F_3.
Nachstehende Tabelle enthält die Robstoffkosten je ME, die variablen Stückkosten der Zwischenerzeugnisse und die variablen Stückkosten der Fertigerzeugnisse.

	R_1	R_2	R_3	R_4	Z_1	Z_2	Z_3	F_1	F_2	F_3
EUR/ME	1,00	1,50	0,50	1,00	7,00	4,00	5,00	36,00	27,00	30,00

Die fixen Kosten betragen 54 000,00 EUR.
Berechnen Sie die Gesamtkosten der Wochenproduktion!

b) Die Verkaufspreise je ME betragen 180,00 EUR für F_1, 135,00 EUR für F_2 und 153,00 EUR für F_3, Wie hoch ist der Gewinn bei Absatz der Wochenproduktion?

c) Die Verkaufspreise stehen im Verhältnis $F_1 : F_2 : F_3 = 1 : 0{,}75 : 0{,}85$. Wie viel EUR müssten die Verkaufspreise mindestens betragen, damit der Betrieb bei den bisherigen Wochenproduktionsmengen keinen Verlust erleidet? Wie hoch sollten die Verkaufspreise sein, wenn ein Gewinn von 10% der Selbstkosten erzielt werden soll? Das Verhältnis der Verkaufspreise bleibt jeweils unverändert.

5 In einem Betrieb fertigt man aus drei Rohstoffen vier elektronische Bauteile, die zu drei verschiedenen Messgeräten weiterverarbeitet werden.
Nachstehende Tabellen zeigen die ME der benötigten Rohstoffe und die zur Weiterverarbeitung erforderlichen ME an Bauteilen.

Rohstoffe	ME der Rohstoffe je Bauteil			
	B_1	B_2	B_3	B_4
R_1	3	1	2	0
R_2	1	3	0	2
R_3	2	0	2	3

Bauteile	ME der Bauteile je Fertigerzeugnis		
	F_1	F_2	F_3
B_1	1	2	1
B_2	2	0	3
B_3	1	1	2
B_4	1	2	0

a) Für einen Auftrag A sind 300 ME von F_1, 200 ME von F_2 und 400 ME von F_3 herzustellen. Wie viel ME der Rohstoffe werden hierfür benötigt?

b) Nachstehende Tabelle enthält die Rohstoffkosten je ME, die variablen Stückkosten der Bauteile und die variablen Stückkosten der Fertigerzeugnisse.

	R_1	R_2	R_3	B_1	B_2	B_3	B_4	F_1	F_2	F_4
EUR/ME	1,50	2,50	2,00	8,00	6,00	5,00	7,00	35,00	38,00	40,00

An fixen Kosten sind für Auftrag A 36 000,00 EUR zu verrechnen.
Wie viel EUR betragen die Gesamtkosten für Auftrag A?

c) Die Verkaufspreise je ME betragen 168,00 EUR für F_1, 180,00 EUR für F_2 und 185,00 EUR für F_3. Wie hoch ist der Gewinn aus Auftrag A?

d) Die Herstellung erfolgt im Mengenverhältnis $F_1:F_2:F_3 = 3:2:4$. Wie viel ME der Fertigerzeugnisse können wöchentlich maximal hergestellt werden, wenn von R_1 je Arbeitswoche nur 9240 ME zur Verfügung stehen?

6 In einem Industriebetrieb werden in zwei Produktionsstufen drei Fertigerzeugnisse produziert. Nachstehende zwei Stücklisten enthalten die ME der Rohstoffe und die ME der Zwischenerzeugnisse, die auf der zugehörigen Produktionsstufe anfallen.

Stückliste 1

Rohstoffe	ME Rohstoffe je Zwischenerzeugnis		
	Z_1	Z_2	Z_3
R_1	3	1	1
R_2	1	1	3
R_3	0	3	3
R_4	3	2	0

Stückliste 2

Zwischenerzeugnisse	ME Zwischenerzeugnisse je Fertigerzeugnis		
	F_1	F_2	F_3
Z_1	3	2	0
Z_2	0	3	3
Z_3	2	0	2

a) Die Wochenproduktion beträgt 200 ME von F_1, 300 ME von F_2 und 250 ME von F_3.
In nachstehender Tabelle sind die Rohstoffkosten je ME, die variablen Stückkosten der Zwischenerzeugnisse und die variablen Stückkosten der Fertigerzeugnisse aufgeführt.

	R_1	R_2	R_3	R_4	Z_1	Z_2	Z_3	F_1	F_2	F_3
EUR/ME	2,00	3,50	2,50	1,50	9,00	8,00	12,00	52,00	42,00	48,00

Die fixen Kosten betragen 51 000,00 EUR.
Berechnen Sie die Gesamtkosten der Wochenproduktion!

b) Die Verkaufspreise je ME betragen 300,00 EUR für F_1, 240,00 EUR für F_2 und 270,00 EUR für F_3. Wie viel EUR beträgt der Gewinn bei Absatz der Wochenproduktion?

c) Die Verkaufspreise stehen im Verhältnis $F_1 : F_2 : F_3 = 1 : 0{,}8 : 0{,}9$. Auf wie viel EUR müssten die Verkaufspreise mindestens festgelegt werden, damit der Betrieb bei den bisherigen Produktionsmengen keinen Verlust erleidet? Bei welchen Verkaufspreisen erzielt man einen Gewinn von 15 % der Selbstkosten? Das Verhältnis der Verkaufspreise soll nicht geändert werden.

Weitere angewandte Aufgaben finden Sie im Abschnitt 20.2.2.

20 Lineare Gleichungssysteme

20.1 Darstellung von linearen Gleichungssystemen mithilfe von Matrizen

Ein lineares Gleichungssystem mit 3 Gleichungen und 3 Variablen kann man folgendermaßen schreiben:

$$\begin{aligned} a_{11}x_1 + a_{12}x_2 + a_{13}x_3 &= b_1 \\ a_{21}x_1 + a_{22}x_2 + a_{23}x_3 &= b_2 \\ a_{31}x_1 + a_{32}x_2 + a_{33}x_3 &= b_3 \end{aligned}$$

Mithilfe von Matrizen erhält man folgende Darstellung:

$$\underbrace{\begin{pmatrix} a_{11} & a_{12} & a_{13} \\ a_{21} & a_{22} & a_{23} \\ a_{31} & a_{32} & a_{33} \end{pmatrix}}_{A} \cdot \underbrace{\begin{pmatrix} x_1 \\ x_2 \\ x_3 \end{pmatrix}}_{\vec{x}} = \underbrace{\begin{pmatrix} b_1 \\ b_2 \\ b_3 \end{pmatrix}}_{\vec{b}}$$

$\boldsymbol{A}$ ist die Koeffizientenmatrix, $\vec{x}$ der Vektor der gesuchten Unbekannten, $\vec{b}$ der Vektor mit den Werten der rechten Seite des Gleichungssystems.

Beispiel mit Lösung

Aufgabe: Schreiben Sie nachstehendes Gleichungssystem in Matrizenform!

$$\begin{aligned} 4x_1 - 4x_2 + 3x_3 &= 22 \\ 2x_1 - 3x_2 + 4x_3 &= 19 \\ -6x_1 - x_2 + 5x_3 &= 7 \end{aligned}$$

Lösung:

$$\underbrace{\begin{pmatrix} 4 & -4 & 3 \\ 2 & -3 & 4 \\ -6 & -1 & 5 \end{pmatrix}}_{A} \cdot \underbrace{\begin{pmatrix} x_1 \\ x_2 \\ x_3 \end{pmatrix}}_{\vec{x}} = \underbrace{\begin{pmatrix} 22 \\ 19 \\ 7 \end{pmatrix}}_{\vec{b}}$$

Aufgaben

Stellen Sie folgende Gleichungssysteme mithilfe von Matrizen dar!

1 a) $$\begin{aligned} 3x_1 + 2x_2 &= 1 \\ 4x_1 + 5x_2 &= -1 \end{aligned}$$

b) $$\begin{aligned} 9x_1 - 8x_2 &= 25 \\ 6x_1 + 13x_2 &= -20 \end{aligned}$$

2 a) $$\begin{aligned} 3x_1 - 8x_2 + 5x_3 &= 39 \\ 2x_1 - 3x_2 + x_3 &= 12 \\ -x_1 + 5x_2 - 2x_3 &= -11 \end{aligned}$$

b) $$\begin{aligned} 2x_1 + 3x_2 - x_3 &= -6 \\ 4x_1 - 2x_2 + x_3 &= 15 \\ x_1 + 3x_2 - 2x_3 &= -9 \end{aligned}$$

3 a) $$\begin{aligned} x_1 + x_2 + 4x_3 - 4x_4 &= 10 \\ 2x_1 - 2x_2 + 4x_3 + 8x_4 &= 25 \\ x_1 - x_2 + 3x_3 - x_4 &= 7 \\ 4x_1 + 2x_2 + 2x_3 - 2x_4 &= 14 \end{aligned}$$

b) $$\begin{aligned} x_1 + 2x_2 - 2x_3 + 3x_4 &= 23 \\ 6x_1 + 2x_3 + x_4 &= 19 \\ 9x_1 + 3x_2 - 2x_3 + 6x_4 &= 63 \\ 3x_1 - 2x_2 + 4x_3 - 2x_4 &= -12 \end{aligned}$$

20.2 Lösung von linearen Gleichungssystemen mithilfe des Gaußschen Algorithmus

20.2.1 Gaußscher Algorithmus

Der Mathematiker Gauß hat ein mechanisiertes Rechenverfahren zur Lösung von linearen Gleichungssystemen entwickelt. Durch schrittweise Eliminierung der Variablen wird das Gleichungssystem durch Äquivalenzumformungen auf ein gestaffeltes System in Dreiecksform gebracht, aus dem die Lösungsmenge des Gleichungssystems leicht zu bestimmen ist.

Satz 239

Folgende Äquivalenzumformungen ändern nicht die Lösungsmenge des Gleichungssystems:

1. Gleichungen dürfen vertauscht werden, d.h., die Reihenfolge der Gleichungen des Systems darf geändert werden.
2. Beide Seiten einer Gleichung dürfen mit der gleichen Zahl multipliziert oder dividiert werden, wenn die Zahl von null verschieden ist.
3. Zu einer Gleichung darf ein Vielfaches einer anderen Gleichung addiert werden.

Die Äquivalenzumformungen zur Eliminierung der Variablen werden in einer Tabelle durchgeführt. Dazu erfasst man die Elemente der erweiterten Koeffizientenmatrix $(A|\vec{b})$, die eine Erweiterung der Koeffizientenmatrix A um den Vektor $\vec{b}$ ist.

Aus der Koeffizientenmatrix A und dem Vektor $\vec{b}$ des linearen Gleichungssystems

$$\begin{matrix} A & \cdot & \vec{x} & = & \vec{b} \\ \begin{pmatrix} 3 & 1 & 4 \\ 6 & -1 & 3 \\ 4 & -2 & 5 \end{pmatrix} & \cdot & \begin{pmatrix} x_1 \\ x_2 \\ x_3 \end{pmatrix} & = & \begin{pmatrix} 4 \\ -2 \\ -1 \end{pmatrix} \end{matrix}$$

bildet man zum Beispiel die erweiterte Koeffizientenmatrix $(A|\vec{b})$.

$$A = \begin{pmatrix} 3 & 1 & 4 \\ 6 & -1 & 3 \\ 4 & -2 & 5 \end{pmatrix} \quad \vec{b} = \begin{pmatrix} 4 \\ -2 \\ -1 \end{pmatrix} \quad (A|\vec{b}) = \begin{pmatrix} 3 & 1 & 4 & 4 \\ 6 & -1 & 3 & -2 \\ 4 & -2 & 5 & -1 \end{pmatrix}$$

Beispiel mit Lösung

Aufgabe: Bestimmen Sie die Lösungsmenge des folgenden linearen Gleichungssystems!

$$\begin{pmatrix} 1 & -1 & 2 & 2 \\ 3 & 2 & 1 & 4 \\ 2 & 3 & -2 & 1 \\ 3 & -1 & 2 & -1 \end{pmatrix} \cdot \begin{pmatrix} x \\ x_2 \\ x_3 \\ x_4 \end{pmatrix} = \begin{pmatrix} 9 \\ 8 \\ -2 \\ 9 \end{pmatrix}$$

Lösung: Man erweitert Koeffizientenmatrix A um den Vektor $\vec{b}$ zur erweiterten Koeffizientenmatrix $(A|\vec{b})$ und führt die Äquivalenzumformungen in einer Tabelle durch.

	A				$\vec{b}$		Kontrollspalte ⑤
	[1]	−1	2	2	9	(1)	13
	3	2	1	4	8	(2)	18
	2	3	−2	1	−2	(3)	2
	3	−1	2	−1	9	(4)	12
①	1	−1	2	2	9	(5) = (1)	13
	0	[5]	−5	−2	−19	(6) = (2) − (1) · 3	−21
	0	5	−6	−3	−20	(7) = (3) − (1) · 2	−24
	0	2	−4	−7	−18	(8) = (4) − (1) · 3	−27
②	1	−1	2	2	9	(9) = (5)	13
	0	5	−5	−2	−19	(10) = (6)	−21
	0	0	[−1]	−1	−1	(11) = (7) − (6)	−3
	0	0	−10	−31	−52	(12) = (8) · 5 − (6) · 2	−93
③	1	−1	2	2	9	(13) = (9)	13
	0	5	−5	−2	−19	(14) = (10)	−21
	0	0	−1	−1	−1	(15) = (11)	−3
	0	0	0	−21	−42	(16) = (12) − (11) · 10	−63

④ Man erhält das gestaffelte System (Dreiecksform):

$$x_1 - x_2 + 2x_3 + 2x_4 = 9 \quad (13)$$
$$5x_2 - 5x_3 - 2x_4 = -19 \quad (14)$$
$$-x_3 - x_4 = -1 \quad (15)$$
$$-21x_4 = -42 \quad (16)$$

$$-21x_4 = -42 \quad (16)$$
$$x_4 = 2 \quad (16a)$$
$$-x_3 - 2 = -1 \quad (15a) = (16a) \text{ in } (15)$$
$$x_3 = -1 \quad (15b)$$
$$5x_2 + 5 - 4 = -19 \quad (14a) = (15b) \text{ und } (16a) \text{ in } (14)$$
$$x_2 = -4 \quad (14b)$$
$$x_1 + 4 - 2 + 4 = 9 \quad (13a) = (14b), (15b) \text{ und } (16a) \text{ in } (13)$$
$$x_1 = 3 \quad (13b)$$

$$\vec{x} = \begin{pmatrix} 3 \\ -4 \\ -1 \\ 2 \end{pmatrix}$$

Rechenweg:

① Gleichung (1) bleibt unverändert und wird als Gleichung (5) übernommen. Aus den Gleichungen (2), (3) und (4) soll die Variable x_1 eliminiert werden. Bezugsgröße hierzu wird die eingerahmte 1 von Gleichung (1). Gleichung (6) entsteht, indem man von Gleichung (2) das 3fache der Gleichung (1) subtrahiert. Gleichung (7) erhält man durch Subtraktion des 2fachen der Gleichung (1) von Gleichung (3). Gleichung (8) ist die Differenz von Gleichung (4) und dem 3fachen von Gleichung (1).

② Gleichung (5) und (6) werden unverändert als Gleichung (9) und (10) übertragen. Um die Variable x_2 zu eliminieren kennzeichnet man die 5 von Gleichung (6) als Bezugsgröße. Gleichung (11) erhält man durch Subtraktion der Gleichung (6) von Gleichung (7). Gleichung (8) entsteht durch Subtraktion des 2fachen der Gleichung (6) vom 5fachen der Gleichung (8).

③ Gleichungen (9), (10) und (11) übernimmt man als Gleichungen (13), (14) und (15). Die −1 der dritten Spalte von Gleichung (11) wird Bezugsgröße zum Eliminieren der Variablen x_3. Dies geschieht durch Subtraktion des 10fachen der Gleichung (11) von Gleichung (12).

④ Die Gleichungen (13), (14), (15) und (16) ergeben das gestaffelte System in Dreiecksform. Die Werte für die Variablen x_4, x_3, x_2 und x_1 erhält man mithilfe des Einsetzungsverfahrens. Die Lösungsmenge des Systems kann man als Vektor $\vec{x}$ schreiben.

⑤ Führen Sie die Rechenoperationen zu den Äquivalenzumformungen auch in der Kontrollspalte aus! Die Quersumme der Zahlen jeder Zeile muss jeweils mit dem Ergebnis der Umformung übereinstimmen. Verwenden Sie zu den Berechnungen den Taschenrechner!

Aufgaben

Bestimmen Sie die Lösungsmenge der nachstehenden linearen Gleichungssysteme mit drei bzw. vier Variablen!

1 a) $\begin{pmatrix} 2 & 3 & -1 \\ 4 & -2 & 1 \\ 1 & 3 & -2 \end{pmatrix} \cdot \begin{pmatrix} x_1 \\ x_2 \\ x_3 \end{pmatrix} = \begin{pmatrix} -6 \\ 15 \\ -9 \end{pmatrix}$

b) $\begin{pmatrix} 3 & 1 & 4 \\ 6 & -1 & 3 \\ 4 & -2 & -5 \end{pmatrix} \cdot \begin{pmatrix} x_1 \\ x_2 \\ x_3 \end{pmatrix} = \begin{pmatrix} 4 \\ -2 \\ -1 \end{pmatrix}$

2 a) $\begin{aligned} 4x_1 + x_2 - 2x_3 &= 2 \\ 3x_1 - 4x_2 - 5x_3 &= -3 \\ 2x_1 + 5x_2 + 3x_3 &= 8 \end{aligned}$

b) $\begin{aligned} 4x_1 - 4x_2 + 3x_3 &= 22 \\ 2x_1 - 3x_2 + 4x_3 &= 19 \\ -6x_1 - x_2 + 5x_3 &= 7 \end{aligned}$

3 a) $\begin{aligned} 3x_1 + 2x_2 &= 1\,140 \\ 4x_1 + 2x_3 &= 1\,040 \\ 3x_2 + 3x_3 &= 1\,380 \end{aligned}$

b) $\begin{aligned} 4x_1 + 5x_3 &= 880 \\ 3x_2 + 2x_3 &= 610 \\ 3x_1 + 5x_2 &= 1\,110 \end{aligned}$

4 a) $\begin{pmatrix} 2 & 1 & 3 & 1 \\ 1 & -2 & 2 & -1 \\ 3 & 1 & 2 & 1 \\ 1 & -2 & 1 & 2 \end{pmatrix} \cdot \begin{pmatrix} x_1 \\ x_2 \\ x_3 \\ x_4 \end{pmatrix} = \begin{pmatrix} 2 \\ -7 \\ 6 \\ 4 \end{pmatrix}$

b) $\begin{pmatrix} 4 & 3 & -4 & -5 \\ 2 & 3 & 3 & 5 \\ 4 & 5 & 4 & 2 \\ 1 & 3 & 3 & -2 \end{pmatrix} \cdot \begin{pmatrix} x_1 \\ x_2 \\ x_3 \\ x_4 \end{pmatrix} = \begin{pmatrix} 9 \\ 7 \\ 1 \\ -4 \end{pmatrix}$

5 a) $\begin{aligned} x_1 + 2x_2 - 2x_3 + 3x_4 &= 23 \\ 6x_1 \quad + 2x_3 + x_4 &= 19 \\ 9x_1 + 3x_2 - 2x_3 + 6x_4 &= 63 \\ 3x_1 - 2x_2 + 4x_3 - 2x_4 &= -12 \end{aligned}$

b) $\begin{aligned} x_1 + x_2 + 4x_3 - 4x_4 &= 10 \\ 2x_1 - 2x_2 + 4x_3 + 8x_4 &= 25 \\ x_1 - x_2 + 3x_3 - x_4 &= 7 \\ 4x_1 + 2x_2 + 2x_3 - 2x_4 &= 14 \end{aligned}$

6 a) $\begin{aligned} 2x_1 + x_2 \quad + 2x_4 &= 1100 \\ 3x_2 + 3x_3 + 4x_4 &= 2000 \\ 4x_1 \quad + 3x_3 + x_4 &= 1300 \\ x_1 + 3x_2 + 2x_3 \quad &= 1300 \end{aligned}$

b) $\begin{aligned} 3x_1 \quad + 2x_3 + x_4 &= 370 \\ 2x_1 + 4x_2 \quad + 5x_4 &= 920 \\ 2x_2 + 3x_3 + 2x_4 &= 540 \\ 4x_1 + 2x_2 + x_3 \quad &= 420 \end{aligned}$

20.2.2 Angewandte Aufgaben

Beispiel mit Lösung

Aufgabe: Ein Betrieb stellt in zwei Produktionsstufen drei Fertigerzeugnisse her. In nachstehender Stückliste 1 sind die ME der Rohstoffe aufgeführt, die je ME der drei Zwischenerzeugnisse benötigt werden. Stückliste 2 enthält die ME der Zwischenerzeugnisse für jeweils ein Fertigerzeugnis.

Stückliste 1

Rohstoffe	ME Rohstoffe je Zwischenerzeugnis		
	Z_1	Z_2	Z_3
R_1	1	2	3
R_2	4	1	1
R_3	0	3	4
R_4	3	4	0

Stückliste 2

Zwischen-erzeug-nisse	ME Zwischenerzeugnisse je Fertigerzeugnis		
	F_1	F_2	F_3
Z_1	3	2	0
Z_2	0	3	3
Z_3	4	0	2

a) Die Wochenproduktion beträgt 400 ME von F_1, 300 ME von F_2 und 500 ME von F_3. Nachstehende Tabelle zeigt die Rohstoffkosten je ME, die variablen Stückkosten der Zwischenerzeugnisse und die variablen Stückkosten der Fertigerzeugnisse.

	R_1	R_2	R_3	R_4	Z_1	Z_2	Z_3	F_1	F_2	F_3
EUR/ME	1,00	0,50	1,50	2,00	5,00	8,00	6,00	32,00	30,00	35,00

Die fixen Kosten betragen 30 000,00 EUR.

Berechnen Sie die Gesamtkosten der Wochenproduktion!

b) Die Verkaufspreise je ME betragen 176,00 EUR für F_1, 162,00 EUR für F_2 und 174,00 EUR für F_3. Wie hoch ist der Gewinn bei Absatz der Wochenproduktion?
c) Der Vorrat an Zwischenerzeugnissen beträgt 90 ME von Z_1, 150 ME von Z_2 und 80 ME von Z_3. Wie viel ME der Fertigerzeugnisse können hergestellt werden, wenn der Vorrat an Zwischenerzeugnissen voll verarbeitet werden soll?

Lösung:

a) Berechnung der benötigten ME an Rohstoffen für 1 ME der F:

$$\underset{\boldsymbol{A}}{\begin{pmatrix} 1 & 2 & 3 \\ 4 & 1 & 1 \\ 0 & 3 & 4 \\ 3 & 4 & 0 \end{pmatrix}} \cdot \underset{\boldsymbol{B}}{\begin{pmatrix} 3 & 2 & 0 \\ 0 & 3 & 3 \\ 4 & 0 & 2 \end{pmatrix}} = \underset{\boldsymbol{R}}{\begin{pmatrix} 15 & 8 & 12 \\ 16 & 11 & 5 \\ 16 & 9 & 17 \\ 9 & 18 & 12 \end{pmatrix}}$$

Für 1 ME von F_1 werden benötigt:
15 ME von R_1, 16 ME von R_2, 16 ME von R_3 und 9 ME von R_4.
Für 1 ME von F_2 werden benötigt:
8 ME von R_1, 11 ME von R_2, 9 ME von R_3 und 18 ME von R_4.
Für 1 ME von F_3 werden benötigt:
12 ME von R_1, 5 ME von R_2, 17 ME von R_3 und 12 ME von R_4.

Berechnung der Rohstoffkosten je ME der Fertigerzeugnisse:

$$\underset{\vec{k}'}{(1 \quad 0{,}5 \quad 1{,}5 \quad 2)} \cdot \underset{\boldsymbol{R}}{\begin{pmatrix} 15 & 8 & 12 \\ 16 & 11 & 5 \\ 16 & 9 & 17 \\ 9 & 18 & 12 \end{pmatrix}} = \underset{\vec{a}'}{(65 \quad 63 \quad 64)}$$

Die Rohstoffkosten je ME eines Fertigerzeugnisses betragen 65,00 EUR für F_1, 63,00 EUR für F_2 und 64,00 EUR ME für F_3.

Berechnung der Rohstoffkosten der Wochenproduktion:

$$\underset{\vec{a}'}{(65 \quad 63 \quad 64)} \cdot \underset{\vec{f}}{\begin{pmatrix} 400 \\ 300 \\ 500 \end{pmatrix}} = \underset{a}{76\,900}$$

76 900 EUR Rohstoffkosten

Hergestellte Zwischenerzeugnisse:

$$\underset{\boldsymbol{B}}{\begin{pmatrix} 3 & 2 & 0 \\ 0 & 3 & 3 \\ 4 & 0 & 2 \end{pmatrix}} \cdot \underset{\vec{f}}{\begin{pmatrix} 400 \\ 300 \\ 500 \end{pmatrix}} = \underset{\vec{h}}{\begin{pmatrix} 1\,800 \\ 2\,400 \\ 2\,600 \end{pmatrix}}$$

1 800 ME von Z_1, 2 400 ME von Z_2 und 2 600 ME von Z_3.

Berechnung der variablen Kosten der Zwischenerzeugnisse:

$$\begin{matrix} \vec{k}' & \cdot & \vec{h} & = & b \end{matrix}$$

$$(5 \quad 8 \quad 6) \cdot \begin{pmatrix} 1800 \\ 2400 \\ 2600 \end{pmatrix} = 43\,800$$

43 800 EUR variable Kosten der Zwischenerzeugnisse.

Berechnung der variablen Kosten der Fertigerzeugnisse:

$$\begin{matrix} \vec{k}' & \cdot & \vec{f} & = & c \end{matrix}$$

$$(32 \quad 30 \quad 35) \cdot \begin{pmatrix} 400 \\ 300 \\ 500 \end{pmatrix} = 39\,300$$

39 300 EUR variable Kosten der Fertigerzeugnisse.

Rohstoffkosten	76 900 EUR
fixe Kosten	30 000 EUR
variable Kosten Z	43 800 EUR
variable Kosten F	39 300 EUR
Selbstkosten	190 000 EUR

b) Berechnung des Gesamterlöses:

$$\begin{matrix} \vec{e}' & \cdot & \vec{f} & = & d \end{matrix}$$

$$(176 \quad 162 \quad 174) \cdot \begin{pmatrix} 400 \\ 300 \\ 500 \end{pmatrix} = 206\,000$$

Gesamterlös	206 000 EUR
− Selbstkosten	190 000 EUR
Gewinn	16 000 EUR

c) Gesucht sind die Fertigungsmengen x_1, x_2 und x_3 des Spaltenvektors $\vec{f}$. Wir erhalten das folgende Gleichungssystem mit 3 Variablen:

$$\begin{matrix} \boldsymbol{B} & \cdot & \vec{f} & = & \vec{r} \end{matrix}$$

$$\begin{pmatrix} 3 & 2 & 0 \\ 0 & 3 & 3 \\ 4 & 0 & 2 \end{pmatrix} \cdot \begin{pmatrix} x_1 \\ x_2 \\ x_3 \end{pmatrix} = \begin{pmatrix} 90 \\ 150 \\ 80 \end{pmatrix}$$

$$\begin{aligned} 3x_1 + 2x_2 &= 90 \\ 3x_2 + 3x_3 &= 150 \\ 4x_1 + 2x_3 &= 80 \end{aligned}$$

Lösung mithilfe des Gaußschen Algorithmus:

[3]	2	0	90	(1)	95
0	3	3	150	(2)	156
4	0	2	80	(3)	86
3	2	0	90	(4) = (1)	95
0	[3]	3	150	(5) = (2)	156
0	−8	6	−120	(6) = (3) · 3 − (1) · 4	−122
3	2	0	90	(7) = (4)	95
0	3	3	150	(8) = (5)	156
0	0	42	840	(9) = (6) · 3 − (5) · −8	882

Man erhält das gestaffelte System (Dreiecksform):

$$3x_1 + 2x_2 = 90 \quad (7)$$
$$3x_2 + 3x_3 = 150 \quad (8)$$
$$\underline{42x_3 = 840} \quad (9)$$

$$42x_3 = 840 \quad (9)$$
$$\underline{x_3 = 20} \quad (9a)$$

$$3x_2 + 60 = 150 \quad (8) \quad | \text{ (9a) in (8)}$$
$$\underline{x_2 = 30} \quad (8a)$$

$$3x_1 + 60 = 90 \quad (7) \quad | \text{ (8a) und (9a) in (7)}$$
$$\underline{x_1 = 10} \quad (7a)$$

$$\vec{f} = \begin{pmatrix} 10 \\ 30 \\ 20 \end{pmatrix}$$

10 ME von Z_1, 30 ME von Z_2 und 20 ME von Z_3.

Aufgaben

1 Aus drei Rohstoffen werden drei elektronische Bauteile hergestellt. Die für ein Bauteil benötigten ME an Rohstoffen ergeben sich aus nebenstehender Tabelle.

Rohstoff	ME der Rohstoffe je Bauteil		
	B_1	B_2	B_3
R_1	3	2	4
R_2	2	4	3
R_3	2	3	1

a) Wie viel ME der Rohstoffe sind zur Herstellung von 500 ME von B_1, 800 ME von B_2 und 600 ME von B_3 erforderlich?

b) Wie hoch sind die Rohstoffkosten je Bauteil und für die in a) genannten Fertigungsmengen bei folgenden Rohstoffpreisen je ME: 2,00 EUR für R_1, 15,00 EUR für R_2 und 6,00 EUR für R_3?

c) Wie viel Bauteile können aus folgenden Rohstoffmengen hergestellt werden: 1100 ME von R_1, 1200 ME von R_2 und 800 ME von R_3?

Hinweis zur Lösung: Gesucht sind die Fertigungsmengen x_1, x_2 und x_3, des Spaltenvektors $\vec{f}$. Lösen Sie das Gleichungssystem mit drei Variablen mithilfe des Gaußschen Algorithmus!

d) Die Herstellung soll auf das Mengenverhältnis $B_1:B_2:B_3 = 2:4:3$ umgestellt werden. Wie viel ME der Bauteile können maximal hergestellt werden, wenn von R_3 je Herstellungszeitraum nur 9 500 ME zur Verfügung stehen?

2 In einem Zweigwerk werden aus drei Einzelteilen drei Halberzeugnisse hergestellt. Die für ein Halberzeugnis benötigten Einzelteile sind in nebenstehender Tabelle zusammengefasst.

Einzelteil	ME der Einzelteile je Halberzeugnis		
	H_1	H_2	H_3
E_1	4	3	2
E_2	3	1	4
E_3	2	3	1

a) Wie viel ME der Einzelteile werden zur Herstellung von 300 ME von H_1, 500 ME von H_2 und 400 ME von H_3 benötigt?

b) Wie viel EUR betragen die Einzelteilekosten je Halberzeugnis und für die in a) genannten Herstellungsmengen bei folgenden Einzelteilepreisen je ME: 5,00 EUR für E_1, 8,00 EUR für E_2 und 12,00 EUR für E_3?

c) Berechnen Sie die Anzahl der ME an Halberzeugnissen, die aus folgenden ME an Einzelteilen hergestellt werden können: 2800 ME von E_1, 2400 ME von E_2 und 2000 ME von E_3!

d) Die Herstellung erfolgt im Mengenverhältnis $H_1:H_2:H_3 = 3:5:4$. Wie viel ME der Halberzeugnisse können maximal hergestellt werden, wenn von E_1 im Herstellungszeitraum 8 750 ME zur Verfügung stehen?

e) Auf Lager befinden sich 1 300 ME von E_1, 1 350 ME von E_2 und 800 ME von E_3. Stellen Sie fest, ob es möglich ist, so zu produzieren, dass die Lagerbestände restlos aufgebraucht werden! Wie viel ME der Halberzeugnisse können bei restloser Verarbeitung der Lagerbestände hergestellt werden?
Hinweis zur Lösung: Verwenden Sie das in c) aufgestellte Lösungsschema!

3 In einem Betrieb stellt man in zwei Produktionsstufen drei Fertigerzeugnisse her. Nachstehende Stücklisten enthalten die ME der Rohstoffe, die für je ein Zwischenerzeugnis benötigt werden bzw. die ME der Zwischenerzeugnisse, die für ein Fertigerzeugnis erforderlich sind.

Stückliste 1

Rohstoffe	ME Rohstoffe je Zwischenerzeugnis		
	Z_1	Z_2	Z_3
R_1	2	1	4
R_2	1	3	0
R_3	3	0	1
R_4	0	2	3

Stückliste 2

Zwischenerzeugnisse	ME Zwischenerzeugnisse je Fertigerzeugnis		
	F_1	F_2	F_3
Z_1	4	0	2
Z_2	1	3	0
Z_3	1	2	3

a) Die Wochenproduktion beträgt 500 ME von F_1 400 ME von F_2 und 600 ME von F_3.
Nachstehende Tabelle enthält die Rohstoffkosten je ME, die variablen Stückkosten der Zwischenerzeugnisse und die variablen Stückkosten der Fertigerzeugnisse.

	R_1	R_2	R_3	R_4	Z_1	Z_2	Z_3	F_1	F_2	F_4
EUR/ME	1,00	3,00	0,50	1,50	4,00	3,00	11,00	38,00	42,00	24,00

Die fixen Kosten betragen 45 000,00 EUR.
Wie hoch sind die Gesamtkosten der Wochenproduktion?

b) Die Verkaufspreise je ME betragen 160,00 EUR für F_1, 176,00 EUR für F_2 und 144,00 EUR für F_3. Wieviel EUR Gewinn werden bei Absatz der Wochenproduktion erzielt?

c) Die Verkaufspreise stehen im Verhältnis $F_1:F_2:F_3 = 1:1{,}1:0{,}9$. Wie viel EUR müssten die Verkaufspreise mindestens betragen, damit der Betrieb bei den bisherigen Wochenproduktionsmengen keinen Verlust erleidet? Wie hoch müssten die Verkaufspreise sein, wenn ein Gewinn von 10 % der Selbstkosten erzielt werden soll?

d) Der Vorrat an Zwischenerzeugnissen beträgt 440 ME von Z_1, 250 ME von Z_2 und 430 ME von Z_3. Wie viel ME der Fertigerzeugnisse können hergestellt werden, wenn der Vorrat an Zwischenerzeugnissen voll verarbeitet werden soll?

4 Ein Betrieb stellt aus drei Rohstoffen vier elektronische Bauteile her, die zu drei verschiedenen Messgeräten weiterverarbeitet werden. Nachstehende Tabellen zeigen die ME der benötigten Rohstoffe und die zur Weiterverarbeitung erforderlichen ME an Bauteilen.

Rohstoffe	ME der Rohstoffe je Bauteil			
	B_1	B_2	B_3	B_4
R_1	2	2	1	3
R_2	0	2	3	0
R_3	3	0	2	2

Bauteile	ME der Bauteile je Fertigerzeugnis		
	F_1	F_2	F_3
B_1	2	2	1
B_2	1	2	2
B_3	3	0	2
B_4	1	2	1

a) Für einen Auftrag A sollen 250 ME von F_1, 200 ME von F_2 und 150 ME von F_3 hergestellt werden. Wie viel ME der Rohstoffe sind hierfür erforderlich?

b) Nachstehende Tabelle zeigt die Rohstoffkosten je ME, die variablen Stückkosten der Bauteile und die variablen Stückkosten der Fertigerzeugnisse.

	R_1	R_2	R_3	B_1	B_2	B_3	B_4	F_1	F_2	F_4
EUR/ME	2,50	1,00	1,50	5,00	3,00	4,00	6,00	40,00	35,00	32,00

An fixen Kosten sind für Auftrag A 12000,00 EUR zu verrechnen.
Berechnen Sie die Gesamtkosten für Auftrag A!

c) Die Verkaufspreise je ME betragen 165,00 EUR für F_1, 150,00 EUR für F_2 und 140,00 EUR für F_3. Wie hoch ist der Gewinn aus Auftrag A?

d) Wie viel Fertigerzeugnisse können aus 1860 ME von R_1, 1260 ME von R_2 und 1700 ME von R_3 hergestellt werden?

e) Die Herstellung erfolgt im Mengenverhältnis $F_1:F_2:F_3 = 5:4:3$. Wie viel ME der Fertigerzeugnisse können wöchentlich maximal hergestellt werden, wenn von R_2 je Arbeitswoche nur 8080 ME zur Verfügung stehen?

5 In einem Betrieb werden aus vier Rohstoffen drei Halberzeugnsisse und aus den Halberzeugnissen drei Fertigerzeugnisse hergestellt. Die benötigten ME an Rohstoffen bzw. an Halberzeugnissen sind dem folgenden Schaubild zu entnehmen.

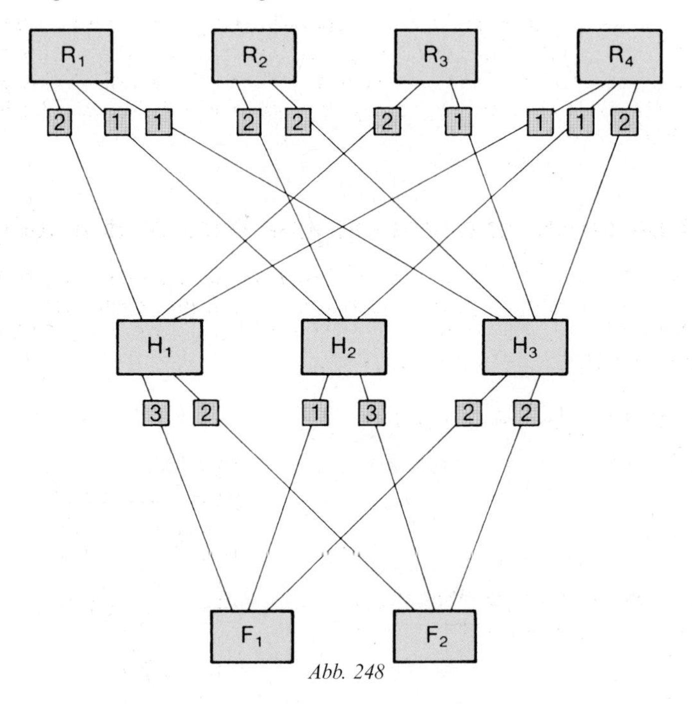

Abb. 248

a) Wie viel ME der Rohstoffe sind für je eine ME der Fertigerzeugnisse erforderlich?

b) Die Rohstoffkosten je ME betragen 2,00 EUR für R_1, 1,50 EUR für R_2, 1,00 EUR für R_3 und 3,00 EUR für R_4. Berechnen Sie die Rohstoffkosten für je 1 ME der Halberzeugnisse und Fertigerzeugnisse!

c) Die Produktionskapazität ist nur zu 70% ausgelastet. Die Fertigungsmengen je Woche betragen 350 ME von F_1 und 420 ME von F_2. Die fixen Kosten belaufen sich für diese Zeit auf 30800,00 EUR. An variablen Stückkosten fallen an:

	H_1	H_2	H_3	F_1	F_2
EUR/ME	6,00	5,00	8,00	42,00	54,00

Berechnen Sie die Gesamtkosten der Wochenproduktion!
Die Verkaufspreise betragen je ME 200,00 EUR für F_1 und 220,00 EUR für F_2. Wie hoch ist der Gesamtgewinn?

d) Bei steigender Nachfrage wird die Fertigungsmenge auf 100 % der Kapazität erhöht. Wie viel EUR beträgt der Gesamtgewinn, wenn die Verkaufspreise um 5 % gesenkt werden?

e) Vor Einsatz neu eingekaufter Rohstoffe sollen die alten Bestände voll aufgebraucht werden. Wie viel Fertigerzeugnisse können aus 810 ME von R_1, 700 ME von R_2, 640 ME von R_3 und 760 ME von R_4 hergestellt werden?

f) Auf wie viel EUR könnten die Verkaufspreise gesenkt werden, damit der Betrieb bei 70 %iger Ausnutzung der Kapazität keinen Verlust erleidet? Verhältnis der Verkaufspreise $F_1:F_2 = 10:11$. Bis auf wie viel EUR wäre die Senkung der Verkaufspreise bei 100 %iger Ausnutzung der Kapazität möglich, um die Selbstkosten zu decken?

20.3 Homogene und inhomogene lineare Gleichungssysteme

Bisher haben wir lineare Gleichungssysteme behandelt, die stets eine Lösung hatten. Es gibt aber auch lineare Gleichungssysteme mit keiner bzw. mit unendlich vielen Lösungen. Diese drei Möglichkeiten sollen anhand der grafischen Lösung von linearen Gleichungssystemen mit 2 Variablen anschaulich dargestellt werden.

Fall 1: Die Gleichungen des linearen Gleichungssystems

$$2x_1 - x_2 = 1$$
$$x_1 + x_2 = 5$$

kann man nach Einsetzen der Variablen x für x_1 und y für x_2 in die Funktionsgleichungen

$$y = 2x - 1$$
$$y = -x + 5$$

umformen. Diese Funktionsgleichungen legen lineare Funktionen fest, deren Schaubilder Geraden sind. Der Schnittpunkt $S(2|3)$ der beiden Geraden ergibt das einzige Lösungspaar, die Lösungsmenge $L = \{(2; 3)\}$ des Gleichungssystems.

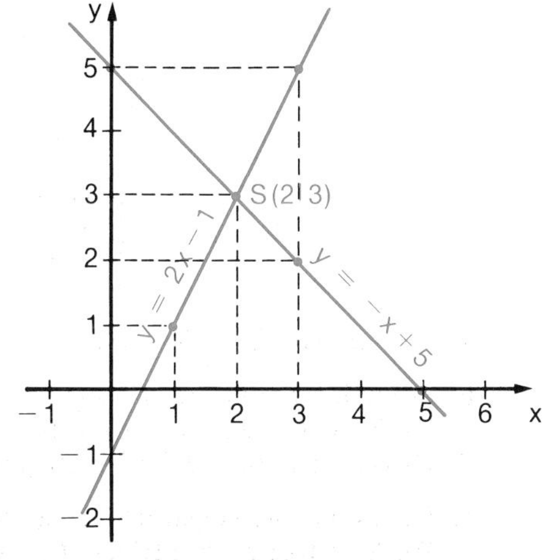

Abb. 249

Fall 2: Das Gleichungssystem

$$2x_1 + x_2 = 2{,}5$$
$$2x_1 + x_2 = 1$$

führt auf die Funktionsgleichungen

$$y = -2x + 2{,}5$$
$$y = -2x + 1$$

Die Schaubilder der zugeordneten Funktionen sind zwei Geraden, die parallel zueinander verlaufen. Es entsteht kein Schnittpunkt. Die Lösungsmenge des Gleichungssystems ist leer, das System ist unlösbar. $L = \emptyset$.

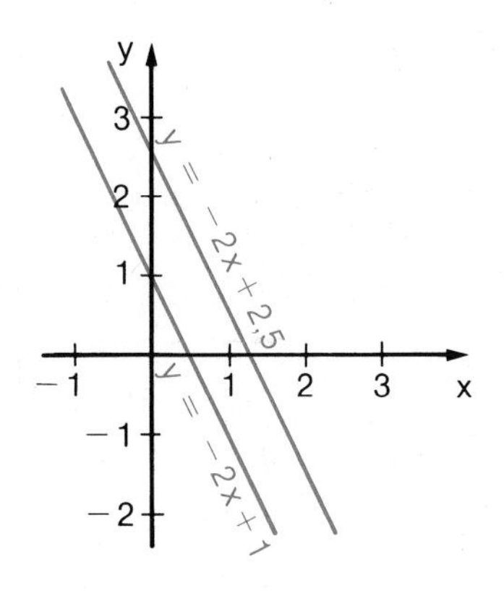

Abb. 250.1

Fall 3: Das Gleichungssystem

$$2x_1 + x_2 = 2{,}5$$
$$4x_1 + 2x_2 = 5$$

ergibt zwei identische Funktionsgleichungen

$$y = -2x + 2{,}5$$
$$y = -2x + 2{,}5$$

Die zugeordneten zwei Geraden fallen in eine Gerade zusammen. Beide Gleichungen haben die gleiche Lösungsmenge, die aus unendlich vielen Zahlenpaaren $(x; y)$ besteht. Diese unendliche Menge ist zugleich Lösungsmenge des Systems. Jedem beliebigen x-Wert aus $\mathbb{R}$ wird ein bestimmter y-Wert zugeordnet. Zum Beispiel erhält man bei $x_1 = 1$ für y bzw. x_2 den Wert 0,5. $x_1 = 2$ ergibt $x_2 = -1{,}5$.

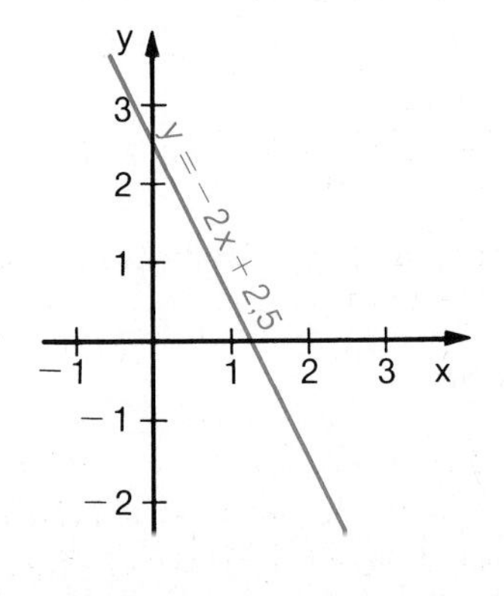

Abb. 250.2

Bei den bisher behandelten linearen Gleichungssystemen war die Anzahl der Gleichungen gleich der Anzahl der verschiedenen Variablen. Ein Gleichungssystem mit drei Variablen bestand zum Beispiel aus drei Gleichungen, ein System mit vier Variablen aus vier Gleichungen. Es gibt aber auch lineare Gleichungssysteme, bei denen die Anzahl der Gleichungen größer bzw. kleiner ist als die Anzahl der Variablen.

Beispiele:

$$x_1 + x_2 = 5$$
$$-\frac{1}{2}x_1 + x_2 = 2{,}5$$
$$-2x_1 + x_2 = 1$$

Das System enthält zwei Variablen, besteht aber aus drei Gleichungen. Nebenstehender Graph veranschaulicht die Lösungsmenge $L = \{(1; 3)\}$.

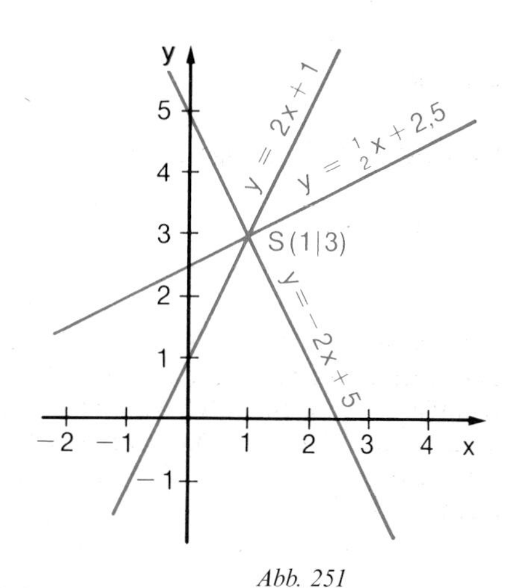

Abb. 251

Nachstehendes Gleichungssystem hat drei Variablen, aber nur zwei Gleichungen.

$$3x_1 + 2x_2 - x_3 = 3$$
$$2x_1 - 4x_2 + 2x_3 = -2$$

Das System hat unendlich viele Lösungen. Zwei Lösungsbeispiele sind

$x_1 = 0{,}5;\quad x_2 = 0{,}75;\quad x_3 = 0.$
$x_1 = 0{,}5;\quad x_2 = 1{,}75;\quad x_3 = 2.$

Im linearen Gleichungssystem

$$\begin{aligned} 3x_1 - 4x_2 + x_3 &= 0 \\ -3x_1 + 6x_2 - 2x_3 &= 0 \\ 6x_1 - 2x_2 - x_3 &= 0 \end{aligned} \quad \text{bzw.} \quad \underbrace{\begin{pmatrix} 3 & -4 & 1 \\ -3 & 6 & -2 \\ 6 & -2 & -1 \end{pmatrix}}_{\boldsymbol{A}} \cdot \underbrace{\begin{pmatrix} x_1 \\ x_2 \\ x_3 \end{pmatrix}}_{\vec{x}} = \underbrace{\begin{pmatrix} 0 \\ 0 \\ 0 \end{pmatrix}}_{\vec{b}}$$

ist der Vektor $\vec{b}$ der Nullvektor. Ein solches Gleichungssystem bezeichnet man als homogenes Gleichungssystem.

Definition 251

Das lineare Gleichungssystem $\boldsymbol{A} \cdot \vec{x} = \vec{b}$ heißt homogen, wenn der Vektor $\vec{b}$ der Nullvektor ist (alle Elemente von $\vec{b}$ sind null). Das System ist inhomogen, wenn mindestens ein Element des Vektors $\vec{b}$ von null verschieden ist.

Beispiel für ein inhomogenes lineares Gleichungssystem:

$$\begin{aligned} 5x_1 + x_2 - 4x_3 &= 0 \\ 3x_1 + 2x_2 + 3x_3 &= 110 \\ 2x_1 - 3x_2 + x_3 &= 0 \end{aligned} \quad \text{bzw.} \quad \underbrace{\begin{pmatrix} 5 & 1 & -4 \\ 3 & 2 & 3 \\ 2 & -3 & 1 \end{pmatrix}}_{\boldsymbol{A}} \cdot \underbrace{\begin{pmatrix} x_1 \\ x_2 \\ x_3 \end{pmatrix}}_{\vec{x}} = \underbrace{\begin{pmatrix} 0 \\ 110 \\ 0 \end{pmatrix}}_{\vec{b}}$$

Das homogene lineare Gleichungssystem

$$\begin{pmatrix} 2 & 3 & -5 \\ 3 & 2 & -4 \end{pmatrix} \cdot \begin{pmatrix} x_1 \\ x_2 \\ x_3 \end{pmatrix} = \begin{pmatrix} 0 \\ 0 \end{pmatrix}$$

hat offensichtlich den

Lösungsvektor $\begin{pmatrix} 0 \\ 0 \\ 0 \end{pmatrix}$, also $x_1 = 0, x_2 = 0, x_3 = 0$.

Man bezeichnet den Nullvektor als triviale[1] Lösung des homogenen linearen Gleichungssystems.

Außer der trivialen Lösung kann ein homogenes lineares Gleichungssystem unendlich viele Lösungen besitzen. Vorstehendes Gleichungssystem hat zum Beispiel unendlich viele Lösungen. Zwei Lösungsbeispiele sind $\begin{pmatrix} -2 \\ -7 \\ -5 \end{pmatrix}$ und $\begin{pmatrix} 4 \\ 14 \\ 10 \end{pmatrix}$.

Merke Bei homogenen linearen Gleichungssystemen sind zwei Fälle zu unterscheiden:
1. Systeme, die nur eine Lösung, die triviale Lösung, haben.
2. Systeme, die außer der trivialen Lösung unendlich viele Lösungen haben.

Bei inhomogenen linearen Gleichungssystemen bestehen drei Lösungsmöglichkeiten, die auf Seite 249/250 durch grafische Darstellung veranschaulicht worden sind.

Merke Bei der Lösung von inhomogenen linearen Gleichungssystemen unterscheidet man drei Fälle:
1. Systeme mit einer Lösung,
2. Systeme mit keiner Lösung,
3. Systeme mit unendlich vielen Lösungen.

Beispiel mit Lösung

Aufgabe: Bestimmen Sie die Lösungsmenge des nachstehenden homogenen linearen Gleichungssystems!

$$\begin{pmatrix} 2 & 3 & -5 \\ 3 & 2 & -4 \end{pmatrix} \cdot \begin{pmatrix} x_1 \\ x_2 \\ x_3 \end{pmatrix} = \begin{pmatrix} 0 \\ 0 \end{pmatrix}$$

Lösung:

$$2x_1 + 3x_2 - 5x_3 = 0 \quad (1)$$
$$3x_1 + 2x_2 - 4x_3 = 0 \quad (2)$$

[1] trivialis (lat.), platt, abgedroschen, alltäglich.

Wir wählen eine der drei Variablen als freie Variable (hier x_3) und bringen diese auf die rechte Seite des Systems:

$$\begin{aligned} 2x_1 + 3x_2 &= 5x_3 \quad (3) = (1) + 5x_3 \\ 3x_1 + 2x_2 &= 4x_3 \quad (4) = (2) + 4x_3 \end{aligned}$$

Wir ersetzen x_3 durch die Variable $t \in \mathbb{R}$. t bezeichnet man als Parameter oder unabhängige Variable.

$$\begin{aligned} 2x_1 + 3x_2 &= 5t \quad (3a) \\ 3x_1 + 2x_2 &= 4t \quad (4a) \end{aligned}$$

Äquivalenzumformungen zur Bestimmung von x_1 und x_2:

$$\begin{aligned} 6x_1 + 9x_2 &= 15t && (5) = (3a) \cdot 3 \\ -6x_1 - 4x_2 &= -8t && (6) = (4a) \cdot -2 \\ \hline 5x_2 &= 7t && (7) = (5) + (6) \\ \underline{x_2} &\underline{= 1{,}4t} && (8) = (7) : 5 \\ 2x_1 + 4{,}2t &= 5t && (9) = (8) \text{ in } (3a) \\ 2x_1 &= 0{,}8t && (9a) = (9) - 4{,}2t \\ \underline{x_1} &\underline{= 0{,}4t} && (9b) = (9a) : 2 \end{aligned}$$

$\vec{x} = \begin{pmatrix} 0{,}4t \\ 1{,}4t \\ t \end{pmatrix}$ Setzt man für t den neuen Parameter $5t$, so erhält man den Lösungsvektor. $\vec{x} = \begin{pmatrix} 2t \\ 7t \\ 5t \end{pmatrix}$

Das Gleichungssystem hat unendlich viele Lösungen. Man kann für t beliebige Zahlen aus $\mathbb{R}$ einsetzen. Drei Lösungsbeispiele mit $t = 0$, $t = 1$, $t = -2$:

$$\begin{pmatrix} 0 \\ 0 \\ 0 \end{pmatrix} \text{ und } \begin{pmatrix} 2 \\ 7 \\ 5 \end{pmatrix} \text{ und } \begin{pmatrix} -4 \\ -14 \\ -10 \end{pmatrix}$$

Aufgaben

Bestimmen Sie die Lösungsmenge nachstehender homogener linearer Gleichungssysteme! Setzen Sie bei unendlich vielen Lösungen für t nacheinander zwei beliebige Zahlen aus $\mathbb{R}$ in die Gleichungen des Systems ein und machen Sie die Probe!

1 a) $\begin{pmatrix} 3 & 5 & -6 \\ 2 & 3 & -4 \end{pmatrix} \cdot \begin{pmatrix} x_1 \\ x_2 \\ x_3 \end{pmatrix} = \begin{pmatrix} 0 \\ 0 \end{pmatrix}$

b) $\begin{pmatrix} 6 & -2 & -1 \\ 3 & -4 & 1 \\ -3 & 6 & -2 \end{pmatrix} \cdot \begin{pmatrix} x_1 \\ x_2 \\ x_3 \end{pmatrix} = \begin{pmatrix} 0 \\ 0 \\ 0 \end{pmatrix}$

2 a) $\begin{aligned} 2x_1 + 4x_2 - 3x_3 &= 0 \\ 3x_1 + 5x_2 + x_3 &= 0 \end{aligned}$

b) $\begin{aligned} 6x_1 + 9x_2 - 5x_3 &= 0 \\ 4x_1 + 6x_2 - 3x_3 &= 0 \end{aligned}$

3 a)
$$\begin{aligned} 2x_1 + 3x_2 - x_3 &= 0 \\ -4x_1 - x_2 + 2x_3 &= 0 \\ 6x_1 + 5x_2 - 3x_3 &= 0 \end{aligned}$$

b)
$$\begin{aligned} 7x_1 - 4x_2 + 3x_3 &= 0 \\ 3x_1 + 5x_2 - 2x_3 &= 0 \\ -2x_1 + 3x_2 - x_3 &= 0 \end{aligned}$$

Vor der Behandlung inhomogener linearer Gleichungssysteme, die unendlich viele Lösungen haben (siehe Seite 256 f.), befassen wir uns im nächsten Abschnitt mit den Kriterien zur Bestimmung der Lösungsmenge linearer Gleichungssysteme.

20.4 Kriterien für die Lösbarkeit linearer Gleichungssysteme

Eine Aussage, ob ein lineares Gleichungssystem eine, keine oder unendlich viele Lösungen hat, kann mithilfe des Ranges von Matrizen erfolgen.

Zeilenvektoren der Form (1 4 0 5 2), (0 1 3 2 4), (0 0 1 0 2), (0 0 0 1 4), (0 0 0 0 1) bezeichnet man als **wesentlich verschiedene Zeilenvektoren**, weil die Anzahl der Nullen vor der nachfolgenden 1 verschieden ist.

Jede Zeile einer Matrix kann als Zeilenvektor aufgefasst werden. Zur Bestimmung des Ranges einer Matrix bringt man durch Äquivalenzumformungen die Matrix auf die höchstmögliche Anzahl wesentlich verschiedener Zeilenvektoren.

Definition 254

Der Rang r einer Matrix A gibt die Maximalzahl ihrer wesentlich verschiedenen Zeilenvektoren an. Schreibweise: $r = \text{Rg}A$.

Beispiele:

$$A = \begin{pmatrix} 1 & 3 & 0 & 2 \\ 0 & 1 & 4 & 1 \\ 0 & 0 & 1 & 0 \\ 0 & 0 & 0 & 1 \end{pmatrix} \qquad B = \begin{pmatrix} 1 & 0 & 2 & 3 \\ 0 & 0 & 1 & 2 \\ 0 & 0 & 0 & 0 \\ 0 & 0 & 0 & 0 \end{pmatrix} \qquad C = \begin{pmatrix} 1 & 2 & 1 & 0 \\ 0 & 1 & 0 & 3 \\ 0 & 0 & 0 & 1 \\ 0 & 0 & 0 & 0 \end{pmatrix}$$

$\text{Rg}A = 4$ — Zeilen 1 bis 4 sind wesentlich verschiedene Zeilenvektoren

$\text{Rg}B = 2$ — Zeilen 1 und 2 sind wesentlich verschiedene Zeilenvektoren

$\text{Rg}C = 3$ — Zeilen 1 bis 3 sind wesentlich verschiedene Zeilenvektoren

Beachte: Der Rang einer Matrix kann nicht größer als die Anzahl ihrer Zeilen sein.

Beispiel mit Lösung

Aufgabe: Bestimmen Sie mithilfe des Gaußschen Algorithmus den Rang nachstehender Matrix!

$$A = \begin{pmatrix} 1 & -1 & 2 & 2 \\ 3 & -1 & 6 & 4 \\ 2 & 6 & 4 & 1 \\ 4 & -2 & 8 & 4 \end{pmatrix}$$

Lösung:

1 (boxed)	−1	2	2	(1)	4
3	−1	6	4	(2)	12
2	6	4	1	(3)	13
4	−2	8	4	(4)	14
1	−1	2	2	(5) = (1)	4
0	2 (boxed)	0	−2	(6) = (2) − (1) · 3	0
0	8	0	−3	(7) = (3) − (1) · 2	5
0	2	0	−4	(8) = (4) − (1) · 4	−2
1	−1	2	2	(9) = (5)	4
0	1	0	−1	(10) = (6) · 0,5	0
0	0	0	5	(11) = (7) − (6) · 4	5
0	0	0	−2	(12) = (8) − (6)	−2
1	−1	2	2	(13) = (9)	4
0	1	0	−1	(14) = (10)	0
0	0	0	1	(15) = (11) · 0,2	1
0	0	0	0	(16) = (12) · 5 − (11) · −2	0

Matrix A enthält drei wesentlich verschiedene Zeilenvektoren, RgA = 3.

Aufgaben

Bestimmen Sie den Rang nachstehender Matrizen!

1 a) $A = \begin{pmatrix} 2 & 4 & 2 \\ 3 & 4 & -3 \\ -1 & -2 & -1 \end{pmatrix}$ b) $B = \begin{pmatrix} 1 & 1 & 0 & 4 \\ 1 & 2 & 1 & -1 \\ 1 & 3 & 0 & 2 \end{pmatrix}$

2 a) $A = \begin{pmatrix} 1 & -1 & -1 & 2 \\ 3 & 2 & -5 & 7 \\ 1 & 4 & -3 & 3 \\ 2 & 3 & -4 & 5 \end{pmatrix}$ b) $B = \begin{pmatrix} 2 & 1 & 3 \\ 1 & 1 & 1 \\ 1 & 0 & 0 \\ -1 & 4 & 1 \end{pmatrix}$

3 a) $A = \begin{pmatrix} 4 & -1 & -2 & 16 \\ 4 & 2 & -2 & 4 \\ -2 & -3 & 1 & 6 \\ 6 & 5 & -3 & -2 \end{pmatrix}$ b) $B = \begin{pmatrix} 2 & 3 & -2 & 1 \\ 1 & -1 & 4 & -2 \\ 3 & 2 & -1 & -2 \\ 2 & -3 & 1 & 1 \end{pmatrix}$

Das lineare Gleichungssystem

$$\begin{aligned} x_1 - 2x_2 + 3x_3 + 2x_4 &= 1 \\ 2x_1 + 4x_2 - 2x_3 - 4x_4 &= -2 \\ 4x_1 + 2x_2 + 3x_3 - x_4 &= 2 \\ x_1 + 2x_2 - x_3 - 2x_4 &= 1 \end{aligned}$$

hat die Koeffizientenmatrix A und die erweiterte Koeffizientenmatrix $(A|\vec{b})$

$$A = \begin{pmatrix} 1 & -2 & 3 & 2 \\ 2 & 4 & -2 & -4 \\ 4 & 2 & 3 & -1 \\ 1 & 2 & -1 & -2 \end{pmatrix} \qquad (A|\vec{b}) = \begin{pmatrix} 1 & -2 & 3 & 2 & 1 \\ 2 & 4 & -2 & -4 & -2 \\ 4 & 2 & 3 & -1 & 2 \\ 1 & 2 & -1 & -2 & 1 \end{pmatrix}$$

Will man feststellen, ob das lineare Gleichungssystem $\boldsymbol{A} \cdot \vec{x} = \vec{b}$ keine, eine oder unendlich viele Lösungen hat, so vergleicht man den Rang der Koeffizientenmatrix $\boldsymbol{A}$ mit dem Rang der erweiterten Koeffizientenmatrix $(\boldsymbol{A}|\vec{b})$. Es bestehen folgende Beziehungen.

1. Der Rang von $\boldsymbol{A}$ ist kleiner als der Rang von $(\boldsymbol{A}|\vec{b})$; $\text{Rg}\boldsymbol{A} < \text{Rg}(\boldsymbol{A}|\vec{b})$.
2. a) Der Rang beider Matrizen ist gleich groß und stimmt mit der Anzahl n der Variablen des Systems überein; $\text{Rg}\boldsymbol{A} = \text{Rg}\,(\boldsymbol{A}|\vec{b}) = n$.
   b) Der Rang beider Matrizen ist gleich groß, ist aber kleiner als die Anzahl n der Variablen des Systems, $\text{Rg}\boldsymbol{A} = \text{Rg}(\boldsymbol{A}|\vec{b}) < n$.

Zur Bestimmung der Lösbarkeit linearer Gleichungssysteme gilt nachstehender Satz:

Satz 256

1. Ein inhomogenes lineares Gleichungssystem ist unlösbar, wenn der Rang der Koeffizientenmatrix $\boldsymbol{A}$ kleiner ist als der Rang der erweiterten Koeffizientenmatrix $(\boldsymbol{A}|\vec{b})$. $\text{Rg}\boldsymbol{A} < \text{Rg}(\boldsymbol{A}|\vec{b})$.
2. Ein homogenes und inhomogenes lineares Gleichungssystem ist lösbar, wenn $\text{Rg}\boldsymbol{A} = \text{Rg}(\boldsymbol{A}|\vec{b})$ gegeben ist.
   a) Das System hat eine Lösung, wenn der Rang mit der Anzahl n der Variablen übereinstimmt; $\text{Rg}\boldsymbol{A} = \text{Rg}(\boldsymbol{A}|\vec{b}) = n$.
   b) Das System hat unendlich viele Lösungen, wenn der Rang kleiner als die Anzahl der Variablen ist; $\text{Rg}\boldsymbol{A} = \text{Rg}(\boldsymbol{A}|\vec{b}) < n$.

Beispiel mit Lösung

Aufgabe: Stellen Sie fest, ob das nachstehende inhomogene lineare Gleichungssystem keine, eine oder unendlich viele Lösungen hat!

$$\begin{aligned} x_1 - 2x_2 + 3x_3 + 2x_4 &= 1 \\ 2x_1 + 4x_2 - 2x_3 - 4x_4 &= -2 \\ 4x_1 + 2x_2 + 3x_3 - x_4 &= 2 \\ x_1 + 2x_2 - x_3 - 2x_4 &= 1 \end{aligned}$$

Lösung: Wir bestimmen den Rang von $\boldsymbol{A}$ und von $(\boldsymbol{A}|\vec{b})$:

[1]	−2	3	2	1	(1)	5
2	4	−2	−4	−2	(2)	−2
4	2	3	−1	2	(3)	10
1	2	−1	−2	1	(4)	1
1	−2	3	2	1	(5) = (1)	5
0	[8]	−8	−8	−4	(6) = (2) − (1) · 2	−12
0	10	−9	−9	−2	(7) = (3) − (1) · 4	−10
0	4	−4	−4	0	(8) = (4) − (1)	−4

1	−2	3	2	1	(9) = (5)	5
0	1	−1	−1	$-\frac{1}{2}$	$(10) = (6) \cdot \frac{1}{8}$	$-\frac{3}{2}$
0	0	4	4	12	$(11) = (7) \cdot 4 - (6) \cdot 5$	20
0	0	0	0	4	$(12) = (8) \cdot 2 - (6)$	4
1	−2	3	2	1	(13) = (9)	5
0	1	−1	−1	$-\frac{1}{2}$	(14) = (10)	$-\frac{3}{2}$
0	0	1	1	3	$(15) = (11) \cdot \frac{1}{4}$	5
0	0	0	0	1	$(16) = (12) \cdot \frac{1}{4}$	1

$\text{Rg}A = 3$, $\text{Rg}(A|\vec{b}) = 4$. Der Rang von A ist kleiner als der Rang von $(A|\vec{b})$, $\text{Rg}A < \text{Rg}(A|\vec{b})$. Das Gleichungssystem ist unlösbar; Lösungsmenge ist die leere Menge.

Aufgaben

Stellen Sie fest, ob nachstehende lineare Gleichungssysteme keine, eine oder unendlich viele Lösungen haben!

4 a) $$\begin{pmatrix} 2 & -4 & -2 \\ -1 & -2 & 2 \\ -2 & 3 & 3 \end{pmatrix} \cdot \begin{pmatrix} x_1 \\ x_2 \\ x_3 \end{pmatrix} = \begin{pmatrix} 2 \\ 6 \\ 2 \end{pmatrix}$$

b) $$\begin{pmatrix} 1 & -1 & -1 \\ 2 & -5 & 4 \end{pmatrix} \cdot \begin{pmatrix} x_1 \\ x_2 \\ x_3 \end{pmatrix} = \begin{pmatrix} 3 \\ 9 \end{pmatrix}$$

5 a) $$\begin{pmatrix} 1 & -3 & 2 \\ 2 & -4 & 4 \\ -1 & 2 & -2 \end{pmatrix} \cdot \begin{pmatrix} x_1 \\ x_2 \\ x_3 \end{pmatrix} = \begin{pmatrix} 4 \\ 12 \\ -4 \end{pmatrix}$$

b) $$\begin{pmatrix} 1 & -1 & 1 \\ 3 & -5 & 11 \\ 5 & -3 & -3 \end{pmatrix} \cdot \begin{pmatrix} x_1 \\ x_2 \\ x_3 \end{pmatrix} = \begin{pmatrix} -3 \\ -11 \\ -13 \end{pmatrix}$$

6 a) $$\begin{aligned} 3x_1 - 4x_2 + x_3 &= 0 \\ 6x_1 - 2x_2 - x_3 &= 0 \\ -3x_1 + 6x_2 - 2x_3 &= 0 \end{aligned}$$

b) $$\begin{aligned} 2x_1 - 4x_2 + 2x_3 &= 0 \\ 4x_1 - 2x_2 + 3x_3 &= 0 \\ 2x_1 + 6x_2 + 2x_3 &= 0 \end{aligned}$$

7 a) $$\begin{pmatrix} 2 & 0 & 4 & 2 \\ 1 & 2 & 1 & 1 \\ 3 & 2 & 4 & 0 \\ 2 & 4 & 2 & 2 \end{pmatrix} \cdot \begin{pmatrix} x_1 \\ x_2 \\ x_3 \\ x_4 \end{pmatrix} = \begin{pmatrix} 440 \\ 280 \\ 440 \\ 500 \end{pmatrix}$$

b) $$\begin{pmatrix} 2 & 1 & 0 & 2 \\ 4 & 0 & 2 & 2 \\ 0 & 3 & 1 & 1 \\ 2 & 2 & 3 & 0 \end{pmatrix} \cdot \begin{pmatrix} x_1 \\ x_2 \\ x_3 \\ x_4 \end{pmatrix} = \begin{pmatrix} 180 \\ 200 \\ 180 \\ 150 \end{pmatrix}$$

8 a)
$$\begin{aligned} x_1 + x_2 + x_3 - x_4 &= 10 \\ 2x_1 + x_3 - x_4 &= 25 \\ x_1 - 2x_2 - x_3 &= 10 \\ -x_1 - x_2 + 2x_4 &= 5 \end{aligned}$$

b)
$$\begin{aligned} 4x_1 + 2x_2 + 2x_4 &= 260 \\ 2x_1 + 3x_2 + 2x_3 &= 160 \\ x_1 + 2x_3 + 2x_4 &= 120 \\ 2x_1 + x_2 + x_4 &= 140 \end{aligned}$$

Zur Bestimmung der Lösungsmenge eines inhomogenen linearen Gleichungssystems, das unendlich viele Lösungen hat, setzt man eine der Variablen gleich t, bringt die t-Werte auf die rechte Seite der Gleichungen und bringt das System durch Äquivalenzumformungen auf die Dreiecksform.

Beispiel mit Lösung

Aufgabe: Im nachstehenden inhomogenen linearen Gleichungssystem ist $\text{Rg}A = \text{Rg}(A|\vec{b}) < n$. Bestimmen Sie die Lösungsmenge des Systems und machen Sie zwei Stichproben!

$$\begin{aligned} x_1 - x_2 + x_3 &= -3 \\ 3x_1 - 5x_2 + 11x_3 &= -11 \\ 5x_1 - 3x_2 - 3x_3 &= -13 \end{aligned}$$

Lösung: Wir setzen $x_3 = t$ und bringen die Werte t, $11t$ und $-3t$ auf die rechte Seite der Gleichungen und führen die Äquivalenzumformungen in der bekannten Art durch.

1	−1	$-t-3$	(1)	$-t-3$
3	−5	$-11t-11$	(2)	$-11t-13$
5	−3	$3t-13$	(3)	$3t-11$
1	−1	$-t-3$	(4) = (1)	$-t-3$
0	−2	$-8t-2$	(5) = (2) − (1) · 3	$-8t-4$
0	2	$8t+2$	(6) = (3) − (1) · 5	$8t+4$
1	−1	$-t-3$	(7) = (4)	$-t-3$
0	−2	$-8t-2$	(8) = (5)	$-8t-4$
0	0	0 0	(9) = (6) + (5)	0

Man erhält das gestaffelte System (Dreiecksform):

$$\begin{aligned} x_1 - x_2 &= -t-3 \quad (7) \\ -2x_2 &= -8t-2 \quad (8) \end{aligned}$$

$$\begin{aligned} -2x_2 &= -8t-2 \quad (8) \\ x_2 &= 4t+1 \quad (8a) = (8) \cdot -0{,}5 \end{aligned}$$

$$\begin{aligned} x_1 - (4t+1) &= -t-3 \quad (7a) = (8a) \text{ in } (7) \\ x_1 &= 3t-2 \quad (7b) = (7a) + (4t+1) \end{aligned}$$

Lösungsvektor

$$\vec{x} = \begin{pmatrix} 3t-2 \\ 4t+1 \\ t \end{pmatrix}$$

Lösungsbeispiele für $t = 1$ und $t = 2$

$$\begin{pmatrix} 1 \\ 5 \\ 1 \end{pmatrix} \text{ und } \begin{pmatrix} 4 \\ 9 \\ 2 \end{pmatrix}$$

Stichproben mit den Werten der Lösungsbeispiele:

$$\begin{aligned} 1 - 5 + 1 &= -3 \\ 3 - 25 + 11 &= -11 \\ 5 - 15 - 3 &= -13 \end{aligned} \qquad \begin{aligned} 4 - 9 + 2 &= -3 \\ 12 - 45 + 22 &= -11 \\ 20 - 27 - 6 &= -13 \end{aligned}$$

Aufgaben

Bestimmen Sie die Lösungsmenge der nachstehenden inhomogenen Gleichungssysteme. Es gilt $\text{Rg}\boldsymbol{A} = \text{Rg}(\boldsymbol{A}|\vec{b}) < n$. Geben Sie zwei Lösungsbeispiele an und machen Sie dafür die Probe!

9 a) $\begin{pmatrix} 1 & -1 & -1 \\ 2 & -5 & 4 \end{pmatrix} \cdot \begin{pmatrix} x_1 \\ x_2 \\ x_3 \end{pmatrix} = \begin{pmatrix} 3 \\ 9 \end{pmatrix}$ b) $\begin{pmatrix} 3 & 2 & -1 \\ 1 & -2 & 1 \end{pmatrix} \cdot \begin{pmatrix} x_1 \\ x_2 \\ x_3 \end{pmatrix} = \begin{pmatrix} 5 \\ -1 \end{pmatrix}$

10 a) $\begin{pmatrix} 1 & 1 & 1 \\ 3 & -2 & -2 \\ -3 & 2 & 2 \end{pmatrix} \cdot \begin{pmatrix} x_1 \\ x_2 \\ x_3 \end{pmatrix} = \begin{pmatrix} 3 \\ -1 \\ 1 \end{pmatrix}$ b) $\begin{pmatrix} 2 & -3 & -1 \\ -1 & 4 & 3 \\ -1 & 3 & 2 \end{pmatrix} \cdot \begin{pmatrix} x_1 \\ x_2 \\ x_3 \end{pmatrix} = \begin{pmatrix} 3 \\ 1 \\ 0 \end{pmatrix}$

11 a)
$$\begin{aligned} x_1 \qquad\quad + x_3 &= 3 \\ 3x_1 + 4x_2 - x_3 &= 13 \\ x_1 - 2x_2 + 3x_3 &= 1 \end{aligned}$$
b)
$$\begin{aligned} x_1 + 3x_2 + 2x_3 &= 3 \\ x_1 + 5x_2 + 4x_3 &= 1 \\ 4x_1 + 9x_2 + 5x_3 &= 15 \end{aligned}$$

12 a)
$$\begin{aligned} x_1 + 2x_2 - x_3 + x_4 &= 1 \\ 2x_1 + x_2 \qquad\quad - 2x_4 &= 3 \\ -2x_1 + x_2 - 2x_3 + 4x_4 &= -5 \\ -x_1 - 2x_2 + 2x_3 \qquad &= 1 \end{aligned}$$
b)
$$\begin{aligned} x_1 + x_2 + x_3 - x_4 &= 2 \\ 2x_1 \qquad + x_3 - x_4 &= 5 \\ x_1 - 2x_2 - x_3 \qquad &= 2 \\ -x_1 - x_2 \qquad + 2x_4 &= 1 \end{aligned}$$

13 Ein Betrieb stellt aus zwei Rohstoffen drei Fertigerzeugnisse her.
Nachstehende Tabelle enthält die ME der Rohstoffe zur Herstellung von je einem Fertigerzeugnis, die ME der zur Verfügung stehenden Rohstoffe und den Gewinn je Fertigerzeugnis.

Rohstoff	ME der Rohstoffe je Fertigerzeugnis			Verfügbare ME Rohstoffe
	F_1	F_2	F_3	
R_1	4	8	4	2000
R_2	6	6	3	1800
EUR Gewinn je F	40	55	35	

a) Stellen Sie das Gleichungssystem auf!
b) Wie viel ME können von jedem Fertigerzeugnis hergestellt werden, wenn alle verfügbaren ME Rohstoffe zu verarbeiten sind? Setzen Sie die Variable $x_3 = t$ und bestimmen Sie die allgemeine Lösung des Systems!
c) Welche Werte sind für t zu wählen, damit man keine negativen Zahlen erhält? Bestimmen Sie die Produktionszahlen für $t = 100$ und $t = 200$!

d) Bei welchen Produktionszahlen wird der maximale Gesamtgewinn erzielt, wenn von jedem Fertigerzeugnis mindestens 100 ME herzustellen sind?

14 Aus drei Rohstoffen werden drei Fertigerzeugnisse hergestellt. In nachstehender Tabelle sind die je Fertigerzeugnis benötigten ME Rohstoffe, die zur Verfügung stehenden Rohstoffe und der Gewinn je Fertigerzeugnis angegeben.

Rohstoff	ME der Rohstoffe je Fertigerzeugnis			Verfügbare ME Rohstoffe
	F_1	F_2	F_3	
R_1	1	3	2	400
R_2	1	5	4	600
R_3	4	9	5	1300
EUR Gewinn je F	25	65	50	

a) Geben Sie das Gleichungssystem an!
b) Die Produktionszahlen sind so zu wählen, dass alle verfügbaren ME Rohstoffe aufgebraucht werden. Wie viel ME kann man von jedem Fertigerzeugnis herstellen? Setzen Sie die Variable $x_3 = t$ und bestimmen Sie die allgemeine Lösung des Systems!
c) Welche Werte für t ergeben positive Produktionszahlen? Berechnen Sie die Produktionsmengen für $t = 40$ und $t = 60$!
d) Von jedem Fertigerzeugnis sollen wenigstens 40 ME hergestellt werden. Bei welchen Produktionsmengen wird der maximale Gesamtgewinn erzielt? Wie viel EUR beträgt der maximale Gewinn?

15 In einem Industriebetrieb werden aus zwei Rohstoffen drei Fertigerzeugnisse hergestellt.
Nachstehende Tabelle enthält die ME der Rohstoffe zur Herstellung von je einem Fertigerzeugnis, die ME der zur Verfügung stehenden Rohstoffe und den Gewinn je Fertigerzeugnis.

Rohstoff	ME der Rohstoffe je Fertigerzeugnis			Verfügbare ME Rohstoffe
	F_1	F_2	F_3	
R_1	2	5	3	2300
R_2	3	5	2	2200
EUR Gewinn je F	35	60	45	

a) Stellen Sie das Gleichungssystem auf!
b) Wie viel ME können von jedem Fertigerzeugnis hergestellt werden, wenn alle verfügbaren ME Rohstoffe zu verarbeiten sind? Setzen Sie die Variable $x_3 = t$ und bestimmen Sie die allgemeine Lösung des Systems!
c) In welchem Bereich für t erhält man positive Produktionszahlen?
d) Wie viel ME F_1 und F_2 können jeweils hergestellt werden, wenn von F_3 250 ME bzw. 300 ME bzw. 350 ME zu produzieren sind? Wie hoch ist in den drei Fällen der Gesamtgewinn?

21 Differenziation ganzrationaler Funktionen

Die bisherige Betrachtung von Funktionen befasste sich mit der eindeutigen Zuordnung einer abhängigen Variablen (meist y genannt) zu einer unabhängigen Variablen (meist x genannt)[1]. Dabei wird die unabhängige Variable x aus einem Definitionsbereich frei gewählt. Die durch die Zuordnungsvorschrift[2], also die Funktionsgleichung, berechenbaren y-Werte ergeben dann den Wertebereich der Funktion (vgl. Abschnitt 6). Statt y schreibt man auch genauer $f(x)$, $g(x)$, $E(x)$ usw. zur besonderen Kennzeichnung des von x abhängigen Funktionswertes.

Eine analytische[3] Betrachtung von Funktionen richtet sich aber nicht nur auf die jeweilige Größe der zugeordneten Funktionswerte, sondern auch auf weitere Funktionsmerkmale, die von praktischer Bedeutung sind.

Eins dieser wichtigen Merkmale ist die Änderungstendenz[4] einer Funktion, womit angegeben wird, wie stark die $f(x)$-Werte zu- oder abnehmen, wenn die x-Werte wachsen. Das geometrische Erscheinungsbild der Änderungstendenz einer Funktion ist die Steilheit von Anstieg oder Gefälle des zugehörigen Graphen.

Beispiel mit Lösung

Aufgabe: Zeichnen Sie den Graphen der Funktion $f\colon x \mapsto \frac{1}{10}x^4 - 3$ bei einer Achsenteilung mit der Einheit 1 cm im Bereich der Abszissenwerte aus der Menge $A = \{x \mid -3 \leqq x \leqq 3\}$.

a) Zeichnen Sie die zu den Intervallen gehörenden Steigungsdreiecke zur Veranschaulichung der jeweiligen Kurvensteilheit ein und berechnen Sie die Intervallsteigungen des Graphen als Maß für das Änderungsverhalten der Funktion für die folgenden Intervalle:

1.	$2 \leqq x \leqq 3$
2.	$1{,}5 \leqq x \leqq 2$
3.	$0 \leqq x \leqq 1{,}5$
4.	$-2{,}5 \leqq x \leqq -1{,}5$

b) In welchem Intervall ist das Änderungsverhalten der Funktion am stärksten, am zweitstärksten, am geringsten?

[1] Man kann auch von einer mathematischen Abbildung der x-Werte auf die y-Werte sprechen.
[2] Stattdessen kann es auch „Abbildungsvorschrift" heißen, mittels derer x auf y abgebildet wird.
[3] Analysis (altgriechisch): Auflösung in wesentliche Bestandteile für eine genaue Untersuchung.
[4] tendentia (lateinisch): Streben, Neigung.

Lösung: Wertetabelle zu der Funktionsgleichung $f(x) = \frac{1}{10}x^4 - 3$:

x	−3	−2,5	−2	−1,5	−1	0	1	1,5	2	2,5	3
$f(x)$	5,1	0,9	−1,4	−2,5	−2,9	−3	−2,9	−2,5	−1,4	0,9	5,1

a)

Intervall	Steigung
1	$\frac{f(x=3) - f(x=2)}{3-2} = \frac{5{,}1 - (-1{,}4)}{1} = 6{,}5$
2	$\frac{f(x=2) - f(x=1{,}5)}{2-1{,}5} = \frac{-1{,}4 - (-2{,}5)}{0{,}5} = 2{,}2$
3	$\frac{f(x=1{,}5) - f(x=0)}{1{,}5-0} = \frac{-2{,}5 - (-3)}{1{,}5} = 0{,}33$
4	$\frac{f(x=-1{,}5) - f(x=-2{,}5)}{-1{,}5-(-2{,}5)} = \frac{-2{,}5 - 0{,}9}{1} = -3{,}4$

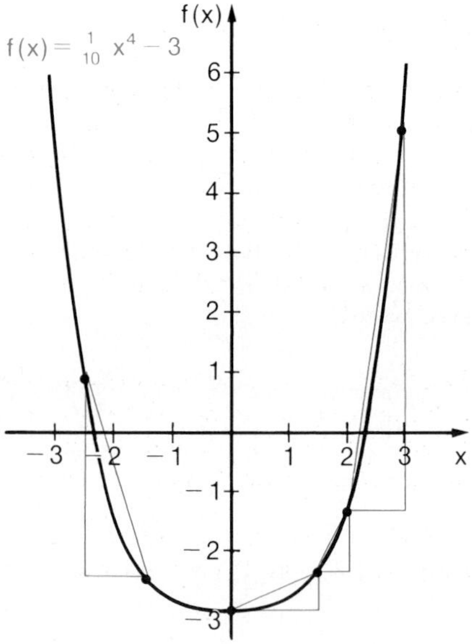

b)

Änderungsverhalten der Funktion bzw. Steigung des Graphen	Intervall	Bemerkung
am stärksten	1	positiv bzw. steigend
am zweitstärksten	4	negativ bzw. fallend
am geringsten	3	positiv bzw. steigend

$f(x) = \frac{1}{10}x^4 - 3$

Abb. 262

Aufgaben

Zeichnen Sie den Graphen der Funktion $f\colon x \mapsto -\frac{1}{9}x^3 + x$ und wählen Sie dafür als Einheit der Achsenteilungen 1 cm sowie als Stützwerte für die Zeichnung die Kurvenpunkte mit den Abszissen aus der Menge $A = \{x | -5 \leqq x \leqq 5\}$!

a) Berechnen Sie die Steilheit der Kurve (Steigungsdreieck!) stückweise, indem Sie diese durch gerade Streckenzüge für nebenstehende Intervalle ersetzen, und zeichnen Sie die Steigungsdreiecke ein:

$-4 \leqq x \leqq -3{,}5$
$-3 \leqq x \leqq -2{,}5$
$-1 \leqq x \leqq 0$
$2 \leqq x \leqq 2{,}5$
$3 \leqq x \leqq 4$

b) In welchem dieser Kurvenabschnitte ändert sich die Funktion am stärksten, in welchem am geringsten?

21.1 Ableitung einer Funktion

Untersucht man beispielsweise die Änderungstendenz am Graphen der Funktion $f\colon x \mapsto -\frac{1}{9}x^3 + x$ (siehe Abb. 263.1), so erkennt man, dass sich von P_1 bis P_3 die Funktion von dem Wert $f(x_1) = -\frac{10}{9}$ auf den Wert $f(x_3) = \frac{9}{8}$ (also um etwas mehr als zwei Maßeinheiten) ändert, wenn x von $x_1 = -2$ auf $x_3 = \frac{3}{2}$ (also um 3,5 Maßeinheiten) wächst.

Allerdings wäre diese Änderungsangabe nur eine grobe Annäherung für die stellenweise unterschiedlichen Änderungstendenzen der Funktion zwischen den Punkten P_1 und P_3; denn die angegebene Änderung stimmt überall genau nur für die durch die Punkte P_1 und P_3 gezogene Gerade.

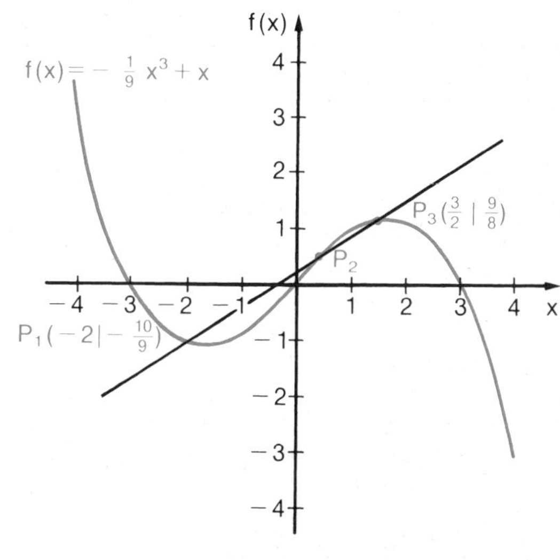

Abb. 263.1

Eine bessere Annäherung durch eine Gerade an die Änderungstendenz der Funktion wird erreicht, wenn der betrachtete Funktionsabschnitt kleiner ist, so z. B. zwischen den Punkten P_2 und P_3; denn hier unterscheiden sich die Ordinatenwerte des Graphen der Funktion nur wenig von denen der Geraden, wenn auch an verschiedenen Stellen verschieden stark.

Eine Gerade, die innerhalb eines begrenzten Kurvenbereichs den Graphen in zwei Punkten schneidet, wird als (Kurven-)Sekante bezeichnet.

21.1.1 Sekantensteigung, Differenzenquotient

Der Zuwachs $\Delta f(x)$ (lies: Delta $f(x)$)[1] eines Funktionswertes bezogen auf einen Schritt Δx (lies: Delta x) ist – geometrisch gedeutet (siehe Abb. 263.2) – die Steigung der entsprechenden Sekante[2]. Ein Maß für die Sekantensteigung ist also der aus den Differenzbeträgen $\Delta f(x) = f(x_3) - f(x_2)$ und $\Delta x = x_3 - x_2$ gebildete Quotient $\frac{\Delta f(x)}{\Delta x} = \tan\alpha$, wenn α der Winkel zwischen der Sekante und der positiven x-Achse ist.

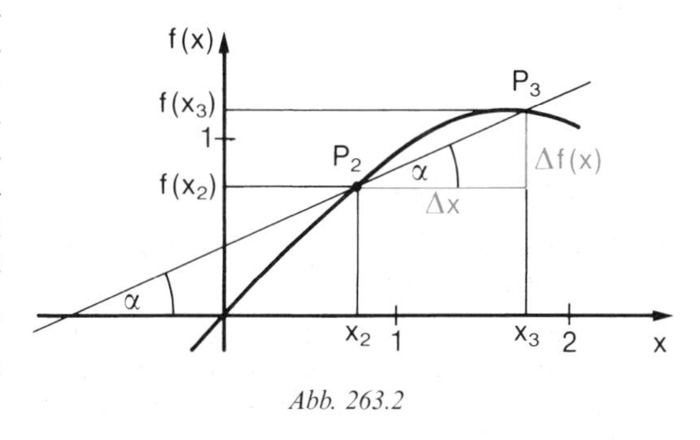

Abb. 263.2

[1] Der altgriechische Großbuchstabe Delta (Δ) ist hier eine Abkürzung für „Differenz".

[2] Die Buchstaben Δx (bzw. $\Delta f(x)$) bilden zusammen die Bezeichnung für die Differenz und sind nicht etwa ein Produkt zweier Größen!

Für den entsprechenden Kurvenabschnitt selbst ist der Wert $\frac{\Delta f(x)}{\Delta x}$ nur ein Steigungsmittelwert (mittlere Steigung).

> **Merke** Der Differenzenquotient $\frac{\Delta f(x)}{\Delta x}$ ist ein Maß für die genaue Steigung der Sekante und für die mittlere Steigung des davon abgeschnittenen Graphen.

Beispiel mit Lösung

Aufgabe: Gegeben ist die Funktion $f\colon x \mapsto f(x)$ und der auf ihrem Graphen liegende Punkt $P_2(x_2|f(x_2))$. Wie lässt sich die mittlere Steigung der Kurve zwischen den Punkten P_2 und P_3 berechnen, wenn

a) der Kurvenpunkt $P_3(x_3|f(x_3))$ gegeben ist,

b) der Schritt Δx gegeben ist (siehe Abb. 264)?

Lösung: a) $\frac{\Delta f(x)}{\Delta x} = \frac{f(x)_3 - f(x_2)}{x_3 - x_2}$; b) $\frac{\Delta f(x)}{\Delta x} = \frac{f(x_2 + \Delta x) - f(x_2)}{\Delta x}$;

beispielsweise ist für die Funktion $f\colon x \mapsto \frac{1}{4}x^2 - x + 2$ und den auf ihrem Graphen liegenden Punkt $P_2(3|1{,}25)$

a) die mittlere Steigung bis zum Kurvenpunkt $P_3(5|3{,}25)$:

$$\frac{\Delta f(x)}{\Delta x} = \frac{3{,}25 - 1{,}25}{5 - 3} = 1$$

b) die mittlere Steigung bei einem Schritt $\Delta x = 2$:

$$\frac{\Delta f(x)}{\Delta x} = \frac{f(3 + 2) - f(3)}{2} = \frac{3{,}25 - 1{,}25}{2} = 1$$

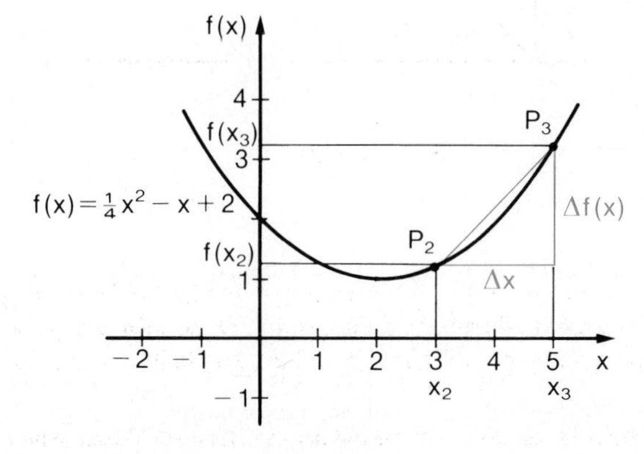

Abb. 264

Aufgaben

Berechnen Sie die mittlere Steigung der Graphen

a) zwischen den Kurvenpunkten P_2 und P_3 mit den Abszissen $x_2 = 1$ und $x_3 = 2$,

b) zwischen den Kurvenpunkten P_3 und P_4 mit der Abszisse $x_4 = (x_3 + \Delta x) = (x_3 + 1)$ für die Funktionen

1. $x \mapsto \frac{1}{3}x^2 + 3$
2. $x \mapsto \frac{3}{x}$
3. $x \mapsto \frac{1}{3}x^3 - 2x$
4. $x \mapsto -\frac{1}{10}x^3 - 1$
5. $x \mapsto \frac{1}{2}x^2 + x + 2{,}5$
6. $x \mapsto \frac{1}{8}x^3 + \frac{1}{4}x.$

21.1.2 Tangente als Grenzlage, Steigung des Graphen an der Stelle x_p

Wenn die durch die Punkte P_2 und P_3 verlaufende Sekante im Punkt P_2 gegen den Uhrzeigersinn gedreht wird, entstehen die Schnittpunkte P_4, P_5, ... P_n (siehe Abb. 265). Diese rücken dabei immer näher an den Drehpunkt P_2 heran. Das dadurch von der Sekante immer kürzer abgeschnittene Stück des Graphen schmiegt sich immer mehr an die Sekante an. Im Grenzfall fällt der Punkt P_n mit dem Drehpunkt P_2 zusammen. Da dann statt zweier Schnittpunkte nur noch ein Berührungspunkt übrig bleibt, gibt es auch keine Sekante und keine mittlere Steigung mehr. Für diesen Grenzfall wird daher festgesetzt:

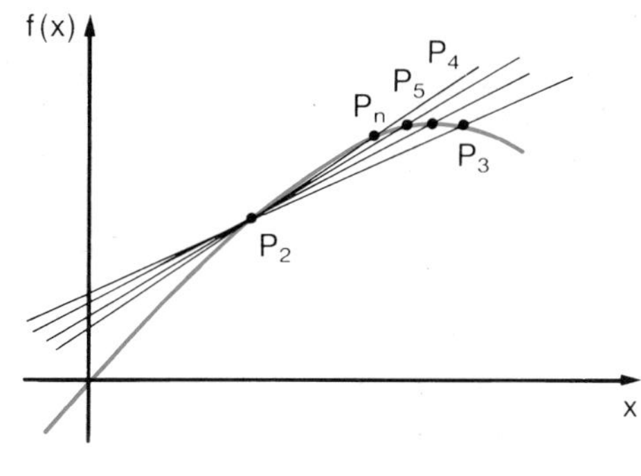

Abb. 265

Definition 265

Die Sekante eines Graphen wird in der Grenzlage, bei der beide Schnittpunkte in einem Berührungspunkt zusammenfallen, zur Tangente[1]. Diese gibt die genaue Steigung des Graphen in dem betreffenden Punkt $P(x_p|f(x_p))$ an der Stelle $x = x_p$ an.

[1] Dass der Graph im Bereich negativer x-Werte von der so definierten Tangente noch einmal geschnitten wird (siehe Punkt P_1 in Abb. 263.1), ist hier unerheblich und bleibt außer Betracht.

Da die Tangentensteigung nur für einen Punkt (nämlich den Berührungspunkt) des Graphen gilt, kann nicht mehr von einem Änderungsbetrag $\Delta f(x)$ des Funktionswertes für einen bestimmten Schritt Δx gesprochen werden, stattdessen handelt es sich um ein Änderungsbestreben in einem Punkt: die Änderungstendenz.

Aufgaben

Legen Sie an die Graphen der in den Aufgaben 1. bis 6. auf Seite 265 gegebenen Funktionen an den Stellen $x_2 = 1$ und $x_4 = 3$ zeichnerisch nach Augenmaß die Tangenten an und ermitteln Sie so aus Steigungsdreiecken der Tangenten die ungefähren Steigungen der Graphen in diesen Punkten! Was ist zur Genauigkeit eines solchen Verfahrens zu sagen?

21.1.3 Differenzialquotient als Grenzwert des Differenzenquotienten, Ableitung an der Stelle x_p

Die Tangentensteigung in einem Punkt eines Graphen lässt sich zeichnerisch nur ungenau ermitteln.

Der genaue Wert der Änderungstendenz einer Funktion für einen bestimmten Wert[1] x_p muss berechnet werden. Dazu wird die Überführung der Sekante in die Tangente rechnerisch vorgenommen.

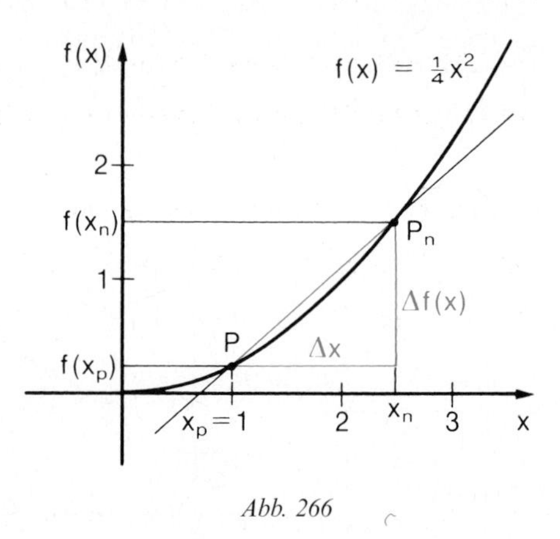

Abb. 266

Wenn z. B. bei einer Parabel mit der Funktionsgleichung $f(x) = \frac{1}{4}x^2$ die Tangentensteigung (als Maß der Änderungstendenz der Funktion) im Punkt $P(x_p = 1 | f(x_p) = \frac{1}{4})$ gesucht ist, ermittelt man zunächst die Steigung einer durch P laufenden Sekante (siehe Abb. 266). Der zweite Schnittpunkt sei ein beliebiger Punkt $P_n\ (x_n | f(x_n))$, dessen Koordinaten $x_n = (x_p + \Delta x) = (1 + \Delta x)$ und $f(x_n) = f(x_p + \Delta x) = f(1 + \Delta x)$ sind. Dann gilt für die Sekantensteigung:

$$\frac{\Delta f(x)}{\Delta x} = \frac{f(x_n) - f(x_p)}{\Delta x} = \frac{f(x_p + \Delta x) - f(x_p)}{\Delta x} = \frac{f(1 + \Delta x) - f(1)}{\Delta x}.$$

Der gesuchten Tangentensteigung nähert man sich durch Drehen der Sekante (hier im Uhrzeigersinn) um den Punkt P. Dabei werden Δx und $\Delta f(x)$ immer kleiner und streben beide jeweils dem Wert Null zu. Wollte man für die Steigung der Tangente als Grenzlage einer

[1] Mit Blick auf den zugehörigen Graphen sagt man auch: „an einer bestimmten Stelle“.

Sekante schreiben $\frac{\Delta f(x)}{\Delta x} = \frac{0}{0}$, so wäre dies zwar nicht ganz falsch, lieferte aber kein Ergebnis, sondern einen unbestimmten Ausdruck, denn trotz erkennbarer verschiedener Steigungswerte in verschiedenen Kurvenpunkten müsste für alle Grenzlagen $\frac{0}{0}$ gelten. Außerdem erinnern wir uns daran, dass die Division durch 0 keinen Sinn ergibt und deswegen unzulässig ist.

Aus diesen Gründen muss der Übergang zum Grenzfall („Grenzübergang") näher betrachtet und der Grenzfall selbst anders bezeichnet werden.

Merke Der Grenzwert des Differenzenquotienten $\frac{\Delta f(x)}{\Delta x}$ für ein gegen 0 strebendes Δx (und damit auch für ein gegen 0 strebendes $\Delta f(x)$) ist das Maß der Tangentensteigung und wird mit $\lim\limits_{\Delta x \mapsto 0} \frac{\Delta f(x)}{\Delta x}$ bezeichnet[1].

Da $\Delta f(x) = f(x_n) - f(x_p) = f(x_p + \Delta x) - f(x_p)$ ist, kann man für den Grenzwert des Differenzenquotienten auch schreiben: $\lim\limits_{\Delta x \mapsto 0} \frac{f(x_p + \Delta x) - f(x_p)}{\Delta x}$; dieser Ausdruck ist die Grundlage für die Entwicklung von Verfahren zur Berechnung der Tangentensteigung.

Beispiel mit ausführlicher Herleitung

Aufgabe: Wie groß ist die Steigung des Graphen der Funktion $f\colon x \mapsto \frac{1}{4}x^2$ an der Stelle $x_p = 1$ (vgl. Abb. 266)?

Lösung:

$$\lim_{\Delta x \mapsto 0} \frac{\Delta f(x)}{\Delta x} = \lim_{\Delta x \mapsto 0} \frac{f(x_n) - f(x_p)}{\Delta x} = \lim_{\Delta x \mapsto 0} \frac{\frac{1}{4}x_n^2 - \frac{1}{4}x_p^2}{\Delta x}$$

$$= \lim_{\Delta x \mapsto 0} \frac{f(x_p + \Delta x) - f(x_p)}{\Delta x} = \lim_{\Delta x \mapsto 0} \frac{\frac{1}{4}(x_p + \Delta x)^2 - \frac{1}{4}x_p^2}{\Delta x}$$

$$= \lim_{\Delta x \mapsto 0} \frac{\frac{1}{4}(x_p^2 + 2\,x_p\Delta x + [\Delta x]^2) - \frac{1}{4}x_p^2}{\Delta x}$$

$$= \lim_{\Delta x \mapsto 0} \frac{\frac{1}{4}(2\,x_p\Delta x + [\Delta x]^2)}{\Delta x}.$$

Dies ist der Ausdruck für den Grenzwert eines Bruches, dessen Nenner Δx gegen 0 strebt, aber zunächst noch nicht 0 ist, da die Rechenvorschrift „ $\lim\limits_{\Delta x \mapsto 0}$ " besagt, dass der Grenzüber-

[1] Lies: limes $\Delta f(x)$ durch Δx für Δx gegen null. limes (lateinisch): Grenze

gang erst noch ausgeführt werden soll. Zuvor darf also durch Δx dividiert (gekürzt) werden; dann erhält man:

$$\lim_{\Delta x \mapsto 0} [\frac{1}{4}(2x_p + \Delta x)] = \frac{1}{4}(2x_p) = \frac{1}{2}x_p = \frac{1}{2} \text{ (für die Abszisse } x_p = 1).$$

Ergebnis: Die Steigung der Kurve an der Stelle $x_p = 1$ ist $\tan\alpha = \frac{1}{2}$, wenn α der Winkel zwischen der Tangente in P und der positiven x-Achse ist.

Beispiel mit Lösung

Aufgabe: Berechnen Sie die Steigung des Graphen an der Stelle $x_p = 2$ von der Funktion $f\colon x \mapsto 3x^2 + 1$!

Lösung: Ansatz für den Grenzübergang des Differenzenquotienten aufstellen:	$\lim_{\Delta x \mapsto 0} \frac{\Delta f(x)}{\Delta x} = \lim_{\Delta x \mapsto 0} \frac{f(x_p + \Delta x) - f(x_p)}{\Delta x}$
	$= \lim_{\Delta x \mapsto 0} \frac{3(x_p + \Delta x)^2 + 1 - (3x_p^2 + 1)}{\Delta x}$
Zur Vorbereitung der Division „Zähler geteilt durch Nenner“ des Differenzenquotienten den Zähler umformen:	$= \lim_{\Delta x \mapsto 0} \frac{3(x_p^2 + 2x_p \cdot \Delta x + [\Delta x]^2) + 1 - (3x_p^2 + 1)}{\Delta x}$
	$= \lim_{\Delta x \mapsto 0} \frac{3x_p^2 + 6x_p \cdot \Delta x + 3[\Delta x]^2 + 1 - 3x_p^2 - 1}{\Delta x}$
	$= \lim_{\Delta x \mapsto 0} \frac{6x_p \cdot \Delta x + 3[\Delta x]^2}{\Delta x}$
Die Division durch Δx ausführen:	$= \lim_{\Delta x \mapsto 0} (6x_p + 3\Delta x)$
Als Übergang zur Grenze $\Delta x = 0$ setzen:	$= 6x_p$
Den Abszissenwert $x_p = 2$ einsetzen:	$= 6 \cdot 2 = 12$
Ergebnis:	Der Graph hat an der Stelle $x_p = 2$ den Steigungswert 12.

Aufgaben

Berechnen Sie die Steigung des Graphen an der Stelle $x_p = 2$ von folgenden Funktionen:

1 a) $f\colon x \mapsto 2x^2$ b) $f\colon x \mapsto \frac{1}{6}x^2$

c) $f\colon x \mapsto -x^2 + 2$ d) $f\colon x \mapsto (6x)^2$

2 a) $f\colon x \mapsto \frac{1}{2}x^3$ b) $f\colon x \mapsto x^3 - 1$
c) $f\colon x \mapsto x^3 - x$ d) $f\colon x \mapsto x^3 + x + 1$

Obwohl Zähler und Nenner des Differenzenquotienten im Grenzfall beide 0 werden, ergibt sich für die Tangentensteigung ein bestimmter Wert. Dieser konnte dadurch berechnet werden, dass durch Δx vor dem Nullwerden des Grenzübergangs dividiert wurde. Für den so bestimmten Grenzwert des Differenzenquotienten schreiben wir kürzer das neue Symbol[1] $\frac{df(x)}{dx}$, das mit Rücksicht auf seine Entstehung auch die Form eines Quotienten[2] hat, und geben ihm auch einen kürzeren Namen:

Definition 269.1

Der Grenzwert des Differenzenquotienten wird mit $\frac{df(x)}{dx}$ bezeichnet und heißt Differenzialquotient: $\lim\limits_{\Delta x \mapsto 0} \frac{\Delta f(x)}{\Delta x} = \frac{df(x)}{dx}$

Die Quotienten-Schreibweise $\frac{df(x)}{dx}$ und der Name Differenzialquotient erinnern nicht nur an ihre Herleitung, sondern haben auch anschauliche Bedeutung; denn nicht nur für eine Sekante gibt es ein Steigungsdreieck mit den Katheten $\Delta f(x)$ und Δx (siehe Abb. 266.1), sondern auch für die Tangente mit den Katheten $df(x)$ und dx (siehe Abb. 269.1).

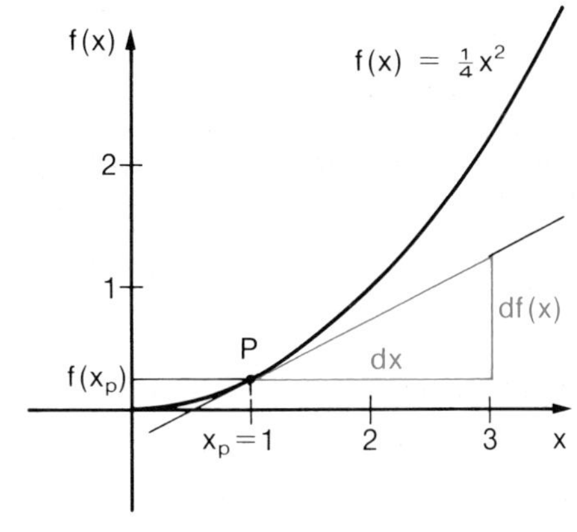

Abb. 269

Definition 269.2

Die Katheten des Steigungsdreiecks der Tangente heißen Differenziale: Differenzial $df(x)$ und Differenzial dx.

Im Gegensatz zur Sekante sind die Katheten für die Tangentensteigung aber nicht fest vorgegeben, da der zweite Schnittpunkt fehlt. Vielmehr kann der errechnete (abgeleitete) Steigungs-

[1] Lies: $df(x)$ durch dx; auch hier handelt es sich nicht etwa um ein Produkt zweier Größen, sondern um eine Gesamtbezeichnung: Zur Kennzeichnung des Grenzübergangs wird Δ (Differenz) durch d (Differenzial) ersetzt.

[2] Dessen Bedeutung wird anschließend erklärt.

wert für die Tangente als Quotient zweier Differenziale dargestellt und als beliebig erweiterter Bruch geschrieben werden.

Der Differenzialquotient wird also erst nachträglich aus einem durch Rechnung abgeleiteten Steigungswert – der rechnerischen Ableitung – gebildet.

Definition 270

Der Steigungswert in einem Kurvenpunkt P mit den Koordinaten x_p und $f(x_p)$ heißt Ableitung der Funktion an der Stelle x_p und wird mit $f'(x_p)$ bezeichnet[1]).

Die Differenziale $\mathrm{d}x$ und $\mathrm{d}f(x)$ sind also beliebig groß[2]) und stehen nur über die Ableitung, die dafür ein Proportionalitätsfaktor ist, miteinander in Beziehung.

Merke[3] $f'(x_p) = \left(\frac{\mathrm{d}f(x)}{\mathrm{d}x}\right)_{x=x_p} \Rightarrow \mathrm{d}f(x) = f'(x_p) \cdot \mathrm{d}x$

Aufgaben

In Abb. 271 schneidet eine Sekante den Graphen der Funktion $f\colon x \mapsto \frac{1}{4}x^2$ in den Punkten P und P_n an den Stellen $x_p = 1$ und $x_n = 2{,}5$.

3 a) Wie groß ist der Unterschied zwischen der Differenz $\Delta f(x)$ und dem Differenzial $\mathrm{d}f(x)$ für eine Tangente im Punkt P, wenn $\mathrm{d}x = \Delta x$ gesetzt wird (siehe Abb. 271)?

Anleitung:
(1) Bilden Sie $f'(x_p = 1)$!
(2) Berechnen Sie $\mathrm{d}f(x) = f'(x_p) \cdot \mathrm{d}x$, wobei $\mathrm{d}x = \Delta x = x_n - x_p$ gewählt wird!
(3) Berechnen Sie $\Delta f(x) = f(x_n) - f(x_p)$!
(4) Berechnen Sie $\Delta f(x) - \mathrm{d}f(x)$!

b) Wie groß ist $\mathrm{d}f(x)$ für $\mathrm{d}x = 1$?

c) Wie groß ist $\mathrm{d}x$ für $\mathrm{d}f(x) = 1$?

[1] Lies: f Strich von x_p; diese Bezeichnung deutet darauf hin, dass bei gegebenem Abszissenwert x_p und bekannter Funktionsgleichung nicht nur die Ordinate $f(x_p)$ des zugehörigen Kurvenpunktes P (bzw. der Funktionswert an der Stelle x_p) berechnet werden kann, sondern auch die Steigung $f'(x_p)$ der Kurve im Punkt P (bzw. die Änderungstendenz der Funktion an der Stelle x_p).

[2] und nicht etwa „unendlich klein“, wie ein Missverständnis des Grenzübergangs $\Delta x \to 0$ nahe legen könnte!

[3] Zur Kennzeichnung, dass es sich um die Steigung bzw. die Änderungstendenz an der Stelle x_p handelt, werden die Differenzialquotienten in Klammern mit einem entsprechend hinweisenden Index $x = x_p$ gesetzt. Die Differenziale selbst erhalten keinen Index p, da sie bei gleichem Wert des Differenzialquotienten verschieden groß sein können.

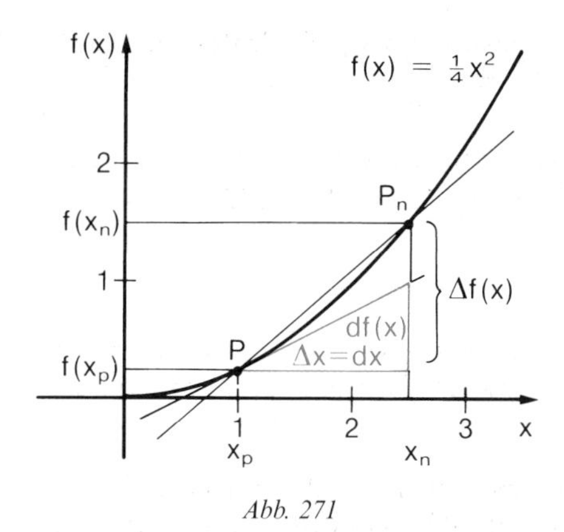

Abb. 271

21.1.4 Ableitungsfunktion

Durch Grenzübergang des Differenzenquotienten entsteht der Differenzialquotient bzw. die Ableitung. Der dafür aus dem Funktionswert $f(x_p)$ abgeleitete Rechenwert $f'(x_p)$ enthält den Koordinatenwert x_p des Kurvenpunktes P, für den die Tangentensteigung gilt. Wenn man den Zahlenwert der Abszisse für x_p einsetzt, erhält man den Zahlenwert der Steigung.

Beispielsweise war im vorigen Abschnitt 21.1.3 vom Koordinatenwert $f(x_p) = \frac{1}{4}x_p^2$ des Punktes P die für diesen Punkt gültige Steigung $f'(x_p) = \frac{1}{2}x_p$ abgeleitet worden, die mit $x_p = 1$ den Steigungswert $\frac{1}{2}$ annahm.

Beispiel mit Lösung

Aufgabe: Berechnen Sie für den in Abb. 269 dargestellten Graphen der Funktion $f\colon x \mapsto \frac{1}{4}x^2$ die Steigung im Kurvenpunkt $P_1(x_1|f(x_1))$ an der Stelle $x_1 = 2$.

Lösung: Da sich an der rechnerischen Ableitung gemäß dem Abschnitt 21.1.3 prinzipiell nichts ändert, wenn man statt der Koordinaten x_p und $f(x_p)$ die Koordinaten x_1 und $f(x_1)$ verwendet, lautet die gesuchte Ableitung ganz entsprechend $f'(x_1) = \lim\limits_{\Delta x \to 0} [\frac{1}{4}(2x_1 + \Delta x)] = \frac{1}{2}x_1$ (siehe Beispiel mit ausführlicher Herleitung Seite 267); für $x_1 = 2$ ist somit der Steigungswert 1.

Aufgabe

1 Ermitteln Sie für den im Beispiel mit Lösung verwendeten Graphen der Funktion $f\colon x \mapsto \frac{1}{4}x^2$ die Steigungswerte $f'(x_2)$, $f'(x_3)$ und $f'(x_4)$ in den Punkten P_2, P_3 und P_4 an den Stellen $x_2 = \frac{3}{4}$, $x_3 = \frac{7}{4}$ und $x_4 = 3$; zeichnen Sie den Graphen der Funktion, die drei Tangenten und Differenziale als Katheten zugehöriger Steigungsdreiecke!

Die Steigungswerte für verschiedene Punkte eines Graphen können also mit einer allgemein für die Funktion gültigen Ableitung bestimmt werden, in die jeweils die x-Koordinate des betreffenden Punktes einzusetzen ist. Demnach ist die abgeleitete Gleichung $f'(x)$ eine Zuordnungsvorschrift für die Steigungswerte an den jeweiligen x-Stellen. Die Festkoordinate x_p in der für einen Kurvenpunkt P vorgenommenen Ableitung kann daher durch eine freie und aus dem Definitionsbereich D beliebig einsetzbare Koordinate x ersetzt werden. So war von der Funktionsgleichung $f(x) = \frac{1}{4}x^2$ die Ableitungsfunktionsgleichung $f'(x) = \frac{1}{2}x$ im Beispiel mit Lösung gefunden worden.

Satz 272

Die Ableitung oder der Differenzialquotient $f'(x) = \frac{\mathrm{d}f(x)}{\mathrm{d}x}$ einer Funktion $f(x)$ ist ebenfalls eine Funktion von x, nämlich die abgeleitete Funktion oder Ableitungsfunktion.

Statt der Begriffe „ableiten“ und „Ableitung“ verwendet man auch die Bezeichnungen „differenzieren“ und „Differenziation“, was an die Differenzenbildung in Zähler und Nenner des Differenzenquotienten erinnert, die der Ableitung des Grenzwertes zugrundegelegt wird.

Derjenige Bereich der Mathematik, der sich mit dem Differenzieren befasst, heißt Differenzialrechnung[1].

Merke Die Gleichung einer Funktion bestimmt für jeden aus dem Definitionsbereich D eingesetzten x-Wert deren Funktionswert $f(x)$ (Ordinatenwert).

Die Gleichung der Ableitungsfunktion bestimmt für jeden aus dem Definitionsbereich D eingesetzten x-Wert die Änderungstendenz $f'(x)$ (Steigungswert)[2] der Ursprungsfunktion.

[1] Die Benennung „abgeleitete Funktion“ oder „Ableitung“ und das Symbol $f'(x)$ gehen auf den französischen Mathematiker Joseph Louis Lagrange (1736–1813) zurück. Die Bezeichnung „Differenzialquotient“ und die Schreibweise $\frac{\mathrm{d}f(x)}{\mathrm{d}x}$ stammen von Gottfried Wilhelm Leibniz (1646–1716). Neben der Lesart „$\mathrm{d}f(x)$ durch $\mathrm{d}x$“ ist auch die Sprechweise „$\mathrm{d}f(x)$ nach $\mathrm{d}x$“ üblich, da das Differenzial $\mathrm{d}f(x)$ nach Maßgabe des zur Grenze übergegangenen Differenzials $\mathrm{d}x$ in der Form $\mathrm{d}f(x) = f'(x) \cdot \mathrm{d}x$ rechnerisch abgeleitet wird.

[2] Nicht alle Funktionen haben an jeder Stelle einen bestimmbaren Ableitungswert. Das sind z. B. solche, deren Graph Sprünge oder Spitzen aufweist; denn an diesen Stellen gibt es keine eindeutige Tangentenlage. Diese Besonderheiten der fehlenden Stetigkeit und Differenzierbarkeit von Funktionen werden hier nicht betrachtet.

Aufgabe

2 Zeichnen Sie zwei untereinander angeordnete Koordinatensysteme mit gleicher x-Achsenteilung $-5 \leqq x \leqq 5$. Die Ordinatenachse des oberen Systems soll die Einteilung $-1 < f(x) < 5$ erhalten und der Zeichnung des Graphen gemäß der Funktionsgleichung $f(x) = \frac{1}{4}x^2$ dienen.

Die Ordinatenachse des unteren Systems soll die Einteilung $-3 \leqq f'(x) \leqq 3$ erhalten und der Zeichnung des Graphen gemäß der Ableitungsfunktionsgleichung $f'(x) = \frac{1}{2}x$ dienen.

a) Zeichnen Sie die beiden Graphen!

b) Kontrollieren Sie an den Stellen $x = \frac{3}{2}$, $x = \frac{5}{2}$, $x = 0$, $x = -1$, $x = -3$ die Übereinstimmung der Steigungswerte (Tangentenlage!) im oberen Koordinatensystem mit den Ordinatenwerten im unteren Koordinatensystem!

21.2 Ableitungsregeln

Da für die Berechnung des Differenzialquotienten Funktionsausdrücke eingesetzt werden müssen, ergeben verschiedene Funktionsarten auch verschiedenartige Ableitungsfunktionen. Im Folgenden sollen die wichtigsten Funktionen abgeleitet (differenziert) werden. Dazu benutzen wir die in Abschnitt 21.1.3 verwendete allgemeine Ableitungsvorschrift für den Grenzübergang des Differenzenquotienten, jedoch wegen der in Abschnitt 21.1.4 nachgewiesenen Allgemeingültigkeit für die gesamte Funktion mit der jetzt nicht mehr festgelegten Koordinate x:

$$f'(x) = \frac{\mathrm{d}f(x)}{\mathrm{d}x} = \lim_{\Delta x \mapsto 0} \frac{f(x + \Delta x) - f(x)}{\Delta x}.$$

21.2.1 Ableitung der linearen Funktionen $f\colon x \mapsto a$ und $f\colon x \mapsto m \cdot x$

Der Graph der Konstantfunktion $f\colon x \mapsto a$ ist eine zur x-Achse parallele Gerade ohne Steigung, und daraus ist die Ableitung null anschaulich erkennbar.

Satz 273

Für $f(x) = a$ $(a \in \mathbb{R};\ D = \mathbb{R})$ gilt: $f'(x) = \frac{\mathrm{d}a}{\mathrm{d}x} = 0$

Dieses Ergebnis liefert natürlich auch die Grenzwertbetrachtung. Da für alle x-Werte, also sowohl für ein beliebig gewähltes x wie auch für $(x + \Delta x)$, der Funktionswert $f(x) = a$ ist, folgt:

$$f(x) = a \Rightarrow f'(x) = \lim_{\Delta x \mapsto 0} \frac{f(x + \Delta x) - f(x)}{\Delta x} = \lim_{\Delta x \mapsto 0} \frac{a - a}{\Delta x} = \lim_{\Delta x \mapsto 0} \frac{0}{\Delta x} = 0;$$

denn für jeden Wert von Δx ist der Differenzenquotient 0, also auch für den Grenzfall. Der Graph dieser Ableitungsfunktion $f'\colon x \mapsto 0$ ist daher die x-Achse.

Der Graph der linearen Funktion $f\colon x \mapsto m \cdot x$ ist eine Gerade mit dem Steigungsfaktor m. Damit ist die Ableitung eigentlich schon bekannt.

Satz 274

Für $f(x) = m \cdot x$ ($m \in \mathbb{R}$; $D = \mathbb{R}$) gilt: $f'(x) = \dfrac{\mathrm{d}(m \cdot x)}{\mathrm{d}x} = m$

Die Grenzwertbetrachtung bestätigt diese Erkenntnis:

$$f(x) = m \cdot x \Rightarrow f'(x) = \lim_{\Delta x \mapsto 0} \frac{f(x + \Delta x) - f(x)}{\Delta x} = \lim_{\Delta x \mapsto 0} \frac{m(x + \Delta x) - m \cdot x}{\Delta x}$$

$$= \lim_{\Delta x \mapsto 0} m \cdot \frac{\Delta x}{\Delta x} = m;$$

Zähler und Nenner des Differenzenquotienten bilden immer, also auch im Grenzfall, den gleichen Quotientenwert.

Der Graph dieser Ableitungsfunktion $x \mapsto f'(x) = m$ ist demnach eine Parallele zur x-Achse.

Beispiele mit Lösungen

Aufgaben: Bilden Sie die Ableitung von:
a) $f(x) = 12$ b) $f(x) = 5x$

Lösungen: a) $f'(x) = 0$ b) $f'(x) = 5$

Aufgaben

Leiten Sie die Funktionen ab, die durch folgende Funktionsgleichungen festgelegt sind!

1 a) $f(x) = \frac{3}{2}$ b) $f(x) = -14{,}5$ c) $f(x) = \frac{2}{25}$

d) $f(x) = \sqrt{5}$ e) $f(x) = \dfrac{2}{\sqrt{3}}$ f) $f(x) = 2 \cdot \log_4 38$

2 a) $f(x) = x$ b) $f(x) = \dfrac{5 \cdot x}{4}$ c) $f(x) = -3{,}2x$

d) $f(x) = \sqrt{3} \cdot x$ e) $f(x) = \dfrac{x}{\sqrt{2}}$ f) $f(x) = \dfrac{x}{\lg 7}$

3 a) $f(x) = 2a^2 + b$ ($a, b \in \mathbb{N}^*$) b) $f(x) = (a + b)^2$

c) $f(x) = (a + b)^2 \cdot x$ d) $f(x) = \sqrt{3} \cdot (a + 1) \cdot x$

21.2.2 Ableitung der Potenzfunktion $f\colon x \mapsto x^n$

Es soll zunächst an einfachen Beispielen das Bildungsgesetz für die Ableitung erkannt und anschließend der allgemeine Beweis dafür erbracht werden.

Erstes Beispiel:

$$f(x) = x^2 \Rightarrow f'(x) = \lim_{\Delta x \mapsto 0} \frac{f(x + \Delta x) - f(x)}{\Delta x} = \lim_{\Delta x \mapsto 0} \frac{(x + \Delta x)^2 - x^2}{\Delta x}$$

$$= \lim_{\Delta x \mapsto 0} \frac{x^2 + 2x\Delta x + (\Delta x)^2 - x^2}{\Delta x} = \lim_{\Delta x \mapsto 0} (2x + \Delta x) = 2x.$$

Zweites Beispiel:

$$f(x) = x^3 \Rightarrow f'(x) = \lim_{\Delta x \mapsto 0} \frac{f(x + \Delta x) - f(x)}{\Delta x} = \lim_{\Delta x \mapsto 0} \frac{(x + \Delta x)^3 - x^3}{\Delta x}$$

$$= \lim_{\Delta x \mapsto 0} \frac{x^3 + 3x^2\Delta x + 3x(\Delta x)^2 + (\Delta x)^3 - x^3}{\Delta x}$$

$$= \lim_{\Delta x \mapsto 0} 3x^2 + 3x\Delta x + (\Delta x)^2 = 3x^2.$$

Ein weiteres Beispiel liefert auch $f(x) = m \cdot x \Rightarrow f'(x) = m$ aus Abschnitt 21.2.1 im Spezialfall $m = 1$, also $f(x) = 1 \cdot x \Rightarrow f'(x) = 1$, der als Ableitung einer Potenzfunktion geschrieben werden kann:

$$f(x) = 1 \cdot x = x = x^1 \rightarrow f'(x) = 1 = 1 \cdot 1 = 1 \cdot x^0.$$

Eine Zusammenstellung der bisherigen Ergebnisse

$$f(x) = x^1 \Rightarrow f'(x) = 1 \cdot x^0$$
$$f(x) = x^2 \Rightarrow f'(x) = 2 \cdot x^1$$
$$f(x) = x^3 \Rightarrow f'(x) = 3 \cdot x^2$$

lässt eine allgemeine Gesetzmäßigkeit für die Bestimmung der Ableitung einer Potenzfunktion vermuten.

Satz 275

Für $f(x) = x^n \quad (n \in \mathbb{N}^*; \quad D = \mathbb{R})$ gilt: $f'(x) = \dfrac{\mathrm{d}x^n}{\mathrm{d}x} = nx^{n-1}.$

Die Richtigkeit dieser Vermutung wird durch die allgemeine Grenzwertbetrachtung bestätigt[1]:

$$f(x) = x^n \Rightarrow f'(x) = \lim_{\Delta x \mapsto 0} \frac{f(x + \Delta x) - f(x)}{\Delta x} = \lim_{\Delta x \mapsto 0} \frac{(x + \Delta x)^n - x^n}{\Delta x};$$

[1] Der Beweis wird hier für den Fall geführt, dass der Exponent n eine ganze positive Zahl ist. Ohne Beweis sei hier nur angemerkt, dass die gefundene Ableitungsregel auch gilt, wenn n eine negative oder gebrochene Hochzahl ist.
Die Übereinstimmung für $n = 0$ (und $x \neq 0$) mit der in Abschnitt 21.2.1 ermittelten Ableitung von $f(x) = a$ (im Spezialfall $a = 1$) kann erkannt werden, wenn die Konstantfunktion $f(x) = 1$ als Potenz $f(x) = x^0$ geschrieben und abgeleitet wird.

zur übersichtlichen Auswertung des Differenzenquotienten vor dem Grenzübergang wird der Nenner umgeformt: $f'(x) = \lim\limits_{\Delta x \mapsto 0} \dfrac{(x + \Delta x)^n - x^n}{(x + \Delta x) - x}$. Wenn wir zum Ausrechnen einfacher a statt $(x + \Delta x)$ und b statt x schreiben, besteht die Auswertung des Differenzenquotienten in der im Folgenden ausgeführten Division:

$$
\begin{array}{l}
(a^n - b^n):(a - b) = \underbrace{a^{n-1} + a^{n-2}b + a^{n-3}b^2 + \ldots + a^{n-(n-1)}b^{n-2} + a^{n-n}b^{n-1}}_{n \text{ Summanden}} \\
\underline{-(a^n - a^{n-1}b)} \\
\quad 0 \ + a^{n-1}b - b^n \\
\quad \underline{-(a^{n-1}b - a^{n-2}b^2)} \\
\qquad 0 \quad + a^{n-2}b^2 - b^n \\
\qquad \underline{-(a^{n-2}b^2 - a^{n-3}b^3)} \\
\qquad\quad 0 \quad + a^{n-3}b^3 - b^n \\
\qquad\qquad \vdots \\
\qquad\qquad + a^{n-(n-2)}b^{n-2} - b^n \\
\qquad\qquad \underline{-(a^{n-(n-2)}b^{n-2} - a^{n-(n-1)}b^{n-1})} \\
\qquad\qquad 0 \qquad + a^{n-(n-1)}b^{n-1} - b^n \\
\qquad\qquad\qquad \underline{-(a \cdot b^{n-1} - b^n)} \\
\qquad\qquad\qquad 0 \qquad - 0
\end{array}
$$

Werden sowohl statt a und b als auch für den Nenner des Differenzenquotienten wieder die ursprünglichen Bezeichnungen geschrieben, erhält man

$$
\begin{aligned}
\lim_{\Delta x \to 0} \frac{(x + \Delta x)^n - x^n}{\Delta x} &= \underbrace{\lim_{\Delta x \to 0} [(x + \Delta x)^{n-1} + (x + \Delta x)^{n-2} x + (x + \Delta x)^{n-3} x^2 + \ldots + x^{n-1}]}_{n \text{ Summanden}} \\
&= \underbrace{x^{n-1} + x^{n-2} \cdot x + x^{n-3} \cdot x^2 + \ldots + x^{n-1}}_{n \text{ Summanden}} \\
&= \underbrace{x^{n-1} + x^{n-1} + x^{n-1} + \ldots + x^{n-1}}_{n \text{ Summanden}} = n \cdot x^{n-1}.
\end{aligned}
$$

Damit ist der Satz 275 über die Ableitungsregel einer Potenzfunktion allgemein bewiesen (siehe Fußnote auf Seite 275).

Beispiele mit Lösungen

Aufgaben: Bilden Sie die Ableitung von:

a) $f(x) = x^5$ b) $f(x) = x^a$

c) $f(x) = x^{a+1}$ $(a \in \mathbb{N}^*)$ d) $f(x) = x^{3b-2}$ $(b \in \mathbb{N}^*)$

Lösungen: a) $f'(x) = 5 \cdot x^4$ b) $f'(x) = a \cdot x^{a-1}$

c) $f'(x) = (a + 1) \cdot x^a$ d) $f'(x) = (3b - 2) \cdot x^{3b-3}$
$= (3b - 2) \cdot x^{3(b-1)}$

Aufgaben

Differenzieren Sie ($k \in \mathbb{N}^*$):

1 a) $f(x) = x^9$ b) $f(x) = x^{17}$
c) $f(x) = x^{3k}$ d) $f(x) = x^{(k^2)}$

2 a) $f(x) = x^{k+1}$ b) $f(x) = x^{2k-1}$
c) $f(x) = x^{2(k+1)}$ d) $f(x) = x^{k^3+1}$

3 a) $f(x) = x^{k^2+2k+2}$ b) $f(x) = x^{3+2k}$
c) $f(x) = x^{(1+k)^2}$ d) $f(x) = x^{3k^2+3k+4}$

21.2.3 Ableitung der vervielfachten Funktion $g: x \mapsto k \cdot f(x)$

Der konstante Faktor k vervielfacht alle Funktionswerte $f(x)$, bewirkt also auch eine verstärkte Änderung der Funktionswerte, wenn sich die Variable x ändert. Es ist daher anzunehmen, dass der Faktor k in gleicher Weise wie die Ordinaten auch die Steigung des Graphen einer beliebigen Funktion $f: x \mapsto f(x)$ vervielfacht und in deren Ableitungsfunktion unverändert erscheint.

Satz 277

Für $g(x) = k \cdot f(x)$ ($k \in \mathbb{R}$; $D = \mathbb{R}$) gilt: $g'(x) = \dfrac{\mathrm{d}[k \cdot f(x)]}{\mathrm{d}x} = k \cdot f'(x)$

Den Nachweis dafür erbringt wiederum die Grenzwertbetrachtung:

$$g(x) = k \cdot f(x) \Rightarrow g'(x) = \lim_{\Delta x \mapsto 0} \frac{k \cdot f(x + \Delta x) - k \cdot f(x)}{\Delta x}$$

$$= \lim_{\Delta x \mapsto 0} k \cdot \frac{f(x + \Delta x) - f(x)}{\Delta x} = k \cdot f'(x),$$

da der Faktor k für $\Delta x \to 0$ unverändert bleibt[1].

Beispiele mit Lösungen

Aufgaben: Differenzieren Sie ($k \in \mathbb{R}$):
a) $f(x) = 2x^5$ b) $f(x) = 3 \cdot k$
c) $f(x) = \frac{k}{2} \cdot x^{2k}$

Lösungen: a) $f'(x) = 2 \cdot 5x^4 = 10x^4$ b) $f'(x) = 3 \cdot 0 = 0$
c) $f'(x) = \frac{k}{2} \cdot 2k \cdot x^{2k-1} = k^2 \cdot x^{2k-1}$

[1] Dieses Ergebnis hatten wir bereits für den Spezialfall der linearen Funktion $f: x \mapsto m \cdot x$ in Abschnitt 21.2.1 mit $k = m$ gefunden.

Aufgaben

Bilden sie die Ableitung ($k \in \mathbb{R}$):

1 a) $f(x) = 6x^3$ b) $f(x) = \frac{1}{5}x^5$
c) $f(x) = k \cdot 3{,}5$ d) $f(x) = k \cdot x^k$

2 a) $f(x) = k^2 \cdot x^{k+1}$ b) $f(x) = \frac{1}{2k}x^{4k}$
c) $f(x) = \frac{1}{2}x^{2k}$ d) $f(x) = \frac{1}{k+1}x^{k+1}$

21.2.4 Ableitung der Summen- bzw. Differenzfunktion f: $x \mapsto g(x) \pm h(x)$

Viele Funktionen sind als Summe oder Differenz aus verschiedenartigen Teilfunktionen zusammengesetzt. Die Ableitungsregel für solche zusammengesetzten Funktionen $x \mapsto f(x) = g(x) \pm h(x)$ wird wieder über die Grenzwertbetrachtung ermittelt. Wir können uns aber schon vorausschauend vorstellen, dass sich bei Addition (bzw. Subtraktion) der Funktionswerte von Teilfunktionen auch die Steigungen der Einzelgraphen entsprechend addieren (bzw. subtrahieren). Das berechtigt zu der Erwartung, dass die Ableitung einer zusammengesetzten Funktion gleich der Zusammensetzung der Einzelableitungen ist. Für eine Summenfunktion folgt:

$$f(x) = g(x) + h(x) \Rightarrow f'(x) = \lim_{\Delta x \to 0} \frac{f(x + \Delta x) - f(x)}{\Delta x}$$

$$f'(x) = \lim_{\Delta x \to 0} \frac{[g(x + \Delta x) + h(x + \Delta x)] - [g(x) + h(x)]}{\Delta x}$$

$$f'(x) = \lim_{\Delta x \to 0} \frac{[g(x + \Delta x) - g(x)] + [h(x + \Delta x) - h(x)}{\Delta x}$$

$$f'(x) = \lim_{\Delta x \to 0} \left[\frac{g(x + \Delta x) - g(x)}{\Delta x} + \frac{h(x + \Delta x) - h(x)}{\Delta x}\right]$$

$$f'(x) = g'(x) + h'(x).$$

Dass diese Regel für beliebig viele Summanden gilt, erkennt man sofort, wenn man schrittweise durch Zusammenfassung je zweier Summanden vorgeht, z. B.:

$s(x) = g(x) + h(x) + j(x) = f(x) + j(x)$ für $f(x) = g(x) + h(x)$;
$s'(x) = f'(x) + j'(x) = g'(x) + h'(x) + j'(x)$.

Die Ableitungsregel für Differenzfunktionen ergibt sich entsprechend nach völlig analoger[1] Grenzwertbetrachtung, z. B.:

$$s(x) = g(x) - h(x) - j(x) \Rightarrow s'(x) = g'(x) - h'(x) - j'(x).$$

Sinngemäß wird dann auch abgeleitet, wenn eine Funktion aus Teilfunktionen additiv und subtraktiv zusammengesetzt ist.

[1] analogos (altgriechisch), gemäß entsprechender Überlegung.

Satz 279

Für $s(x) = g(x) \pm h(x) \pm j(x) \pm \ldots \pm n(x)$ $(D = \mathbb{R})$ gilt:
$s'(x) = g'(x) \pm h'(x) \pm j'(x) \pm \ldots \pm n'(x)$

Beispiel mit Lösung

Aufgabe: Welche Ableitung hat die Funktion $f\colon x \mapsto 5x^3 + (x-2)^2 - 1$?

Lösung: Funktionsgleichung zum Differenzieren aufgliedern: $f(x) = 5x^3 + x^2 - 4x + 3$

Teilfunktionen ableiten: $f'(x) = 15x^2 + 2x - 4$

Aufgaben

1 Differenzieren Sie folgende Funktionen, deren Gleichungen lauten $(a,b \in \mathbb{N}^*)$:[1]

a) $f(x) = 6x^4 - 4x^3 + 2x^2 - x + 5$
b) $f(x) = 2ax^5 - \frac{1}{3}x^{3b} - b^2x + 2b^3$
c) $f(x) = (4x^2 + 1)(4x^2 - 1)$
d) $f(x) = x^2 + (x + 2)(x - 2)$
e) $f(x) = 3x^3 - x^2 + 2x - 5$
f) $f(x) = 2ax^b + \frac{b}{a}x^a + b$
g) $f(x) = 3x(x^2 - 7)$
h) $f(x) = x^3 + 3x^2 - 4x$
i) $f(x) = x^4 - 4x^3 + 12x^2 - 16x + 20$
j) $f(x) = x^6 + 6x^5 + 12x^4 + 8x^3 + 8$
k) $f(x) = (2x - 3a)^2 \cdot (x - 3b)$
l) $f(x) = 3x^{(b+1)} - \frac{1}{b+1} \cdot x^{(b^2-1)}$

Anmerkung: Die bisherigen Aufgaben c), i) und k) wurden nach dem Schwierigkeitsgrad umgestellt.

2 Wie groß ist die Steigung des Graphen der Funktion $f\colon x \mapsto \frac{1}{3}x^2 + 4x - 1$ an der Stelle $x = 3$?

3 An welcher Stelle hat der Graph der Funktion $f\colon x \mapsto (x-4)^2 + 3$ ein Gefälle vom Verhältnis 2:1? (Anleitung: $f'(x_p) = -\frac{2}{1}$)

4 In welchem Kurvenpunkt der Funktion $f\colon x \mapsto \frac{1}{2}x^2 - 3x$ bildet die Tangente mit der positiven x-Achse einen Winkel von 45°? (Anleitung: $f'(x_p) = \tan 45° = 1$)

5 An welcher Stelle des Graphen der Funktion $f\colon x \mapsto \frac{1}{8}x^2 - 3x$ verläuft die Tangente waagerecht?

6 Gegeben ist die Funktionsgleichung $f(x) = \frac{1}{6}(x^2 + 1)$.

a) In welchem Punkt des zugehörigen Graphen haben Ordinate und Steigung die gleiche Maßzahl? (Anleitung: $f(x_p) = f'(x_p) \Rightarrow x_p$)

b) Welchen Winkel bildet eine diesen Kurvenpunkt berührende Tangente mit der x-Achse?

7 Eine Sekante schneidet den Graphen der Funktion $x \mapsto \frac{1}{4}x(x-4) + 1$ in den Punkten P_1 und P_2, zu denen die Abszissen $x_1 = 3$ und $x_2 = 4{,}5$ gehören. In welchem Punkt

[1] Zur Konzentration auf den jeweilig wesentlichen mathematischen Lerninhalt wurden einige Aufgaben formal vereinfacht, um unnötig zeitaufwendige Rechenschritte zu vermeiden.

des Graphen ist dessen Steigung genauso groß wie die Steigung der Sekante? $\left(\text{Anleitung: } \frac{\Delta f(x)}{\Delta x} = f'(x_p) \Rightarrow x_p \Rightarrow f(x_p)\right)$

21.2.5 Höhere Ableitungen

Wird eine Ableitungsfunktion[1] $x \mapsto f'(x)$ abgeleitet, entsteht die so genannte zweite Ableitung[2] $x \mapsto f''(x)$, die Ableitung davon ist dann die dritte Ableitung[3] $x \mapsto f'''(x)$ usw.

Alle diese weiteren Ableitungen heißen „höhere Ableitungen". Die ursprüngliche Funktion $x \mapsto f(x)$, von der die Ableitungen herstammen, heißt „Stammfunktion"[4].

Beispiel mit Lösung

Aufgabe:
Wie lauten sämtliche Ableitungen der Funktion $f\colon x \mapsto -\frac{1}{9}x^3 + x$ und wie verlaufen deren Graphen (siehe Abb. 281)?

Lösung: Ableitungen	Verlauf der Graphen
	Der Verlauf des jeweiligen Graphen ist ohne Wertetabelle aus den entsprechenden Bestandteilen der Ableitungsfunktionsgleichung erkennbar (vgl. Abschnitte 7 und 8):
$f'(x) = -\frac{1}{3}x^2 + 1$ (b: Vorzeichen −; c: $\frac{1}{3}$; a: x^2; d: $+1$)	a → Parabel, b → nach unten geöffnet, c → auf $\frac{1}{3}$ der Normalparabel abgeflacht, d → mit Scheitelpunkt auf +1 der Ordinatenachse. Nullstellen: $-\frac{1}{3}x^2 + 1 = 0 \Rightarrow x_{01} = +\sqrt{3}$; $x_{02} = -\sqrt{3}$.
$f''(x) = -\frac{2}{3}x$	Gerade durch den Achsen-Nullpunkt mit Gefälle vom Verhältnis 2 : 3.
$f'''(x) = -\frac{2}{3}$	Parallele zur x-Achse im Abstand $\frac{2}{3}$ unterhalb liegend.
$f^{(4)}(x) = 0$	Abszissenachse selbst.

[1] auch „erste Ableitung" genannt.
[2] Lies: f zwei Strich von x!
[3] Lies: f drei Strich von x! Bei noch höheren Ableitungen wird die Anzahl der Striche als Ziffer in Klammern geschrieben: $f^{(4)}(x)$ usw. (lies: f vier Strich von x usw.!). Statt $f'(x)$, $f''(x)$ und $f'''(x)$ kann man auch $f^{(1)}(x)$, $f^{(2)}(x)$ und $f^{(3)}(x)$ schreiben.
[4] Manchmal wird die Stammfunktion $f(x)$ auch mit $f^{(0)}(x)$ bezeichnet.

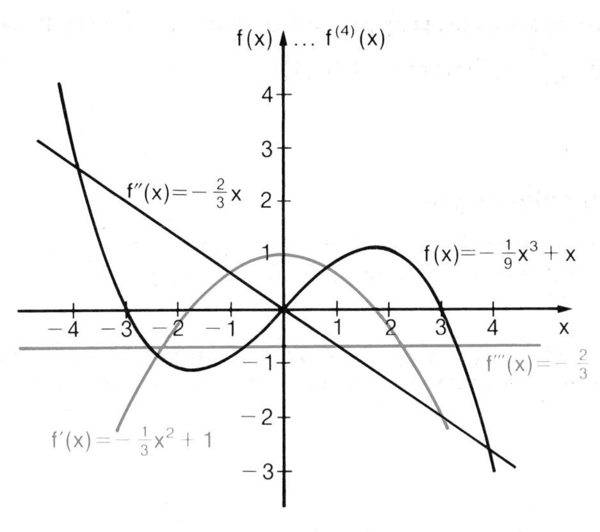

Abb. 281

Aufgaben

1 Bilden Sie sämtliche Ableitungen von:[1]

a) $f(x) = x^3 + x^2 + x + 1$

b) $f(x) = 0{,}5x^2 - 9x + 7$

c) $f(x) = -x^4 + x^3 + x^2 - x$

d) $f(x) = 2x^6 + x^5 - (2x + 1)^2$

2 Gegeben ist die Funktionsgleichung $f(x) = \frac{1}{5}x^3 - 1$.

a) Berechnen Sie alle Ableitungen!

b) Zeichnen Sie in ein und dasselbe Koordinatensystem die Graphen der Funktion und ihrer Ableitungen $(-5 < (x, f(x)) < 5)$.

3 Welche Steigung hat der Graph der dritten Ableitungsfunktion $f''': x \mapsto f'''(x)$ an den Stellen $x_1 = 1$ und $x_2 = -1$ von folgenden Funktionen?
(Anleitung: Die Steigungsfunktion des Graphen der dritten Ableitungsfunktion ist die vierte Ableitung!)

a) $f: x \mapsto \frac{1}{30}x^5 - \frac{1}{48}x^4 + 2x^2 - x$

b) $f: x \mapsto \frac{1}{60}x^6 + \frac{1}{30}x^5 + \frac{1}{3}x^4 + 5$

c) $f: x \mapsto \frac{1}{24}x^4(x - 5) - \frac{1}{6}x^2(x - 2) + 4x - 7$

d) $f: x \mapsto -\frac{1}{12}x^4 + \frac{1}{3}x^3 - 2x^2 + 3x + 16$

e) $f: x \mapsto \frac{1}{12}x^2(\frac{1}{6}x^4 - x^2 + 84) - 6$

f) $f: x \mapsto \frac{1}{42}x^7 - \frac{1}{40}x^5 + x^3 - 2x + 4$

g) $f: x \mapsto x^2(\frac{1}{224}x^6 + \frac{1}{180}x^4 - \frac{1}{2}x^2 - 3)$

h) $f: x \mapsto \frac{1}{720}x^4(x^6 + x^4 + x^2 - 1)$

[1] siehe Fußnote Seite 279.

Beispiel mit Lösung

Aufgabe: Gegeben ist die Funktionsgleichung $f(x) = \frac{1}{24}x^4(x^2 + 2x - 5)$. An welcher Stelle x_p ist die vierte Ableitung null?

Lösung: Rechte Gleichungsseite ausmultiplizieren:	$f(x) = \frac{1}{24}x^6 + \frac{1}{12}x^5 - \frac{5}{24}x^4$
Vierte Ableitung bilden:	$f'(x) = \frac{1}{4}x^5 + \frac{5}{12}x^4 - \frac{5}{6}x^3$ $f''(x) = \frac{5}{4}x^4 + \frac{5}{3}x^3 - \frac{5}{2}x^2$ $f'''(x) = 5x^3 + 5x^2 - 5x$ $f^{(4)}(x) = 15x^2 + 10x - 5$
Vierte Ableitung für die Stelle x_p gleich null setzen:	$15x_p^2 + 10x_p - 5 = 0$
Aus der so gewonnenen Bedingungsgleichung x_p bestimmen:	$x_p^2 + \frac{10}{15}x_p - \frac{5}{15} = 0$ $x_p^2 + \frac{2}{3}x_p - \frac{1}{3} = 0$ $x_p = -\frac{1}{3} \pm \sqrt{\frac{1}{9} + \frac{3}{9}}$ $x_{p1} = -\frac{1}{3} + \frac{2}{3} = \frac{1}{3}$; $x_{p2} = -\frac{1}{3} - \frac{2}{3} = -1$
Ergebnis:	Die vierte Ableitung hat an den Stellen $x_{p1} = \frac{1}{3}$ und $x_{p2} = -1$ den Wert 0.

Aufgaben

4 Gegeben sind die folgenden Funktionsgleichungen. An welcher Stelle hat die vierte Ableitung den Wert 0?

a) $f(x) = \frac{1}{4}x^4\left(\frac{1}{90}x^2 + \frac{1}{15}x - \frac{1}{2}\right) + x\left(\frac{1}{3}x^2 + \frac{1}{2}x - 7\right)$

b) $f(x) = \frac{1}{5}x^5\left(\frac{1}{2}x + 3\right) - x\left(\frac{5}{6}x^2 - 3\right) - 8$

c) $f(x) = x^3\left(\frac{1}{90}x^3 - \frac{3}{2}x + \frac{1}{6}\right) - 2x^2 + 5(x + 2)$

d) $f(x) = x^2\left(\frac{1}{5}x^3 - \frac{5}{2}x^2 + x - \frac{1}{2}\right) + 21$

e) $f(x) = \frac{1}{5}x^5\left(\frac{2}{3}x + 1\right) - \frac{1}{8}x^2(15x^2 - 32x - 1) - 13$

f) $f(x) = \frac{1}{5}x^6 - 9x^4 + \frac{1}{2}x\left(\frac{5}{3}x^2 - \frac{3}{4}x - \frac{1}{3}\right) + 4$

g) $f(x) = \frac{1}{20}x^5 + \frac{7}{8}x^4 + \frac{1}{6}x^2 - \frac{1}{3}x - \frac{1}{6}$

h) $f(x) = \frac{1}{3}x^3\left(\frac{1}{40}x^2 + 1\right) + 5(x^2 - 1)$

5 Gegeben sind die folgenden Funktionsgleichungen. An welcher Stelle hat die dritte Ableitung den Wert 1?

a) $f(x) = \frac{1}{2}x\left(\frac{1}{4}x^3 - \frac{5}{3}x^2 + \frac{1}{2}x + 1\right)$

b) $f(x) = \frac{1}{4}x^2\left(\frac{1}{15}x^3 + \frac{1}{6}x^2 - \frac{10}{3}x - 1\right) + x$

c) $f(x) = \frac{1}{3}x^3\left(\frac{1}{20}x^2 - 4\right) + x\left(\frac{3}{2}x - 2\right) + 5$

d) $f(x) = \frac{1}{2}x\left(\frac{1}{30}x^4 - 5x^2 - 14\right) + 4$

e) $f(x) = \frac{1}{2}x^2\left(\frac{1}{4}x^2 + \frac{7}{3}x - 3\right) + 2x + 7$

f) $f(x) = \frac{1}{30}x^5 - \frac{17}{6}x^3 + \frac{1}{6}x^2 - \frac{1}{2}x + 5$

g) $f(x) = \frac{1}{6}x\left(\frac{1}{10}x^4 - 11x^2 + 7x - 2\right) - \frac{5}{2}$

h) $f(x) = \frac{1}{480}x^6 - \frac{1}{6}x^3 + \frac{1}{8}x^2 - 2$

21.3 Funktionsdiskussion und Extremwertaufgaben

Eine Funktion kann über eine Wertetabelle als Graph (Kurve) in einem Koordinatensystem dargestellt werden. Dabei gelingt es aber nicht immer, durch geeignete Wahl der Koordinaten die besonders wichtigen Stellen der Kurve mit der erforderlichen Sicherheit und Genauigkeit zu erfassen. Dazu dient eine besondere Funktionsdiskussion (Kurvenuntersuchung), deren wichtigste Gesichtspunkte im Folgenden behandelt werden. Mit deren Kenntnis lassen sich dann auch praktisch bedeutsame Aufgaben lösen.

21.3.1 Extremstellen: Hochpunkt, Tiefpunkt

Eine wichtige Besonderheit einer Kurve ist derjenige Punkt, in dem bei wachsenden x-Werten ein Anstieg (positive Steigung) in ein Gefälle (negative Steigung) übergeht und umgekehrt (Beispiel: Scheitelpunkt einer nach unten bzw. nach oben geöffneten quadratischen Parabel). Da in diesem Punkt die Kurve weder steigt noch fällt, also die Steigung 0 und damit eine waagerechte Tangente hat, ist er ein Gipfel- oder Talpunkt, ein sogenannter Hochpunkt oder Tiefpunkt des Graphen, allgemein bezeichnet als Extrempunkt oder Extremum[1] (Mehrzahl: Extrema). Ein Hochpunkt heißt auch Maximum[2] (Mehrzahl: Maxima), ein Tiefpunkt auch Minimum[3] (Mehrzahl: Minima).

Von dieser Überlegung ausgehend können solche Stellen der Funktion und des Graphen gefunden und näher untersucht werden.

[1] extremum (lateinisch): das Äußerste; positive Steigung bedeutet wachsende Ordinatenwerte, negative Steigung bedeutet fallende Ordinatenwerte eines Graphen; dazwischen liegt der äußerste Hoch- oder Tiefpunkt des Graphen.

[2] maximum (lateinisch): das Größte.

[3] minimum(lateinisch): das Kleinste.

Beispiel mit Lösung

Aufgabe: Gegeben ist die Funktionsgleichung $f(x) = \frac{1}{4}x^2 + 1$.

a) Hat die Funktion Extremstellen?

b) Was ändert sich an der Lösung a), wenn die Funktionsgleichung $f(x) = -\frac{1}{4}x^2 - 1$ lautet?

Lösung:

a) Kurvenpunkt $P_e(x_e|f(x_e))$ mit der Steigung 0 suchen, indem man

– die erste Ableitung bildet:	$f'(x) = \frac{1}{2}x$
– diese für die Stelle x_e gleich 0 setzt:	$\frac{1}{2}x_e = 0$
– aus dieser Bedingungsgleichung den Wert für x_e berechnet:	$\underline{\underline{x_e = 0}}$

Art des Anstieg/Gefälle-Umschlags der Tangente, d. h. Art des Vorzeichenwechsels der Ableitungsfunktion $x \mapsto f'(x)$ an der Stelle x_e feststellen, indem man

– prinzipiell zwei Fälle I und II unterscheidet:	falls Wechsel der Tangentensteigung I) von Pluswerten über 0 nach Minuswerten: $\Rightarrow f'(x)$ fällt $\Rightarrow P_e$ ist Hochpunkt (Maximum), II) von Minuswerten über 0 nach Pluswerten: $\Rightarrow f'(x)$ steigt $\Rightarrow P_e$ ist Tiefpunkt (Minimum).
– dafür die zweite Ableitung bildet:	$f''(x) = \frac{1}{2}$
– damit die positive oder negative Steigung $f''(x)$ der $f'(x)$-Kurve an der Stelle x_e ermittelt:	$f''(x_e) = \frac{1}{2}$ (in diesem Falle für alle x-Werte; bei dieser Konstantfunktion kein Einsetzen des x_e-Wertes in die f''-Funktionsgleichung!)
– vom ermittelten negativen oder positiven $f''(x_e)$-Wert auf einen $f(x)$-Hochpunkt (Maximum) oder $f(x)$-Tiefpunkt (Minimum) schließt:	$f''(x_e) > 0 \Rightarrow f'$-Graph steigt im Tangenten-Umschlagpunkt P_e des f-Graphen von negativen zu positiven f'-Ordinaten (also f-Steigungswerten) $\Rightarrow$ Tiefpunkt des f-Graphen (Minimum der f-Funktion)
Ergebnis:	$f'(x_e) = 0 \wedge f''(x_e) > 0 \Rightarrow P_e$ ist Tiefpunkt (Minimum); Koordinaten des Tiefpunktes: $x_e = x_{\min} = 0$; $f(x_{\min}) = \frac{1}{4}x_{\min}^2 + 1 = 1$ $\Rightarrow P_e(0\|1)$

Merke Ist in einem Punkt eines Graphen die erste Ableitung 0 und wechselt diese dort ihr Vorzeichen von minus nach plus, so ist dieser Punkt ein Tiefpunkt (Minimum).

b) Durch den Faktor -1 werden alle Ordinatenwerte der f-Kurve, der f'-Kurve und der f''-Kurve des Aufgabenteils a) an der x-Achse gespiegelt.

Die gespiegelte f-Kurve hat an der Stelle $x_e = 0$ ihren Hochpunkt (Maximum) mit $f(x_e) = -1$, da alle ihre Ordinatenwerte mit wachsendem x davor steigen und danach fallen. Die f'-Kurve wechselt an der Stelle x_e von Plus- nach Minuswerten, hat also ein Gefälle; daher ist $f''(x)$ überall negativ.

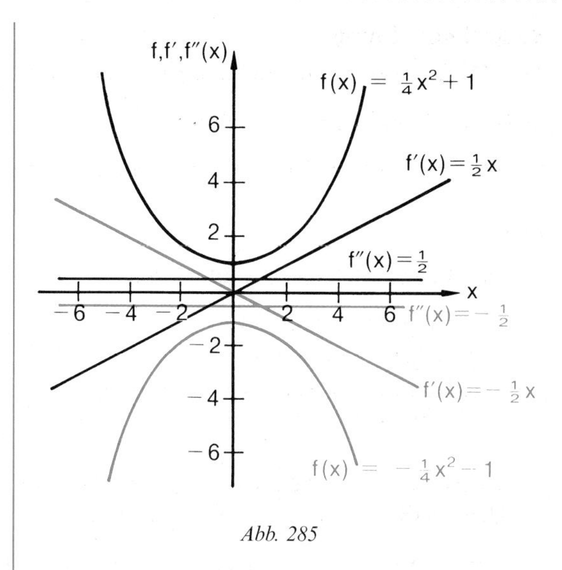

Abb. 285

Ergebnis:

$f'(x_e) = 0 \wedge f''(x_e) < 0 \Rightarrow P_e$ ist Hochpunkt (Maximum).
Koordinaten des Hochpunktes:
$x_{\max} = 0; f(x_{\max}) = -1$
$\Rightarrow P_e\,(0|-1)$

Merke Ist in einem Punkt eines Graphen die erst Ableitung 0 und wechselt diese dort ihr Vorzeichen von plus nach minus, so ist dieser Punkt ein Hochpunkt (Maximum).

Der Vorzeichenwechsel der ersten Ableitung an der Extremstelle x_e ist hier durch $f''(x_e) \neq 0$ nachgewiesen.

Satz 285

Ist für eine Funktion $f\colon x \mapsto f(x)$ an einer Stelle x_e die erste Ableitung $f'(x_e) = 0$ und die zweite Ableitung $f''(x_e) \neq 0$, so hat die Funktion an dieser Stelle ein Extremum[1]; dieses ist ein Maximum für $f''(x_e) < 0$ und ein Minimum für $f''(x_e) > 0$.

[1] Die erste Bedingung $f'(x_e) = 0$ dieses Satzes ist für eine Extremstelle zwar notwendig, aber nicht hinreichend; denn die Steigung könnte sich hinter der Stelle x_e auch wieder gleichsinnig ohne Vorzeichenumkehr fortsetzen. Die zweite Bedingung $f''(x_e) \neq 0$ dieses Satzes ist zwar hinreichend, aber nicht notwendig; denn die notwendige Bedingung des Vorzeichenwechsels der f'-Funktion kann zwar, muss aber nicht nur durch $f''(x_e) \neq 0$ erfüllt sein. Dies wird später gezeigt werden.

Beispiel mit Lösung

Aufgabe: Untersuchen Sie die Funktion $x \mapsto \frac{1}{5}x(x^2 - 3x) + 2$ auf Extremstellen!

Lösung: Termumformung zum Differenzieren:	$f(x) = \frac{1}{5}x^3 - \frac{3}{5}x^2 + 2$
Erste Ableitung bilden, diese für die Extremstelle x_e gleich null setzen und daraus x_e berechnen:	$f'(x) = \frac{3}{5}x^2 - \frac{6}{5}x$ $\frac{3}{5}x_e^2 - \frac{6}{5}x_e = 0$ $x_e\left(\frac{3}{5}x_e - \frac{6}{5}\right) = 0$ $\underline{\underline{x_{e1} = 0}}$ $\frac{3}{5}x_{e2} - \frac{6}{5} = 0$ $\underline{\underline{x_{e2} = 2}}$
Vorzeichenwechsel der ersten Ableitung an der Stelle x_e feststellen, indem man die zweite Ableitung bildet und deren Wert an der Stelle x_e ermittelt:	$f''(x) = \frac{6}{5}x - \frac{6}{5}$ $f''(x_e) = \frac{6}{5}x_e - \frac{6}{5}$ $f''(x_{e1}) = \frac{6}{5} \cdot 0 - \frac{6}{5} = -\frac{6}{5} < 0$ $\Rightarrow$ Maximum (Hochpunkt): $x_{e1} = \underline{\underline{x_{max} = 0}}$ $f''(x_{e2}) = \frac{6}{5} \cdot 2 - \frac{6}{5} = \frac{6}{5} > 0$ $\Rightarrow$ Minimum (Tiefpunkt): $x_{e2} = \underline{\underline{x_{min} = 2}}$
x_{max} bzw. x_{min} in die Funktionsgleichung einsetzen und daraus $f(x_{max})$ bzw. $f(x_{min})$ berechnen:	$f(x_{max}) = \frac{1}{5}\, x_{max}(x^2_{max} - 3x_{max}) + 2$ $f(x_{max}) = \frac{1}{5} \cdot 0 \cdot (0^2 - 3 \cdot 0) + 2$ $\underline{\underline{f(x_{max}) = 2}}$ $f(x_{min}) = \frac{1}{5}\, x_{min}(x^2_{min} - 3x_{min}) + 2$ $f(x_{min}) = \frac{1}{5} \cdot 2 \cdot (2^2 - 3 \cdot 2) + 2$ $\underline{\underline{f(x_{min}) = 1{,}2}}$
Ergebnis:	Die Funktion hat ein Maximum und ein Minimum an den Stellen $x_{max} = 0$ und $x_{min} = 2$. Die zugehörigen Funktionswerte sind $f(x_{max}) = 2$ und $f(x_{min}) = 1{,}2$. Der Graph hat demnach einen Hochpunkt $H(0\|2)$ und einen Tiefpunkt $T(2\|1{,}2)$ (siehe Abb. 287)!

Wie Abb. 287 zeigt, hat der Graph in der vorigen Beispielaufgabe an den errechneten Extremstellen nicht den absolut höchsten bzw. tiefsten Kurvenpunkt; denn beispielsweise ist für $x = 4$ der zugehörige Wert $f(x) = 5{,}2$ und damit größer als $f(x_{\text{max}}) = 2$ bzw. für $x = -2$ der zugehörige Wert $f(x) = -2$ kleiner als $f(x_{\text{min}}) = 1{,}2$.

Kurvenpunkte mit waagerechter Tangentenlage sind also nicht immer nur absolute Extrempunkte, sondern können auch Hoch- oder Tiefpunkte lediglich innerhalb begrenzter Kurvenabschnitte sein. Solche Extremstellen heißen relative (auch: lokale oder örtliche) Maxima bzw. Minima.

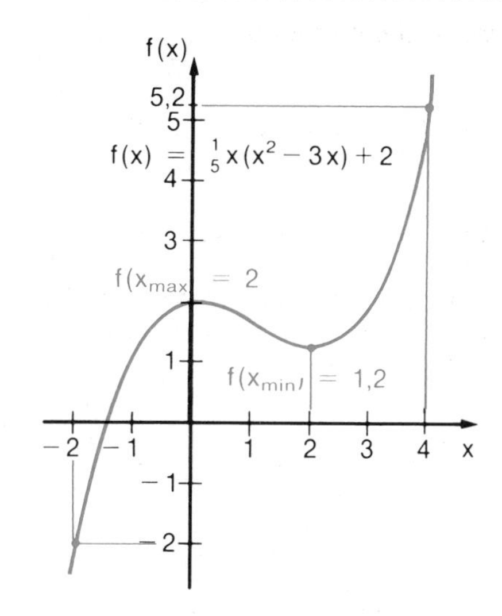

Abb. 287

> **Merke** Eine aus der Bedingung $f'(x_e) = 0$ und $f''(x_e \neq 0$ berechnete Extremstelle kann ein absolutes oder ein relatives Maximum oder Minimum sein.

Aufgaben

1 Untersuchen Sie die Funktionen mit den folgenden Funktionsgleichungen auf Extremstellen![1]

a) $f(x) = x(x - 2) + 3$ b) $f(x) = x(4 - x) + 1$

c) $f(x) = -2x^2 + 6x + 3$ d) $f(x) = x(x + 8) + 14$

e) $f(x) = 0{,}25x^2 + 2x - 4$ f) $f(x) = \frac{1}{2}(3x^2 - 18x + 21)$

g) $f(x) = 3x^2(x + 3) + 12$ h) $f(x) = \frac{1}{3}\left(\frac{1}{3}x^3 - 2x^2 - 5x + 27\right)$

i) $f(x) = 2x^2(x^2 - 2)$ j) $f(x) = 2x(3x^3 - 4x^2 - 12x)$

2 Welche Extremstellen hat die erste Ableitungsfunktion der durch die folgenden Funktionsgleichungen beschriebenen Funktionen?

a) $f(x) = x^2\left(\frac{2}{3}x^2 - \frac{1}{4}\right)$

b) $f(x) = x(x^3 - 2x^2 - 12x - 1)$

3 Welches Extremum hat die zweite Ableitung von

$f(x) = x^4 + 8x^3 + 24x^2 + 32x + 17$?

[1] siehe Fußnote auf Seite 279.

Wie bereits gezeigt wurde, schneidet an einer Extremstelle $x = x_e$ der f'-Graph die x-Achse ($f'(x_e) = 0$) und wechselt damit an der Schnittstelle x_e das Vorzeichen seiner Ordinatenwerte.

Dieser für die Existenz eines Extremums notwendige Vorzeichenwechsel wurde bisher hinreichend dadurch nachgewiesen, dass $f''(x_e) \neq 0$ ist, der f'-Graph also im Schnittpunkt x_e der x-Achse steigt oder fällt. So ist z. B. für den Tiefpunkt einer quadratischen Parabel $f''(x_{\min}) > 0$ (siehe Abb. 288.1 und vgl. Abb. 285).

Aber auch, wenn $f'(x)$ und $f''(x)$ keine linearen Funktionen mehr sind (wie z. B. noch in Abb. 288.1), ist ein Extremum vorhanden, wenn nur an der Extremstelle x_e die f'-Ordinaten, nicht aber die f''-Ordinaten ihr Vorzeichen wechseln. Einen solchen Fall zeigt Abb. 288.2 für das Minimum einer Parabel vierter Ordnung, deren Steigungszuwachs (Steigung von $f'(x)$) nicht mehr gleichmäßig, sondern um so geringer ist, je mehr sich der betrachtete Parabelpunkt dem Scheitelpunkt nähert, wo dann der Steigungszuwachs schließlich minimal ist ($f''(x_e) = \frac{1}{5}$). Daher hat auch die f''-Funktion als Steigungsmaß der f'-Funktion an der Extremstelle x_e (der f-Funktion) ebenfalls ihrerseits ein Extremum.

Die f'-Funktion wechselt sogar dann noch ihr Vorzeichen, wenn ihre Änderungstendenz an der Stelle x_e zwar zum Erliegen gekommen ist ($f''(x_e) = 0$), diese sich aber dahinter gleichsinnig fortsetzt, der f'-Graph also davor und dahinter durchweg steigt oder fällt. Wegen $f''(x_e) = 0$ muss dann der f'-Vorzeichenwechsel dadurch nachgewiesen werden, dass $f''(x_e)$ selbst ein Extremum ist, f'' sein Vorzeichen also nicht wechselt (siehe Abb. 288.3).

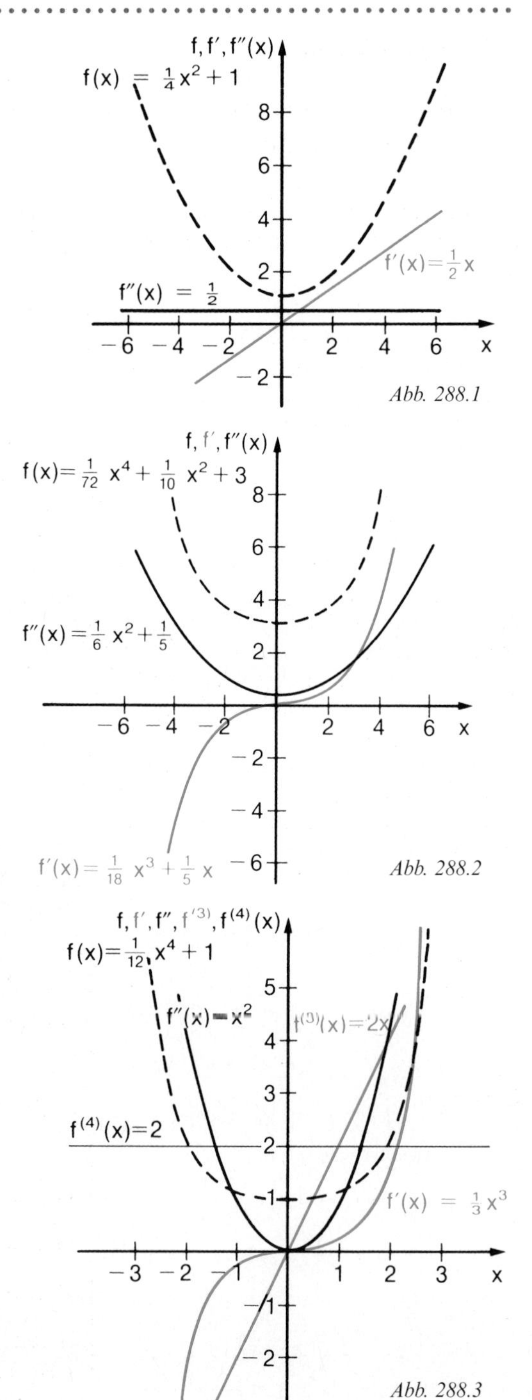

Beispiel mit Lösung

Aufgabe: Untersuchen Sie die Funktion mit der Funktionsgleichung $f(x) = \frac{1}{12}x^4 + 1$ (siehe Abb. 288.3) auf Extremstellen!

Lösung: Erste Ableitung gleich null setzen für die Extremstelle x_e und diese berechnen:	$f'(x) = \frac{1}{3}x^3$ $\frac{1}{3}x_e^3 = 0$ $\underline{\underline{x_{e1} = x_{e2} = x_{e3} = 0}}$
Vorzeichenwechsel der ersten Ableitung an der Stelle x_e feststellen, indem man die zweite Ableitung bildet und deren Wert an der Stelle x_e ermittelt:	$f''(x) = x^2$; $f''(x_e) = x_e^2 = 0$; diese Steigung 0 der f'-Kurve lässt nicht erkennen, ob diese die x-Achse in x_e schneidet und damit das Vorzeichen wechselt. Das wäre der Fall, wenn die f''-Kurve (im Gegensatz zur f'-Kurve) im Punkt x_e kein Vorzeichen wechselt und dort allenfalls ein Extremum hat (vgl. Abb. 288.3).
die f''-Kurve auf Extremstellen untersuchen, indem man – die dritte Ableitung bildet und ihr Nullwerden an der Stelle x_e überprüft:	$f'''(x) = 2x$; $f'''(x_e) = 2x_e = 0$ (erste Bedingung für Extremum ist erfüllt!)
– die vierte Ableitung an der Stelle x_e ermittelt und daraus auf ein Maximum oder Minimum von $f''(x)$ und damit von $f(x)$ schließt:	$f^{(4)}(x) = 2$ (in diesem Falle für alle x-Werte; bei dieser Konstantfunktion kein Einsetzen des x_e-Wertes!) $f^{(4)}(x_e) > 0 \Rightarrow$ Minimum der f''-Funktion an der Stelle $x_e \Rightarrow$ Vorzeichenwechsel der f'-Funktion an der Stelle $x_e \Rightarrow$ Minimum der f-Funktion an der Stelle x_e.
Ergebnis:	$f'(x_e) = 0 \wedge f''(x_e) = 0 \wedge f'''(x_e) = 0$ $\wedge f^{(4)}(x_e) > 0$ $\Rightarrow x_e = \underline{\underline{x_{\min} = 0}}$ Durch Einsetzen in die Funktionsgleichung: $f(x_{\min}) = \frac{1}{12}x_{\min}^4 + 1$ $f(x_{\min}) = 0 + 1$ $\underline{\underline{f(x_{\min}) = 1}}$ Der Punkt $P_e(0\|1)$ ist ein Tiefpunkt.

Da im vorigen Beispiel an der untersuchten Stelle x_e die zweite Ableitung 0 ist, musste die Existenz und die Art der Extremstelle durch die dritte und vierte Ableitung nachgewiesen werden. Es ist einzusehen, dass dieses Verfahren mit der gleichen Begründung weiterzuführen wäre, wenn auch die dritte und vierte und etwa auch noch weiter folgende Ableitungen an der Stelle x_e den Wert 0 ergäben. Aus dieser Überlegung folgt:

Satz 290

Wenn n eine gerade natürliche Zahl ist, so hat eine Funktion $f\colon x \mapsto f(x)$ an derjenigen Stelle ein Extremum, an der die ersten $(n - 1)$ Ableitungen den Wert 0 annehmen, jedoch die n-te Ableitung einen von 0 verschiedenen Wert hat, und zwar einen negativen Wert bei einem Maximum und einen positiven Wert bei einem Minimum:
$f'(x_e) = f''(x_e) = f^{(3)}(x_e) = \ldots = f^{(n-1)}(x_e) = 0 \wedge f^{(n)}(x_e) < 0 \Rightarrow x_e = x_{\max}$;
$f'(x_e) = f''(x_e) = f^{(3)}(x_e) = \ldots = f^{(n-1)}(x_e) = 0 \wedge f^{(n)}(x_e) > 0 \Rightarrow x_e = x_{\min}$;
$n \in \{2, 4, 6, \ldots\}$.

Dieser Satz schließt, wie man sieht, den Satz 285 ein.

Man sucht also eine **Extremstelle**, indem ein möglicher x_e-Wert durch **Nullsetzen der ersten Ableitung** berechnet wird.
Eine **Extremstelle** ist dann gefunden, wenn eine der folgenden höheren Ableitungen, die bei Einsetzen des x_e-Wertes erstmalig nicht null wird, eine **geradzahlige** Ableitung ist.

Aufgaben

4 Welche Extremstellen haben die Funktionen mit den folgenden Funktionsgleichungen?

a) $f(x) = 3(x^4 - 1)$
b) $f(x) = \frac{1}{3}\left(\frac{1}{4}x^6 - 6\right)$
c) $f(x) = \frac{1}{5}x^5 - \frac{1}{3}x^3$
d) $f(x) = x^4\left(\frac{2}{5}x - 1\right)$
e) $f(x) = x^3\left(x - \frac{2}{3}\right)$
f) $f(x) = \frac{1}{7}x^7 - \frac{1}{3}x^6 + \frac{1}{5}x^5$
g) $f(x) = \frac{1}{10}x^5 - \frac{2}{3}x^3$
h) $f(x) = \frac{1}{15}x^5 - \frac{1}{4}x^4$
i) $f(x) = \frac{1}{12}\left(x^6 - \frac{6}{5}x^5\right) - \frac{13}{20}$
j) $f(x) = x^3\left(\frac{1}{20}x^2 - \frac{1}{3}\right) + \frac{8}{3}$

21.3.2 Wendestellen

Wichtige Stellen eines Funktionsgraphen sind auch solche, an denen die **Steigung** eines Graphen ein relatives Maximum oder Minimum hat. Das ist dann der Fall, wenn die Steigung einer Kurve mit wachsendem x bis zu einem bestimmten Punkt P_w zunimmt und dann wieder abnimmt (wie z. B. in Abb. 291) oder umgekehrt. Da sich die Kurvenbahn in diesem Punkt P_w von einer Links- in eine Rechtskurve (oder umgekehrt) wendet, heißt dieser Punkt P_w Wendepunkt und sein x-Wert x_w, Wendestelle.

Die Steigung der Kurve im Wendepunkt kann durch die Wendetangente verdeutlicht werden, an die sich die Kurve von beiden Seiten anschmiegt und deren Steigung $f'(x_w)$ ist[1].

Die Wendestellen der Funktion $f\colon x \mapsto f(x)$ lassen sich finden, indem die Ableitungsfunktion $f\colon x \mapsto f'(x)$ auf Extremstellen untersucht wird.

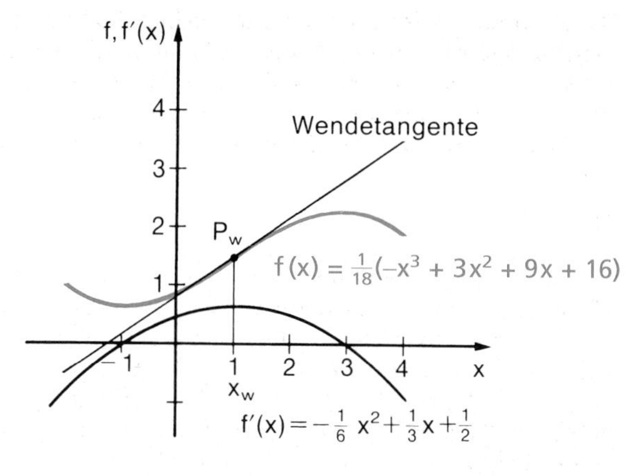

Abb. 291

Beispiel mit Lösung

Aufgabe: Untersuchen Sie die Funktion mit der Funktionsgleichung $f(x) = \frac{1}{18}(-x^3 + 3x^2 + 9x + 16)$ auf Wendestellen (siehe Abb. 291)!

Lösung: Funktionsgleichung durch Ausmultiplizieren für die Differenziation aufgliedern:

$$f(x) = -\frac{1}{18}x^3 + \frac{1}{6}x^2 + \frac{1}{2}x + \frac{8}{9}$$

Erste und zweite Ableitung bilden:

$$f'(x) = -\frac{1}{6}x^2 + \frac{1}{3}x + \frac{1}{2}$$

$$f''(x) = -\frac{1}{3}x + \frac{1}{3}$$

Zweite Ableitung gleich null setzen für die Wendestelle x_w und diese berechnen:

$$-\frac{1}{3}x_w + \frac{1}{3} = 0 \qquad \underline{\underline{x_w = 1}}$$

Vorzeichenwechsel der zweiten Ableitung an der Stelle x_w (Extremum der ersten Ableitung!) feststellen, indem man die dritte Ableitung bildet und deren Wert an der Stelle x_w ermittelt:

$f'''(x) = -\frac{1}{3}$ (in diesem Falle für alle x-Werte; bei dieser Konstantfunktion kein Einsetzen des x_w-Wertes!)
$f'''(x_w) < 0 \Rightarrow$ Maximum der f'-Funktion
$\Rightarrow$ Wendestelle der f-Funktion[2].

[1] Der Index w kennzeichnet die Wendestelle der f-Funktion; dass an dieser Stelle die f'-Funktion ein Extremum hat, kommt bei dieser Kennzeichnung direkt nicht zum Ausdruck.

[2] Wäre $f'''(x_w) > 0$, hätte die f'-Funktion ein Minimum und die f-Funktion ebenfalls eine Wendestelle, nur mit dem Unterschied, dass die Wendetangente dort nicht ihre maximale, sondern ihre minimale Steigung hat. Das ist der Fall, wenn der Graph der f-Funktion von einer Rechts- in eine Linkskurve übergeht.

x_w in die Funktionsgleichung einsetzen und daraus $f(x_w)$ berechnen:	$f(x_w) = \frac{1}{18}(-1 + 3 + 9 + 16)$ $\underline{\underline{f(x_w) = 1{,}5}}$
x_w in die erste Ableitung einsetzen und daraus die Steigung $f'(x_w)$ der Wendetangente bestimmen:	$f'(x_w) = -\frac{1}{6} + \frac{1}{3} + \frac{1}{2} = \frac{2}{3}$
Ergebnis:	Die Funktion hat eine Wendestelle an der Stelle $x_w = 1$. Der zugehörige Funktionswert ist $f(x_w) = 1{,}5$. Die Änderungstendenz der Funktion an der Wendestelle (Steigung der Wendetangente im Wendepunkt $W(1 \mid 1{,}5)$ und Anstieg des Graphen) beträgt $\frac{2}{3}$.

Satz 292

Ist für eine Funktion $f\colon x \mapsto f(x)$ an einer Stelle x_w die zweite Ableitung $f''(x_w) = 0$ und die dritte Ableitung $f'''(x_w) \neq 0$, so ist x_w eine Wendestelle[1]. Die Steigung der Wendetangente im Wendepunkt $W(x_w \mid f(x_w))$ des Graphen ist $f'(x_w)$.

Aufgaben

Gegeben sind die folgenden Funktionsgleichungen.
Wo liegen die Wendepunkte der entsprechenden Graphen und welche Steigung haben die Wendetangenten?[2]

1 a) $f(x) = -\frac{1}{12}x^3 + \frac{1}{2}x^2 + x - \frac{1}{3}$ b) $f(x) = x\left(\frac{1}{6}x^2 - 1\right) + \frac{3}{2}$
c) $f(x) = 2\left(x^3 - x^2 - \frac{1}{27}\right) + x$ d) $f(x) = \frac{1}{10}x^2(x - 3) - \frac{9}{2}x - \frac{3}{10}$
e) $f(x) = \frac{1}{2}\left(x^2 - \frac{1}{6}x^3\right) + \frac{5}{3}$ f) $f(x) = \frac{1}{8}(x^3 - 6x^2 + 12x + 16)$

2 a) $f(x) = -\frac{1}{24}(x - 1)^3 + 2$ b) $f(x) = x^2(1 - x) + \frac{25}{27}$
c) $f(x) = x(x^3 - x^2 + 1) + \frac{17}{16}$ d) $f(x) = \frac{1}{5}\left(\frac{1}{6}x^4 - 4x^2 - \frac{8}{3}\right)$
e) $f(x) = x^3\left(\frac{1}{10}x^2 - x + \frac{8}{3}\right) - \frac{1}{15}$ f) $f(x) = \frac{1}{2}x\left(\frac{1}{10}x^4 - 27x + \frac{729}{10}\right) + 1$

3 a) $f(x) = \frac{1}{6}x^3\left(\frac{1}{2}x - 1\right) - x^2 - \frac{1}{4}$ b) $f(x) = x^5 - \frac{10}{3}x^3 + \frac{4}{3}$
c) $f(x) = x^2(80 - x^3) - 285$ d) $f(x) = \frac{1}{20}x^5 - \frac{1}{4}x^4 + \frac{1}{2}x^3 + \frac{1}{4}x + 1$
e) $f(x) = x\left(\frac{1}{20}x^4 - \frac{1}{6}x^2 - \frac{1}{20}\right) + \frac{2}{3}$ f) $f(x) = x^3(x^4 - 112) + 124$

Da die Wendestellen einer Funktion gleichzeitig Extremstellen der ersten Ableitung sind, können sie auch dann auftreten, wenn – wie bereits die Betrachtung der Extremstellen ergab –

[1] Die erste Bedingung $f''(x_w) = 0$ dieses Satzes ist für eine Extremstelle zwar notwendig, aber nicht hinreichend. Die zweite Bedingung $f'''(x_w) \neq 0$ dieses Satzes ist zwar hinreichend, aber nicht notwendig. Die Begründung dafür liefert die Fußnote auf Seite 285 hier für das Extremum der ersten Ableitungsfunktion.

[2] siehe Fußnote auf Seite 279.

die dritte Ableitung (wie eventuell auch noch folgende Ableitungen) an der Wendestelle ebenfalls den Wert 0 annimmt (vgl. den Satz 290). Demnach gilt für die Existenz einer Wendestelle einer Funktion, was für die Existenz des entsprechenden Extremums der ersten Ableitung gilt.

Satz 293

Wenn n eine gerade natürliche Zahl ist, so ist bei einer Funktion $f\colon x \mapsto f(x)$ derjenige x-Wert eine Wendestelle, für den die ersten n Ableitungen den Wert 0 annehmen, jedoch die $(n + 1)$-te Ableitung einen von 0 verschiedenen Wert hat, und zwar einen negativen Wert bei der Wendung von zunehmenden nach abnehmenden Änderungstendenzen und einen positiven Wert bei der Wendung von abnehmenden nach zunehmenden Änderungstendenzen:
$f''(x_w) = f'''(x_w) = f^{(4)}(x_w) = \ldots = f^{(n)}(x_w) = 0 \wedge f^{(n+1)}(x_w) \neq 0 \Rightarrow x_w$ ist Wendestelle; $n \in \{2, 4, 6, \ldots\}$.

Bei **Wendestellen** ist also eine **ungeradzahlige** höhere Ableitung erstmalig von null verschieden, wenn der durch **Nullsetzen der zweiten Ableitung** errechnete x_w-Wert eingesetzt wird.

Beispiel mit Lösung

Aufgabe: Gegeben ist die Funktionsgleichung $f(x) = \frac{1}{10}(x^5 + 20)$. Hat der Graph der Funktion einen Wendepunkt?

Lösung: Funktionsgleichung differenziationsgerecht aufgliedern:	$f(x) = \frac{1}{10}x^5 + 2$
Erste und zweite Ableitung bilden:	$f'(x) = \frac{1}{2}x^4$; $f''(x) = 2x^3$
Zweite Ableitung gleich null setzen für die Wendestelle x_w und diese berechnen:	$2x_w^3 = 0 \Rightarrow x_{w1} = x_{w2} = x_{w3} = 0$ $\underline{\underline{x_w = 0}}$
Vorzeichenwechsel der zweiten Ableitung an der Stelle x_w (Extremum der ersten Ableitung!) feststellen, indem man	
– die dritte Ableitung bildet und deren Wert an der Stelle x_w ermittelt:	$f'''(x) = 6x^2$; $f'''(x_w) = 6x_w^2 = 0$
– weitere Ableitungen bildet, bis sich bei Einsetzen von x_w ein von 0 verschiedener Wert ergibt:	$f^{(4)}(x) = 12x$; $f^{(4)}(x_w) = 12x_w = 0$ $f^{(5)}(x) = 12$; $f^{(5)}(x_w) = 12$ (in diesem Falle für alle x-Werte; bei dieser Konstantfunktion kein Einsetzen von x_w!)
– die $(n + 1)$-te an der Stelle x_w von 0 verschiedene Ableitung feststellt und davon auf die Existenz und die Art einer Wendestelle schließt:	$f^{(5)}(x_w) > 0 \Rightarrow x_w$ ist Wendestelle

Durch Einsetzen von x_w in die Funktionsgleichung $f(x_w)$ berechnen:	$f(x_w) = \frac{1}{10}(x_w^5 + 20)$ $f(x_w) = 2$
Steigung der Wendetangente berechnen durch Einsetzen von x_w in $f'(x)$:	$f'(x_w) = \frac{1}{2}x_w^4 = 0$
Ergebnis:	Der Graph der Funktion hat einen Wendepunkt $W(0\|2)$ mit waagerechter Wendetangente.

Merke Wendepunkte mit waagerechter Tangente heißen auch Sattelpunkte.

Aufgaben

Berechnen Sie die Koordinaten der Wendepunkte und die Steigungen der Wendetangenten!

4 a) $f(x) = x(1 - x^4)$ b) $f(x) = \frac{1}{84}x^7 - 2(x - 1)$

c) $f(x) = \frac{1}{10}x^5 - x^4 + 3x^3 - 2$ d) $f(x) = x^6\left(x - \frac{7}{5}\right) + 2$

e) $f(x) = x^5(x - 3) + 18x - 1$ f) $f(x) = x\left(8x^5 - 6x^4 + \frac{9}{8}\right) + 1$

5 Berechnen Sie die x-Koordinaten der Wendepunkte!

a) $f(x) = \frac{1}{7}x^7 - \frac{1}{5}(x^6 - 5)$ b) $f(x) = \frac{1}{3}x^4\left(\frac{1}{10}x^2 - \frac{1}{4}\right) + \frac{1}{2}(x + 6)$

c) $f(x) = \frac{1}{2}x^5 - \frac{1}{4}(3x^4 + 2x) - 1$ d) $f(x) = \frac{1}{40}x(x^4 - 4x^3 + 10) - \frac{3}{2}$

e) $f(x) = \frac{1}{56}x^8 - \frac{1}{30}x^6 - \frac{4}{5}x - \frac{1}{6}$ f) $f(x) = \frac{1}{2}x^5\left(\frac{1}{7}x^2 - \frac{1}{3}x + \frac{1}{5}\right)$

21.3.3 Kurvenuntersuchung

Mit der Funktionsgleichung und den nun verfügbaren mathematischen Verfahren lassen sich besonders wichtige Kurvenpunkte bestimmen. Diese dienen als auffällige Stützpunkte, um den Graphen zeichnen oder zumindest in seinem Verlauf überblicken zu können.

Dafür werden

a) zuerst die Abszissenwerte der nicht ohne weiteres abschätzbaren wichtigen Kurvenpunkte berechnet,
b) je nach eingeschätztem Bedarf zusätzliche Abszissenwerte für erforderliche Ergänzungspunkte gewählt,
c) die zugehörigen Ordinatenwerte aus der Funktionsgleichung errechnet und in einer Wertetabelle übersichtlich den Abszissenwerten zugeordnet,
d) bedarfsweise die Steigungswerte der Tangenten in ausgesuchten Kurvenpunkten errechnet.

Die folgende Übersicht zeigt das Vorgehen im Einzelnen, ohne dass damit eine starre Reihenfolge vorgeschrieben ist:

Vorgehensweise	Ausgesuchte Bestimmungsdaten des Graphen	Rechnungsansatz
Zu a)	Nullstellen (Schnittpunkte des Graphen mit der x-Achse)	Lösungswerte der durch $f(x) = 0$ entstehenden Bedingungsgleichung ermitteln
	Extremstellen (Abszissenwerte der Hoch- und Tiefpunkte)	Lösungswerte der durch $f'(x) = 0$ entstehenden Bedingungsgleichung mit Nachweis durch $f''(x) \neq 0$ ermitteln[1]
	Wendestellen (Abszissenwerte der Wendepunkte)	Lösungswerte der durch $f''(x) = 0$ entstehenden Bedingungsgleichung mit Nachweis durch $f'''(x) \neq 0$ ermitteln[1]
Zu b)	Abszissen-Nullwert (Schnittpunkt mit der Ordinatenachse)	$x = 0$ wählen
	Weitere Abszissenwerte, die zu besonders ergänzungsbedürftigen Kurvenabschnitten[2] gehören und/oder eine besonders einfache Ordinatenberechnung gestatten	z. B. $x = 1$, $x = -1$ usw. wählen
Zu c)	Außer den Nullstellen[3] alle zu den errechneten und gewählten Abszissen gehörende Ordinaten	$x = x_n$ in $f(x)$ einsetzen und $f(x_n)$ errechnen (z. B. $x_{n1} = x_e$; $x_{n2} = x_w$; $x_{n3} = 0$ usw.)
Zu d)	Steigung der Wendetangenten	x_w in $f'(x)$ einsetzen und $f'(x_w)$ errechnen
	Eventuell Steigung weiterer Tangenten in ausgesuchten Kurvenpunkten außer[4] in Hoch-, Tief- oder Sattelpunkten	x_n in $f'(x)$ einsetzen und $f'(x_n)$ errechnen (z. B. $x_{n1} = x_0$; $x_{n2} = 0$; $x_{n3} = 1$; $x_{n4} = -1$ usw.)

Mit den angegebenen Untersuchungsschritten lässt sich der wesentliche Kurvenverlauf weitgehend erfassen[5].
Eine solche Kurvenuntersuchung wird auch „Kurvendiskussion" genannt.

[1] falls nicht höhere Ableitungen herangezogen werden müssen.
[2] z. B. solche, die auf weite Strecken keine Null-, Extrem- oder Wendestellen enthalten.
[3] Diese Werte sind bereits mit $f(x) = 0$ vorgegeben.
[4] Diese Werte sind bereits mit $f'(x) = 0$ vorgegeben.
[5] Zu einer ausführlichen Kurvenuntersuchung gehören noch weitere Gesichtspunkte (z. B. Symmetrie-Eigenschaften, Unendlichkeitsverhalten), auf die jedoch nicht eingegangen wird, da sie für die hier vorkommenden Anwendungsfälle nicht wichtig sind.

Beispiel mit Lösung

Aufgabe: Gegeben ist die Funktion $x \mapsto f(x)$ mit der Funktionsgleichung $f(x) = -x^3 - 3x^2 + 4,\ x \in \mathbb{R}$.

a) Berechnen Sie die Nullstellen!
b) Bestimmen Sie die Ableitungen $f'(x)$, $f''(x)$ und $f'''(x)$!
c) Berechnen Sie die Koordinaten der Hoch- und Tiefpunkte!
d) Bestimmen Sie die Koordinaten des Wendepunktes!
e) Wie lautet die Gleichung der Wendetangente?
f) Zeichnen Sie den Graphen der Funktion!

Lösung:

a) Berechnung der Nullstellen:
Bedingung: $f(x_p) = 0$
Durch Probieren findet man eine Lösung $x_{p1} = 1$

$$\begin{aligned} -x_p^3 - 3x_p^2 + 4 &= 0 \qquad |:(x_p - 1) \\ -x_p^2 - 4x_p - 4 &= 0 \qquad |\cdot(-1) \\ x_p^2 + 4x_p + 4 &= 0 \\ (x_p + 2)(x_p + 2) &= 0 \\ x_{p2} = x_{p3} &= -2 \end{aligned}$$

Nullstellen $N_1(1|0)$, $N_2(-2|0)$

b) Ableitungen:

$$\begin{aligned} f(x) &= -\ x^3 - 3x^2 + 4 \\ f'(x) &= -3x^2 - 6x \\ f''(x) &= -6x - 6 \\ f'''(x) &= -6 \end{aligned}$$

c) Bestimmung der Hoch- und Tiefpunkte:
Bedingung für Hochpunkt: $f'(x_e) = 0 \wedge f''(x_e) < 0$
Bedingung für Tiefpunkt: $f'(x_e) = 0 \wedge f''(x_e) > 0$

$$\begin{aligned} -3x_e^2 - 6x_e &= 0 \qquad |:(-3) \\ x_e^2 + 2x_e &= 0 \\ x_e(x_e + 2) &= 0 \\ x_{e1} &= -2 \\ x_{e2} &= 0 \end{aligned}$$

$f'(-2) = 0 \wedge f''(-2) = 6 > 0 \Rightarrow \text{TP}$
$f'(0) \quad = 0 \wedge f''(0) \quad = -6 < 0 \Rightarrow \text{HP}$
$f(-2) = 0 \Rightarrow$ Tiefpunkt $T(-2|0)$
$f(0) \quad = 4 \Rightarrow$ Hochpunkt $H(0|4)$

d) Bestimmung des Wendepunktes:
Bedingung: $f''(x_w) = 0 \wedge f'''(x_w) \neq 0$

$-6x_w - 6 = 0$

$x_w = -1$

$f''(-1) = 0 \wedge f'''(-1) = -6 \neq 0 \Rightarrow \text{WP}$

$f(-1) = 2 \Rightarrow$ Wendepunkt $W(-1|2)$

e) Berechnung der Gleichung der Wendetangente:
Da $f'(-1) = 3$ gilt, hat die Kurve in $W(-1|2)$ die Steigung 3. Mithilfe der Punkt-Steigungs-Form erhalten wir $\frac{y-2}{x+1} = 3 \Rightarrow y = f(x) = 3x + 5$ als Gleichung der Wendetangente.

f) Wertetafel:

x	–3	–2,5	–2	–1,5	–1	–0,5	0	0,5	1	1,5
$-x^3 - 3x^2 + 4$	4	0,88	0	0,63	2	3,38	4	3,13	0	–6,13
			N,T		W		H		N	

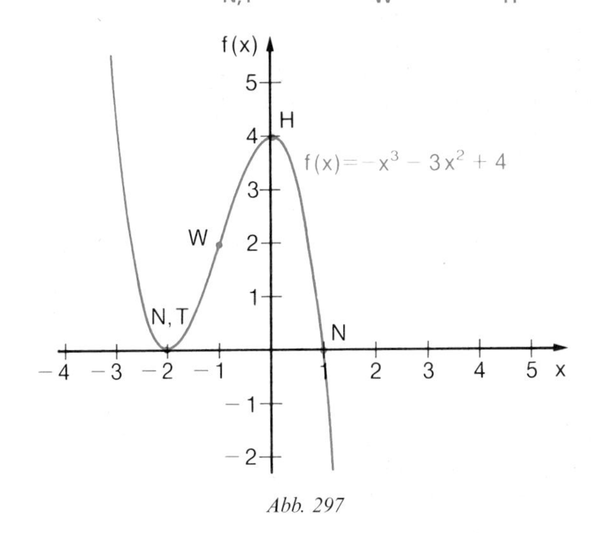

Abb. 297

Aufgaben

Diskutieren Sie die Graphen der Funktionen, die durch nachstehende Funktionsgleichungen festgelegt sind! Bestimmen Sie hierzu (1) die Nullstellen, (2) die Ableitungen, (3) die Hoch- und Tiefpunkte, (4) die Wendepunkte, (5) die Gleichung der Wendetangente und zeichnen Sie (6) den Graphen der Funktion!

1 a) $f(x) = x^3 - 3x + 2$ b) $f(x) = x^3 + 3x^2 - x - 3$

2 a) $f(x) = x^3 - 3x^2 + 2$ b) $f(x) = -x^3 + 6x^2 - 9x + 2$

3 a) $f(x) = x^3 - x^2 - 4x + 4$ b) $f(x) = x^3 + x^2 - 2x$

4 a) $f(x) = \frac{1}{2}x^3 - 1{,}5x^2$ b) $f(x) = \frac{1}{6}x^3 - 1{,}5x$

5 a) $f(x) = -\frac{1}{3}x^3 + x^2$ b) $f(x) = -\frac{1}{8}x^3 + 1{,}5x - 2$

6 a) $f(x) = \frac{1}{2}x^3 + \frac{1}{2}x^2 - 2{,}5x + 1{,}5$ b) $f(x) = \frac{1}{2}x^3 - 2x^2 - \frac{1}{2}x + 2$

7 a) $f(x) = \frac{1}{5}x^4 - 2x^2 + 1{,}8$
b) $f(x) = 0{,}1x^4 - 0{,}4x^3 - 0{,}7x^2 + 2{,}2x + 2{,}4$

8 a) $f(x) = -0{,}1x^4 + 0{,}4x^3 + 1{,}1x^2 - 3x$ b) $f(x) = -\frac{1}{4}x^4 + 2{,}25x^2 - 2$

9 a) $f(x) = 0{,}1x^4 - 0{,}6x^3 + 0{,}1x^2 + 2{,}4x - 2$
b) $f(x) = 0{,}2x^4 - 1{,}6x^3 + 2{,}8x^2 + 1{,}6x - 3$

10 a) $f(x) = 0{,}1x^4 - 0{,}1x^3 - 0{,}6x^2$ b) $f(x) = -0{,}2x^4 + 0{,}2x^3 + 1{,}2x^2$

11 a) $f(x) = x^2\left(\frac{1}{9}x^2 - 1\right)$ b) $f(x) = \frac{1}{2}x^4 + x^3 - \frac{3}{2}x^2$
c) $f(x) = \frac{1}{4}x^4 - 2x^3 + \frac{15}{4}x^2 + 2x - 4$

12 Berechnen Sie
(1) die Nullstellen,
(2) die Ordinatenachsen-Abschnitte,
(3) die Ableitungen,
(4) die Koordinaten der Hoch- und Tiefpunkte,
(5) die Koordinaten der Wendepunkte,
(6) die Steigung der Wendetangenten

der Graphen von den Funktionen, deren Funktionsgleichungen in den Aufgaben 3 bis 6 auf Seite 122/123 und in der Aufgabe 9 auf Seite 125 gegeben sind!

21.4 Angewandte Aufgaben: Erlös-, Kosten- und Gewinnfunktionen

Bevor wir uns mit der betriebswirtschaftlichen Untersuchung von Erlös- und Kostenkurven befassen, wollen wir uns auf die Berechnung von maximalem Gesamterlös und maximalem Gesamtgewinn anhand vorgegebener Funktionsgleichungen beschränken. Dabei unterscheiden wir 2 Fälle:

1. Der Verlauf der Erlöskurve E wird durch eine Funktionsgleichung 2. Grades bestimmt. Die Gesamtkostenkurve K verläuft linear zur Absatzmenge x.[1]
2. Der Gesamterlös E verändert sich linear zur Absatzmenge x. Dagegen wird der Verlauf der Gesamtkostenkurve K durch eine Funktionsgleichung 3. Grades beschrieben.

Die betriebswirtschaftliche Erklärung und die graphische Darstellung dieser zwei Fälle wird auf den Seiten 300/301 bzw. 305/306 und dem jeweils folgenden Beispiel mit Lösung gegeben.

Beispiel mit Lösung

Aufgabe: Die Abhängigkeit des Gesamterlöses E (in GE) von der Absatzmenge x (in ME) wird für einen Elektroartikel durch die Funktionsgleichung $E(x) = -\frac{1}{4}x^2 + 2x$ einer Erlösfunktion beschrieben. Der Verlauf der Gesamtkosten K (in GE) ist durch die Funktionsgleichung $K(x) = \frac{2}{5}x + \frac{3}{2}$ bestimmt.

[1] Die Gesamtkostenkurve K kann auch durch eine Funktionsgleichung 2. oder 3. Grades bestimmt sein.

a) Bei welcher Absatzmenge erhält man den maximalen Erlös und wie hoch ist dieser?
1 ME ≙ 1000 Stück; 1 GE ≙ 10000 EUR.

b) Welche Absatzmenge erzielt den höchsten Gewinn (Nutzenmaximum) und wie viel GE beträgt der Gewinn?

c) Berechnen Sie die Gesamtkosten bei maximalem Erlös und bei maximalem Gewinn!

Lösung:

a) Berechnung des Erlösmaximums:	
Erste Ableitung bilden:	$E'(x) = -\frac{1}{2}x + 2$
Zweite Ableitung bilden:	$E''(x) = -\frac{1}{2}$
Bedingung für Hochpunkt:	$E'(x_e) = 0 \wedge E''(x_e) < 0$
$E'(x_e)$ gleich 0 setzen:	$-\frac{1}{2}x_e + 2 = 0$
x_e berechnen:	$x_e = 4$
Nachweis für Hochpunkt führen:	$E'(4) = 0 \wedge E''(4) = -\frac{1}{2} < 0 \Rightarrow \text{HP}$
Maximalerlös E bestimmen:	$E(4) = -\frac{1}{4} \cdot 16 + 2 \cdot 4 = 4 \Rightarrow H(4\|4)$
	Bei 4 ME = 4000 Stück beträgt der maximale Erlös 4 GE = 40000,00 EUR.
b) Berechnung des Nutzenmaximums:	
Gleichung der Gewinnfunktion aufstellen:	$G(x) = E(x) - K(x)$
	$G(x) = -\frac{1}{4}x^2 + 2x - \left(\frac{2}{5}x + \frac{3}{2}\right)$
	$G(x) = -\frac{1}{4}x^2 + \frac{8}{5}x - \frac{3}{2}$
Erste Ableitung bilden:	$G'(x) = -\frac{1}{2}x + \frac{8}{5}$
Zweite Ableitung bilden:	$G''(x) = -\frac{1}{2}$
Bedingung für Hochpunkt:	$G'(x_e) = 0 \wedge G''(x_e) < 0$
$G'(x_e)$ gleich 0 setzen:	$-\frac{1}{2}x_e + \frac{8}{5} = 0$
x_e berechnen:	$x_e = 3{,}2$
Nachweis für Hochpunkt führen:	$G'(3{,}2) = 0 \wedge G''(3{,}2) = -\frac{1}{2} < 0 \Rightarrow \text{HP}$
Maximalgewinn G bestimmen:	$G(3{,}2) = -2{,}56 + 5{,}12 - 1{,}5 = 1{,}06$
	$\Rightarrow N_m(3{,}2\|1{,}06)$
	Bei 3,2 ME = 3200 Stück beträgt der maximale Gewinn 1,06 GE = 10600,00 EUR.
c) Berechnung der Kosten:	
$x_e = 4$ in $K(x)$ einsetzen:	$K(4) = \frac{2}{5} \cdot 4 + \frac{3}{2} = 3{,}1$
	3,1 GE = 31000,00 EUR Kosten beim maximalen Erlös.
$x_e = 3{,}2$ in $K(x)$ einsetzen:	$K(3{,}2) = \frac{2}{5} \cdot 3{,}2 + \frac{3}{2} = 2{,}78$
	2,78 GE = 27800,00 EUR Kosten beim maximalen Gewinn.

Aufgaben

1 Gegeben sind nachstehende Funktionsgleichungen, die die Abhängigkeit des Gesamterlöses E und der Gesamtkosten K von der Absatzmenge x beschreiben. Berechnen Sie jeweils

(1) den maximalen Erlös und die zugehörige Absatzmenge,

(2) den maximalen Gewinn mit zugehöriger Absatzmenge (Nutzenmaximum),

(3) die Höhe der Kosten bei maximalem Erlös und maximalem Gewinn!

1 ME $\hat{=}$ 1 000 Stück; 1 GE $\hat{=}$ 10 000 EUR.

a) $E(x) = -0{,}6x^2 + 3x; \quad K(x) = 0{,}9x + 0{,}5$
b) $E(x) = -0{,}8x^2 + 4x; \quad K(x) = x + 2{,}5$
c) $E(x) = -0{,}5x^2 + 6x; \quad K(x) = 0{,}6x + 1$

In nachstehenden Aufgaben verändert sich der Erlös E proportional zur Absatzmenge x. Das Erlösmaximum liegt in diesem Fall an der Kapazitätsgrenze (höchstmögliche Produktionsmenge bzw. Absatzmenge). Der Verlauf der Gesamtkosten K ist durch eine Funktionsgleichung 3. Grades bestimmt.

2 Durch nachstehende Funktionsgleichungen sind Erlös und Kosten in Abhängigkeit von der Absatzmenge x bestimmt. Berechnen Sie jeweils
(1) den maximalen Gewinn und die zugehörige Absatzmenge (Nutzenmaximum),
(2) die Höhe des Erlöses und der Kosten bei maximalem Gewinn!
1 ME $\hat{=}$ 1 000 Stück; 1 GE $\hat{=}$ 10 000 EUR.

a) $E(x) = 6x; \quad K(x) = \frac{1}{24}x^3 - \frac{1}{4}x^2 + 6x + \frac{1}{3}$

b) $E(x) = 4{,}2x; \quad K(x) = \frac{1}{3}x^3 - x^2 + 1{,}2x + 2$

c) $E(x) = 2{,}25x; \quad K(x) = \frac{1}{12}x^3 - \frac{1}{3}x^2 + 2x + 1$

In den folgenden Beispielen und Aufgaben werden Kosten- und Erlöskurven unter betriebswirtschaftlichen Gesichtspunkten untersucht.

Ist ein Hersteller der einzige Anbieter eines Wirtschaftsgutes, so bezeichnet man ihn als Monopolisten. Dem alleinigen Angebot des Monopolisten steht die gesamte Nachfragemenge des Marktes gegenüber. Der Monopolist hat die Möglichkeit, den Marktpreis so zu beeinflussen, dass er den maximalen Gesamtgewinn erzielt. Er muss untersuchen, bei welcher Produktionsmenge der Gesamtgewinn maximal wird. Dies kann mithilfe der Gesamtkosten- und der Gesamterlöskurve geschehen.

Der Gesamterlös verläuft beim Monopolisten nicht linear zur Produktionsmenge. Können zum Beispiel bei einem Stückpreis von 30,00 EUR insgesamt 3 000 Stück abgesetzt werden, so wird eine Erhöhung der Absatzmenge nur über die Senkung des Stückpreises möglich sein. Aus nachstehender Tabelle ist zu ersehen, dass bei fallendem Stückpreis und steigender Menge der Gesamterlös zuerst zunimmt und dann abfällt. Der Gesamtgewinn steigt ebenfalls am Anfang und nimmt dann ab.

Prod.-menge x	Stück-preis p	Gesamt-erlös E	Gesamt-kosten K	Gesamt-gewinn G
0	–	0	40 000	–40 000
1 000	40	40 000	48 000	– 8 000
2 000	35	70 000	56 000	14 000
3 000	30	90 000	64 000	26 000
4 000	25	100 000	72 000	28 000
5 000	20	100 000	80 000	20 000
6 000	15	90 000	88 000	2 000
7 000	10	70 000	96 000	–26 000
8 000	5	40 000	104 000	–64 000

Der Tabelle kann man entnehmen, dass der maximale Gewinn nahe der Produktionsmenge von 4 000 Stück liegt. Zur Berechnung des maximalen Gesamtgewinnes unterstellt man, dass der Stückpreis p linear zur Produktionsmenge gesenkt wird. Der Graph der Stückpreisfunktion (**Preis-Absatz-Funktion**) $x \to p$ ist demnach eine Gerade. Der Verlauf der Gesamtkosten K ist im Beispiel ebenfalls linear, kann aber auch durch eine Gleichung 2. oder 3. Grades bestimmt sein.

Wichtige Beurteilungspunkte der Erlös- und Kostenfunktionen von Monopolbetrieben sind die **Nutzenschwelle** N_s, die **Nutzengrenze** N_g und das **Nutzenmaximum** N_m. Wie wir wissen (siehe Beispiel mit Lösung Seite 131 f.), sind Nutzenschwelle und Nutzengrenze Schnittpunkte der Erlöskurve mit der Kostenkurve. Sie begrenzen die Produktionsmengen, bei denen der Betrieb Gewinn erzielt.

Beispiel mit Lösung

Aufgabe: In einem Industriebetrieb, der eine Monpolstellung für elektronische Bauteile besitzt, fallen für x ME (1 ME ≙ 1 000 Stück) folgende Gesamtkosten K und Stückpreise p an. Gesamtkosten K in GE (1 GE ≙ 1 000 EUR). Stückpreise p in EUR.

ME	x	0	1	2	3	4	5	6	7	8
GE	$K(x)$	40	48	56	64	72	80	88	96	104
EUR	$p(x)$	–	40	35	30	25	20	15	10	5

Der Verlauf der Gesamtkosten K und der Stückpreise p ist linear zur Produktionsmenge x.

a) Wie lauten die Funktionsgleichungen für die Gesamtkosten K und für die Stückpreise p (Gleichung der Preis-Absatz-Funktion)? Wie hoch sind die fixen Kosten und die variablen Stückkosten?
b) Bestimmen Sie die Funktionsgleichung für den Gesamterlös E!
c) Zeichnen Sie in ein gemeinsames Achsenkreuz die Gesamterlöskurve E und die Gesamtkostengerade K! Teilung der x-Achse: 1 ME ≙ 1 cm. Teilung der y-Achse: 10 GE ≙ 1 cm. Geben Sie die Nutzenschwelle N_s und die Nutzengrenze N_g an!
d) Berechnen Sie die Nutzenschwelle und die Nutzengrenze! In welchem Bereich wird mit Gewinn produziert?

e) Bei welcher Produktionsmenge ist der Gesamterlös am größten und wie viel EUR beträgt er?

f) Bestimmen Sie das Nutzenmaximum! Geben Sie N_m auf der Erlöskurve an und kennzeichnen Sie die Strecke des maximalen Gewinnes G! Wie viel EUR beträgt der maximale Gesamtgewinn und wie hoch ist der zugehörige Stückpreis? Tragen Sie die Preis-Absatz-Gerade p (Stückpreisgerade p) in das Achsenkreuz von c)! Für $p(x)$ gilt 1 GE $\hat{=}$ 1 EUR.

Lösung:

a) Lösung mithilfe der Gleichung der Zwei-Punkte-Form:
$P_1(0|40)$, $P_2(5|80)$; $K(x) = y$

$$\frac{y-40}{x-0} = \frac{80-40}{5-0} \Rightarrow y = K(x) = 8x + 40$$

$P_1(1|40)$, $P_2(5|20)$; $p(x) = y$

$$\frac{y-40}{x-1} = \frac{20-40}{5-1} \Rightarrow y = p(x) = -5x + 45$$

Die fixen Kosten betragen 40 GE = 40 000,00 EUR, die variablen Stückkosten betragen

$$\frac{48\,000{,}00 \text{ EUR} - 40\,000{,}00 \text{ EUR}}{1\,000 \text{ Stück}} = 8{,}00 \text{ EUR/Stück}$$

b) $E(x) = p(x) \cdot x = (-5x + 45) \cdot x = -5x^2 + 45x$

c)

ME	x	0	1	2	3	4	4,5	5	6	7	8	9
GE	$E(x)$	0	40	70	90	100	101,25	100	90	70	40	0

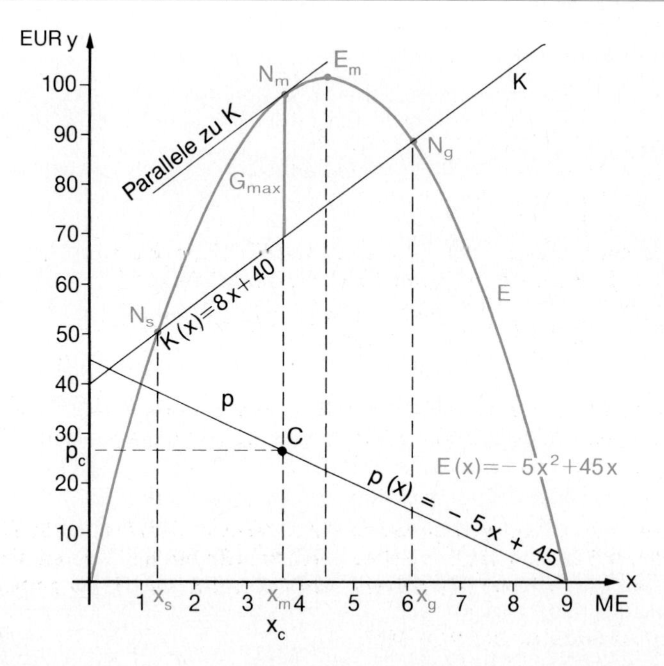

Abb. 302

d) Berechnung der Nutzenschwelle N_s und der Nutzengrenze N_g:
$K(x_p) = E(x_p)$
$8x_p + 40 = -5x_p^2 + 45x_p$
$5x_p^2 - 37x_p + 40 = 0$
$x_{p1} = 6{,}085$
$x_{p2} = 1{,}315$
$K(1{,}315) = E(1{,}315) = 50{,}52 \Rightarrow N_s(1{,}315|50{,}52)$
$K(6{,}085) = E(6{,}085) = 88{,}68 \Rightarrow N_g(6{,}085|88{,}68)$
Gewinnbereich $1{,}315 < x < 6{,}085$

e) Berechnung des maximalen Gesamterlöses:
Bedingung für Hochpunkt: $E'(x_e) = 0 \wedge E''(x_e) < 0$
$E'(x) = -10x + 45$
$E''(x) = -10$
$-10x_e + 45 = 0$
$x_e = 4{,}5$
$E'(4{,}5) = 0 \wedge E''(4{,}5) = -10 < 0 \Rightarrow \text{HP}$
$E(4{,}5) = 101{,}25 \Rightarrow H(4{,}5|101{,}25)$
Bei einer Produktion von 4 500 Stück beträgt der maximale Gesamterlös 101 250,00 EUR.

f) Berechnung des Nutzenmaximums N_m:
$G(x) = E(x) - K(x)$
$G(x) = -5x^2 + 45x - (8x + 40)$
$G(x) = -5x^2 + 37x - 40$
Bedingung: $G'(x_e) = 0 \wedge G''(x_e) < 0$
$G'(x) = -10x + 37$
$G''(x) = -10$
$-10x_e + 37 = 0$
$x_e = 3{,}7$
$G'(3{,}7) = 0 \wedge G''(3{,}7) = -10 < 0 \Rightarrow \text{HP}$
$E(3{,}7) = 98{,}05 \Rightarrow N_m(3{,}7|98{,}05)$, Punkt auf E.
Bei 3 700 Stück beträgt der Gesamterlös 98 050,00 EUR.
$G(3{,}7) = 28{,}45 \Rightarrow N_m(3{,}7|28{,}45)$
Bei 3 700 Stück beträgt der maximale Gewinn 28 450,00 EUR.
$p(3{,}7) = -5 \cdot 3{,}7 + 45 = 26{,}5 \Rightarrow 26{,}50$ EUR Stückpreis.
(andere Berechnung von p: $\frac{98\,050{,}00 \text{ EUR}}{3\,700 \text{ Stück}} = 26{,}50$ EUR/Stück)

Der Schnittpunkt des von N_m auf die x-Achse gefällten Lotes mit der Preis-Absatz-Geraden ist der Cournotsche[1] Punkt $C(3{,}7|26{,}5)$. Er gibt den Stückpreis und die Absatzmenge an, bei der der maximale Gesamtgewinn erzielt wird.

Auf Seite 306 wird erklärt und in Abb. 310.2 dargestellt, dass bei N_m die Differenzialkosten k_d gleich dem Stückerlös e sind. Gleichheit besteht auch für die Gesamtdifferenzialkosten K_D und den Gesamterlös E. Danach haben die Erlöskurve E und die Gesamtkostenkurve K bei

[1] Cournot, franz. Mathematiker, 1801–1877.

N_m die gleiche Steigung. Zur geometrischen Bestimmung von N_m legt man die Parallele zu K an E. Der Berührpunkt der Parallelen mit E ist N_m.

Aufgaben

3 In einem Industriebetrieb mit Monopolstellung fallen für x ME (1 ME $\hat{=}$ 1 000 Stück) folgende Gesamtkosten K und Stückpreise p an. Gesamtkosten K in GE (1 GE $\hat{=}$ 1 000 EUR), Stückpreise p in EUR.

ME	x	0	1	2	3	4	5	6	7	8	9	10
GE	$K(x)$	50	60	70	80	90	100	110	120	130	140	150
EUR	$p(x)$	–	54	48	42	36	30	24	18	12	6	0

Der Verlauf der Gesamtkosten K und der Stückpreise p ist linear zur Produktionsmenge x.

a) Wie lauten die Funktionsgleichungen für die Gesamtkosten K und für die Stückpreise p (Gleichung der Preis-Absatz-Funktion)? Wie hoch sind die fixen Kosten und die variablen Stückkosten?
b) Bestimmen Sie die Funktionsgleichung für den Gesamterlös E!
c) Zeichnen Sie in ein gemeinsames Achsenkreuz die Gesamterlöskurve E und die Gesamtkostengerade K! Teilung der x-Achse: 1 ME $\hat{=}$ 1 cm. Teilung der y-Achse: 20 GE $\hat{=}$ 1 cm. Geben Sie die Nutzenschwelle N_s und die Nutzengrenze N_g an!
d) Berechnen Sie die Nutzenschwelle und die Nutzengrenze! In welchem Bereich wird mit Gewinn produziert?
e) Bei welcher Produktionsmenge ist der Gesamterlös am größten und wie viel EUR beträgt er?
f) Bestimmen Sie das Nutzenmaximum! Geben Sie N_m auf der Erlöskurve an und kennzeichnen Sie die Strecke des maximalen Gewinnes G! Wie viel EUR beträgt der maximale Gesamtgewinn und wie hoch ist der zugehörige Stückpreis?
g) Tragen Sie die Preis-Absatz-Gerade p in das Achsenkreuz von c)! Für $p(x)$ gilt 1 GE $\hat{=}$ 1 EUR. Geben Sie den Cournotschen Punkt C an!

4 Der Absatz eines Monopolbetriebes beträgt bei 30,00 EUR Stückpreis 2 ME. Wird der Stückpreis auf 24,00 EUR gesenkt, erhöht sich der Absatz auf 4 ME. 1 ME $\hat{=}$ 1 000 Stück. Die fixen Kosten belaufen sich auf 30 GE, die Gesamtkosten auf 62 GE bei 4 ME. 1 GE $\hat{=}$ 1 000 EUR. Der Verlauf der Gesamtkosten K und der Stückpreise p ist linear zur Produktionsmenge x.

a) Berechnen Sie die Funktionsgleichungen für die Gesamtkosten K und für die Stückpreise p (Gleichung der Preis-Absatz-Funktion)! Wie hoch sind die variablen Stückkosten?
b) Wie lautet die Funktionsgleichung für den Gesamterlös E?
c) Berechnen Sie die Nutzenschwelle und die Nutzengrenze!
d) Bei welcher Produktionsmenge ist der Gesamterlös am größten und wie viel EUR beträgt er?
e) Bestimmen Sie das Nutzenmaximum. Wie viel EUR beträgt der maximale Gesamtgewinn und wie hoch ist der zugehörige Stückpreis?

Zeichnen Sie in ein gemeinsames Achsenkreuz die Gesamterlöskurve E, die Gesamtkostengerade K und die Preis-Absatz-Gerade p! Teilung der x-Achse: 1 ME $\hat{=}$ 1 cm. Teilung der y-Achse: 10 GE $\hat{=}$ 1 cm. Geben Sie die kritischen Punkte N_s, N_g, N_m und C an! Für $p(x)$ gilt 1 GE $\hat{=}$ 1 EUR. Wie lauten die Koordinaten des Cournotschen Punktes C?

5 Der Hersteller von elektronischen Teilen besitzt eine Monpolstellung. Die Absatzmengen betragen 3 ME bei einem Stückpreis von 76,00 EUR und 6 ME bei 52,00 EUR Stückpreis. 1 ME $\hat{=}$ 1000 Stück. Die Stückpreise p verlaufen linear zur Absatzmenge x. Der Verlauf der Gesamtkosten K ist durch die Funktionsgleichung $K(x) = 0{,}5x^3 - 8x^2 + 48 + 100$ festgelegt. Für K gilt: 1 GE $\hat{=}$ 1000 EUR.

a) Berechnen Sie die Gleichung der Preis-Absatz-Funktion und die Funktionsgleichung für den Gesamterlös E!

b) In welchem Bereich wird mit Gewinn produziert?

c) Bei welcher Absatzmenge ist der Gesamterlös am größten und wie viel EUR beträgt er?

d) Berechnen Sie das Nutzenmaximum! Wie viel EUR beträgt der maximale Gesamtgewinn und wie hoch ist der zugehörige Stückpreis?

e) Bei wie viel ME wechselt die Kostenkurve vom unterproportionalen zum überproportionalen Verlauf (Wendepunkt der Kostenkurve K)?

f) Zeichnen Sie in ein gemeinsames Achsenkreuz die Gesamterlöskurve E, die Gesamtkostenkurve K und die Preis-Absatz-Gerade p! Teilung der x-Achse: 2 ME $\hat{=}$ 1 cm. Teilung der y-Achse: 50 GE $\hat{=}$ 1 cm. Geben Sie die kritischen Punkte N_s, N_g, N_m und C an! Für $p(x)$ gilt 1 GE $\hat{=}$ 1 EUR. Wie lauten die Koordinaten des Cournotschen Punktes C?

Im folgenden Beispiel mit Lösung und den zugehörigen Aufgaben verändert sich der Erlös E proportional zur Herstellmenge x, und der Verlauf der Gesamtkosten K wird durch eine Funktionsgleichung 3. Grades bestimmt. Wichtige betriebswirtschaftliche Untersuchungsmerkmale sind neben **Nutzenschwelle N_s, Nutzengrenze N_g** und **Nutzenmaximum N_m** die **Differenzialkosten K'** (Grenzkosten), das **Betriebsoptimum O** und das **Betriebsminimum U**.

Differenzialkosten: Will man feststellen, wie sich die Gesamtkosten beim Übergang zu einer größeren Produktionsmenge ändern, so untersucht man die Differenzialkosten.

Einer Vergrößerung der Produktionsmenge von x_1 auf x_2 Stücke entspricht eine Kostensteigerung von K_1 auf K_2. Die Mehrproduktion beträgt $\Delta x = x_2 - x_1$, die Mehrkosten betragen $\Delta K = K_2 - K_1$. Die Mehrkosten je zusätzlich produzierter Menge sind also $\frac{\Delta K}{\Delta x}$.

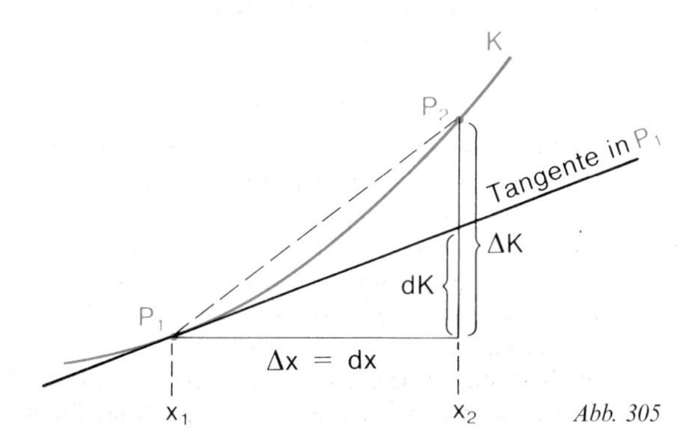

Abb. 305

Anschaulich bedeutet dieser Ausdruck die Sekantensteigung zwischen den beiden Punkten P_1 und P_2 (Abb. 305). Liegen diese Punkte für eine Mehrproduktion von einem Stück hinreichend nahe beieinander, so kann man die Sekante durch die vom ersten Kurvenpunkt ausgehende Tangente ersetzen. An die Stelle der Sekantensteigung tritt die Tangentensteigung, die gleich der ersten Ableitung der Gleichung der Gesamtkostenkurve ist.

Merke Die Gleichung der Differenzialkostenkurve ist gleich der ersten Ableitung der Gleichung der Gesamtkostenkurve: $k_d(x) = K'(x)$.

Zur betriebswirtschaftlichen Beurteilung vergleicht man den Verlauf der Differenzialkosten mit dem Verlauf der Stückkosten. Fallen die Differenzialkosten für die Produktion weiterer Stücke kleiner aus als die bisherigen Stückkosten, so nehmen bei steigender Produktionsmenge die Stückkosten ab. Im folgenden Beispiel mit Lösung liegen bei einer Produktionsmenge bis zu 5 ME die Differenzialkosten unter dem Betrag der Stückkosten. In diesem Bereich fallen die Stückkosten (siehe Tabelle auf Seite 308 und Abb. 310.2). Zwischen 5 ME und 6 ME werden die Differezialkosten gleich den Stückkosten und danach größer als die Stückkosten. Bei Übereinstimmung der Differenzialkosten mit den Stückkosten erreichen die Stückkosten ihren niedrigsten Stand.

Solange die Differenzialkosten kleiner als der Stückerlös sind, nimmt der Gesamtgewinn zu. Stimmen Differenzialkosten und Stückerlös überein (im Beispiel mit Lösung 20 GE), wird der maximale Gesamtgewinn erzielt. Diese Entwicklung wird in Abb. 310.1 und 310.2 veranschaulicht.

Betriebsoptimum *O* (Minimum der Stückkosten): Das Betriebsoptimum legt die Produktionsmenge fest, bei der die Stückkosten am niedrigsten sind. Differenzialkosten und Stückkosten sind gleich groß. Bei starker Konkurrenz kann man zur Aufrechterhaltung der Produktion den Verkaufsstückpreis bis auf die niedrigsten Stückkosten senken (langfristige Preisuntergrenze); fixe und variable Kosten werden gerade noch gedeckt.

Betriebsminimum *U* (Minimum der variablen Stückkosten): Im Betriebsminimum verursacht die Anzahl der hergestellten Stücke die geringsten variablen Stückkosten. Bei Absatzschwierigkeiten kann man kurzfristig mit dem Verkaufsstückpreis bis auf die variablen Stückkosten herabgehen (kurzfristige Preisuntergrenze), wenn man auf die Deckung der fixen Kosten vorübergehend verzichtet.

Beispiel mit Lösung

Aufgabe: In der Betriebsabrechnungsabteilung eines Industriebetriebes werden nachstehende Gesamtkosten K in Geldeinheiten (1 GE ≙ 1 000 EUR) für x Mengeneinheiten (1 ME ≙ 1 000 Stück) ermittelt.

ME	x	0	1	2	3	4	5	6	7	8
GE	$K(x)$	18	44	56	60	62	68	84	116	170

Der Verlauf der Gesamtkosten K ist durch eine Funktionsgleichung der Form $f(x) = ax^3 + bx^2 + cx + d$ bestimmt. Mithilfe von vier Wertepaaren, zum Beispiel

(0; 18), (2; 56), (4; 62), (6; 84), berechnet man die Gleichung der Gesamtkostenfunktion $K(x) = x^3 - 10x^2 + 35x + 18$ (siehe Beispiel mit Lösung auf Seite 131/132).
Der Erlös je ME beträgt 20 GE.

a) Berechnen Sie die Nutzenschwelle N_s und die Nutzengrenze N_g!

b) Bestimmen Sie das Nutzenmaximum N_m! Wie viel EUR beträgt der maximale Gewinn?

c) Stellen Sie die Funktionsgleichung für die Stückkosten k und die variablen Stückkosten k_v auf!

d) Wie lautet die Funktionsgleichung der Differenzialkosten K'?

e) Erstellen Sie eine Tabelle mit den Stückkosten k, Differenzialkosten K' und den variablen Stückkosten k_v für die ME 0, 1, 2, ..., 8! 1 GE = 1 EUR!
Bis zu welcher Produktionsmenge sind die Differenzialkosten niedriger als die Stückkosten? In welchem Produktionsbereich übersteigen die Differenzialkosten die Stückkosten und den Stückerlös von 20,00 EUR? Bei welchen Produktionsmengen liegen ungefähr das Betriebsoptimum und das Nutzenmaximum?
Entnehmen Sie der Tabelle die Werte des Betriebsminimums!

f) Bestimmen Sie anhand der Gleichung $k(x) = K'(x)$ einen Näherungswert für das Betriebsoptimum O! Wie viel EUR betragen die minimalen Stückkosten?

g) Berechnen Sie das Betriebsminimum U! Bei wie viel EUR liegt die kurzfristige Preisuntergrenze?

h) Zeichnen Sie in ein gemeinsames Achsenkreuz die Gesamtkostenkurve K und die Erlösgerade E! Geben Sie die kritischen Punkte N_s, N_g, N_m und O an! Teilung der x-Achse: 1 ME $\hat{=}$ 1 cm; Teilung der y-Achse: 20 GE $\hat{=}$ 1 cm.

i) Zeichnen Sie in ein zweites Achsenkreuz die Stückkostenkurve k, die Kurve k_v der variablen Stückkosten, die Kurve K' der Differenzialkosten und die Gerade e des Stückerlöses! Kennzeichnen Sie die kritischen Punkte N_m, O und U! Teilung der x-Achse: 1 ME $\hat{=}$ 1 cm. Teilung der y-Achse: 5 EUR $\hat{=}$ 1 cm.

Lösung:

a) Berechnung der Nutzenschwelle N_s und der Nutzengrenze N_g:
$K(x) = x^3 - 10x^2 + 35x + 18$
$E(x) = 20x$
Bedingung: $K(x_p) = E(x_p)$
$x_p^3 - 10x_p^2 + 35x_p + 18 = 20x_p \qquad | - 20x_p$
$x_p^3 - 10x_p^2 + 15x_p + 18 = 0$
Durch Probieren findet man $x_{p1} = 3$
$x_p^3 - 10x_p^2 + 15x_p + 18 = 0 \qquad | : (x_p - 3)$
$x_p^2 - 7x_p - 6 = 0$
$x_{p2} = 7{,}772$
$x_{p3} = -0{,}772 \notin D$
$K(3) = E(3) = 60 \Rightarrow N_s(3|60)$
$K(7{,}772) = E(7{,}772) = 155{,}44 \Rightarrow N_g(7{,}772|155{,}44)$

Bei einer Produktion von 3000 Stück betragen die Gesamtkosten und der Gesamterlös 60 000,00 EUR. Bei einer Produktionsmenge von 7772 Stück belaufen sich die Gesamtkosten und der Gesamterlös auf 155440,00 EUR.

b) Berechnung des Nutzenmaximums N_m:
Gewinn = Erlös − Kosten
$G(x) = E(x) - K(x)$
$G(x) = 20x - (x^3 + 10x^2 + 35x + 18)$
$G(x) = -x^3 + 10x^2 - 15x - 18$
Das Nutzenmaximum ist auf der Gewinnkurve G ein Hochpunkt (siehe Abb. 133)
Bedingung: $G'(x_e) = 0 \wedge G''(x_e) < 0$
$G'(x) = -3x^2 + 20x - 15$
$G''(x) = -6x + 20$
$-3x_e^2 + 20x_e - 15 = 0 \qquad | \cdot (-1)$
$3x_e^2 - 20x_e + 15 = 0$
$x_{e1} = 5{,}805$
$x_{e2} = 0{,}861$
$G'(5{,}805) = 0 \wedge G''(5{,}805) = -14{,}8 < 0 \Rightarrow$ HP
$G'(0{,}861) = 0 \wedge G''(0{,}861) = 14{,}8 > 0 \Rightarrow$ TP
$K(5{,}805) = 79{,}820 \Rightarrow N_m(5{,}805|79{,}820)$, Punkt auf K
$G(5{,}805) = 36{,}288 \Rightarrow N_m(5{,}805|36{,}288)$, HP auf Gewinnkurve G
Bei einer Produktion von 5805 Stück wird der maximale Gewinn in Höhe von 36288,00 EUR erzielt.
Das Nutzenmaximum kann man auch als Schnittpunkt der Differenzialkostenkurve mit der Stückerlösgeraden (siehe Abb. 310.2) berechnen.

c) Bestimmung der Funktionsgleichungen $k(x)$ und $k_v(x)$:
$K(x) = x^3 - 10x^2 + 35x + 18 \qquad |:x$
$$k(x) = x^2 - 10x + 35 + \frac{18}{x}$$
$k_v(x) = x^2 - 10x + 35$

d) Berechnung der Funktionsgleichung der Differenzialkosten K':
$K(x) = x^3 - 10x^2 + 35x + 18$
$K'(x) = 3x^2 - 20x + 35$

e)

ME	x	0	1	2	3	4	5	6	7	8
Stückkosten	$k(x)$	–	44,00	28,00	20,00	15,50	13,60	14,60	16,57	21,25
Diff.kosten	$K'(x)$	–	18,00	7,00	2,00	3,00	10,00	23,00	42,00	67,00
var. Stückk.	$k_v(x)$	–	26,00	19,00	14,00	11,00	10,00	11,00	14,00	19,00

1 ME ≙ 1000 Stück; Kosten k, K' und k_v in EUR.

Bei 5 ME liegen die Differenzialkosten noch unter den Stückkosten, bei 6 ME über den Stückkosten und sogar über dem Stückerlös von 20,00 EUR. Das Betriebsoptimum (Differenzialkosten = Stückkosten) liegt zwischen 5 ME und 6 ME, näher an 5 ME (siehe Lösung f). Das Nutzenmaximum liegt ebenfalls zwischen 5 ME und 6 ME, aber näher an 6 ME (siehe Lösung b). Die variablen Stückkosten (Betriebsminimum) sind mit 10,00 EUR am niedrigsten bei einer Produktionsmenge von 5 ME.

f) Bestimmung des Betriebsoptimums O:
Für das Betriebsoptimum gilt: Stückkosten = Differenzialkosten.

$$k(x_e) = K'(x_e)$$

$$x_e^2 - 10x_e + 35 + \frac{18}{x_e} = 3x_e^2 - 20x_e + 35$$

$$2x_e^2 - 10x_e - \frac{18}{x_e} = 0 \qquad | \cdot x_e$$

$$2x_e^3 - 10x_e^2 - 18 = 0$$

Durch Probieren erhält man mithilfe des Taschenrechners $x_{e1} = 5{,}318$
$K(5{,}318) = 71{,}720 \Rightarrow O(5{,}318|71{,}720)$, Punkt auf K
$k(5{,}318) = K'(5{,}318) = 13{,}49 \Rightarrow O(5{,}318|13{,}49)$, Punkt auf k
Die minimalen Stückkosten betragen 13,49 EUR bei einer Produktionsmenge von 5318 Stück.
Das Betriebsoptimum kann auch als Tiefpunkt der Stückkostenkurve k berechnet werden.
Grafische Bestimmung von O auf der Gesamtkostenkurve K: Zieht man vom Ursprung des Achsenkreuzes aus die Tangente an die Gesamtkostenkurve K (siehe Abb. 310.1), so ist ihre Steigung einerseits $\frac{dK}{dx}$ (als Tangente an K, Abb. 305), andererseits $\frac{K}{x}$ (als Ursprungsgerade). Es gilt $\frac{dK}{dx} = \frac{K}{x} = k$. Der Berührpunkt O der Ursprungstangente mit der Gesamtkostenkurve K erfüllt die Bedingung $k(x) = K'(x)$.

g) Berechnung des Betriebsminimums:
Das Betriebsminimum U ist der Tiefpunkt der Kurve k_v der variablen Stückkosten.
Bedingung: $k_v'(x_e) = 0 \wedge k_v''(x_e) > 0$

$$k_v(x) = x^2 - 10x + 35$$

$$k_v'(x) = 2x - 10$$

$$k_v''(x) = 2$$

$$2x_e - 10 = 0$$

$$x_e = 5$$

$k_v'(5) = 0 \wedge k_v''(5) = 2 > 0 \Rightarrow$ TP
$k_v(5) = 10 \Rightarrow U(5|10)$

Die minimalen variablen Stückkosten betragen 10,00 EUR bei einer Produktionsmenge von 5000 Stück.
Das Betriebsminimum kann man auch als Schnittpunkt der Differenzialkostenkurve mit der Kurve der variablen Stückkosten bestimmen (siehe Abb. 310.2).

h)

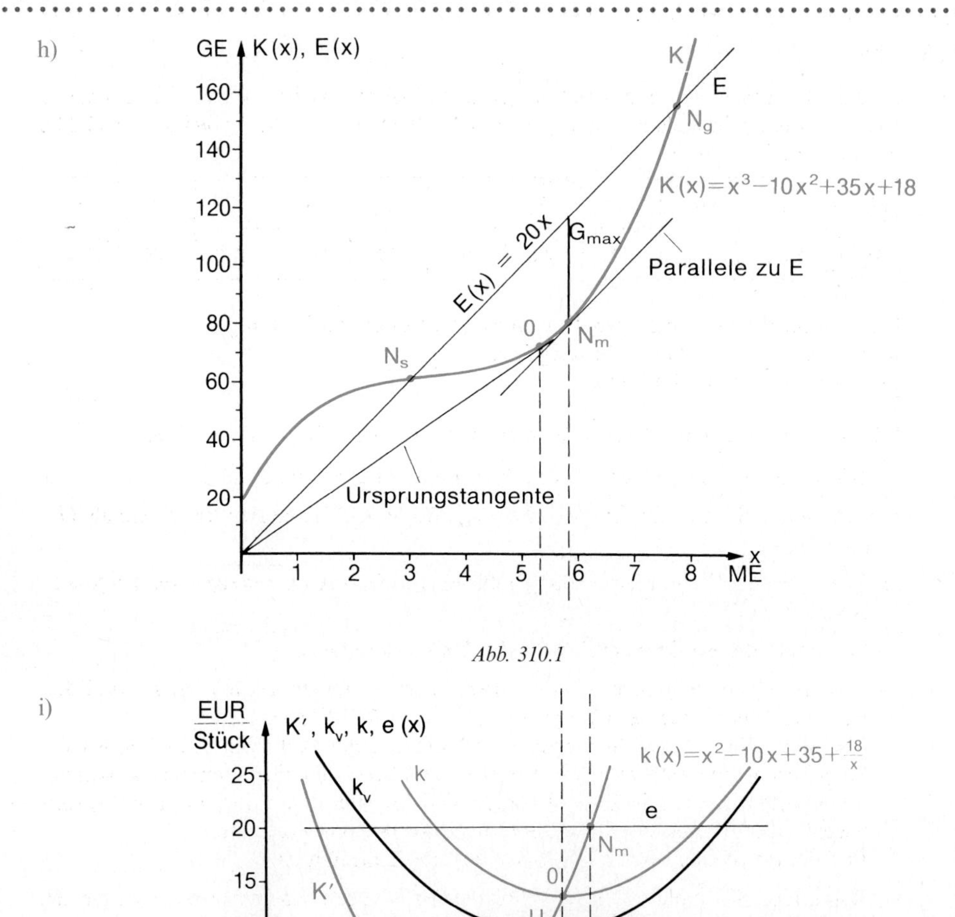

Abb. 310.1

i)

Abb. 310.2

Abb. 310.2 zeigt, dass bei N_m die Differenzialkosten K' gleich dem Stückerlös e sind. Gleichheit besteht auch zwischen den Gesamtdifferenzialkosten $K_d = K' \cdot x$ und dem Gesamterlös $E = e \cdot x$. Solange die Gesamtdifferenzialkosten kleiner als der Gesamterlös sind, nehmen die Gesamtkosten weniger zu als der Gesamterlös; die Steigung der Gesamtkostenkurve K ist geringer als die Steigung der Erlösgeraden E. Bei N_m ist der Gesamtkostenzuwachs gleich dem Zuwachs des Gesamterlöses; die Steigung der Gesamtkostenkurve K ist gleich der Steigung der Erlösgeraden E. Zur geometrischen Bestimmung von N_m legt man die Parallele zu E an K (siehe Abb. 310.1). Der Berührpunkt der Parallelen mit K ist N_m.

Aufgaben

6 In der Betriebsabrechnungsabteilung eines Industriebetriebes werden nachstehende Gesamtkosten K in Geldeinheiten (1 GE ≙ 1 000 EUR) für x Mengeneinheiten (1 ME ≙ 1 000 Stück) ermittelt.

ME	x	0	1	2	3	4	5	6	7	8
GE	$K(x)$	14	32	40	44	50	64	92	140	214

Der Verlauf der Gesamtkosten K ist durch die Funktionsgleichung
$K(x) = x^3 - 8x^2 + 25x + 14$ festgelegt.
Der Erlös je ME beträgt 20 GE.

Lösen Sie nachstehende Teilaufgaben entsprechend dem Beispiel mit Lösung!

a) Berechnen Sie die Nutzenschwelle N_s und die Nutzengrenze N_g!

b) Bestimmen Sie das Nutzenmaximum N_m! Wie viel EUR beträgt der maximale Gewinn?

c) Stellen Sie die Funktionsgleichungen für die Stückkosten k und die variablen Stückkosten k_v auf!

d) Wie lautet die Funktionsgleichung der Differenzialkosten K'?

e) Erstellen Sie eine Tabelle mit den Stückkosten k, Differenzialkosten K' und den variablen Stückkosten k_v für die ME 0, 1, 2, ..., 7! 1 GE ≙ 1 EUR.
Bis zu welcher Produktionsmenge sind die Differenzialkosten niedriger als die Stückkosten? In welchem Produktionsbereich übersteigen die Differenzialkosten die Stückkosten und den Stückerlös von 20,00 EUR? Bei welchen Produktionsmengen liegen ungefähr das Betriebsoptimum und das Nutzenmaximum?
Entnehmen Sie der Tabelle die Werte des Betriebsminimums!

f) Bestimmen Sie anhand der Gleichung $k(x) = K'(x)$ einen Näherungswert für das Betriebsoptimum O! Wie viel EUR betragen die minimalen Stückkosten?

g) Berechnen Sie das Betriebsminimum U! Bei wieviel EUR liegt die kurzfristige Preisuntergrenze?

h) Zeichnen Sie in ein gemeinsames Achsenkreuz die Gesamtkostenkurve K und die Erlösgerade E! Geben Sie die kritischen Punkte N_s, N_g, N_m und O an! Teilung der x-Achse: 1 ME ≙ 1 cm, Teilung der y-Achse: 20 GE ≙ 1 cm.

i) Zeichnen Sie in ein zweites Achsenkreuz die Stückkostenkurve k, die Kurve k_v der variablen Stückkosten, die Kurve K' der Differenzialkosten und die Gerade e des Stückerlöses! Kennzeichnen Sie die kritischen Punkte N_m, O und U! Teilung der x-Achse: 1 ME ≙ 1 cm. Teilung der y-Achse: 5 EUR ≙ 1 cm.

7 Der Gesamtkostenverlauf eines Fertigungsbetriebes ist durch die Funktionsgleichung $K(x) = x^3 - 3x^2 + 5x + 12$ bestimmt. Der Verlauf des Erlöses ist linear. Je ME beträgt der Erlös 15 GE.

a) Erstellen Sie eine Wertetafel und zeichnen Sie in ein gemeinsames Achsenkreuz den Graphen der Gesamtkostenfunktion und der Erlösfunktion!

Teilung der x-Achse: 1 ME $\hat{=}$ 2 cm; 1 ME $\hat{=}$ 1 000 Stück.
Teilung der y-Achse: 10 GE $\hat{=}$ 1 cm, 1 GE $\hat{=}$ 1 000 EUR.
Zeichenbereich $A = \{x \mid O \leqq x \leqq 5\}$.

b) In welchem Bereich wird mit Gewinn produziert? Wie hoch sind die Gesamtkosten an der Nutzenschwelle und an der Nutzengrenze?

c) Berechnen Sie das Nutzenmaximum N_m! Wie viel EUR beträgt der maximale Gewinn? Kennzeichnen Sie den maximalen Gewinn im Achsenkreuz!

d) Wie lauten die Funktionsgleichungen für die Stückkosten k, die variablen Stückkosten k_v und für die Differenzialkosten K'?

e) Bestimmen Sie einen Näherungswert für das Betriebsoptimum O! Bei wie viel EUR liegt die langfristige Preisuntergrenze? Kennzeichnen Sie den optimalen Kostenpunkt auf der Gesamtkostenkurve!

f) Bei welcher Produktionsmenge sind die variablen Stückkosten am niedrigsten und wie viel EUR beträgt die kurzfristige Preisuntergrenze?

8 In einem Industriebetrieb ist die Abhängigkeit der Gesamtkosten K von der erzeugten Menge x durch die Funktionsgleichung $K(x) = 0{,}5x^3 - 3x^2 + 8x + 8$ bestimmt. Die Gleichung der Erlösgeraden lautet $E(x) = 8x$.

a) Berechnen Sie die Nutzenschwelle und die Nutzengrenze!

b) Bei welcher Produktionsmenge wird der maximale Gewinn erzielt? 1 ME $\hat{=}$ 1 000 Stück; 1 GE $\hat{=}$ 1 000 EUR.

c) Berechnen Sie die Funktionsgleichung der Differenzialkosten K'!

d) Ermitteln Sie einen Näherungswert für das Betriebsoptimum und bestimmen Sie die, minimalen Stückkosten!

e) Wie viel EUR betragen die minimalen variablen Stückkosten?

f) Bei welcher Produktionsmenge wechselt die Kostenkurve vom unterproportionalen zum überproportionalen Verlauf (Wendepunkt der Gesamtkostenkurve)?

9 In einem Betrieb zur Herstellung von Elektroteilen wird der Verlauf der Gesamtkosten K durch eine Funktionsgleichung der Form $y = ax^3 + bx^2 + cx + d$ bestimmt. Der Verlauf des Erlöses ist linear. In vorstehender Tabelle sind die Gesamtkosten K in Geldeinheiten (1 GE $\hat{=}$ 1 000 EUR) für x Mengeneinheiten (1 ME $\hat{=}$ 1 000 Stück) angegeben.
Der Erlös je ME beträgt 15 GE.

ME	x	0	2	4	6
GE	$K(x)$	20	30	40	74

a) Bestimmen Sie die Funktionsgleichungen für die Gesamtkosten K und für die Umsatzerlöse E!
(Lösung: $K(x) = 0{,}5x^3 - 3x^2 + 9x + 20$)

b) Berechnen Sie die Nutzenschwelle N_s und die Nutzengrenze N_g!

c) Wie lautet die Gleichung der Gewinnfunktion?

d) Bestimmen Sie das Nutzenmaximum N_m! Wie viel EUR beträgt der maximale Gewinn?

e) Zeichnen Sie in ein gemeinsames Achsenkreuz die Gesamtkostenkurve K, die Erlösgerade E und die Gewinnkurve G! Geben Sie die kritischen Punkte N_s, N_g und N_m an! Teilung der x-Achse: 1 ME $\hat{=}$ 1 cm, Teilung der y-Achse: 10 GE $\hat{=}$ 1 cm.

f) Wie lauten die Funktionsgleichungen für die Stückkosten k, für die variablen Stückkosten k_v und für die Differenzialkosten K'?

g) Geben Sie einen Näherungswert für das Betriebsoptimum O an und bestimmen Sie die minimalen Stückkosten (langfristige Preisuntergrenze) und die minimalen variablen Stückkosten (kurzfristige Preisuntergrenze U)!

h) Zeichnen Sie in ein gemeinsames Achsenkreuz die Stückkostenkurve k, die Kurve der variablen Stückkosten k_v, die Kurve der Differenzialkosten K' und die Stückerlösgerade e! Geben Sie die kritischen Punkte U, O und N_m an! Teilung der x-Achse: 1 ME $\hat{=}$ 1 cm; Teilung der y-Achse: 2 EUR $\hat{=}$ 1 cm.

10 In der Abteilung Kosten- und Leistungsrechnung eines Industriebetriebes werden folgende Gesamtkosten ermittelt: 60 000,00 EUR bei einer Produktionsmenge von 5 000 Stück, 85 000,00 EUR bei 10 000 Stück, 185 000,00 EUR bei 15 000 Stück. Die fixen Kosten betragen 35 000,00 EUR, der Stückerlös 12,00 EUR. Der Gesamtkostenverlauf ist durch eine Funktionsgleichung der Form $f(x) = ax^3 + bx^2 + cx + d$ bestimmt.

a) Berechnen Sie die Funktionsgleichungen der Gesamtkosten K, des Gesamterlöses E und des Gesamtgewinnes G und zeichnen Sie deren Funktionsgraphen in ein gemeinsames Achsenkreuz! 1 ME $\hat{=}$ 1 000 Stück; 1 GE $\hat{=}$ 1 000 EUR. Teilung der x-Achse: 2 ME $\hat{=}$ 1 cm, Teilung der y-Achse: 20 GE $\hat{=}$ 1 cm.
(Lösung für $K(x)$: $K(x) = 0{,}1x^3 - 1{,}5x^2 + 10x + 35$)

b) In welchem Bereich wird mit Gewinn produziert und bei welcher Produktionsmenge wird der maximale Gesamtgewinn erzielt? Wie viel EUR beträgt der maximale Gesamtgewinn? Tragen Sie in das Schaubild von a) die kritischen Punkte N_s, N_g und N_m ein!

c) Bei welcher Produktionsmenge wechselt die Kostenkurve vom unterproportionalen zum überproportionalen Verlauf?

d) Aus Konkurrenzgründen muss der Verkaufspreis von 12,00 EUR auf 10,00 EUR je Stück herabgesetzt werden. Durch Verzicht auf Verrechnung von Abschreibungsbeträgen werden die fixen Kosten von 35 000,00 EUR auf 25 000,00 EUR gesenkt. Bestimmen Sie die neuen Funktionsgleichungen der Gesamtkosten K, des Gesamterlöses E und des Gesamtgewinnes G! Bei welcher Produktionsmenge wird jetzt der maximale Gewinn erzielt und wie viel EUR beträgt er? Zeichnen Sie in ein gemeinsames Achsenkreuz die alte und neue Gewinnkurve G! Teilung der x-Achse: 2 ME $\hat{=}$ 1 cm, Teilung der y-Achse: 10 GE $\hat{=}$ 1 cm.

11 In einem Betrieb zur Herstellung von elektronischen Bauteilen sind die Gesamtkosten durch eine ganzrationale Funktion 3. Grades bestimmt. Der Verlauf des Erlöses ist linear. Vorstehende Tabelle enthält die Gesamtkosten K in GE für x ME. 1 ME ≙ 1000 Stück; 1 GE ≙ 1000 EUR.

ME	x	0	2	6	8
GE	$K(x)$	40	56	76	104

a) Berechnen Sie die Funktionsgleichung für die Gesamtkosten K!
(Lösung: $K(x) = 0{,}25x^3 - 2{,}5x^2 + 12x + 40$).

b) Die Nutzenschwelle N_s liegt bei 4000 Stück. Bestimmen Sie die Gleichung der Erlösfunktion, die Nutzengrenze N_g und den maximalen Gesamtgewinn!

c) Wie viel EUR betragen die minimalen variablen Stückkosten und die minimalen Stückkosten!

d) Die hergestellten Bauteile sind technisch überholt und können nur zu einem stark herabgesetzten Preis abgesetzt werden. Stellen Sie fest, ob vorübergehend die Produktion von 5000 Stück unter Verzicht des Ersatzes der fixen Kosten aufrechterhalten werden soll! Wie wirkt sich ein Verkaufspreis von 5,00 EUR je Stück bzw. von 7,00 EUR je Stück auf den Gewinn aus? Welche Auswirkung auf den Gewinn hätte die Produktion von 8000 Stück bei einem Verkaufspreis von 7,00 EUR?

e) Zeichnen Sie in ein gemeinsames Achsenkreuz die Kurve K_v der variablen Gesamtkosten und die Erlösgeraden E_1 für 5,00 EUR Stückerlös und E_2 für 7,00 EUR Stückerlös! Beurteilen Sie die Lage der Geraden zur Kostenkurve! Teilung der x-Achse: 1 ME ≙ 1 cm; Teilung der y-Achse: 10 GE ≙ 1 cm.

12 In einem Fertigungsbetrieb ist die Abhängigkeit der Gesamtkosten K von der erzeugten Menge x durch die Funktionsgleichung $K(x) = 0{,}2x^3 - 2{,}3x^2 + 12x + 48$ bestimmt.
Der Erlös je ME beträgt 18 GE.
1 ME ≙ 1000 Stück, 1 GE ≙ 1000 EUR.

a) Berechnen Sie die Nutzenschwelle N_s die Nutzengrenze N_g und das Nutzenmaximum N_m! Wie viel EUR beträgt der maximale Gesamtgewinn?

b) Wegen Absatzschwierigkeiten wird der Verkaufspreis auf 15,00 EUR je Stück herabgesetzt. Die fixen Kosten können durch teilweisen Verzicht auf Abschreibungsbeträge um 25 % gesenkt werden. Bei welchen Produktionsmengen liegen jetzt N_s, N_g und N_m? Wie hoch ist der maximale Gesamtgewinn? Zeichnen Sie in ein gemeinsames Achsenkreuz die alte und neue Gewinnkurve G! Teilung der x-Achse: 1 ME ≙ 1 cm; Teilung der y-Achse: 10 GE ≙ 1 cm.

c) Die Produktion soll umgestellt und in ein anderes Werk verlegt werden. Vorübergehend soll im alten Werk weiterproduziert werden. Den Verkaufspreis will man evtl. auf die kurzfristige Preisuntergrenze senken. Bei welcher Produktionsmenge liegt die kurzfristige Preisuntergrenze und wie viel EUR beträgt sie?

d) Der Verkaufspreis wird auf 8,00 EUR je Stück gesenkt, die Produktionsmenge auf 5 750 Stück festgelegt. Wie viel EUR fixe Kosten können unter diesen Bedingungen abgedeckt werden?

13 Bei einem Hersteller von Elektroteilen fallen nachstehende Gesamtkosten an: 48 000,00 EUR bei einer Produktionsmenge von 3 000 Stück, 54 000,00 EUR bei 5 000 Stück, 72 000,00 EUR bei 8 000 Stück. Die fixen Kosten betragen 24 000,00 EUR, der Stückerlös 16,00 EUR. Der Gesamtkostenverlauf ist durch eine Funktionsgleichung der Form $f(x) = ax^3 + bx^2 + cx + d$ festgelegt.

a) Berechnen Sie die Funktionsgleichungen der Gesamtkosten K und des Gesamterlöses E und zeichnen Sie deren Funktionsgraphen in ein gemeinsames Achsenkreuz! 1 ME $\hat{=}$ 1 000 Stück; 1 GE $\hat{=}$ 1 000 EUR. Teilung der x-Achse: 1 ME $\hat{=}$ 1 cm; Teilung der y-Achse: 20 GE $\hat{=}$ 1 cm.
(Lösung für $K(x)$: $K(x) = 0{,}2x^3 - 2{,}6x^2 + 14x + 24$)

b) In welchem Bereich wird mit Gewinn produziert und bei welcher Produktionsmenge wird der maximale Gesamtgewinn erzielt? Wie viel EUR beträgt der maximale Gesamtgewinn?

c) Wegen großer Absatzschwierigkeiten soll der Stückerlös auf 10,80 EUR gesenkt werden. Wie hoch wird der maximale Gesamtgewinn und bei welcher Produktionsmenge wird er erzielt?

d) Um gegenüber c) einen höheren Gewinn auszuweisen, werden der Stückerlös auf 12,00 EUR festgelegt und die fixen Kosten mit 12 000,00 EUR verrechnet. Bei welcher Produktionsmenge wird welcher Gesamtgewinn erzielt?

e) Zeichnen Sie in ein gemeinsames Achsenkreuz die drei Gewinnkurven G_1, G_2 und G_3, deren Funktionsgleichungen in b) bis d) ermittelt wurden! Teilung der x-Achse: 1 ME $\hat{=}$ 1 cm, Teilung der y-Achse: 10 GE $\hat{=}$ 1 cm.

f) Vor Umstellung der Produktion zur Herstellung moderner Teile soll vorübergehend der Verkaufspreis evtl. auf die kurzfristige Preisuntergrenze gesenkt werden. Bei welcher Produktionsmenge sind die variablen Stückkosten am niedrigsten?

g) Wie viel EUR fixe Kosten können abgedeckt werden, wenn bei einer Produktionsmenge von 5 500 Stück der Verkaufspreis auf 7,50 EUR je Stück festgesetzt wird?

h) Berechnen Sie das Betriebsoptimum O (langfristige Preisuntergrenze)!

14 Der Verlauf der Gesamtkosten K eines Herstellungsbetriebes ist durch eine Funktionsgleichung der Form $f(x) = ax^3 + bx^2 + cx + d$ bestimmt. Nebenstehende Tabelle enthält die Gesamtkosten K in GE für x ME. 1 ME $\hat{=}$ 100 Stück; 1 GE $\hat{=}$ 100 EUR.

ME	x	2	4	10
GE	$K(x)$	592	720	1200

An fixen Kosten fallen 400 GE an. Der Erlös je ME beträgt 180 GE.

a) Wie lauten die Gleichungen für die Gesamtkostenfunktion, die Erlösfunktion und Gewinnfunktion?
(Lösung für $K(x)$: $K(x) = x^3 - 14x^2 + 120x + 400$)

b) Berechnen Sie die Nutzenschwelle N_s, die Nutzengrenze N_g, das Nutzenmaximum N_m und das Minimum U der variablen Stückkosten k_v (kurzfristige Preisuntergrenze)! Bestimmen Sie durch Probieren mithilfe des Taschenrechners das Betriebsoptimum O (langfristige Preisuntergrenze)!

c) Zeichnen Sie in ein gemeinsames Achsenkreuz die Gesamtkostenkurve K, die Gewinnkurve G und die Erlösgerade E! Tragen Sie die kritischen Punkte N_s, N_g, N_m und O in das Schaubild!
Teilung der x-Achse: 2 ME $\triangleq$ 1 cm; Teilung der y-Achse: 200 GE $\triangleq$ 1 cm.

15 a) Bei der Produktion einer Ware ist die Abhängigkeit der Gesamtkosten K von der erzeugten Menge x durch eine Funktion 3. Grades nach folgender Wertetabelle gegeben:

x	ME	0	1	3
$K(x)$	GE	20	36	44

1 ME $\triangleq$ 1 000 Stück
1 GE $\triangleq$ 1 000 EUR

Die Nutzenschwelle liegt bei einer Ausbringungsmenge von 2 ME. Der Verkaufserlös beträgt 20 GE je ME.
Bestimmen Sie die Gleichungen der Erlösfunktion und der Gesamtkostenfunktion!

b) Die Gesamtkostenfunktion K ist gegeben durch $K(x) = 2x^3 - 12x^2 + 26x + 20$. Wie lauten die Funktionsgleichungen für die Stückkosten k, die variablen Stückkosten k_v und die Differenzialkosten K'?

c) Erstellen Sie eine Wertetabelle für $k(x)$, $k_v(x)$ und $K'(x)$ im Bereich $0{,}5 \leqq x \leqq 6$! Zeichnen Sie in ein gemeinsames Achsenkreuz die Kurven k (Stückkosten), k_v (variable Stückkosten), K' (Differenzialkosten) und die Erlösgerade e (20 GE je ME)! 1 ME $\triangleq$ 1 cm; 5 GE $\triangleq$ 1 cm.
Kennzeichnen Sie die Schnittpunkte N_s (Nutzenschwelle), N_g (Nutzengrenze), N_m (Nutzenmaximum), O (Betriebsoptimum) und U (kurzfristige Preisuntergrenze = Betriebsminimum)!

d) Berechnen Sie das Gewinnmaximum N_m!

e) Bestimmen Sie mithilfe des Taschenrechners das Betriebsoptimum O auf zwei Dezimalstellen gerundet! Wie viel GE betragen die minimalen Stückkosten?

f) Berechnen Sie das Betriebsminimum U! Wie viel GE beträgt die kurzfristige Preisuntergrenze?

22 Integration ganzrationaler Funktionen

Die analytische Betrachtung von Funktionen richtete sich bisher in Abschnitt 21 auf die stellenweise feststellbare Änderungstendenz einer Funktion und führte auf die Differenzialrechnung. Diese liefert zu einer gegebenen Funktion $f\colon x \mapsto f(x)$ eine zusätzliche Funktionsbeziehung, nämlich die Ableitungsfunktion $f'\colon x \mapsto f'(x)$. Dafür ist in Abb. 317 beispielsweise $f'(x_p)$ in Form des Steigungsmaßes $\left(\frac{\mathrm{d}f(x)}{\mathrm{d}x}\right)_{x_p}$ für den Punkt P des $f(x)$-Graphen eingezeichnet (vgl. Seiten 269/270).

Eine weitere analytische Betrachtung führt auf eine zweite zusätzliche Funktionsbeziehung: $F\colon x \mapsto F(x)$, nämlich auf eine von der x-Koordinate abhängige Fläche $F(x)$, die von der Abszissenachse, dem Graphen der Funktion $f\colon x \mapsto f(x)$ und der Ordinate an der Stelle x begrenzt wird. In Abb. 317.1 ist eine solche z. B. bei $x = 0$ beginnende und der Stelle x_p zugeordnete Fläche grün dargestellt. Je größer (oder kleiner) x_p gewählt wird, desto größer (oder kleiner) ist die zugehörige Fläche $F(x_p)$.

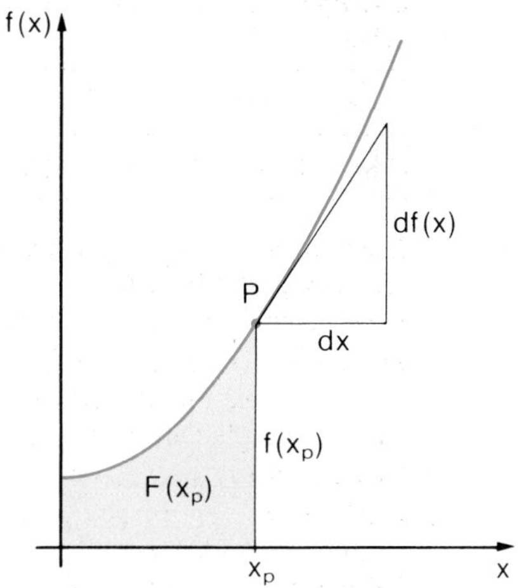

Abb. 317.1

Beispiel mit Lösung

Aufgabe:

a) Welche bei $x = 0$ beginnende Flächenfunktion $F\colon x \mapsto F(x)$ gehört im 1. Quadranten zu der Funktion $f\colon x \mapsto 2x + 1$?

b) Welchen Flächeninhalt hat die bis zu der Stelle $x = 3$ reichende Fläche?

Lösung:

a) Zeichnung des Graphen der Funktion entsprechend der Funktionsgleichung $f(x) = 2x + 1$:

Wie man aus der Zeichnung des Graphen ersieht, besteht die von den Koordinatenachsen, dem linearen Graphen und der jeweiligen Ordinate gebildete Fläche aus dem grünen Dreieck und dem grauen Rechteck. Die durch Addition dieser beiden Teilflächen entstehende Gesamtfläche ist eine Funktion von x, da x eine laufende Koordinate und unabhängige Funktionsvariable ist.

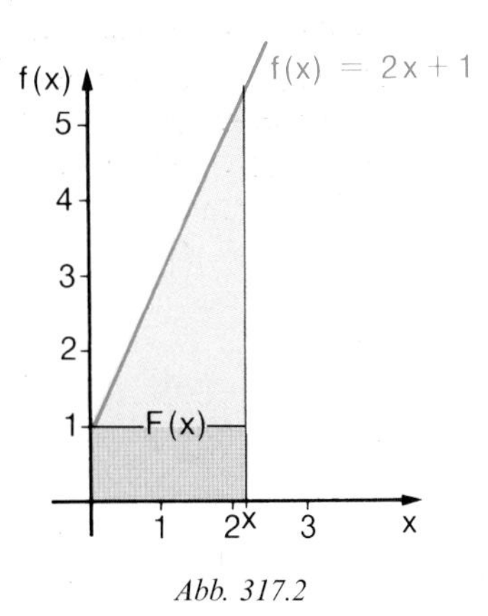

Abb. 317.2

Aufstellen der Gleichung für den Flächeninhalt nach der Zeichnung:	$F(x) = \frac{1}{2} \cdot x \cdot (f(x) - 1) + x \cdot 1$
Einsetzen von $f(x)$:	$F(x) = \frac{1}{2} \cdot x \cdot (2x + 1 - 1) + x \cdot 1$
Zusammenfassung	$F(x) = x^2 + x$
Ergebnis:	Die Abhängigkeit der Flächengröße von der Koordinate x wird beschrieben durch die Funktionsgleichung $F(x) = x^2 + x$.
b) Einsetzen des Abszissenwertes $x = 3$ in die Flächenfunktionsgleichung:	$F(3) = 3^2 + 3 = 12$
Ergebnis:	Der Flächeninhalt beträgt 12 Flächeneinheiten.

Aufgaben

Gegeben sind die folgenden Funktionsgleichungen zur Zeichnung des Graphen.

a) Stellen Sie anhand einer Zeichnung für die im 1. Quadranten unterhalb des Graphen liegende Fläche die Funktionsgleichung $F\colon x \mapsto F(x)$ auf!

b) Welche Maßzahl hat der Flächeninhalt bis zur Stelle $x = 4$?

1 a) $f(x) = x$ b) $f(x) = 3x$

2 a) $f(x) = \frac{1}{2}x$ b) $f(x) = \frac{1}{3}x$

3 a) $f(x) = \frac{2}{3}x + 2$ b) $f(x) = \frac{3}{4}x + 3$

4 a) $f(x) = 2$ b) $f(x) = \frac{3}{2}$

Es wird sich zeigen, dass eine solche Flächenfunktion $F\colon x \mapsto F(x)$ eine ebenso wichtige Bedeutung für die Funktion $f\colon x \mapsto f(x)$ hat wie deren Ableitungsfunktion $f'\colon x \mapsto f'(x)$.

22.1 Stammfunktion

Im Folgenden wird geklärt, welcher Zusammenhang zwischen der Funktion $f\colon x \mapsto f(x)$ und der Funktion $F\colon x \mapsto F(x)$ besteht.

Beispiel mit Lösung

Aufgabe: Welche Ableitung hat die im vorigen Beispiel mit Lösung gefundene Flächenfunktion?

Lösung: $F(x) = x^2 + x \Rightarrow F'(x) = 2x + 1$

Ergebnis: Die Ableitung der Flächenfunktion ist gleich der Funktion des die Fläche begrenzenden Graphen: $F'(x) = f(x)$.

Aufgaben

Welche Ableitungen haben die in den Lösungen der vorstehenden Aufgaben 1. bis 4. aus der Zeichnung ermittelten Flächenfunktionen? Vergleichen Sie jeweils die Funktionsgleichung der Ableitung mit der für die Aufgabe gegebenen Funktionsgleichung des flächenbegrenzenden Graphen!

Das vorige Beispiel mit Lösung und die sich daran anschließenden Aufgabenlösungen weisen auf den Zusammenhang $F'(x) = f(x)$ hin. Dass diese Beziehung allgemein gilt, lässt sich wie folgt nachweisen[1] (siehe Abb. 319.1): Wächst x um Δx, so wächst die Fläche $F(x)$ um das grüne Flächenstück $\Delta F(x)$.

Der Differenzenquotient $\frac{\Delta F(x)}{\Delta x}$ gibt die Flächenänderung $\Delta F(x)$ für den Abszissenschritt Δx an und ist geometrisch die Höhe der in ein Rechteck umgewandelten Differenzfläche $\Delta F(x)$, da $\frac{\Delta F(x)}{\Delta x} \cdot \Delta x = \Delta F(x)$ ergibt (siehe Abb. 319.2). Dieses Rechteck wird immer schmaler, wenn $\Delta x \to 0$ strebt.

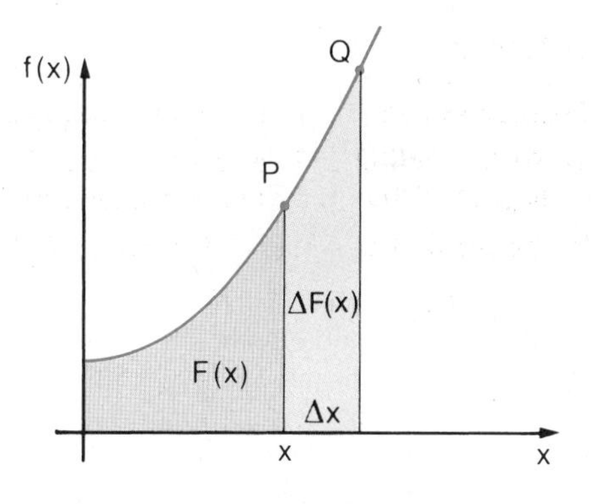

Abb. 319.1

Bildet man schließlich den Differenzialquotienten für $\Delta x \to 0$, so wird die Rechteckhöhe $\frac{\Delta F(x)}{\Delta x}$ zu $f(x)$ und man erhält statt einer Flächenänderung zwischen zwei Kurvenpunkten (z. B. in Abb. 319.2 P und Q) die Flächenänderungstendenz an der Stelle x:

$$\lim_{\Delta x \to 0} \frac{\Delta F(x)}{\Delta x} = \frac{\mathrm{d}F(x)}{\mathrm{d}x} = F'(x) = f(x).$$

Damit erweist sich die Flächenfunktion F: $x \mapsto F(x)$ als eine Stammfunktion[2] der durch die Kurve dargestellten Funktion f: $x \mapsto f(x)$.

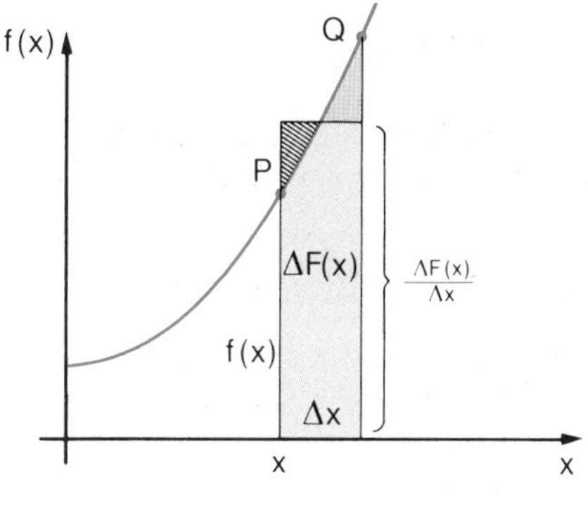

Abb. 319.2

Da $f(x) = F'(x)$ den Grad der Flächenänderung angibt, ist $F(x)$ das jeweilige von x abhängige Ergebnis der Flächenänderung in Form eines Flächenzuwachses.

[1] Vorausgesetzt wird die Differenzierbarkeit der Funktion F: $x \mapsto F(x)$ im betrachteten Bereich.

[2] Vgl. Abschnitt 21.2.5 auf Seite 280: Die Funktion f: $x \mapsto f(x)$ stammt als Ableitung von der Stammfunktion F: $x \mapsto F(x)$ ab. Der Differenzialquotient kann nach Abb. 319.1 auch geschrieben werden $\lim\limits_{\Delta x \to 0} \frac{F(x + \Delta x) - F(x)}{\Delta x} = f(x)$.

Satz 320

Die Inhaltsmaßzahl einer Fläche, die von der Abszissenachse, einer Ordinate an der Stelle x und dem Graphen einer Funktion f: $x \mapsto f(x)$ umgrenzt wird, ist ein von x abhängiger Funktionswert einer zugehörigen Stammfunktion F: $x \mapsto F(x)$, sodass gilt:

$$F'(x) = f(x)$$

22.2 Bestimmtes Integral

Um den Flächeninhalt unterhalb eines Graphen der Funktion f: $x \mapsto f(x)$ genau berechnen zu können, muss gemäß dem vorstehenden Satz eine zugehörige Stammfunktion F: $x \mapsto F(x)$ verwendet werden. Wird dann ein bestimmter Abszissenwert, z. B. $x = b$, in deren Funktionsgleichung eingesetzt und der Funktionswert $F(b)$ ausgerechnet, ist das Ergebnis die Maßzahl eines Flächeninhalts. Wenn (wie bei den bisher betrachteten Stammfunktionen) $F(0) = 0$ ist, beginnt die berechnete Fläche bei $x = 0$. Subtrahiert man davon den ganz entsprechend z. B. für die Stelle $x = a$ ausgerechneten Funktionswert $F(a)$, erhält man den Flächeninhalt des (beispielsweise in Abb. 320 grün gezeichneten) Flächenstücks von $x = a$ bis $x = b$. Dies gilt auch für Stammfunktionen, bei denen $F(0) \neq 0$ ist. Zur genauen Berechnung des Flächeninhalts eines Flächenstücks unter einer Kurve zwischen zwei Stellen $x = a$ und $x = b$ müssen also eine zugehörige Stammfunktion $F(x)$ (Flächenfunktion) und die eingrenzenden Abszissenwerte a und b zum Einsetzen in die Flächenfunktionsgleichung bekannt sein. Für den Flächeninhalt eines solchen (z. B. in Abb. 320 grün dargestellten) Flächenstücks wird geschrieben:

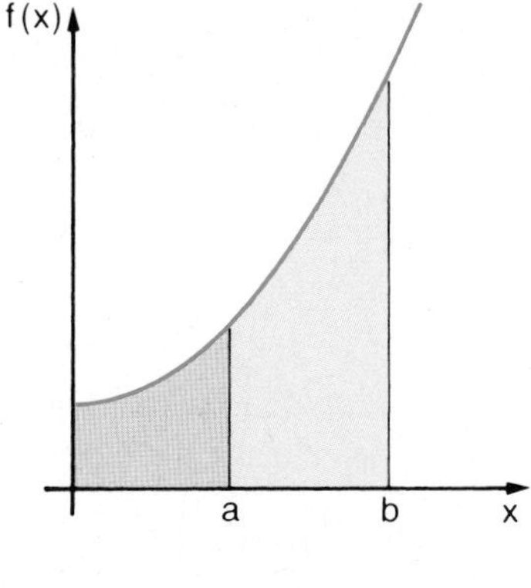

Abb. 320

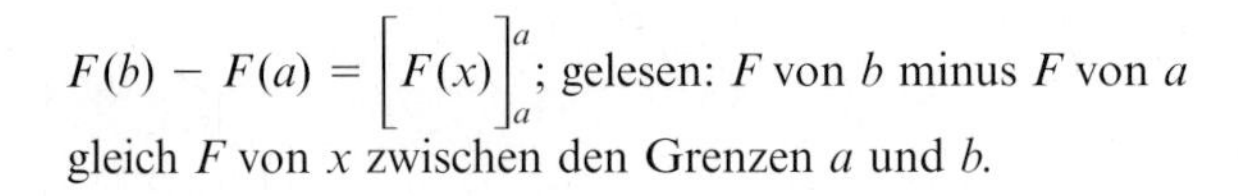

$F(b) - F(a) = \Big[F(x)\Big]_a^a$; gelesen: F von b minus F von a gleich F von x zwischen den Grenzen a und b.

Beispiel mit Lösung

Aufgabe: Gegeben ist die Funktionsgleichung $F(x) = \frac{1}{5}x^3 + x$ der unter dem Graphen der Funktion f: $x \mapsto f(x)$ liegenden und von x abhängigen Fläche.

a) Welchen Flächeninhalt hat das zwischen $x = 1$ und $x = 2$ liegende Flächenstück?

b) Zeichnen Sie das von dem entsprechenden Graphen berandete Flächenstück in ein Koordinatensystem ein!

Lösung:

a) Flächeninhalt als Differenz der Flächenfunktionswerte allgemein ausdrücken:	$\Big[F(x)\Big]_1^2 = F(2) - F(1)$

Funktionsbeziehung aus der Funktionsgleichung einsetzen:	$\left[\frac{1}{5}x^3 + x\right]_1^2 = \frac{1}{5} \cdot 2^3 + 2 - \left(\frac{1}{5} \cdot 1^3 + 1\right)$
Flächeninhalt ausrechnen:	$\left[F(x)\right]_1^2 = \frac{8}{5} + 2 - \frac{1}{5} - 1 = \frac{7}{5} + 1$
Ergebnis:	A = 2,4 Flächeneinheiten

b) Flächenfunktionsgleichung ableiten: $f(x) = F'(x) = \frac{3}{5} \cdot x^2 + 1$

Wertetabelle zur Zeichnung des Graphen aufstellen:

x	0	1	2	3
$f(x)$	1	1,6	3,4	6,4

Koordinatensystem, Graphen und Flächenstück zeichnen:

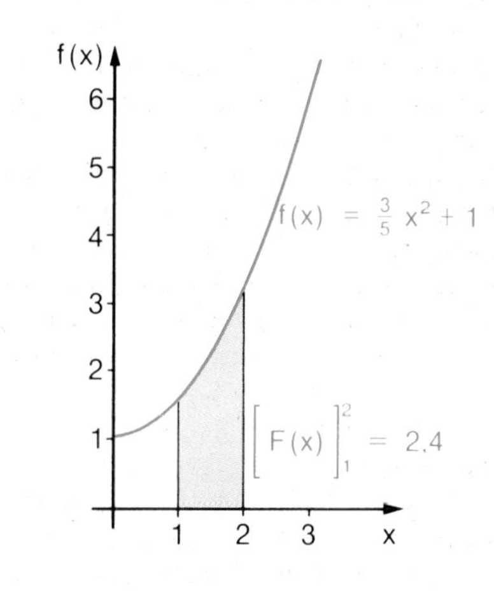

Abb. 321

Aufgaben

1 Gegeben sind die folgenden Funktionsgleichungen für die unterhalb eines Graphen liegenden Flächen. Rechnen Sie den Flächeninhalt des zwischen $x = 2$ und $x = 4$ liegenden Flächenstücks aus und zeichnen Sie den Graphen der Funktion $f\colon x \mapsto f(x)$ und das berechnete Flächenstück!

a) $F(x) = \frac{1}{8}x^3$ b) $F(x) = \frac{1}{10}x^3 + x$ c) $F(x) = 3x$

2 Berechnen und zeichnen Sie entsprechend den nachstehend gegebenen Flächenfunktionsgleichungen die Flächenstücke zwischen den Stellen $x = 1$ und $x = 2$ sowie zwischen $x = 2$ und $x = 3$; addieren Sie die erhaltenen Flächenmaßzahlen und kontrollieren Sie das Ergebnis durch Berechnung des gesamten Flächenstücks von $x = 1$ bis $x = 3$!

a) $F(x) = \frac{1}{3}x^3$ b) $F(x) = \frac{1}{12}(x^3 + 3x)$ c) $F(x) = \frac{1}{4}x^2$

Im vorigen Beispiel mit Lösung und in den nachfolgenden Aufgaben war die Flächenfunktion $F: x \mapsto F(x)$ jeweils gegeben. Ist dagegen nur die Funktion $f: x \mapsto f(x)$ des Graphen bekannt, muss eine der Fläche entsprechende Stammfunktion ermittelt werden; diese kann für nichtlineare Graphen nicht mehr ohne weiteres (wie z. B. auf den Seiten 317 und 318) aus der Zeichnung erkannt werden. Das eigentliche Rechenverfahren zur Ermittlung der Stammfunktion ist wegen $F'(x) = f(x)$ die Umkehrung des Differenzierens, deren Rechenregeln noch gefunden werden müssen.

Die dafür verwendete Schreibweise geht – wie nach der gezeigten Beziehung zwischen Stammfunktion und Flächeninhalt verständlich ist – auf die geometrisch anschauliche Überlegung zurück, einen Flächeninhalt zu bestimmen. Dabei wird der Zusammenhang zwischen einer Stammfunktion und ihrer Ableitung (bzw. dem Differenzial) deutlich, wie er für die Darstellung der Umkehrung des Differenzierens benutzt wird. Den gesuchten Flächeninhalt A einer Fläche unter der Kurve zwischen den Stellen $x = a$ und $x = b$ (in Abb. 322.1 grün dargestellt) kann man z. B. dadurch annähern, dass man einige treppenartig angeordnete Rechteckstreifen aufsummiert, die unterhalb der Kurve liegen. Die Höhe jedes Rechteckstreifens ist die jeweilige Ordinate $f(x)$. Wie im vorigen Abschnitt 22.1 gezeigt wurde, ist $f(x) = F'(x) = \frac{dF(x)}{dx}$. Als Streifenbreite kann ein Differenzial dx gewählt werden[1].

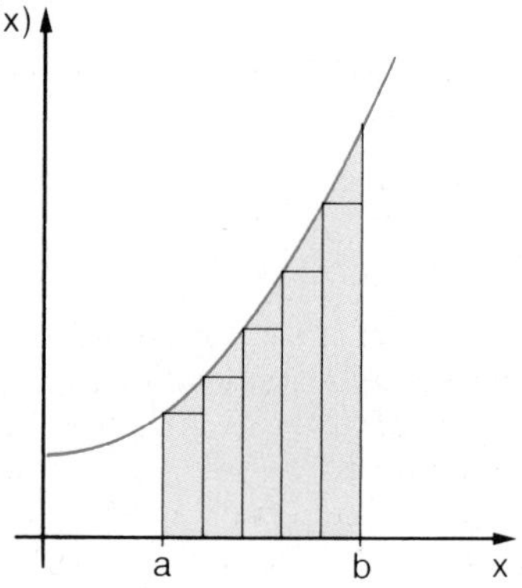

Abb. 322.1

So erhält man als Rechteckstreifen ein Flächenelement $f(x) \cdot dx = F'(x) \cdot dx = \frac{dF(x)}{dx}dx = dF(x)$.

Es stimmt deswegen nicht mit dem zur Flächenstreifenbreite dx gehörenden und von der Kurve oben begrenzten Flächenteilstück überein, weil die mit dem Zuwachs dx einhergehende Ordinatenänderung bei der Bildung dieses Flächenelementes nicht erfasst wird. Der bei der Annäherung durch die Treppenfläche entstehende Fehler wird umso geringer, je höher die Anzahl n ($n \in \mathbb{N}^*$) der dann immer schmaler werdenden Flächenstreifen ist. Bei einer Einteilung in 5 Flächenstreifen ($n = 5$) ist der Flächeninhalt A_u der unterhalb der Kurve liegenden Treppenfläche:

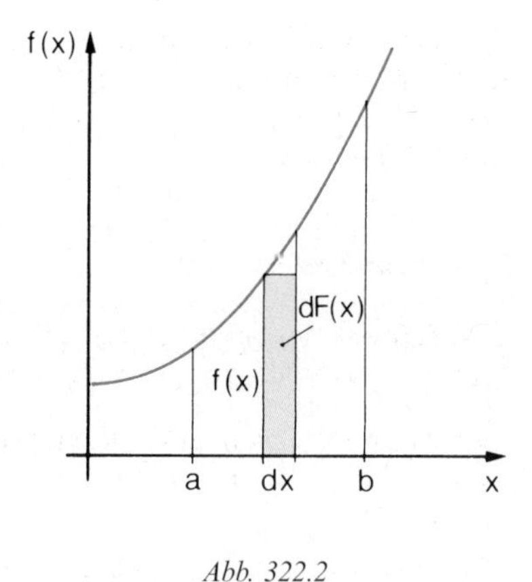

Abb. 322.2

[1] Auf Seite 270 in Abschnitt 21.1.3 wurde gezeigt, dass das Differenzial dx beliebig groß sein kann; es ist wie Δx ein Änderungsbetrag in x-Richtung, hängt aber nicht mit der entsprechenden Funktionsänderung $\Delta F(x)$, sondern mit einem der Änderungstendenz des Ausgangspunktes entsprechenden Zuwachs $dF(x)$ zusammen (vgl. Abschnitt 21.1.3, Abb. 269 und Abb. 271).

$A_u = f(x_1) \cdot \mathrm{d}x + f(x_2) \cdot \mathrm{d}x + \ldots + f(x_5) \cdot \mathrm{d}x = (f(x_1) + f(x_2) + \ldots + f(x_5)) \cdot \mathrm{d}x$; dafür schreibt man kürzer[1]:

$A_u = \sum_{i=1}^{i=5} f(x_i) \cdot \mathrm{d}x$ (gelesen Summe aller $f(x_i)$ mal $\mathrm{d}x$ von $i = 1$ bis $i = 5$), wobei i die allgemeine Kennzeichnung für die jeweils laufende Nummer eines Flächenstreifens ist. Die Treppenfläche A_u stimmt dann mit der gesuchten Fläche überein, wenn die Anzahl n der Flächenelemente $\mathrm{d}F(x)$ über alle Maßen wächst. Das Ergebnis ist der Grenzwert einer Folge von Streifensummen, bei denen die Anzahl der Flächenstreifen $n \to \infty$ und gleichzeitig die Streifenbreite der Flächenelemente $\mathrm{d}x \to 0$ strebt[2]:

$$A = \lim_{n\to\infty} \sum_{i=1}^{i=n} \mathrm{d}F(x_i) = \lim_{n\to\infty} \sum_{i=1}^{i=n} \frac{\mathrm{d}F(x)_i)}{\mathrm{d}x} \cdot \mathrm{d}x = \lim_{n\to\infty} \sum_{i=1}^{i=n} F'(x_i) \cdot \mathrm{d}x$$
$$= \lim_{n\to\infty} \sum_{i=1}^{i=n} f(x_i) \cdot \mathrm{d}x.$$

Die rechnerische Auswertung dieses Summengrenzwertes ist selbstverständlich keine Additionsrechnung; denn in dieser wären unendlich viele verschwindende Summanden zu addieren – eine auf diese Art unlösbare Aufgabe. Stattdessen besteht der Grenzübergang für die Flächenbestimmung darin, dass der Rechenschritt des Differenzierens zur Auffindung der Stammfunktion rückgängig gemacht wird. Die dafür gültige Rechenanweisung erhält eine Darstellung in Form der soeben gezeigten zur Grenze übergehenden Summierung der Flächenelemente, die nur das der Umkehrung zugrunde liegende Prinzip zeigt und in der Schreibweise etwas vereinfacht wird: Statt $\lim_{n\to\infty} \sum_{i=1}^{i=n}$ verwendet man das Zeichen $\int$ (ein zum Symbol veränderter Großbuchstabe S als Zeichen für „Grenzwert einer Summe") und nennt es „Integral"[3]. Weiterhin werden statt der Kennzeichnung i in der Summenbildung die flächeneingrenzenden Abszissenwerte $x = a$ und $x = b$ angegeben, da diese für die rechnerische Auswertung gebraucht werden.

Definition 323

Die Umkehrung des Differenzierens, prinzipiell zustande gekommen durch die für $n \to \infty$ zur Grenze übergegangene Summierung der Differenziale $\mathrm{d}F(x)$ zwischen den Stellen $x = a$ und $x = b$, wird geschrieben $\int_a^b \mathrm{d}F(x)$ und gelesen „Integral $\mathrm{d}F(x)$ von $x = a$ bis $x = b$".

[1] Der altgriechische Großbuchstabe Σ (gelesen: Sigma) entspricht dem lateinischen S und wird als Summenzeichen für eine endliche Anzahl von Summanden verwendet.

[2] Bei einer strengen Untersuchung wird noch die Übereinstimmung mit dem Grenzwert einer zweiten Treppenfläche nachgewiesen, deren Stufenstrecken oberhalb der Kurve liegen; darauf soll hier verzichtet werden.

[3] integrare, integratio (lateinisch): wiederherstellen, Wiederherstellung; gemeint ist die Wiederherstellung der Ursprungsfunktion (Stammfunktion) aus der Ableitung.

Das Rechenergebnis dieser „Integration" genannten Umkehrung (Tätigkeitswort: integrieren) ist in geometrischer Deutung das Flächenstück zwischen $x = a$ und $x = b$ unter der Kurve, allgemein die Differenz der beiden Stammfunktionswerte $F(b) - F(a) = \Big[F(x)\Big]_a^b$.

Da für die hier gemeinte Flächenberechnung die Funktion $f = F'$ des die Fläche begrenzenden Graphen gegeben ist, muss diese Funktion zweckmäßigerweise für die rechnerische Auswertung in der Rechenanweisung erscheinen. Dazu wird der Ausdruck für das Flächendifferenzial $\mathrm{d}F(x)$ in die entsprechende Form gebracht (vgl. S. 322 u. 323):

$\mathrm{d}F(x) = \frac{\mathrm{d}F(x)}{\mathrm{d}x} \cdot \mathrm{d}x = F'(x) \cdot \mathrm{d}x = f(x) \cdot \mathrm{d}x$. Damit erhält man eine anwendungsgeeignete Rechenvorschrift[1].

Satz 324

Für den Flächeninhalt des zwischen den Stellen $x = a$ und $x = b$ liegenden Flächenstücks, das von dem Graphen der Funktion $f\colon x \mapsto f(x)$, den Ordinaten $f(a)$ und $f(b)$ sowie der x-Achse im 1. Quadranten[2] eines Koordinatensystems begrenzt wird, gilt[3]:

$$\int_a^b f(x) \cdot \mathrm{d}x = \Big[F(x)\Big]_a^b = F(b) - F(a)$$

Die vorstehende Rechenvorschrift besagt: Zur Berechnung des Flächeninhalts zwischen $x = a$ und $x = b$ unterhalb des Graphen der Funktion $x \mapsto f(x)$, deren Funktionsausdruck $f(x)$ zwischen das Integralzeichen $\int_a^b$ und das Differenzialzeichen $\mathrm{d}x$ geschrieben ist, muss eine zugehörige Stammfunktion $x \mapsto F(x)$ ermittelt und die Differenz der Funktionswerte $F(b) - F(a)$ gebildet werden. Auch wenn $a = 0$ gewählt wird, muss sicherheitshalber immer $F(0)$ berechnet und von $F(b)$ subtrahiert werden, da nicht bei allen Stammfunktionen $F(0) = 0$ ist.

Das Ergebnis einer solchen Flächenberechnung durch Integration ist eine Flächenmaßzahl, also ein bestimmter Zahlenwert. Daher erhält das dafür verwendete Integral einen besonderen Namen.

[1] Die folgende Integralschreibweise wurde von Gottfried Wilhelm Leibniz (1646–1716) eingeführt.

[2] Abweichungen hiervon werden später behandelt.

[3] Vorausgesetzt wird die Differenzierbarkeit der Funktion $F\colon x \mapsto F(x)$ in dem für beide Funktionen gültigen Definitionsbereich.

Definition 325

Der Ausdruck $\int_a^b f(x) \cdot dx$ heißt „bestimmtes Integral" wegen der Eingrenzung durch die so genannten Integrationsgrenzen $x = a$ und $x = b$.

Das Rechnen mit bestimmten Integralen hat außer der Flächenberechnung noch viele andere Anwendungsgebiete. Es ist daher zweckmäßig, sich im Umgang mit dieser Rechenart von der Vorstellung der Flächeninhaltsbestimmung zu lösen.

Beispiel mit Lösung

Aufgabe: Wie wird der Funktionsausdruck $\left[\frac{1}{24}x^3 + 2x\right]_3^{4,5}$ als bestimmtes Integral geschrieben?

Lösung: Stammfunktionsgleichung aufstellen: $F(x) = \frac{1}{24}x^3 + 2x$

Ableitung bilden: $F'(x) = f(x) = \frac{1}{8}x^2 + 2$

Bestimmtes Integral mit den Integrationsgrenzen angeben: $\left[F(x)\right]_3^{4,5} = \int_3^{4,5} \left(\frac{1}{8}x^2 + 2\right) \cdot dx$

Aufgaben

Schreiben Sie die folgenden Funktionsausdrücke als bestimmtes Integral:

3 a) $\left[F(x)\right]_1^3 = \left[\frac{1}{30}x^3 + x\right]_1^3$ b) $\left[F(x)\right]_2^7 = \left[\frac{1}{12}x^2 + \frac{1}{2}x\right]_2^7$

4 a) $\left[F(x)\right]_{0,5}^{2,5} = \left[\frac{1}{48}x^4 + \frac{1}{4}x\right]_{0,5}^{2,5}$ b) $\left[F(x)\right]_8^{17} = \left[\frac{1}{9}(x^3 + 3x)\right]_8^{17}$

5 a) $\left[F(x)\right]_{\frac{1}{3}}^4 = \left[\frac{1}{2}x\left(\frac{1}{18}x^3 + 1\right)\right]_{\frac{1}{3}}^4$ b) $\left[F(x)\right]_{0,1}^{1,9} = \left[\frac{1}{12}x(x^2 + 2)\right]_{0,1}^{1,9}$

6 a) $\left[F(x)\right]_2^5 = \left[\frac{1}{10}x^5 + \frac{1}{4}x^2 + 3x\right]_2^5$ b) $\left[F(x)\right]_3^8 = \left[x^6 + 3x^5 + 2x^2\right]_3^8$

7 a) $\left[F(x)\right]_{\frac{1}{2}}^{\frac{3}{2}} = \left[x\left(\frac{x^3}{4} + \frac{x^2}{3} + \frac{x}{2} + 1\right)\right]_{\frac{1}{2}}^{\frac{3}{2}}$ b) $\left[F(x)\right]_{\frac{1}{4}}^6 = \left[\frac{1}{2}x^4 + 2x^3 + \frac{1}{6}x^2\right]_{\frac{1}{4}}^6$

8 a) $\left[F(x)\right]_0^2 = \left[2x^2\left(\frac{x^2}{2} + 3x + 4\right)\right]_0^2$ b) $\left[F(x)\right]_{2,25}^{7,75} = \left[2x\left(\frac{x^3}{6} + \frac{x}{4} + 1\right)\right]_{2,25}^{7,75}$

22.3 Integralfunktion

Ersetzt man die obere Integrationsgrenze des bestimmten Integrals $\int_a^b f(x) \cdot dx$ durch eine laufende Koordinate und unabhängige Variable x, so wird dem jeweils gewählten x ein Integralwert zugeordnet, und es entsteht aus dem bestimmten Integral eine Funktion der veränderlichen oberen Integrationsgrenze x.

Definition 326

Die zu einer integrierbaren Funktionf f: $x \mapsto f(x)$ gehörende Funktion
I: $x \mapsto \int_a^x f(x) \cdot dx$ heißt Integralfunktion von f.

Die Integralfunktion mit der Funktionsgleichung $I(x) = \int_a^x f(x) \cdot dx = F(x) - F(a)$ ist also eine Stammfunktion zu der Funktion f: $x \mapsto f(x)$, da der konstante Wert $F(a)$ bei der Ableitung der Integralfunktion null ergibt.

In der geometrischen Bedeutung ist eine solche Integralfunktion eine Flächenfunktion ab der Stelle $x = a$. Ist für $a = 0$ auch $F(a) = F(0) = 0$, so ist diese Integralfunktion eine wie zu Beginn des Abschnitts 22 betrachtete Flächenfunktion ab der Stelle $x = 0$:

$$F(0) = 0 \Rightarrow \int_0^x f(x) \cdot dx = \Big[F(x)\Big]_0^x = F(x) - F(0) = F(x).$$

Zu jeder anderen gewählten unteren Integrationsgrenze a gibt es von der Funktion f: $x \mapsto f(x)$ auch eine andere Integralfunktion, also Stammfunktion[1]. Sie unterscheiden sich voneinander nur durch die jeweilige Konstante $F(a)$.

Beispiel mit Lösung

Aufgabe: Gegeben ist die Funktionsgleichung der Flächenfunktion
$F(x) = \int_0^x f(x) \cdot dx = \frac{1}{4}x^3 + 2x$. Wie lautet die Integralfunktion I: $x \mapsto \int_2^x f(x) \cdot dx$?

[1] Eine Integralfunktion ist immer auch eine Stammfunktion.

Lösung:

Integralfunktion allgemein aufstellen:	$I(x) = \int\limits_2^x f(x) \cdot \mathrm{d}x = F(x) - F(2)$
$F(x)$ und $F(2)$ einsetzen:	$I(x) = \frac{1}{4}x^3 + 2x - \left(\frac{1}{4} \cdot 2^3 + 2 \cdot 2\right)$
Ergebnis:	$I(x) = \frac{1}{4}x^3 + 2x - 6$

Aufgaben

Bestimmen Sie die Funktionsgleichung der Integralfunktionen I: $x \mapsto \int\limits_3^x f(x) \cdot \mathrm{d}x$, wenn dafür gegeben ist:

1 a) $\int\limits_0^x f(x) \cdot \mathrm{d}x = \frac{2}{3}x^2 + x$ b) $\int\limits_0^x f(x) \cdot \mathrm{d}x = 3x$

2 a) $\int\limits_0^x f(x) \cdot \mathrm{d}x = \frac{1}{9}x^3 + \frac{1}{3}x^2$ b) $\int\limits_0^x f(x) \cdot \mathrm{d}x = x^4 + \frac{1}{12}x$

3 a) $\int\limits_0^x f(x) \cdot \mathrm{d}x = \frac{1}{6}x^3 + 2x$ b) $\int\limits_0^x f(x) \cdot \mathrm{d}x = \frac{1}{3}x \cdot (x + 1)$

Wenn die untere Integrationsgrenze ebenfalls nicht festgelegt ist, kann zwar eine Integralfunktion durch Umkehren des Differenzierens gebildet werden, jedoch ist diese unbestimmt; denn da jede Konstante beim Differenzieren null wird, muss beim umgekehrten Verfahren des Integrierens im Ergebnis immer auch wieder eine Konstante hinzugefügt werden, auch wenn ihr Wert zunächst wegen fehlender Angaben nicht bekannt ist. Bei nicht festgelegten Integrationsgrenzen ist also das Integrationsergebnis nicht eindeutig.

Definition 327

Die durch Umkehrung des Differenzierens erhaltene und ohne untere Integrationsgrenze gebildete Integralfunktion[1] $\int f(x) \cdot \mathrm{d}x = F(x) + C$ heißt unbestimmtes Integral, und der zunächst noch unbestimmte Wert C heißt Integrationskonstante.

[1] In diesen Fällen wird auch die statt der oberen Integrationsgrenze b angegebene Variable x nicht mehr an das Integralzeichen geschrieben.

Durch eine zusätzliche Anwendungsbedingung kann die Integrationskonstante C bestimmt und damit eine bestimmte Integralfunktion ermittelt werden.

Beispiel mit Lösung

Aufgabe: Gegeben ist die unbestimmte Integralfunktion mit der Gleichung $I(x) = F(x) + C = \frac{1}{2}x^2 + x + C$. Wie lautet die Gleichung der bestimmten Integralfunktion, wenn für $x = 2$ der zugehörige Integralfunktionswert $I(2) = 7$ sein soll?

Lösung: Funktionsgleichung der unbestimmten Integralfunktion aufstellen:	$I(x) = \frac{1}{2}x^2 + x + C$
Bedingungen einarbeiten, indem $x = 2$ und $I(x) = I(2) = 7$ eingesetzt werden:	$7 = \frac{1}{2} \cdot 2^2 + 2 + C$
Die Integrationskonstante C aus der so erhaltenen Bedingungsgleichung berechnen:	$7 = 4 + C \Rightarrow C = 3$
Ergebnis:	$I(x) = \frac{1}{2}x^2 + x + 3$

Aufgaben

Ermitteln Sie aus dem gegebenen unbestimmten Integral $\int f(x) \cdot \mathrm{d}x = F(x) + C$ und der zusätzlich angegebenen Bedingung die jeweilige bestimmte Integralfunktion!

4 a) $F(x) = \frac{3}{4}x^2 + \frac{1}{2}x$
$I(2) = 6$

b) $F(x) = \frac{1}{2}x^2 \cdot (x + 2)$
$I(1) = 8$

5 a) $F(x) = \frac{3}{2}x$
$I(5) = 15$

b) $F(x) = x \left(\frac{1}{9}x^3 + \frac{1}{3}\right)$
$I(3) = 7$

6 a) $F(x) = \frac{1}{8}x^3 + 3x$
$I(4) = 25$

b) $F(x) = \frac{1}{2}x \cdot (x + 2)$
$I(6) = 20$

Zusammenfassend lässt sich also feststellen:
Das unbestimmte Integral ist – wegen der fehlenden Integrationsgrenzen – ein relativ einfacher mathematischer Ausdruck für die grundsätzliche Rechenoperation der Umkehrung des Differenzierens. Diese Art des Integrierens ergibt eine Vielzahl möglicher Stammfunktionen mit unterschiedlichen Integrationskonstanten. Das für eine bestimmte Anwendung zutreffende Integral muss nach bestimmten Anwendungsbedingungen festgelegt werden.

Merke Eine Integralfunktion wird bestimmt, indem

- bei einer Integralfunktionsgleichung mit einer variablen oberen Integrationsgrenze x eine feste untere Integrationsgrenze a angegeben wird:
  $$I(x) = \int_a^x f(x) \cdot \mathrm{d}x = \Big[F(x)\Big]_a^x = F(x) - F(a),$$
- bei einem unbestimmten Integral $I(x) = \int f(x) \cdot \mathrm{d}x = F(x) + C$ ohne Integrationsgrenzen die additive Integrationskonstante C aus einer Anwendungsbedingung für eine Stelle $x = a$ berechnet wird: $I(a) = F(a) + C \Rightarrow C = I(a) - F(a)$;
  Gleichung der bestimmten Integralfunktion: $I(x) = F(x) + \Big[I(a) - F(a)\Big]$.

Beispiel mit Lösung

Aufgabe: Gegeben ist $F(x) = \frac{1}{2}x^2$. Es ist zu zeigen, dass die bestimmte Integralfunktion $I\colon x \mapsto \int_3^x f(x) \cdot \mathrm{d}x = \Big[F(x)\Big]_3^x$ (z. B. als Flächenfunktion ab der Stelle $x = 3$; vgl. Seite 326) mit der Funktion des unbestimmten Integrals $I\colon x \mapsto \int f(x) \cdot \mathrm{d}x = F(x) + C$ übereinstimmt, nachdem dessen Integrationskonstante C aus der entsprechenden Anwendungsbedingung $I(3) = 0$ berechnet worden ist.

Lösung: Funktionsgleichung der bestimmten Integralfunktion allgemein aufstellen:	$I(x) = \int_3^x f(x) \cdot \mathrm{d}x = \Big[F(x)\Big]_3^x = F(x) - F(3)$
$F(x)$ und $F(3)$ einsetzen:	$I(x) = \frac{1}{2}x^2 - \frac{1}{2}3^2$
	$I(x) = \frac{1}{2}x^2 - 4{,}5$
Funktionsgleichung des unbestimmten Integrals allgemein aufstellen:	$I(x) = \int f(x) \cdot \mathrm{d}x = F(x) + C$
$F(x)$ einsetzen:	$I(x) = \frac{1}{2}x^2 + C$
Anwendungsbedingungen einarbeiten durch Einsetzen von $I(3)$ für $x = 3$:	$0 = \frac{1}{2} \cdot 3^2 + C$

Aus dieser Bedingungsgleichung die Integrationskonstante C berechnen:	$C = -4{,}5$
Funktionsgleichung des unbestimmten Integrals durch Einsetzen der berechneten Integrationskonstanten C bestimmen:	$I(x) = \frac{1}{2}x^2 - 4{,}5$
Ergebnis:	Beide Funktionsgleichungen stimmen überein.

Um nach der gezeigten Vorgehensweise Integrale anwenden zu können, muss zuvor die Umkehrung des Differenzierens durchgeführt worden sein, was bei den bisherigen Betrachtungen in diesem Abschnitt zunächst vorausgesetzt worden war.

Die Rechenregeln für das Integrieren durch Umkehrung des Differenzierens führen dabei immer auf ein unbestimmtes Integral (vgl. Seite 327) und sollen nun im folgenden Abschnitt behandelt werden.

22.4 Integrationsregeln

Das unbestimmte Integral ohne Integrationsgrenzen mit der hinzugefügten unbestimmten Integrationskonstanten C ist nicht nur eine vereinfachte Darstellung der Integrationsfunktion (Stammfunktion), sondern ein unvermeidbar unbestimmtes Integrationsergebnis wegen der unendlich vielen konstanten Werte, die C annehmen kann.

Neben den unbestimmten Integralen gibt es noch unbestimmbare Integrale, das sind solche, bei denen die zu integrierende Funktion $f\colon x \mapsto f(x)$ nicht als eine Ableitungsfunktion erkannt werden kann[1].

22.4.1 Grundintegrale

Jede bekannte Ableitungsregel stellt für einen bestimmten Funktionstyp den Zusammenhang zwischen Stammfunktion und Ableitungsfunktion her. Sofern eine Funktion, die integriert werden soll, die Form der Ableitung eines solchen Funktionstyps hat, lässt sich die Integration durch die umgekehrte Anwendung der Ableitungsregel durchführen. Die auf diese Weise erhaltenen (unbestimmten) Integralfunktionen heißen Grundintegrale.

[1] Wir kennen z. B. keine rationale Funktion $F\colon x \mapsto F(x)$, deren Ableitung $F' = f\colon x \mapsto F'(x) = f(x) = \frac{1}{x}$ ist. Das ist nicht sehr verwunderlich, da bislang jede Umkehrung eines Rechenverfahrens über den jeweils bisher bekannten mathematischen Bereich hinausführte; so konnte die Umkehrung des Addierens, Multiplizierens und Potenzierens nicht in allen Fällen im bis dahin bekannten Zahlenbereich (ohne die negativen, rationalen bzw. irrationalen Zahlen) ausgeführt werden. Daher ist zu erwarten, dass auch die Umkehrung des Differenzierens mit den bisherigen Bereichskenntnissen über existierende Funktionen nicht in allen Fällen möglich ist. Oft hilft man sich dann mit Näherungsverfahren.

Die Umkehrung der Ableitung einer Konstantfunktion $f\colon x \mapsto a \Rightarrow f'\colon x \mapsto 0$ erscheint als Integrationskonstante C in allen Grundintegralen, C für sich gilt jedoch nicht als Grundintegral, da die Integration von $f(x) = 0$ für sich allein keine sinnvolle Aufgabenstellung ist.

Alle anderen von der Differenziation her bekannten Grundintegrale lassen sich als Integrationsregeln leicht aufstellen. In der folgenden Tabelle sind diejenigen Grundintegrale zusammengestellt, die den in Abschnitt 21.2 abgeleiteten Funktionstypen entsprechen.

Grundintegrale[1]:

Grundintegral $\int f'(x) \cdot \mathrm{d}x = f(x) + C$ als Integrationsregel	Ableitungsregel $f'(x) = \dfrac{\mathrm{d}(f(x) + C)}{\mathrm{d}x}$ als Gültigkeitsnachweis
$\int 1 \cdot \mathrm{d}x = \int \mathrm{d}x = x + C$	$\dfrac{\mathrm{d}(x + C)}{\mathrm{d}x} = 1$
$\int m \cdot \mathrm{d}x = m \cdot x + C$	$\dfrac{\mathrm{d}(m \cdot x + C)}{\mathrm{d}x} = m$
$\int x^n \cdot \mathrm{d}x = \dfrac{1}{n+1}x^{n+1} + C$ (für $n \neq -1$)	$\dfrac{\mathrm{d}\left(\dfrac{1}{n+1}x^{n+1} + C\right)}{\mathrm{d}x} = x^n$ (für $n \neq -1$)

Beispiel mit Lösung

Aufgabe: Lösen Sie die Integrale $\int \frac{3}{4} \cdot \mathrm{d}x$ und $\int x^4 \cdot \mathrm{d}x$.

Lösung: $\int \frac{3}{4} \cdot \mathrm{d}x = \frac{3}{4}x + C$; $\int x^4 \cdot \mathrm{d}x = \frac{1}{5}x^5 + C$.

Aufgaben

Lösen Sie die folgenden Integrale und machen Sie die Probe durch Ableiten!

1 a) $\int 5 \cdot \mathrm{d}x$ b) $\int 13 \cdot \mathrm{d}x$ c) $\int 2a \cdot \mathrm{d}x$ d) $\int \frac{a^2}{3} \cdot \mathrm{d}x$

e) $\int 0{,}6 \cdot \mathrm{d}x$ f) $\int \sqrt{3} \cdot \mathrm{d}x$ g) $\int (a + b) \cdot \mathrm{d}x$ h) $\int \frac{\mathrm{d}x}{4a}$

[1] Für andere Funktionsarten, die hier nicht behandelt werden, sind auch Grundintegrale bekannt.

2 a) $\int x^3 \cdot dx$ b) $\int x \cdot dx$ c) $\int x^7 \cdot dx$ d) $\int x^2 \cdot dx$

e) $\int t^5 \cdot dt$ f) $\int r^4 \cdot dr$ g) $\int s^6 \cdot ds$ h) $\int u^9 \cdot du$

22.4.2 Verknüpfungsintegrale

Wie für die Differenziation müssen auch für die Integration Regeln bereitgestellt werden, mit denen Integrale von Funktionsverknüpfungen ausgewertet werden können.

Für die Integration einer mit einem konstanten Faktor k vervielfachten Funktion $g\colon x \mapsto k \cdot f(x)$ findet man wegen $\frac{d[k \cdot f(x)]}{dx} = k\frac{df(x)}{dx}$ (siehe Seite 277):

I) $\int (k \cdot F'(x)) \cdot dx = k \cdot F(x) + C$;

II) $k \cdot \int F'(x) \cdot dx = k \cdot (F(x) + C_1) = k \cdot F(x) + k \cdot C_1$.

Da C und C_1 jeden Wert aus $\mathbb{R}$ annehmen können, kann immer $k \cdot C_1 = C$ gesetzt werden. Die damit erwiesene Übereinstimmung der beiden Integrale I) und II) ergibt die entsprechende Integrationsregel.

Merke Ein konstanster Faktor bleibt von der Integration unberührt und kann vor das Integral treten[1]:

$$\int k \cdot f(x) \cdot dx = k \cdot \int f(x) \cdot dx = k \cdot F(x) + C$$

Für die Integration einer Funktionssumme bzw. -differenz $f\colon x \mapsto f(x) = g(x) \pm h(x)$ gilt wegen $\frac{d[g(x) \pm h(x)]}{dx} = \frac{dg(x)}{dx} \pm \frac{dh(x)}{dx}$ (siehe Seite 279):

I) $\int F'(x) \cdot dx = \int (G(x) \pm H(x))' \cdot dx = G(x) \pm H(x) + C$;

II) $\int G'(x) \cdot dx \pm \int H'(x) \cdot dx = G(x) + C_1 \pm (H(x) + C_2)$
$= G(x) \pm H(x) + (C_1 \pm C_2)$.

Da die Integrationskonstanten jeden Wert aus $\mathbb{R}$ annehmen können, kann immer $C_1 \pm C_2 = C$ gesetzt werden.

[1] Diese Regel bestätigt sich auch beim zweiten Grundintegral in der Tabelle auf Seite 331.

Mit dieser Übereinstimmung der Integrale I) und II) erhält man die entsprechende Integrationsregel.

Merke Eine Funktionssumme bzw. -differenz wird gliedweise integriert:
$$\int (g(x) \pm h(x))\,\mathrm{d}x = \int g(x) \cdot \mathrm{d}x \pm \int h(x) \cdot \mathrm{d}x = G(x) \pm H(x) + C$$

Nach der Begründung auf Seite 278 gilt diese Regel auch für mehr als zwei Glieder einer Funktionssumme bzw. -differenz.

Beispiel mit Lösung

Aufgabe: Die Funktion $f\colon x \mapsto f(x)$ mit $f(x) = 2x(x^2 - 3) + (2x + 1)^2$ ist zu integrieren.

Lösung: Aufgliedern des Integranden[1] durch Ausmultiplizieren:

$$\int [2x(x^2 - 3) + (2x + 1)^2] \cdot \mathrm{d}x =$$
$$\int (2x^3 - 6x + 4x^2 + 4x + 1) \cdot \mathrm{d}x =$$
$$\int (2x^3 + 4x^2 - 2x + 1) \cdot \mathrm{d}x$$

Auswertung gliedweise durch Einzelintegration:

$$= 2 \cdot \frac{1}{4}x^4 + 4 \cdot \frac{1}{3}x^3 - 2 \cdot \frac{1}{2}x^2 + x + C$$
$$= \frac{1}{2} \cdot x^4 + \frac{4}{3} \cdot x^3 - x^2 + x + C.$$

Aufgaben

Werten Sie die folgenden Integrale aus und machen Sie die Probe durch Differenzieren!

1
a) $\int 2a \cdot x^3 \cdot \mathrm{d}x$ b) $\int (x^2 - x) \cdot \mathrm{d}x$ c) $\int (2x + a) \cdot \mathrm{d}x$

d) $\int (a + b) \cdot x^2 \cdot \mathrm{d}x$ e) $\int (a + b)^2 \cdot \mathrm{d}x$ f) $\int (a + x)^2 \cdot \mathrm{d}x$

g) $\int (3x^2 + 2x) \cdot \mathrm{d}x$ h) $\int \frac{x}{2a + b}\mathrm{d}x$ i) $\int \frac{a^2 + x^2}{a^2 + b^2}\mathrm{d}x$

2
a) $\int (-5x^4 - 2x) \cdot \mathrm{d}x$ b) $\int (2{,}5 + 1{,}2x) \cdot \mathrm{d}x$ c) $\int \left(\frac{x}{8} + \frac{1}{4}\right) \cdot \mathrm{d}x$

[1] integrandus (lateinisch): der zu Integrierende; der zwischen dem Integral- und dem Differenzialzeichen stehende Funktionsausdruck heißt Integrand.

d) $\int (4x^5 - 2x^3 + x) \cdot \mathrm{d}x$ e) $\int (x+1)(x-1) \cdot \mathrm{d}x$ f) $\int \left(a - \frac{x}{2}\right)^2 \cdot \mathrm{d}x$

g) $\int [7x(4-x)+1] \cdot \mathrm{d}x$ h) $\int (x^2 + a)^2 \cdot \mathrm{d}x$ i) $\int 2(x^2 - 3x)^2 \cdot \mathrm{d}x$

j) $\int (10x^4 + 9x^2 - 3) \cdot \mathrm{d}x$ k) $\int [4x - (1 - x^2)^2] \cdot \mathrm{d}x$ l) $\int \frac{x^3}{3}(\sqrt{3} - x)^2 \cdot \mathrm{d}x$

Integrieren Sie die folgenden Funktionsgleichungen und kontrollieren Sie das Ergebnis durch Ableiten ($a, b \in \mathbb{N}^*$):

3 a) $f(x) = (2x + a)(a - x) + 3$ b) $f(x) = 4x^2[3x + 7 - 2a] + 1$

c) $f(x) = \frac{(7x+2)^2 - 4x^3}{3 \cdot (2a-1) + 5}$ d) $f(x) = \frac{-x^3 + 3x^2 - 4x + 4}{(2-a)^2} + 6x$

e) $f(x) = 3x(2x^2 - x + 2) + 1$ f) $f(x) = 8x - (x^2 + x + 4)(x - 1)$

g) $f(x) = 12x^3 + (3x - 1)^2 + 2$ h) $f(x) = 4(3x - 2a)(4b - x)$

i) $f(x) = \frac{1}{2}[x(3x^2 - 7) + 4]$ j) $f(x) = 3x^2(2x - 8) + \frac{3}{2}$

4 a) $f(x) = 6(2x^3 - x^2 + 1) + \frac{x}{2}$ b) $f(x) = \frac{1}{3}[x(2x^2 - 3x + 1) - 8]$

c) $f(x) = 9x^2(x - 2) - 2(4x + 7)$ d) $f(x) = \frac{x}{3}(x^3 - 2x^2) + 5$

e) $f(x) = 2x[(x - 1)^2 + 6] - 3$ f) $f(x) = \frac{x^2}{2a}(x^b + 3x^{a-1}) + 2ab$

g) $f(t) = 16t^7 + 3t^2(2t - 5) + 1$ h) $f(t) = 4t(t^3 - 3t^2 + 2) - 6$

i) $f(r) = r^3\left(\frac{1}{2}r^2 - r\right) + 3r$ j) $f(s) = 3s(2 - s)^2 + 12$

5 a) $f(x) = \frac{1}{2}x^2(5x + 7) + \frac{1}{4}[x(2x - 1) - 4]$

b) $f(u) = u^3(2u^2 - \frac{1}{2}u + 1) - 3u^2 - 7(u + 3) - 6$

c) $f(v) = 3[v^2(5v^2 + 8v - 3) + 4v - 9]$

d) $f(x) = (2 + a)x^{a+1} + (a + b)^2 \cdot x^{a+b-1} - 4b \cdot x^{2b-1} + 8x + ab$

e) $f(x) = \frac{5(a^2 - 1)}{b}x^a - \frac{3b^2}{2}x^{b-1} + 4ab(x - 1)$

f) $f(x) = \frac{a}{2+b}x^{b+1} + \frac{b^2 - 1}{a}x^b - x^{2b} + 3x - 5$

22.5 Flächenberechnungen

Das bestimmte Integral wurde als Maßzahl des Flächeninhalts eines Flächenstücks erkannt, das in einem durch die Integrationsgrenzen bestimmten Intervall zwischen einem Graphen und der Abszissenachse liegt (vgl. Seite 320). Die Betrachtung dieser Zusammenhänge hatte sich zunächst auf den 1. Quadranten des rechtwinkligen Koordinatensystems beschränkt, also auf positive Abszissen- und Ordinatenwerte (vgl. Seite 324).

22.5.1 Flächen über der Abszissenachse

Im 1. Quadranten ergibt das bestimmte Integral $\int_a^b f(x) \cdot \mathrm{d}x = F(b) - F(a)$ eine positive Maßzahl für den entsprechenden Flächeninhalt, wenn $b > a$ ist. Das trifft hier auch auf die Flächenfunktion mit der Funktionsgleichung $\int_0^x f(x) \cdot \mathrm{d}x = F(x)$ für jeden gewählten (positiven) x-Wert bei der unteren Grenze $a = 0$ zu.

Flächen, die im 2. Quadranten eines Koordinatensystems liegen und deren Flächeninhalte mit der Flächenfunktion $F\colon x \mapsto \int_0^x f(x) \cdot \mathrm{d}x$ beschrieben werden, haben negative Maßzahlen für den Flächeninhalt; denn durch Einsetzen einer negativen reellen Zahl für die obere Integrationsgrenze x wird von 0 aus in negativer Richtung – also von größeren zu kleineren Werten – integriert. Soll hier der Flächeninhalt positiv ausfallen, ist die Integrationsrichtung umzukehren, d. h. die Integrationsgrenzen sind zu vertauschen, damit – wie im 1. Quadranten – von der unteren Integrationsgrenze mit der kleineren Zahl bis zur oberen Integrationsgrenze mit der größeren Zahl integriert werden kann[1]. Das gilt auch entsprechend für Integrale, bei denen beide Integrationsgrenzen negative Zahlen sind.

Im 1. und 2. Quadranten eines Koordinatensystems entsprechen einander also positiver Flächeninhalt und positive Integrationsrichtung (Integral von a bis b für $a < b$; $a, b \in \mathbb{R}$).

Merke Die Inhalte von Flächen oberhalb der Abszissenachse sind positiv, wenn in positiver Abszissenrichtung integriert wird, d. h., wenn die obere Integrationsgrenze größer als die untere ist.

Beispiel mit Lösung

Aufgabe: Berechnen und zeichnen Sie das zwischen dem Graphen der Funktionsgleichung $f(x) = \frac{1}{5}x^3 + 5{,}4$ und der x-Achse liegende Flächenstück im Intervall $x = -2$ und $x = -1$.

[1] Beachten Sie, dass z. B. -3 kleiner als 0 oder -1 ist.

Lösung: Kurvenfunktion von −2 bis −1 integrieren:

$$A = \int_{-2}^{-1} \left(\frac{1}{5}x^3 + 5{,}4\right) \cdot dx = \left[\frac{1}{20}x^4 + 5{,}4x\right]_{-2}^{-1}$$

Ergebnis in Flächeneinheiten:

$$A = \frac{1}{20} - 5{,}4 - \left(\frac{16}{20} - 10{,}8\right)$$
$$= 5{,}4 - 0{,}75 = 4{,}65$$

Wertetabelle für die Zeichnbung der kubischen Parabel aufstellen:

x	−3	−2	−1	0	+1
$f(x)$	0	3,8	5,2	5,4	5,6

Graphen und Flächenstück zeichnen:

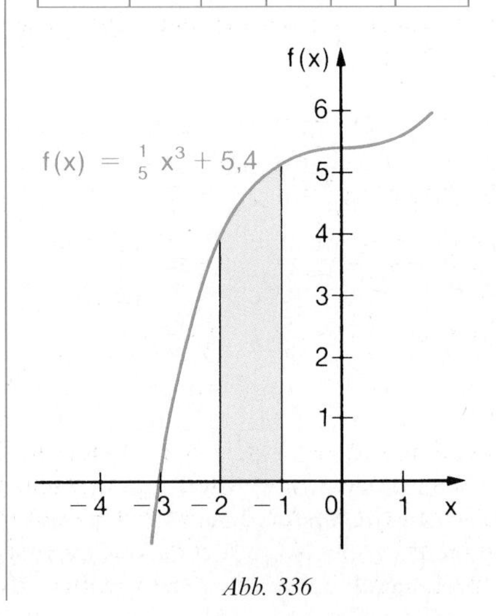

Abb. 336

Aufgaben

1 Berechnen und zeichnen Sie die Flächenstücke, die im angegebenen Intervall zwischen dem Graphen der gegebenen Funktionsgleichung und der x-Achse liegen:

a) $f(x) = \frac{1}{4}x^2 + x$, zwischen $x = 1{,}2$ und $x = 3$

b) $f(x) = \frac{1}{8}x^2 + 1$, zwischen $x = -4$ und $x = -2$

c) $f(x) = \frac{1}{4}x\left(x + \frac{1}{2}\right) + 2$, zwischen $x = 0$ und $x = 3$

d) $f(x) = -\frac{1}{10}x^3$, zwischen $x = -3$ und $x = -1$

e) $f(x) = x\left(\frac{1}{6}x + \frac{1}{2}\right) + 1$, zwischen $x = 0{,}6$ und $x = 3{,}6$

f) $f(x) = \frac{1}{2}\left(\frac{1}{2}x^3 + 1\right)$, zwischen $x = 0{,}4$ und $x = 2{,}8$

g) $g(x) = -\frac{1}{4}x^2 + 4{,}5$, zwischen $x = -4$ und $x = -1$

h) $f(x) = \frac{1}{3}x^2 + 2x + 5$, zwischen $x = 0$ und $x = -3$

2 Berechnen und zeichnen Sie die Flächenstücke jeweils zwischen $x = -3$ und $x = 0$ sowie zwischen $x = 0$ und $x = 2$ unter den Graphen der im Folgenden gegebenen Funktionen.
Kontrollieren Sie die Ergebnisse durch Addition der beiden Flächeninhalte einerseits und Berechnung der Gesamtfläche zwischen $x = -3$ und $x = 2$ andererseits.

a) $f\colon x \mapsto 2 - \frac{1}{10}x^3$

b) $f\colon x \mapsto -\frac{1}{10}x^2 + \frac{2}{15}x + 2$

c) $f\colon x \mapsto \frac{1}{10}(9x^2 - x^4) + 1$

d) $f\colon x \mapsto \frac{1}{9}x^3 - \frac{1}{6}x^2 - \frac{1}{2}x + 4$

Im Anwendungsfall der Flächenberechnung im 2. Quadranten des Koordinatensystems war zu erkennen, dass ein Integrationsergebnis sein Vorzeichen wechselt, wenn die Integrationsgrenzen vertauscht werden. Dieser Sachverhalt ist natürlich nicht nur auf die Flächenberechnung beschränkt, obwohl er hier besonders anschaulich erkennbar ist, sondern gilt für jedes bestimmte Integral. Somit liegt eine wichtige Rechenregel für das Integrieren allgemein vor.

Satz 337

Ein bestimmtes Integral wechselt sein Vorzeichen, wenn die Integrationsgrenzen vertauscht werden: $\int_a^b f(x) \cdot \mathrm{d}x = -\int_b^a f(x) \cdot \mathrm{d}x$

22.5.2 Flächen unter der Abszissenachse

Der Graph der Funktion $f\colon x \mapsto \frac{1}{4}x^2 - 1$ schneidet die x-Achse an den Stellen $x = +2$ und $x = -2$ (siehe Abb. 338).

In diesem Intervall sind die Ordinaten negativ, so dass die gewohnte Integration von -2 bis $+2$ für den entsprechenden Flächeninhalt A eine negative Maßzahl liefert. Soll die Größe einer solchen Fläche bestimmt werden, bildet man vereinbarungsgemäß den Absolutbetrag des berechneten Integralwertes[1].

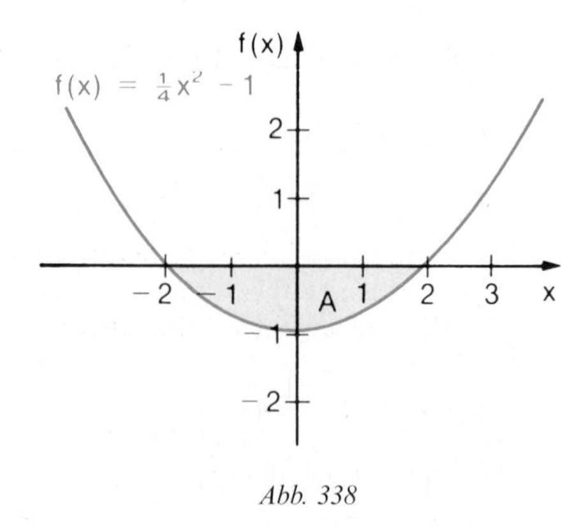

Abb. 338

Definition 338

Sind die Funktionswerte $f(x)$ einer integrierbaren Funktion f in einem Intervall zwischen $x = a$ und $x = b$ negativ, so ist die Maßzahl A des zugehörigen Flächeninhalts der Absolutbetrag des entsprechenden bestimmten Integrals:

$$A = \left| \int_a^b f(x) \cdot \mathrm{d}x \right| \quad \text{für } b > a \ (a, b \in \mathbb{R})$$

Beispiel mit Lösung

Aufgabe: Wie groß ist die Maßzahl des in Abb. 338 grün dargestellten Flächenstückes?

Lösung:

$$A = \left| \int_{-2}^{+2} \left(\frac{1}{4}x^2 - 1 \right) \cdot \mathrm{d}x \right| = \left| \left[\frac{1}{12}x^3 - x \right]_{-2}^{+2} \right|$$

$$= \left| \frac{8}{12} - 2 - \left(-\frac{8}{12} + 2 \right) \right| = \left| -\left(2 + \frac{2}{3} \right) \right|$$

$$\underline{\underline{A = \left(2 + \frac{2}{3} \right)}}$$

Aufgaben

1 Die Graphen (oben offene Parabeln) der folgenden Funktionen schneiden die xAchse in den Stellen $x = 3$ und $x = -1$. Bestimmen Sie die Maßzahl der von den Parabeln unter der x-Achse eingeschlossenen Flächenstücke:

[1] Es ist hierbei nicht üblich, zur Umkehrung des negativen Vorzeichens die Integrationsgrenzen zu vertauschen. Die Gründe dafür werden im nächsten Unterabschnitt verständlich.

a) $f\colon x \mapsto x^2 - 2x - 3$

b) $f\colon x \mapsto \frac{1}{2}(x - 1)^2 - 2$

c) $f\colon x \mapsto 4[x(x - 2) - 3]$

d) $f\colon x \mapsto 5\left[\frac{(x - 1)^2}{2} - 2\right]$

2 Bestimmen Sie von den folgenden Funktionen die Nullstellen (Schnittpunkte des Graphen mit der x-Achse) und den Flächeninhalt der dazwischen von der Kurve und der x-Achse begrenzten Flächenstücke:

a) $f\colon x \mapsto 3(x^2 - 4x)$

b) $f\colon x \mapsto x^2 + 6x - 7$

c) $f\colon x \mapsto x^2 - 3x - 18$

d) $f\colon x \mapsto \frac{1}{5}[x \cdot (x + 2) - 8]$

e) $f\colon x \mapsto 3x(2x - 10)$

f) $f\colon x \mapsto \frac{8}{5}\left(x^2 + \frac{3}{2}x\right)$

g) $f\colon x \mapsto \frac{1}{2}x^2 + x - 4$

h) $f\colon x \mapsto 3[x(x - 3) - 4]$

i) $f\colon x \mapsto 6x^2 - 36x - 42$

j) $f\colon x \mapsto 3x^2 - 12x - 15$

22.5.3 Flächen über und unter der Abszissenachse

Schneidet der Graph einer Funktion innerhalb eines Intervalls die Abszissenachse, so berühren im Schnittpunkt einander zwei zum Intervall gehörende Teilflächen, die nicht auf derselben Seite der Abszissenachse liegen. Integriert man über die Nullstelle hinweg (z. B. in Abb. 339 von a über x_{01} hinweg bis b), so summiert man einen positiven und einen negativen Flächenanteil und erhält als Ergebnis die Differenz zwischen den über und unter der Achse gelegenen Flächenstücken.

Eine solche Rechnung kann zwar durchaus sinnvoll hinsichtlich einer dementsprechenden Aufgabenstellung sein; soll jedoch der zum Intervall gehörende Flächeninhalt ermittelt werden, ist stückweise bis zur und ab der Nullstelle zu integrieren und danach die Summe der oberen und unteren Teilfläche zu bilden.

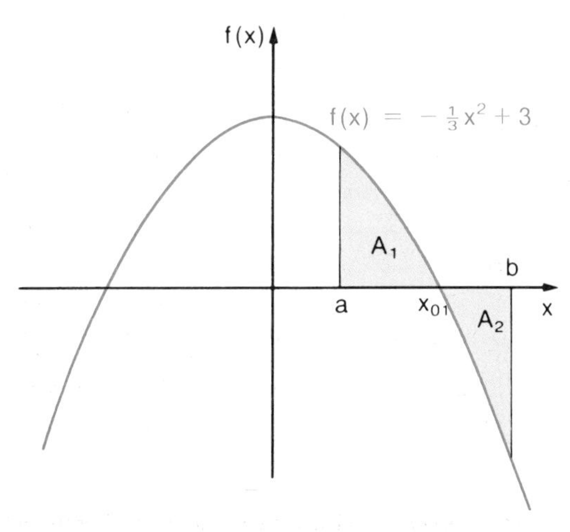

Abb. 339

Vor einer Integration zur Flächenberechnung hat man also erst die Funktion auf Nullstellen zu untersuchen, liegen solche im Integrationsintervall, muss man diese als Integrationsgrenzen zur Teilflächenberechnung einsetzen.

Beispiel mit Lösung

Aufgabe: Wie groß ist die in Abb. 339 grün dargestellte Fläche, wenn $a = 1{,}2$ und $b = 4{,}2$ ist?

Lösung: Nullstelle bestimmen:

$$f(x) = -\frac{1}{3}x^2 + 3$$

$$f(x_0) = -\frac{1}{3}x_0^2 + 3 = 0$$

$$x_0^2 = 9 \Rightarrow x_{01} = 3;\ (x_{02} = -3)$$

Integration stückweise ansetzen:

$$A = \int_a^{x_{01}} f(x) \cdot \mathrm{d}x + \left| \int_{x_{01}}^{b} f(x) \cdot \mathrm{d}x \right| = A_1 + A_2$$

Integrationsgrenzen und $f(x)$ einsetzen und Integrale auswerten:

$$A_1 = \int_a^{x_{01}} f(x) \cdot \mathrm{d}x = \int_{1,2}^{3} \left(-\frac{1}{3}x^2 + 3\right) \cdot \mathrm{d}x$$

$$= \left[-\frac{1}{9}x^3 + 3x\right]_{1,2}^{3}$$

$$A_2 = \left| \int_{x_{01}}^{b} f(x) \cdot \mathrm{d}x \right|$$

$$= \left| \int_{3}^{4,2} \left(-\frac{1}{3}x^2 + 3\right) \cdot \mathrm{d}x \right|$$

$$= \left| \left[-\frac{1}{9}x^3 + 3x\right]_{3}^{4,2} \right|$$

Teilfläche berechnen:

$$A_1 = -\frac{3^3}{9} + 9 - \left(-\frac{1{,}2^3}{9} + 3 \cdot 1{,}2\right)$$

$$= -3 + 9 + 0{,}192 - 3{,}6 = \underline{\underline{2{,}592}}$$

$$A_2 = \left| -\frac{4{,}2^3}{9} + 3 \cdot 4{,}2 - \left(-\frac{3^3}{9} + 9\right) \right|$$

$$= |-8{,}232 + 12{,}6 + 3 - 9|$$

$$= |-1{,}632| = \underline{\underline{1{,}632}}$$

Teilflächeninhalte addieren:

$$A = A_1 + A_2 = 2{,}592 + 1{,}632 = \underline{\underline{4{,}224}}$$

Ergebnis: Gesamtfläche: $A = 4{,}224$ Flächeneinheiten

Aufgaben

1 Gegeben sind die folgenden Funktionsgleichungen.
Welche Fläche schließt der jeweils zugehörige Graph im angegebenen Intervall mit der x-Achse ein?
Zeichnen Sie in eine Prinzipskizze ohne Wertetabelle
- vor der Integration in ein Koordinatensystem zur Orientierung ungefähr die Lage der Integrationsgrenzen und der errechneten Nullstellen,

– nach der Integration den prinzipiellen Kurvenverlauf und die Lage der berechneten Teilflächen!

a) $f(x) = x^2 - 2x - 3$ zwischen $x = 0$ und $x = 4$

b) $f(x) = -3x(x + 1) + 6$ zwischen $x = -2$ und $x = 2$

c) $f(x) = -6x^2 + 30x - 24$ zwischen $x = 0$ und $x = 4$

d) $f(x) = 6(0{,}1x^2 + 0{,}7x + 0{,}6)$ zwischen $x = 0$ und $x = -5$

e) $f(x) = -3x^2 - 18x - 15$ zwischen $x = 0$ und $x = -6$

f) $f(x) = \frac{3}{4}x^2 - \frac{15}{2}x + 12$ zwischen $x = 1$ und $x = 9$

g) $f(x) = x\left(\frac{1}{4}x^2 - 3x + 8\right)$ zwischen $x = 1{,}6$ und $x = 8{,}6$

h) $f(x) = 0{,}4x^3 + 3{,}6x^2 + 7{,}2x$ zwischen $x = 1$ und $x = -5$

2 Gegeben sind die folgenden Funktionsgleichungen.
Bestimmen Sie die Größe der von den zugehörigen Graphen zwischen den Nullstellen gebildeten Flächenstücke und stellen Sie ohne Zeichnung deren Lage (über oder unter der x-Achse) fest:

a) $f(x) = 2{,}7 - 9x(0{,}1x + 0{,}2)$

b) $f(x) = -\frac{3}{8}x^3 + \frac{9}{2}x^2 - 12x$

c) $f(x) = x^2(x - 6) + 8x$

d) $f(x) = 4x(3x + 3{,}5) - 2x^3$

3 Gegeben sind die folgenden Funktionsgleichungen, deren Graphen die positive x-Achse schneiden. In einer bestimmten Stelle x wird eine Ordinate zur Flächenabgrenzung errichtet. Diese Stelle x soll auf der positiven x-Achse so bestimmt werden, dass bis dahin – gerechnet von $x = 0$ aus – gleich viel Kurvenfläche über und unter der x-Achse liegt.
Anleitung: Nutzen Sie zur Lösung die Erkenntnis, dass bei der Integration über eine Nullstelle hinweg die Differenz zwischen oberem und unterem Flächeninhalt gebildet wird. Setzen Sie als obere Integrationsgrenze die Variable x ein, um sie nach Auswertung des Integrals zu berechnen!

a) $f(x) = -2(3x^2 - 4)$

b) $f(x) = \frac{1}{4}(x^2 - 3)$

c) $f(x) = \frac{1}{2}x^2 - x - \frac{5}{3}$

d) $f(x) = 3x^2 - 3x - 7$

e) $f(x) = \frac{1}{4}x^3 - 4$

f) $f(x) = 4{,}5x - x^3$

22.5.4 Symmetrische Flächen

Die Inhaltsbestimmung symmetrisch zu den Koordinatenachsen gelegener Flächen vereinfacht sich, wenn eine Symmetriehälfte berechnet und das Ergebnis verdoppelt wird. In dieser Weise kann man sowohl bei Achsen- als auch bei Punktsymmetrie verfahren. Voraussetzung dazu ist, dass die Symmetrie-Eigenschaft der gesuchten Gesamtfläche in Bezug auf die Flächenform und die Lage der Intervallgrenzen sicher erkannt wird.

Beispiele mit Lösungen

1. Aufgabe: Wie groß ist die Fläche zwischen der x-Achse und dem Graphen der Funktion $f\colon x \mapsto x^2 + 2$ im Abschnitt $x = -1{,}5$ bis $x = +1{,}5$?

Lösung: Symmetrie-Feststellung:

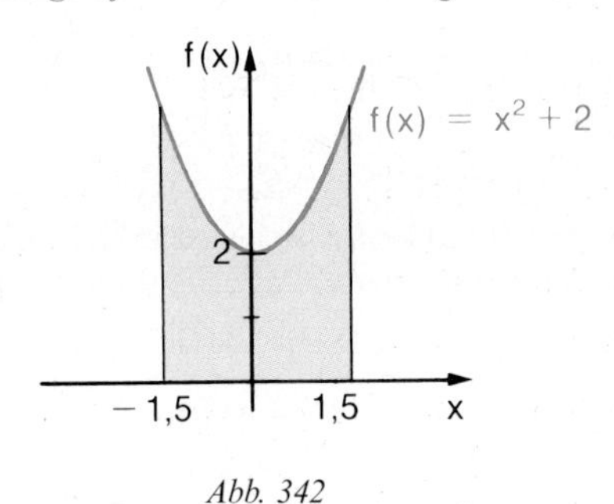

Abb. 342

$f(x) = x^2 + 2;\ [-1{,}5;\ +1{,}5]$

$\Rightarrow$ Wie aus der Funktionsgleichung gefolgert werden kann, ist die $f(x)$-Achse die Symmetrieachse der quadratischen Parabel und halbiert das Intervall (s. Abb. 342).

Halbseitige Integration:

$$\frac{A}{2} = \int_0^{1,5} (x^2 + 2) \cdot dx = \left[\frac{x^2}{3} + 2x\right]_0^{1,5}$$

Halbfläche in Flächeneinheiten:

$$\frac{A}{2} = \frac{1{,}5^3}{3} + 2 \cdot 1{,}5 = 4{,}125$$

Gesamtfläche durch Verdoppelung:

$$A = 2 \cdot 4{,}125 = 8{,}25$$

2. Aufgabe: Nutzen Sie die Symmetrie zur vereinfachten Berechnung der Gesamtfläche, die von dem Graphen mit der Funktionsgleichung $f(x) = \frac{1}{2}x^3 - 2x$ und der x-Achse zwischen den Nullstellen eingeschlossen ist!

Lösung: Symmetrie-Feststellung:

$f(x) = \frac{1}{2}x^3 - 2x \Rightarrow$ Wie die Funktionsgleichung zeigt, liegen die Bestandteile des zusammengesetzten Graphen ($\frac{1}{2}x^3 \Rightarrow$ kubische Parabel und $2x \Rightarrow$ Gerade, beide durch den Achsennullpunkt verlaufend) und deshalb auch der Graph insgesamt punktsymmetrisch zum Ursprung des Koordinatensystems.

Bestimmung der Nullstellen: $\frac{1}{2}x^3 - 2x = 0 \Rightarrow x\left(\frac{1}{2}x^2 - 2\right) = 0 \Rightarrow x_{01} = 0$

$\left(\frac{1}{2}x^2 - 2\right) = 0 \Rightarrow x^2 = 4 \Rightarrow x_{02} = 2;\ x_{03} = -2$

Halbseitige Integration: $\frac{A}{2} = \left|\int\limits_0^2 \left(\frac{1}{2}x^3 - 2x\right) \cdot \mathrm{d}x\right| = \left|\left[\frac{1}{8}x^4 - x^2\right]_0^2\right|$

Halbfläche in Flächeneinheiten: $\frac{A}{2} = \left|\frac{1}{8} \cdot 2^4 - 2^2\right| = \left|2 - 4\right| = \left|-2\right| = 2$

Gesamtfläche durch Verdoppeln: $A = 2 \cdot 2 = 4$

Aufgaben

1 Nutzen Sie die Symmetrie-Eigenschaften der Graphen aus, die durch die folgenden Funktionsgleichungen in je einem Intervall beschrieben sind, um die dort mit der x-Achse gebildete Fläche vereinfacht zu berechnen!

a) $f\colon x \mapsto 3x^2;\ [-3;\ +3]$

b) $f\colon x \mapsto x^4 + 1;\ [-5;\ +5]$

c) $f\colon x \mapsto 3 - \frac{1}{3}x^2;\ [-2{,}7;\ +2{,}7]$

d) $f\colon x \mapsto \frac{1}{4}x^3;\ [-4;\ +4]$

e) $f\colon x \mapsto -2x^3;\ [-2;\ +2]$

f) $f\colon x \mapsto x^4 + x^2;\ [-3;\ +3]$

g) $f\colon x \mapsto x^4 - x^2 + 1;\ [-6;\ +6]$

h) $f\colon x \mapsto 3x^2 - x^4;\ [-1{,}5;\ +1{,}5]$

i) $f\colon x \mapsto -5x^4 - 6x^2;\ [-3;\ +3]$

j) $f\colon x \mapsto 9x^2 - x^4;\ [-2;\ +2]$

k) $f\colon x \mapsto \frac{1}{4}x^3 + \frac{1}{5}x;\ [-4;\ +4]$

l) $f\colon x \mapsto -\frac{1}{50}x^3 - \frac{1}{10}x;\ [-10;\ +10]$

2 Berechnen Sie die von dem Graphen und der x-Achse zwischen den Nullstellen eingeschlossene Gesamtfläche unter Ausnutzung der Symmetrie! Die zugehörigen Funktionsgleichungen lauten jeweils:

a) $f(x) = \frac{1}{5}x^3 - 20x$

b) $f(x) = -4x^3 + 144x$

c) $f(x) = 3x^5 - 12x^3$

d) $f(x) = -3x^5 + 48x^3$

e) $f(x) = x^5 - 10x^3 - 96x$

f) $f(x) = -6x^5 + 12x^3 + 48x$

22.5.5 Flächen mit zwei Randkurven

Existieren in einem Intervall zwei integrierbare Funktionen, können die unter den beiden entsprechenden Graphen bis zur x-Achse reichenden Flächen berechnet werden. Sofern die beiden Graphen einander nicht schneiden, ist der Differenzbetrag zwischen beiden Flächeninhalten das Maß der Fläche zwischen beiden Kurven. Somit gilt für den Inhalt z. B. der in Abb. 344 grün gefärbten Fläche

$$A = \int_1^4 f(x) \cdot \mathrm{d}x - \int_1^4 g(x) \cdot \mathrm{d}x.$$

Nach der für Funktionsdifferenzen gültigen Integrationsregel (siehe Seite 333) kann dafür auch geschrieben werden

$$A = \int_1^4 (f(x) - g(x)) \cdot \mathrm{d}x.$$

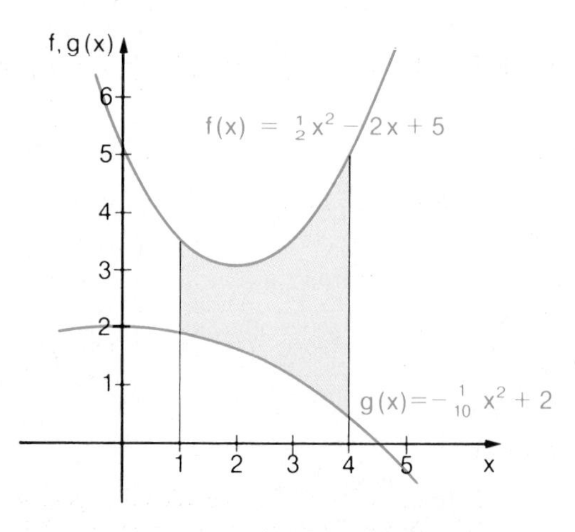

Abb. 344

Wie man leicht nachprüfen kann, gilt diese Regel auch dann, wenn einer oder jeder der beiden Graphen unterhalb der x-Achse verläuft oder beide Graphen teils oberhalb und teils unterhalb der x-Achse verlaufen, soweit im betrachteten Intervall $f(x) \geqq g(x)$ ist. Die Schnittpunkte der Graphen sind demnach als Integrationsgrenzen noch zulässig.

> **Merke** Für den Flächeninhalt A zwischen den Graphen zweier integrierbarer Funktionen f und g im Intervall $[a; b]$ mit $f(x) > g(x)$ gilt:
>
> $$A = \int_a^b f(x) \cdot \mathrm{d}x - \int_a^b g(x) \cdot \mathrm{d}x = \int_a^b (f(x) - g(x)) \cdot \mathrm{d}x. \quad (a < b;\ a, b \in \mathbb{R})$$

Beispiel mit Lösung

Aufgabe: Wie groß ist die Maßzahl der in Abb. 344 grün dargestellten Fläche?

Lösung: Integral für Flächendifferenz ansetzen:

$$A = \int_1^4 (f(x) - g(x)) \cdot \mathrm{d}x$$

Funktionsdifferenz bilden:

$$f(x) - g(x) = \frac{1}{2}x^2 - 2x + 5 - \left(-\frac{1}{10}x^2 + 2\right)$$

$$= \frac{6}{10}x^2 - 2x + 3 = 0{,}6 \cdot x^2 - 2x + 3$$

Bestimmtes Integral auswerten:	$A = \int_1^4 (0{,}6 \cdot x^2 - 2x + 3) \cdot dx$ $= \left[0{,}2 \cdot x^3 - x^2 + 3x\right]_1^4$
Fächeninhalt ausrechnen:	$A = 0{,}2 \cdot 4^3 - 4^2 + 3 \cdot 4 - (0{,}2 - 1 + 3)$ $= 12{,}8 - 16 + 12 - 0{,}2 + 1 - 3$ $= 6{,}6$
Ergebnis:	Die grün dargestellte Fläche ist 6,6 Flächeneinheiten groß.

Aufgaben

1 Berechnen Sie die Fläche, die im angegebenen Intervall zwischen den beiden Graphen liegt, deren Funktionsgliechungen wie folgt gegeben sind!

a) $f(x) = -x^2 + 3x + 10$

$g(x) = -x^2 + 5x$

$[0{,}5;\ 3]$

b) $f(x) = \frac{1}{4}x^2 + \frac{1}{2}x + 2$

$g(x) = \frac{1}{10}x^2 + 1$

$[2;\ 6]$

c) $f(x) = \frac{1}{10}x^3 + 3$

$g(x) = \frac{3}{10}x^2$

$[1;\ 4]$

d) $f(x) = \frac{1}{20}x^3 + 4$

$g(x) = \frac{1}{10}x^3$

$[2;\ 4]$

e) $f(x) = -x^2 + 4x + 12$

$g(x) = -x^2 + 4x$

$[1{,}2;\ 3{,}6]$

f) $f(x) = 0{,}1x^4 + 2$

$g(x) = -0{,}3x^2 - 1$

$[0;\ 3]$

g) $f(x) = \frac{7}{10}x^6 + 1$

$g(x) = \frac{2}{5}x^3 - 4$

$[-2;\ +2]$

h) $f(x) = \frac{1}{25}x^3 + 5$

$g(x) = -\frac{3}{10}x^2 + 1$

$[-4;\ +4]$

Beispiel mit Lösung

Aufgabe: Skizzieren Sie die Graphen der beiden Funktionsgleichungen $f(x) = -x^2 + 5$ und $g(x) = (x - 1)^2$ und berechnen Sie die von den beiden Kurven zwischen ihren Schnittpunkten umschlossene Fläche!

Lösung: Beide Gleichungen beschreiben quadratische Normalparabeln in unterschiedlicher Lage.

Wertetabelle für die Funktion $x \mapsto x^2$ aufstellen:

x	0	1	2	3
x^2	0	1	4	9

Parabeln nach unten bzw. nach oben von den Scheitelpunkten (0|5) bzw. (1|0) aus auftragen:

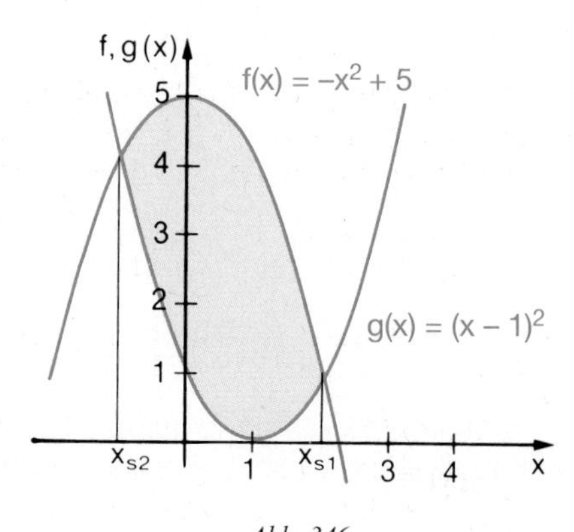

Abb. 346

x-Koordinaten der Kurvenschnittpunkte als Integrationsgrenzen ermitteln:

$$f(x_s) = g(x_s)$$
$$-x_s^2 + 5 = (x_s - 1)^2$$
$$-x_s^2 + 5 = x_s^2 - 2x_s + 1$$
$$2x_s^2 - 2x_s - 4 = 0$$
$$x_s^2 - x_s - 2 = 0$$
$$x_s = \frac{1}{2} \pm \sqrt{\frac{1}{4} + \frac{8}{4}}$$
$$x_s = \frac{1}{2} \pm \frac{3}{2}$$
$$x_{s1} = 2 \qquad x_{s2} = -1$$

Funktionsdifferenz bilden:

$$\begin{aligned} f(x) - g(x) &= -x^2 + 5 - (x-1)^2 \\ &= -x^2 + 5 - x^2 + 2x - 1 \\ &= -2x^2 + 2x + 4 \end{aligned}$$

Differenzflächenintegral ansetzen:

$$A = \int_{x_{s2}}^{x_{s1}} (f(x) - g(x)) \cdot \mathrm{d}x$$

x_{s1}, x_{s2}, $f(x)$ und $g(x)$ einsetzen:

$$A = \int_{-1}^{2} (-2x^2 + 2x + 4) \cdot \mathrm{d}x$$

Integral auswerten und Fläche berechnen:

$$A = \left[-\frac{2}{3}x^3 + x^2 + 4x\right]_{-1}^{2}$$

Flächeninhalt in Flächeneinheiten:

$$A = -\frac{16}{3} + 4 + 8 - \left(\frac{2}{3} + 1 - 4\right)$$

$$= 15 - \frac{18}{3} = 9$$

Ergebnis:	Die grün dargestellte Fläche ist 9 Flächeneinheiten groß.

Aufgaben

2 Die zu den folgenden Funktionsgleichungen gehörenden Graphen haben zwei gemeinsame Schnittpunkte. Skizzieren Sie die Graphen und berechnen Sie die dazwischen von beiden Kurven umschlossene Fläche!

a) $f(x) = -x^2 + 6$
$g(x) = x^2 - 2$

b) $f(x) = -(x-2)^2 + 8$
$g(x) = (x-2)^2$

c) $f(x) = -(x-3)^2 + 4$
$g(x) = (x-1)^2$

d) $f(x) = 2x + 1$
$g(x) = (x-1)^2$

e) $f(x) = -x + 1$
$g(x) = x^2 - 1$

f) $f(x) = -x^2 + 3$
$g(x) = (x+2)^2 - 1$

g) $f(x) = -x^2 + 3$
$g(x) = x + 1$

h) $f(x) = -(x-1)^2 + 3$
$g(x) = -x - 2$

Wenn Flächen von der x-Achse einerseits und zwei verschiedenen Kurvenstücken andererseits begrenzt sind, muss wegen der nur teilweise gültigen Funktionsgleichungen stückweise integriert werden.

Beispiel mit Lösung

Aufgabe: Wie groß ist die grün abgebildete Fläche?

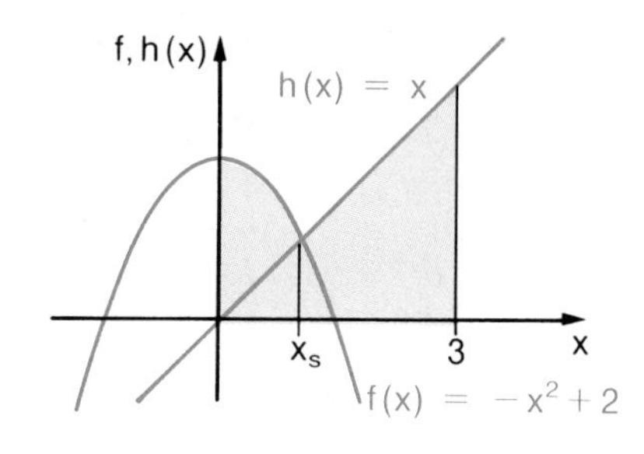

Abb. 347

Lösung: Stückweise angesetzte Integration:

$$A = \int_0^{x_s} f(x) \cdot dx + \int_{x_s}^{3} h(x) \cdot dx$$

Bestimmung der Schnittstelle x_s:

$$f(x_s) = h(x_s) \Rightarrow -x_s^2 + 2 = x_s$$

$$x_s^2 + x_s - 2 = 0$$

$$x_s = -\frac{1}{2} \pm \sqrt{\frac{1}{4} + \frac{8}{4}}$$

$$= -\frac{1}{2} \pm \frac{3}{2} \qquad x_{s1} = 1$$

$$(x_{s2} = -2)$$

x_{s1}, $f(x)$ und $h(x)$ einsetzen:	$A = \int_0^1 (-x^2 + 2) \cdot dx + \int_1^3 x \cdot dx$
Integral auswerten und Fläche berechnen:	$A = \left[-\frac{x^3}{3} + 2x\right]_0^1 + \left[\frac{x^2}{2}\right]_1^3$
Flächeninhalt in Flächeneinheiten:	$A = -\frac{1}{3} + 2 + \frac{9}{2} - \frac{1}{2} = 5 + \frac{2}{3}$
Ergebnis:	Die gesuchte Fläche ist $(5 + \frac{2}{3})$ Maßeinheiten groß.

Aufgaben

3 Skizzieren Sie die zu den Funktionen f und h gehörenden Graphen und berechnen Sie für das angegebene Intervall die von der x-Achse und den beiden Graphen der Funktionen f und h stückweise begrenzte Fläche, wenn dafür folgende Funktionsgleichungen gegeben sind:

a) $f(x) = x^2$
$h(x) = -\frac{1}{2}x + 5$
[0; 6]

b) $f(x) = x^2$
$h(x) = (x - 4)^2$
[0; 4]

c) $f(x) = -(x + 2)^2 + 4$
$h(x) = -(x - 1)^2 + 1$
[−4; +2]

d) $f(x) = (x - 2)^2$
$h(x) = -(x - 4)^2 + 4$
[2; 6]

e) $f(x) = x^2 + 3$
$h(x) = (x - 1)^2 + 2$
[−1; 2]

f) $f(x) = (x + 2)^2 - 4$
$h(x) = (x - 3)^2 + 1$
[0; 6]

Anhang

23 Anwendung der Prozentrechnung in der Warenhandelskalkulation

Ein wichtiges Anwendungsgebiet der Prozentrechnung ist die Warenhandelskalkulation, die in den folgenden Abschnitten in gestraffter Form behandelt wird.

23.1 Berechnungen mithilfe des Kalkulationsschemas

Mithilfe des nachstehenden Kalkulationsschemas kann man berechnen
1. den Verkaufspreis, ausgehend vom Einkaufspreis (Vorwärtsrechnung),
2. den Einkaufspreis, ausgehend vom Verkaufspreis (Rückwärtsrechnung),
3. den Gewinn, ausgehend vom Einkaufspreis und Verkaufspreis (Differenzrechnung).

Kalkulationsschema des Warenhandels

Einkaufspreis	... EUR
− Liefererrabatt ... % v. H.[1]	... EUR
Zieleinkaufspreis	... EUR
− Liefererskonto ... % v. H.	... EUR
Bareinkaufspreis	... EUR
+ Bezugskosten	... EUR
Bezugspreis	... EUR
+ Handlungskosten ... % v. H.	... EUR
Selbstkosten	... EUR
+ Gewinn ... % v. H.	... EUR
Barverkaufspreis	... EUR
+ Kundenskonto ... % i. H.[1]	... EUR
Zielverkaufspreis	... EUR
+ Kundenrabatt ... % i. H.	... EUR
Verkaufspreis (Nettopreis)	... EUR

Kalkulation des Verkaufspreises ↓
Kalkulation des Einkaufspreises ↑
Kalkulation des Gewinnes ↓↑

Der Verkaufspreis (Nettopreis) enthält keinen Umsatzsteuerbetrag. Die Umsatzsteuer ist in der Regel nicht Bestandteil der Kalkulation. Nur im Einzelhandel wird im Ladenverkaufspreis (Bruttoverkaufspreis) die Umsatzsteuer ausgewiesen.

[1] Die Hinweise v. H. (vom Hundert) und i. H. (im Hundert, vom verminderten Grundwert) gelten für die Kalkulation des Verkaufspreises (Vorwärtsrechnung).

Beispiele mit Lösungen

Aufgaben:

a) **Vorwärtskalkulation**
Die Baustoffhandlung Bauer KG bezieht 30 t Zement ab Rheinhafen Duisburg zu 124,00 EUR je t. Es werden 10 % Liefererrabatt und 3 % Liefererskonto gewährt. An Bezugskosten fallen an: 65,00 EUR Umladekosten vom Schiff auf die Bahn, Frachtkosten 18,00 EUR je t. Die Bauer KG kalkuliert mit 25 % Handlungskostenzuschlag (HKZ), 8 % Gewinnzuschlag, 2 % Kundenskonto und 15 % Kundenrabatt. Berechnen Sie den Verkaufspreis je t!

b) **Rückwärtskalkulation**
Die Bauer KG kann den Zement nur zum Konkurrenzpreis von 202,50 EUR je t verkaufen. Wie hoch darf der Einkaufspreis höchstens sein, wenn die in a) genannten Bezugskosten und Zuschlagsätze unverändert bleiben?

c) **Differenzkalkulation**
Wie viel Prozent Gewinn erzielt die Bauer KG bei einem Einkaufspreis von 121,00 EUR je t und einem Verkaufspreis von 199,00 EUR je t? Bezugskosten und sonstige Zuschlagsätze sind aus a) zu übernehmen.

Lösungen:

a) **Vorwärtskalkulation**

Einkaufspreis 30 t je 124,00 EUR =		3 720,00 EUR	≙	100 %		
− Liefererrabatt 10 % v. H.		372,00 EUR	≙	10 %		
Zieleinkaufspreis		3 348,00 EUR	≙	90 %	≙	100 %
− Liefererskonto 3 % v. H.		100,44 EUR			≙	3 %
Bareinkaufspreis		3 247,56 EUR			≙	97 %
+ Umladekosten	65,00 EUR					
+ Fracht 30 t je 18,00 EUR =	540,00 EUR	605,00 EUR				
Bezugspreis		3 852,56 EUR	≙	100 %		
+ Handlungskosten 25 % v. H.		963,14 EUR	≙	25 %		
Selbstkosten		4 815,70 EUR	≙	125 %	≙	100 %
+ Gewinn 8 % v. H.		385,26 EUR			≙	8 %
Barverkaufspreis		5 200,96 EUR	≙	98 %	≙	108 %
+ Kundenskonto 2 % i. H.		106,14 EUR	≙	2 %		
Zielverkaufspreis		5 307,10 EUR	≙	100 %	≙	85 %
+ Kundenrabatt 15 % i. H.		936,55 EUR			≙	15 %
Verkaufspreis für 30 t		6 243,64 EUR			≙	100 %
Verkaufspreis für 1 t		208,12 EUR				

b) **Rückwärtskalkulation**

Einkaufspreis 30 t je x EUR =		3600,80 EUR	≙	100 %		
− Liefererrabatt 10 % i. H.		360,80 EUR	≙	10 %		
Zieleinkaufspreis		3240,72 EUR	≙	90 %	≙	100 %
− Liefererskonto 3 % i. H.		97,22 EUR			≙	3 %
Barkeinkaufspreis		3143,50 EUR			≙	97 %
+ Umladekosten	65,00 EUR					
+ Fracht 30 t je 18,00 EUR =	540,00 EUR	605,00 EUR				
Bezugspreis		3748,50 EUR	≙	100 %		
+ Handlungskosten 25 % v. H.		937,13 EUR	≙	25 %		
Selbstkosten		4685,63 EUR	≙	125 %	≙	100 %
+ Gewinn 8 % a. H.		374,85 EUR			≙	8 %
Barverkaufspreis		5060,48 EUR	≙	98 %	≙	108 %
+ Kundenskonto 2 % v. H.		103,28 EUR	≙	2 %		
Zielverkaufspreis		5163,75 EUR	≙	100 %	≙	85 %
+ Kundenrabatt 15 % v. H.		911,25 EUR			≙	15 %
Verkaufspreis für 30 t		6075,00 EUR			≙	100 %
Verkaufspreis für 1 t		202,50 EUR				

Einkaufspreis für 1 t: 3600,80 EUR : 30 t = 120,03 EUR/t

c) **Differenzkalkulation**

Einkaufspreis 30 t je 121,00 EUR =		3630,00 EUR	≙	100 %		
− Liefererrabatt 10 % v. H.		363,00 EUR	≙	10 %		
Zieleinkaufspreis		3267,00 EUR	≙	90 %	≙	100 %
− Liefererskonto 3 % v. H.		98,01 EUR			≙	3 %
Barkeinkaufspreis		3168,99 EUR			≙	97 %
+ Umladekosten	65,00 EUR					
+ Fracht 30 t je 18,00 EUR =	540,00 EUR	605,00 EUR				
Bezugspreis		3773,99 EUR	≙	100 %		
+ Handlungskosten 25 % v. H.		943,50 EUR	≙	25 %		
Selbstkosten		4717,49 EUR	≙	125 %	≙	100 %
+ Gewinn x % v. H.		255,52 EUR			≙	x %
Barverkaufspreis		4973,01 EUR	≙	98 %		
+ Kundenskonto 2 % v. H.		101,49 EUR	≙	2 %		
Zielverkaufspreis		5074,50 EUR	≙	100 %	≙	85 %
+ Kundenrabatt 15 % v. H.		895,50 EUR			≙	15 %
Verkaufspreis für 30 t		5970,00 EUR			≙	100 %
Verkaufspreis für 1 t		199,00 EUR				

Selbstkosten 4717,49 EUR = 100%
Gewinn 255,52 EUR = x%

$$x = \frac{100 \cdot 255{,}52}{4717{,}49} = 5{,}42; \quad 5{,}42\,\%\ \text{Gewinnzuschlag}$$

Aufgaben

1 Die Eisengroßhandlung Paul Träger KG erhält ein Angebot aus Frankreich über Baustahl zu 1180,00 EUR je t. Der Lieferer gewährt 12% Rabatt und 2% Skonto. Die Fracht beträgt bis zur Grenze 48,00 EUR je t, ab Grenze bis Bestimmungsort 74,00 EUR je t. Die Kalkulationssätze der Träger KG sind 20% für Handlungskosten, 6% Gewinn, 3% Kundenskonto und 10% Kundenrabatt.

a) Berechnen Sie den Verkaufspreis für 1 Tonne Baustahl!

b) Wie hoch darf der Einkaufspreis bei vorgenannten Zuschlagsätzen höchstens sein, wenn die Träger KG die Tonne Stahl zum Konkurrenzpreis von 1640,00 EUR verkaufen muss?

c) Wie viel Prozent Gewinn bleiben der Träger KG bei einem Einkaufspreis von 1170,00 EUR je t und einem Verkaufspreis von 1630,00 EUR je t bei sonst unveränderten Zuschlagsätzen?

2 Der Fahrradgroßhändler Kurt Rädler bezieht 10 Mountain-Bikes zu 780,00 EUR das Stück. Der Hersteller gewährt $16\frac{2}{3}$% Rabatt und 2,5% Skonto. Die Frachtkosten betragen für die gesamte Sendung 185,00 EUR. Kurt Rädler kalkuliert mit 24% Handlungskostenzuschlag, 7,5% Gewinnzuschlag, 2% Kundenskonto und 20% Kundenrabatt.

a) Kalkulieren Sie den Verkaufspreis für 1 Mountain-Bike!

b) Aus Konkurrenzgründen kann ein Mountain-Bike zu höchstens 1080,00 EUR angeboten werden. Wie viel EUR darf der Einkaufspreis bei unveränderten Zuschlagsätzen höchstens betragen?

c) Kurt Rädler bietet 1 Mountain-Bike zu 1050,00 EUR an. Der Hersteller senkt den Einkaufspreis auf 770,00 EUR je Stück. Wie viel Prozent beträgt der Gewinn, wenn der Handlungskostenzuschlag auf 20%. gesenkt werden kann, die Bezugskosten und sonstigen Zuschlagsätze aber unverändert bleiben?

3 Die Radiogroßhandlung Martin Strom erhält ein Angebot über 10 Digital-Camcorder zu 1260,00 EUR das Stück.

a) Wie hoch ist der Verkaufspreis für 1 Digital-Camcorder bei nachstehenden Zuschlagsätzen? 20% Liefererrabatt, 2% Liefererskonto, 5% Bezugskosten, 28% HKZ, 8% Gewinn, 3% Kundenskonto, 25% Kundenrabatt.

Auf wie viel EUR müsste der Einkaufspreis gesenkt werden, wenn bei unveränder-
'n Zuschlagsätzen der Camcorder zum Konkurrenzpreis von 1950,00 EUR ange-
'en werden soll?

c) Der Radiogroßhändler möchte den Camcorder zum Sonderpreis von 1 900,00 EUR anbieten. Wie viel Prozent Gewinn bleiben bei einem Einkaufspreis von 1 250,00 EUR, 25 % Handlungskosten und sonst unveränderten Zuschlagsätzen?

4 Ein Hersteller von Sportgeräten bietet dem Großhändler Volker Renner das Hometrainer-Model „Sprint“ zum Preis von 420,00 EUR an. Es werden 30 % Liefererrabatt und 3 % Liefererskonto gewährt. Die Lieferung erfolgt frei Haus.
Der Großhändler kalkuliert mit 25 % HKZ. Welchen Gewinn in EUR und Prozent erzielt er, wenn der Einzelhändler das Gerät für 520,00 EUR anbietet, 2 % Kundenskonto und 25 % Kundenrabatt gewährt?

5 Für ein Mikrowellengerät empfiehlt der Hersteller einen Ladenpreis von 371,20 EUR (empfohlener Ladenpreis einschließlich 16 % Umsatzsteuer).

a) Berechnen Sie den Nettoverkaufspreis!

b) Der Hersteller gewährt dem Großhändler auf den Nettoverkaufspreis 40 % Liefererrabatt und 2,5 % Liefererskonto. (Bei empfohlenem Ladenpreis ist der Nettoverkaufspreis = Nettoeinkaufspreis). Die Bezugskosten betragen 10,80 EUR. Welcher Gewinn in EUR und Prozent bleibt dem Großhändler, wenn dieser das Gerät dem Einzelhändler zum empfohlenen Nettoverkaufspreis anbietet und mit 15 % HKZ, 3 % Kundenskonto und 20 % Kundenrabatt kalkuliert?

23.2 Berechnung des Handlungskosten- und Gewinnzuschlagsatzes

Die Handlungskosten umfassen die in einem bestimmten Zeitraum angefallenen betrieblichen Aufwendungen wie z. B. Personalkosten, soziale Abgaben, Miete, betriebliche Steuern, Werbekosten, Abschreibungen. Die zur Berechnung des Handlungskosten- und Gewinnzuschlagsatzes erforderlichen Zahlen entnimmt man dem GuV-Konto. Benötigt werden der Wareneinsatz (= Einstandspreis bzw. Bezugspreis der verkauften Waren), die Summe der betrieblichen Aufwendungen (ohne Wareneinsatz) und der auf die Umsatzerlöse entfallene Reingewinn.

Beispiel mit Lösung

Aufgabe: Berechnen Sie anhand der zusammengefassten Zahlen des nachstehenden GuV-Kontos den Handlungskostenzuschlagsatz (HKZ) und den Zuschlagsatz für den erzielten Gewinn!

Aufwendungen	GuV-Konto		Erträge
Wareneinsatz	987 400,00	Umsatzerlöse	1 326 300,00
betriebliche Aufwendungen	242 700,00		
Gewinn	96 200,00		
	1 326 300,00		1 326 300,00

Lösung:

Wareneinsatz = Bezugspreis	987 400,00 EUR	≙ 100 %	
+ betriebliche Aufwendungen	242 700,00 EUR	≙ x %	
Selbstkosten	1 230 100,00 EUR		≙ 100 %
+ Gewinn (aus Verkäufen)	96 200,00 EUR		≙ x %
Umsatzerlöse = Verkaufspreis	1 326 300,00 EUR		

$x = \frac{100 \cdot 242\,700}{987\,400} = 24{,}6;$ 24,6 % HKZ

$x = \frac{100 \cdot 96\,200}{1\,230\,100} = 7{,}8;$ 7,8 % Gewinnzuschlag

Aufgaben

1 Der Buchführung sind nachstehende Zahlen entnommen. Berechnen Sie den Handlungskostenzuschlagsatz (HKZ) und den Prozentsatz für den erzielten Gewinn!

	Warenverkauf zu Bezugspreisen (Wareneinsatz) EUR	Summe der Handlungskosten (betriebliche Aufwendungen) EUR	Warenverkauf zu Verkaufspreisen (Umsatzerlöse) EUR
a)	738 600,00	203 800,00	1 010 900,00
b)	1 436 000,00	359 000,00	1 902 700,00
c)	362 400,00	81 800,00	478 700,00
d)	864 500,00	172 900,00	1 106 560,00
e)	1 683 000,00	504 900,00	2 370 225,00

2 Die Elektrogroßhandlung Fritz Strohm kauft 10 Waschtrockner zum Preis von 680,00 EUR je Stück. Der Lieferer gewährt 20 % Rabatt und 2 % Skonto. Bezugskosten 330,00 EUR. Die Großhandlung kalkuliert mit 3 % Kundenskonto und 15 % Kundenrabatt.

a) Berechnen Sie zunächst den Handlungskosten- und Gewinnzuschlagsatz! Bezugspreis der im letzten Quartal verkauften Elektrogeräte 325 000,00 EUR, darauf entfallene Handlungskosten 91 000,00 EUR, Barverkaufspreise für Elektrogeräte 436 800,00 EUR.

b) Kalkulieren Sie den Verkaufspreis für einen Waschtrockner!

Eine Ledergroßhandlung erhält ein Angebot über 20 Leder-Aktenkoffer, das Stück zum Preis von 65,00 EUR. Liefererrabatt 25 %, Liefererskonto 2 %, Bezugskosten für die gesamte Sendung 72,00 EUR.

Im letzten Quartal betrugen der Bezugspreis der verkauften Lederartikel 540 000,00 EUR, die Handlungskosten 118 800,00 EUR, die Barverkaufspreise 708 210,00 EUR. Berechnen Sie den Handlungskosten- und Gewinnzuschlagsatz!

b) Zu welchem Preis ist ein Aktenkoffer dem Einzelhändler anzubieten, wenn 2 % Kundenskonto und 20 % Kundenrabatt gewährt werden?

23.3 Kalkulationszuschlag, Kalkulationsfaktor, Handelsspanne

Kalkuliert ein Unternehmen über längere Zeit mit gleichen Zuschlagsätzen, so kann man die verschiedenen Prozentzuschläge zu einem gemeinsamen Zuschlagsatz zusammenfassen. Für die Vorwärtskalkulation ermittelt man den Prozentsatz des Kalkulationszuschlages (KZ), für die Rückwärtskalkulation den Prozentsatz der Handelsspanne (Hsp). Eine weitere wesentliche Vereinfachung der Vorwärtskalkulation ist die Anwendung des Kalkulationsfaktors (KF).

Beispiel mit Lösung

Aufgabe: Eine Großhandlung für Haushaltgeräte kalkuliert mit 27 % HKZ, 8 % Gewinn, 2 % Kundenskonto und 20 % Kundenrabatt.

a) Die vier Zuschlagsätze sollen zu einem gemeinsamen Zuschlagsatz, dem Kalkulationszuschlag (KZ), zusammengefasst werden. Berechnungsgrundlage sei ein Bezugspreis von 100,00 EUR. Wie viel Prozent beträgt der Kalkulationszuschlag?

b) Der ermittelte Kalkulationszuschlag soll in den zugehörigen Kalkulationsfaktor (KF) umgerechnet werden. Ermitteln Sie den Faktor, mit dem der Bezugspreis zu multiplizieren ist, um den Verkaufspreis zu erhalten!

c) Der Bezugspreis eines Staubsaugers beträgt 192,50 EUR, der eines Allesschneiders 51,80 EUR. Berechnen Sie die Verkaufspreise mithilfe des Kalkulationszuschlages und mithilfe des Kalkulationsfaktors!

Lösung:

a)

Bezugspreis	100,00 EUR	≙	100 %		
+ HKZ 27 %	27,00 EUR	≙	27 %		
Selbstkosten	127,00 EUR	≙	127 %	≙	100 %
+ Gewinn 8 %	10,16 EUR			≙	8 %
Barverkaufspreis	137,16 EUR	≙	98 %	≙	108 %
+ Kundenskonto 2 % i. H.	2,80 EUR	≙	2 %		
Zielverkaufspreis	139,96 EUR	≙	100 %	≙	80 %
+ Kundenrabatt 20 % i. H.	34,99 EUR			≙	20 %
Verkaufspreis	174,95 EUR			≙	100 %

Bezugspreis	100,00 EUR	=	100 %	
+ Kalkulationszuschlag	74,95 EUR	=	x %	x % = 74,95 % KZ
Verkaufspreis	174,95 EUR			

b) 100,00 EUR Bezugspreis und 74,95 % KZ ergeben 174,95 EUR Verkaufspreis. Bei Kalkulationsfaktor x erhält man die Gleichung

$$100\text{ EUR} \cdot x = 174{,}95\text{ EUR}$$
$$x = 1{,}7495 \qquad \text{Kalkulationsfaktor (KZ) } 1{,}7495$$

c)

		Staubsauger	Allesschneider
Bezugspreis + KZ	100 % 74,95 %	192,50 EUR 144,28 EUR	52,80 EUR 39,57 EUR
Verkaufspreis	174,95 %	336,78 EUR	92,37 EUR

	Staubsauger	Allesschneider
Bezugspreis · 1,7495 = Verkaufspreis	192,50 EUR 336,78 EUR	52,80 EUR 92,37 EUR

Merke

$$\text{Kalkulationszuschlag KZ} = \frac{(\text{Verkaufspreis} - \text{Bezugspreis}) \cdot 100}{\text{Bezugspreis}}\,\%$$

$$\text{Kalkulationsfaktor KF} = \frac{\text{Verkaufspreis}}{\text{Bezugspreis}}$$

Aufgaben

1 Berechnen Sie, von 100,00 EUR Bezugspreis ausgehend, den Kalkulationszuschlag und den Kalkulationsfaktor!
Ermitteln Sie dann mithilfe des Kalkulationszuschlages den Verkaufspreis zum Bezugspreis A! Wie hoch ist der Verkaufspreis zum Bezugspreis B bei Anwendung des Kalkulationsfaktors?

	HKZ	Gewinn-zuschlag	Kunden-skonto	Kunden-rabatt	Bezugspreis EUR	
					A	B
a)	30 %	12 %	3 %	20 %	60,80	43,50
b)	28 %	7 %	2 %	25 %	1 235,00	528,00
c)	35 %	9 %	2,5 %	18 %	489,00	1 759,00
d)	25 %	10 %	–	30 %	168,90	347,80
e)	20 %	8 %	3 %	–	27,30	59,90
f)	24 %	6 %	–	–	615,70	283,60

2 Berechnen Sie den Kalkulationszuschlag und Kalkulationsfaktor, die zu nachstehenden EUR-Preisen gehören!

	a)	b)	c)	d)	e)
Bezugspreis Verkaufspreis	1235,00 2037,75	453,00 679,50	88,00 162,80	770,00 1043,35	17,25 37,95

3 a) Bestimmen Sie zu nachstehenden Kalkulationszuschlägen die Kalkulationsfaktoren!
85%; 32,5%; 67,5%; 45%; 110%; 52,25%

b) Welche Kalkulationszuschläge entsprechen nachstehenden Kalkulationsfaktoren?
1,7; 1,55; 1,475; 2,15; 1,6375; 2,1

4 Eine Großhandlung für Sportartikel kauft verschiedene Ski-Modelle zu folgenden Bezugspreisen:

Modell	K1	K2	K3	P4	P5	P6
Bezugspreis	160,00	215,00	280,00	195,00	260,00	380,00

Die Großhandlung rechnet mit folgenden Zuschlagsätzen: 24% HKZ, 8% Gewinnzuschlag, 3% Kundenskonto, 20% Kundenrabatt.

a) Berechnen Sie den Kalkulationszuschlag und den Kalkulationsfaktor!

b) Bestimmen Sie mithilfe des Kalkulationsfaktors die Verkaufspreise für die verschiedenen Ski-Modelle!

Die Rückwärtsrechnung vom Verkaufspreis zum Bezugspreis kann man bei unveränderten Zuschlagsätzen durch Anwendung des Prozentsatzes der Handelsspanne (Hsp) vereinfachen. Kalkulationszuschlag und Handelsspanne umfassen den gleichen EUR-Wert. Sie unterscheiden sich aber als Prozentsätze, weil der Kalkulationszuschlag den Bezugspreis, die Handelsspanne den Verkaufspreis als Grundwert hat. Zur Berechnung des Prozentsatzes der Handelsspanne geht man meist vom bereits bekannten Prozentsatz des Kalkulationszuschlages aus.

Beispiel mit Lösung

Aufgabe: Eine Großhandlung für Haushaltsgeräte hat einen Kalkulationszuschlag von 74,95% ermittelt (siehe Beispiel mit Lösung auf Seite 355).

a) Welcher Handelsspanne entspricht dieser Kalkulationszuschlag?

b) Berechnen Sie zu nachstehenden Verkaufspreisen die aufwendbaren Bezugspreise!
79,50 EUR; 199,00 EUR; 349,00 EUR.

Lösung:

a)

Bezugspreis	100,00 EUR	≙ 100 %
KZ 74,95%	74,95 EUR	≙ 74,95%
Verkaufspreis	174,95 EUR	≙ 174,95%

Verkaufspreis	174,95 EUR	≙ 100%
Hsp	74,95 EUR	≙ x%
Bezugspreis	100,00 EUR	

$$x = \frac{100 \cdot 74{,}95}{174{,}95} = \frac{74{,}95}{1{,}7495} = 42{,}60; \quad 42{,}60\,\%\ \text{Handelsspanne}$$

Beachten Sie: 74,95% KZ ergeben 1,7495 KF. Es gilt $\text{Hsp} = \frac{\text{KZ}}{\text{KF}}$

b)

Verkaufspreise – Hsp	100 % 42,6 %	79,50 EUR 33,87 EUR	199,00 EUR 84,77 EUR	349,00 EUR 148,67 EUR
Bezugspreise	57,4 %	45,63 EUR	114,23 EUR	200,33 EUR

Merke

$$\text{Handelsspanne Hsp} = \frac{\text{Kalkulationszuschlag}}{\text{Kalkulationsfaktor}}$$

oder $$\text{Hsp} = \frac{(\text{Verkaufspreis} - \text{Bezugspreis}) \cdot 100}{\text{Verkaufspreis}}\ \%$$

Aufgaben

5 Rechnen Sie den gegebenen Kalkulationszuschlag in die zugehörige Handelsspanne um und ermitteln Sie zu den angegebenen Verkaufspreisen die jeweiligen Bezugspreise!

	Kalkulations-zuschlag	Verkaufspreis EUR		
		A	B	C
a)	50 %	1 395,00	698,00	79,00
b)	80 %	428,50	1 299,00	19,90
c)	40 %	954,00	729,00	99,50
d)	125 %	2 679,00	819,00	9,80
e)	$66\frac{2}{3}$ %	318,50	3 575,00	65,70
f)	$33\frac{1}{3}$ %	744,90	498,00	37,50

6 Berechnen Sie die Handelsspannen, die zu nachstehenden EUR-Preisen gehören!

	a)	b)	c)	d)	e)
Bezugspreis Verkaufspreis	1 212,00 2 424,00	376,00 582,80	89,00 195,80	870,40 1 280,00	25,20 45,00

7 a) Bestimmen Sie zu nachstehenden Kalkulationszuschlägen die Handelsspannen!
75%; 42,5%; 57,5%; 65%; 115%; 62,75%

b) Welche Handelsspannen entsprechen nachstehenden Kalkulationsfaktoren?
1,6; 1,85; 1,525; 2,25, 1,7325; 2,05

8 Ein Spielwarengroßhändler kalkuliert mit 20% HKZ, 10% Gewinnzuschlag, 2% Kundenskonto und 25% Kundenrabatt.

a) Berechnen Sie den Kalkulationszuschlag und die Handelsspanne (auf 2 Dezimalstellen gerundet)!

b) Der Großhändler bietet dem Einzelhändler einen Puppenwagen für 159,00 EUR an. Wie viel EUR darf der Einkaufspreis höchstens betragen, wenn der Hersteller 25% Liefererrabatt und 3% Liefererskonto gewährt und die Bezugskosten mit 9,00 EUR anzusetzen sind? Rechnen Sie mit der Handelsspanne!

9 Aus Konkurrenzgründen bietet der Elektrogroßhändler Karl Thon ein Waschmaschinen-Modell zu 600,00 EUR an. Die Handelsspanne beträgt 40,5%.

a) Zu welchem Einkaufspreis darf Thon die Waschmaschine bei unveränderter Handelsspanne höchstens beziehen, wenn der Hersteller 20% Liefererrabatt und 3% Liefererskonto gewährt und die Bezugskosten 12,00 EUR betragen?

b) In der Handelsspanne 40,5% sind 22% HKZ, 2% Kundenskonto und 20% Kundenrabatt enthalten. Mit wie viel Prozent Gewinnzuschlag kalkuliert der Großhändler Thon?

10 Der Hersteller von Geschirrspülmaschinen setzt den empfohlenen Ladenpreis einschließlich 16% Umsatzsteuer auf 1 276,00 EUR fest.

a) Berechnen Sie den Nettoverkaufspreis = Nettoeinkaufspreis!

b) Ein Elektrogroßhändler kalkuliert mit 1,6 Kalkulationszuschlag. Wie hoch ist die zugehörige Handelsspanne?

c) Der Hersteller gewährt 35% Liefererrabatt und 3% Liefererskonto. Die Bezugskosten sind mit 22,00 EUR anzusetzen. Welchen Rabattsatz muss der Elektrogroßhändler mit dem Hersteller aushandeln, wenn er die bisherige Handelsspanne beibehalten will?

Sachwortverzeichnis